新型超音速气动喷雾降尘技术研究

荆德吉　葛少成　张　天　著

中国矿业大学出版社
·徐州·

图书在版编目(C I P)数据

新型超音速气动喷雾降尘技术研究 / 荆德吉，葛少成，张天著. —徐州 ：中国矿业大学出版社，2022.4

ISBN 978-7-5646-5346-0

Ⅰ. ①新… Ⅱ. ①荆… ②葛… ③张… Ⅲ. ①喷雾防尘—研究 Ⅳ. ①TD714

中国版本图书馆 CIP 数据核字(2022)第 060404 号

书　　名　新型超音速气动喷雾降尘技术研究

著　　者　荆德吉　葛少成　张　天

责任编辑　章　毅

出版发行　中国矿业大学出版社有限责任公司

（江苏省徐州市解放南路　邮编 221008）

营销热线　(0516)83884103　83885105

出版服务　(0516)83995789　83884920

网　　址　http://www.cumtp.com　**E-mail**:cumtpvip@cumtp.com

印　　刷　江苏淮阴新华印务有限公司

开　　本　787 mm×1092 mm　1/16　**印张** 18.25　**字数** 355 千字

版次印次　2022 年 4 月第 1 版　2022 年 4 月第 1 次印刷

定　　价　68.00 元

作者简介

荆德吉，男，1984 年 3 月生，辽宁抚顺市人，副教授，博士后，博士生导师。2013 年 6 月获辽宁工程技术大学安全技术及工程专业博士学位，2013 年 9 月至 2014 年 9 月于山西省吕梁市霍州煤电集团木瓜煤矿任矿长助理（挂职锻炼），是辽宁省百千万人才工程万人层次人选、中国职业安全健康协会通风安全与健康专业委员会青年常委、辽宁工程技术大学首批“双一流”学科建设创新团队“智能化高效节能粉尘治理装备研发创新团队”负责人。主要从事粉尘防治理论及技术的研究工作。主持国家自然科学基金青年科学基金项目 1 项、辽宁省自然科学基金面上项目 2 项、辽宁省教育厅基金项目 2 项等，发表学术论文 50 余篇，其中 SCI、EI 检索 10 余篇，授权发明专利 11 项，获省部级二等奖 2 项。

葛少成，男，1973 年 1 月生，内蒙古乌兰察布市人，教授，博士生导师。2006 年获大连理工大学动力机械及工程专业博士学位，长期致力于无动力、荷电水雾、负压卷吸雾幕、脉冲袋式、磁化及化学等除尘机理及应用的深入研究。现为太原理工大学安全与应急管理工程学院副院长，兼任国家科技部专家库专家、国家自然科学基金评审专家、辽宁省安全生产专家组成员、山西省应急管理专家组成员、《辽宁工程技术大学学报》（自然科学版）编委、中国职业安全健康协会通风安全与健康专业委员会常委等。主持完成国家自然科学基金项目、辽宁省科技厅基金项目、辽宁省教育厅基金项目、山西省高等学校成果转化项目等课题 20 余项。获辽宁省教学成果一等奖 1 项，省部级科学技术进步奖二等奖 3 项、三等

奖2项，市科学技术进步奖一等奖4项，授权发明专利近20项。在重要期刊或国际会议发表论文90余篇，被SCI、EI检索23篇。

张天，男，1992年8月生，辽宁阜新市人，工学博士，讲师。2021年6月获辽宁工程技术大学安全技术及工程专业博士学位，是中国职业安全健康协会通风安全与健康专业委员会青年委员、辽宁工程技术大学首批“双一流”学科建设创新团队“智能化高效节能粉尘治理装备研发创新团队”成员。主要从事超音速同轴气动雾化喷雾、气动旋射流喷雾、螺旋气动喷雾、感应荷电水雾、负压卷吸雾幕、磁化及化学等控尘机理及应用的研究。参与国家自然科学基金面上项目1项、国家自然科学基金青年科学基金项目2项、辽宁省自然科学基金面上项目2项、辽宁省教育厅基金项目2项。发表学术论文10余篇，其中SCI、EI检索6篇，授权发明专利3项，获省部级二等奖2项。

前 言

粉尘是一种可进入人体呼吸道引发中毒、造成职业性疾病、引发爆炸、破坏电气设备等有危害的细颗粒污染物。我国存在粉尘危害的行业众多,长期以来包括粉尘爆炸事故、职业性尘肺病等呈高发势态。目前,湿式喷雾的粉尘污染治理方法成本低廉、作用效果好,但存在对粉尘捕集效率低、能耗成本高、喷头易堵塞、现场适用性差等问题。随着国内外学者在湿式雾化降尘方面的深入研究,逐步提出了一些新型的喷雾技术,其中具有代表性的就是超音速气动喷雾降尘技术。作为一种新型的喷雾降尘技术,国内外相关的基础性研究较少,基础理论和研究手段有待进一步发展和丰富。

超音速气动喷雾降尘技术的核心理论为超音速微细雾化机理、雾滴高动能喷射扩散动力学特性和高动能微细雾滴与微细粉尘间的耦合作用机理,主要涉及空气动力学、流体力学、射流力学、多相流体力学等多学科领域,超音速气动喷雾降尘技术的理论基础、应用及工程建设研究是一个综合性较强的研究课题。因此,在有效利用可压缩气体在拉瓦尔喷管内跨音速流动特性、合理选择雾化液相离散方式、超音速气动雾化装置的结构研发、超音速雾化降尘系统的构建,以及超音速气动雾化过程达到工业应用水平、实现较好的实际控尘效果等方面的研究对我国矿山灾害治理、安全科学技术、应急管理与减灾、消防工程等领域和各行业中粉尘污染的控制具有重要意义。多喷头系统形成的超音速气动雾化控尘及其相关联合技术的快速发展,有望解决低能耗、高稳定性降尘和复杂工业环境中的高效控尘问题。

基于此,在本书中集中展示了辽宁工程技术大学智能化高效节能粉尘治理装备研发创新团队,以矿山热动力灾害与防治教育部重点实验室为依托,经过数年的研究,在超音速气动喷雾降尘技术的理论基础、应用及工程建设方面的丰硕成果。本书利用理论分析、数值模拟、实验室实验、现场工业性试验等方法,对超音速气动喷雾降尘及其相关联合技术展开了大量研究。从形式上采用图文结合的方式,大量减少公式的累积篇幅,聚焦技术的基础研究和应用研究,着眼于现场实际粉尘污染特性,力求反映对超音速气动雾化降尘技术的科学性、系统性和实用性的研究成果。本书对从事安全科学技术、矿山灾害治理、粉尘污染防治、喷雾降尘技术等方面研究和相关喷雾降尘装置研发、项目管理、工程管理等方面的专业技术人员，以及高等院校安全工程专业的师生具有使用、参考价值。

本书共四篇，主要内容如下。

第一篇为综述，主要论述了气—液两相雾化理论、超音速雾化理论、粉尘运移及气动喷雾降尘理论等的国内外相关研究的进展。主要从可压缩气体管内跨音速流动特性、超音速射流的喷射机理、气动动力学、气—液两相雾化机理、超音速雾化机理、雾滴与粉尘的三相流耦合作用机理等方面进行理论分析。

第二篇为超音速雾化降尘技术理论基础研究，包含3章内容，分别为高速气—雾—尘碰撞耦合细观动力学理论与特性规律、可压缩气流管内跨音速流动特性和微细雾化与跨音速雾化理论研究。第2章通过建立三相流的数学模型以及几何模型、网格的划分等方式，研究高速气流中单颗粒雾—尘碰撞耦合细观动力学特性；根据不同粒级粉尘的最佳润湿雾—尘粒径比、雾—尘粒子相对速度和雾—尘界面接触角对碰撞耦合的影响，揭示高速气流中单颗粒雾—尘碰撞耦合细观动力学特性规律。第3章和第4章通过建立管内跨音速流动数值模型和维度转换超音速雾化三维数值模型，研究可压缩气流管内跨音速流动特性，以期向读者直观地展现不同气动总压和喷管结构的跨音速流动过程及其管内的跨音速流动场中液滴雾化细观变化，从而揭示超音速雾化管内及近场雾滴特性三维空间分布规律和汲水虹吸雾化机理，为超音速汲水虹吸式气动雾化技术的提出建立了坚实的理论基础。

第三篇为超音速雾化降尘技术应用基础研究，包含2章内容。以可压缩气流跨音速流动中的液滴破碎雾化特性研究为基础，开展对超音速汲水虹吸式气动雾化特性、节能和防堵特性的研究，得到了超音速汲水虹吸式气动雾化细观动力学特性。通过降尘实验研究得到该雾化方式的降尘、隔尘特性和构成捕尘效率的影响因素及影响规律，并揭示超音速汲水虹吸式气动雾化捕尘细观动力学机理，为雾化控尘系统的工程应用构建了实践基础和技术支撑。

第四篇为超音速雾化降尘技术工业应用基础研究，包含2章内容，分别对应用场所粉尘运移扩散特性和超音速雾化控尘系统的工程应用进行了研究。通过现场试验和数值模拟结合的方法研究得到煤矿井下胶运转载点、回风巷以及选煤厂并行胶运粉尘污染的运移、扩散规律。据此开展了煤矿井下和选煤厂准备车间的现场工程应用研究和控尘系统示范工程建设，取得了良好的效果。

为本书编写做出巨大贡献的单位有辽宁工程技术大学、太原理工大学、国家卫生健康委职业安全卫生研究中心、国家能源集团国神公司等，在此全体编写人员向上述单位表示诚挚的谢意！

本书研究基础内容是由辽宁工程技术大学智能化高效节能粉尘治理装备研

发创新团队和矿山热动力灾害与防治教育部重点实验室三届研究生在校期间的研究与项目成果组成，整体内容体现了全体研究人员和合作单位的智慧，凝聚了编写人员（荆德吉，葛少成，张天）的心血。但由于超音速气动喷雾降尘技术发展时间尚短、技术涉及面广、研究条件有限，数据难免存在误差，编写内容难免有纰漏之处，敬请广大读者批评指正，以期在本书再版时补充和修正。

著者

2021年9月

目　录

第一篇　综　述

第二篇　超音速雾化降尘技术理论基础研究

第三篇　超音速雾化降尘技术应用基础研究

第四篇　超音速雾化降尘技术工业应用基础研究

第一篇　综　　述

第1章 煤矿粉尘污染湿式降尘治理方法及研究进展

1.1 煤矿粉尘污染危害

1.1.1 职业性尘肺病现状

据世界卫生组织最新报道，虽然直径为 20 μm 或更小（≤PM_{10}）的粉尘都可威胁人体安全，但更为有损人体健康并渗透及嵌入肺脏深处的则是那些直径为 10 μm或更小的呼吸性粉尘，如 $PM_{2.5}$，只有人类头发直径的 1/60～1/40，可以透过肺屏障进入人体血液系统。与它们长期接触会加大患心血管、呼吸道疾病以及肺癌的风险。针对 $PM_{2.5}$，《世界卫生组织关于颗粒物、臭氧、二氧化氮和二氧化硫的空气质量准则》设定最高安全水平是年平均浓度为 10 μg/m³ 或更低，全世界约有 90％的人呼吸的是被污染的空气[1]。根据《中华人民共和国 2020 年国民经济和社会发展统计公报》可知，在监测的 337 个地级及以上城市中，全年空气质量达标的城市占 59.9％，未达标的城市占 40.1％。细颗粒物（$PM_{2.5}$）未达标城市（基于 2015 年 $PM_{2.5}$ 年平均浓度未达标的 262 个城市）年平均浓度为 37 μg/m³。

尘肺病是我国目前最严重的职业病。尘肺病发病人数占职业病发病总人数的 85％左右，我国 2019 年职业病发病总人数已超过 97.5 万例，其中职业性尘肺病发病人数为 87.3 万例，2007—2019 年我国新发尘肺病人数及占职业病总人数比例如图 1-1 所示。

从图 1-1 可以看出，职业性尘肺病的患病人数由 2007 年的 10 963 人增长到了 2016 年的 28 088 人。随着国家对尘肺病重视程度增加，2017—2019 年新发尘肺病人数开始下降，但在 2020 年 6 月国家卫生健康委公布数据显示，2019 年新发尘肺病人数为 16 898 人（新发职业病人数为 19 428 人），新发尘肺病占比为 86.98％。

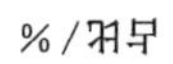

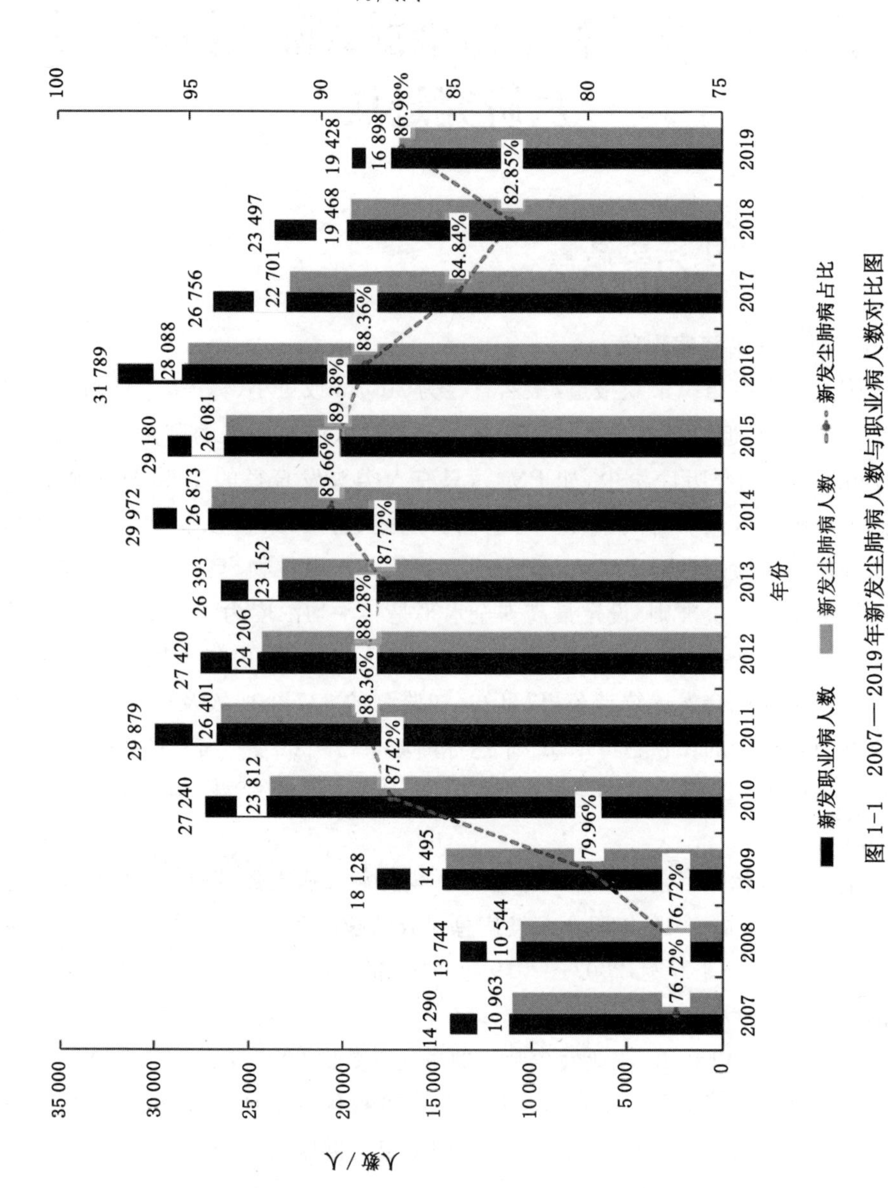

图 1-1　2007—2019年新发尘肺病人数与职业病人数对比图

如图 1-2 所示，据《中华人民共和国 2005—2020 年国民经济和社会发展统计公报》报道：2019 年全年各类生产安全事故共死亡 29 519 人，煤矿百万吨死亡率为 0.083 人，比 2018 年下降 10.8%；2020 年全年能源消费总量为 49.8 亿吨标准煤，比 2019 年增长 2.2%，煤炭消费量增长 0.6%，煤炭消费量占能源消费总量的 56.8%。表明煤炭仍为我国能源消费结构的主要部分。

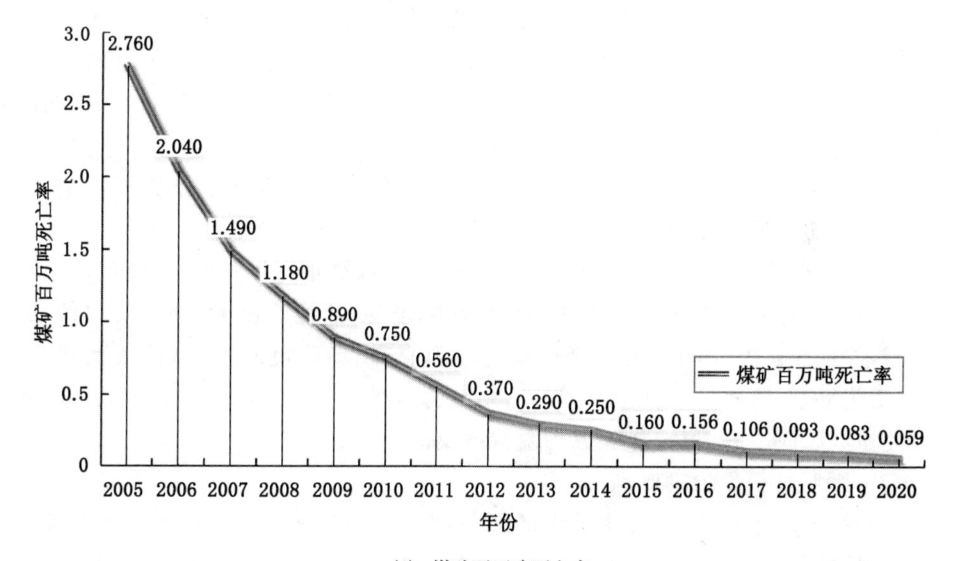

(a) 煤矿百万吨死亡率

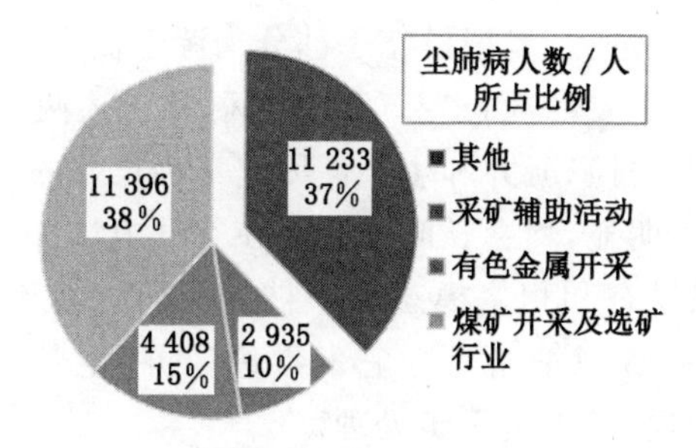

(b) 新发尘肺病行业构成

图 1-2 2005—2020 年煤矿百万吨死亡率与新发尘肺病行业构成

同时，2020 年全年各类生产安全事故共死亡 27 412 人，煤矿百万吨死亡率为 0.059，比 2019 年下降 28.9%。从 2005 年至 2020 年，煤矿生产事故总死亡人数由 5 986 人下降至 228 人，煤矿百万吨死亡率由 2.760 下降至0.059，表明我国矿山安全生产水平逐年提升。然而与之相反的是，矿山尘肺病人数仍然占尘肺病总人数的63%，表明尽管矿山安全生产事故死亡人数逐年下降，但因职业性尘肺病在我国煤炭等企业中重视程度不足，实际的呼吸性粉尘治理效果与总体煤矿安全状况相比很差[2]。

2019年4月28日，国家卫生健康委办公厅印发了《国家卫生健康委办公厅关于在矿山、冶金、化工等行业领域开展尘毒危害专项治理工作的通知》，组织研发典型职业病危害作业预防控制关键技术与装备，以采掘工作面为防治重点，大力推广先进适用技术装备，推动淘汰煤矿职业病危害防治落后工艺、材料和设备[3]。据相关资料显示，我国存在粉尘危害的行业领域众多、涉及面广，长期以来，所引发的尘肺病、职业性中毒仍呈现高发势态[4]。

究其原因，呼吸性粉尘是空气动力学直径在10 μm以下的细颗粒污染物，可进入人体呼吸道深处，因其非光滑表面的特点，常附着有“毒害”成分，与之发生一些复杂的化学反应，易随风流扩散、运移，难以靠重力沉降[5-6]。而依靠现有湿式治理方式如高压喷雾、干雾抑尘、洒水降尘等，捕捉难度大、捕集效率低、成本高，并且在矿山、冶金、化工等行业的治理中，现场环境恶劣，风流扰动强，设备、工艺复杂，这些湿式降尘方式的适用性、稳定性差[7]。因此，在恶劣条件下呼吸性粉尘如何高效、稳定降除成为亟待解决的重要难题。

1.1.2 呼吸性粉尘治理难点

如图1-3所示，从呼吸性粉尘的形成和生长机制来讲，主要可分为四种模态[8]：核模态、爱根模态、积聚模态、粗模态。核模态和爱根模态颗粒物以空气动力学直径小于0.1 μm颗粒物为主，大气中的核模态主要来自可燃物的燃烧和氧化，少部分来自机械过程，爱根模态一部分来源于核模态的凝并。积聚模态颗粒物空气动力学直径主要在0.1～2.5 μm之间，除上述两种生成方式外，还来自核模态颗粒物的相互碰撞、凝并和生长。因这三种尺寸的颗粒物粒径同样小，靠重力沉降作用都极不明显，均会长时间悬浮在空气中，对大气污染最为严重也最不容易治理，因此核模态和积聚模态分布被相关研究者称之为“双模态”，而治理“双模态”颗粒物的常规策略是令它们继续凝并、生长成为空气动力学直径在2.5 μm以上的“粗模态”再进一步处理。

然而，在自然条件下，由“双模态”颗粒物向“粗模态”转化十分困难，任由其进入大气后，对区域环境污染严重，极大地威胁着人体的健康[9]。为保障生命健康和生态环境，必须从呼吸性粉尘源头治理入手，针对源头处PM_{10}以下粉尘的清洁高效润湿，促进其凝并、生长的研究十分必要。尤其国家“十四五”规划也指出了“推动绿色发展，坚持节约优先”，加强细颗粒物控制，推动煤炭等行业清洁生产与智能高效开采，强化源头预防[10]，界定了“节能高效”的呼吸性粉尘源头控制方针。研究生产环节中高效捕集呼吸性粉尘对提高矿山、冶金、火力发电等

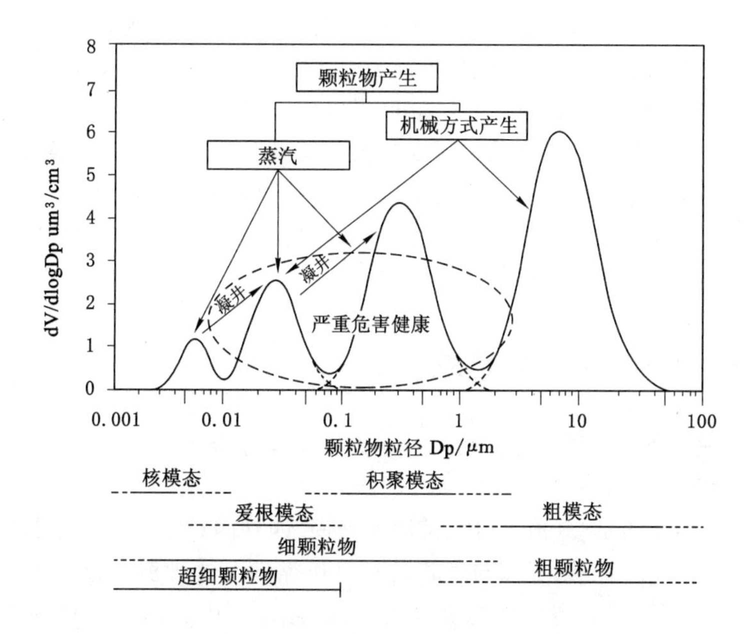

图 1-3 呼吸性粉尘粒径分布及来源

行业安全生产、工人健康具有重要意义，也有利于环境的保护。

呼吸性粉尘运动时受空气阻力小易扩散，易跟随气流轨迹流线运动，难以通过自身重力沉降，而喷雾降尘方式多数因雾化效率差、捕尘动力弱，水雾捕尘时捕集效率低，难以形成对其有效的凝并和增长，很多传统除尘方式在实际应用中并不理想。只有找到能有效抑制其扩散和高效捕集的雾化治理方式，才能实现对呼吸性粉尘的有效治理。又因部分矿山地区环境条件复杂，如高海拔区域空气密度小、大气压力低，雾化时气液相间作用力弱，雾化效率差；如部分地区蒸发量大、空气寒冷干燥容易产生二次扬尘、湿式降尘水雾蒸发快，治理环境对除尘方式影响大[11-12]，系统不能稳定高效运行，需要研究一种高效雾化的、稳定的、适用性强的雾化降尘技术。

空气动力学气液两相喷雾是应用在除尘领域中重要的细雾化喷雾方式之一[13]，它相比高压雾化和超声雾化方式动力更强、喷雾量更大、射程更远、覆盖范围更大，受风流扰动影响较小，蒸发量大时，能形成饱和水蒸气雾池促进粉尘的凝并，较其他除尘方式更具优势[14]，但在强环境风流扰动条件下，其雾化射程和喷射效率会降低，使能耗增加，尽管降尘效果不错，但对呼吸性粉尘的捕集效率仍存在很大不足，实际应用效果并不理想[15-16]。探究如何在强环境风流扰动等条件下，采用气液两相雾化方式对呼吸性粉尘达到高效节能治理效果具有重要意义。此间需要研究高效雾化的气液两相雾化作用机理、能量迁移规律，通过增强作用效率、减少非必要能耗来提高节能水平。

为此，本书查阅了大量国内外文献，提出相应的研究课题——新型超音速气动喷雾降尘技术研究。拟利用可压缩气流跨音速过程产生的负压真空作用，使水克服自重自行进入气相超音速流带内进而破碎雾化，产生巨量低微米的超高速临界饱和气雾粒流，在强风流扰动环境下对粉尘尤其是 PM_{10} 以下的呼吸性粉尘，起到行之有效、节能环保的捕集作用效果。

1.2 国内外相关研究进展

1.2.1 气—液两相流雾化理论国内外研究进展与分析

(1) 气—液两相流雾化理论研究进展

气液两相流动是“气液、气固、液液和液固”四种两相流动中最复杂的流动过程，究其原因是其可变形界面与气相具有可压缩性。这种流动过程在工程和自然界中广泛可见，例如容器中的沸腾现象、搅拌过程中气泡和液体间的流动现象、空气升力泵和液滴的蒸发、雾化、燃烧等现象。有关的研究文献很多，特别是20世纪50年代后，随着宇航工业和核电站的发展，对两相流的研究蓬勃而起，其中气—液两相流雾化开始成为其研究的主要分支。根据国内外有关气液两相液体雾化机理的研究文献来看，代表性的观点与理论如下。

① 1970—1980年

20世纪70年代的研究工作特点表现为研究两相瞬态过程，发展基本理论，应用数值计算。1973年J.M.Dellhaye，1976年J.A.Boure和1978年D.Gidaspow等都对两相流的基本方程作了研究讨论。1978年，D.B.Spalding提出了两相流动计算方法IPSA(inter phase slip algorithm)，并计算了不少实例。数值计算的发展为两相流的研究提供了新的途径，在这时期，为克服能源危机，对在热锅炉、能量利用、能源转换系统方面的两相流问题也开展了大量研究。许多关于两相流的书的出版和国际多相流杂志的创办推进了这个新兴学科的发展[17]。

② 1997—1999年

1997年，N.A.Vlachos等[18]研究了分层/雾化流中的液—壁剪切应力分布，采用电化学技术在内径24 mm的水平流动回路中进行了实验，测量了管周不同位置的液—壁剪切应力。1998年，S.V.Paras等[19]研究了利用激光多普勒测速仪(laser Doppler anemometry，LDA)进行水平分层/雾化两相流中气相内部局部速度的测量，通过对瞬时速度的分析，得到了局部速度平均值、方差值等，推断出分层流动流型。1999年，P.K.Senecal等[20]研究了高速黏性液膜雾化模型，对液体薄片进行了线性稳定性分析，考虑了周围气体、表面张力和液体黏度对波浪生长过程的影响，与圆柱形液体射流的第一次和第二次风致破裂相似，可利用无黏关系来确定从长波区到短波区的转变。

③ 2000—2010 年

2000 年，G.Brenn 等[21]研究了轴对称非牛顿液体射流时间不稳定性的线性分析，从理论上研究了轴对称扰动下非牛顿液体射流在无黏气体环境中的时间不稳定性，导出了波增长率与波数之间的关系。线性化稳定性分析表明，黏弹性流体射流的轴对称扰动增长率大于相同奥内佐格数的牛顿流体射流，表明非牛顿流体射流比牛顿流体射流更不稳定。2001 年，M.J.H.Simmons 等[22]采用激光衍射技术研究了 0.095 3 m 水平环形气液流中液滴粒径分布。2002 年，K.A.Sallam 等[23]实验研究了标准温度和压力下静止空气中圆形液体湍流射流的液柱破裂长度和表面一次破裂特性。P.Sukmarg 等[24]用马尔文激光衍射粒子分析仪测量了从孔口释放的传热流体气溶胶喷雾的液滴尺寸，并用高速摄影技术对喷雾可视化和气流雾化进行了解释，压力、温度和孔口直径的影响证实了临界韦伯数理论。2003 年，V.Ferrand 等[25]通过相位多普勒和激光诱导荧光技术研究了含有部分响应液滴的轴对称射流中的气—液湍流速度关系和两相流相互作用。S.V.Apte 等[26]研究了喷雾二次破碎随机模型的大涡模拟，建立了喷雾大涡模拟的随机子网格模型。遵循 Kolmogorov(柯尔莫哥洛夫)定理将固体颗粒破碎视为离散随机过程的概念，在不相关破碎事件的框架下，考虑了液滴在高相对液气速度下的雾化。2004 年，V.M.Alipchenkov等[27]研究了基于气相、分散相(液滴)和薄膜的质量、动量和能量守恒方程的两相分散环空流动的三流体模型。2005 年，M.R.Soltani 等[28]研究了液—液同轴旋流雾化器在不同质量流量下的喷雾特性，对液—液同轴旋流喷管在非燃烧环境下的喷雾特性进行了实验研究，采用相位多普勒风速仪测量不同内外质量流量下，液滴穿过和沿着注入轴的速度和索特平均直径(Sauter mean diameter，SMD)。2006 年，S.W.Park 等[29]研究了单分散柴油液滴在横流气流中的破碎和雾化的微观、宏观特性，描述了单分散液滴的破碎特性，以及与破碎状态有关的速度和粒径分布为韦伯数的函数。D.Kim 等[30]利用 Level Set(界面追踪)方法捕捉到液柱表面波动现象，这种波动现象出现在一次射流雾化中，同时对比得到轴向和径向波长值与实验结果，发现理论值与实测值相差不大。2007 年，J.S.Gong 等[31]研究了旋流式气液雾化喷管流动特性的实验研究，在分析各种空气辅助雾化喷管及其雾化机理的基础上，提出了一种新型的雾化喷管——旋流式气液雾化喷管。K.Lee 等[32]对亚声速气流中的有湍流液体射流初次破碎进行研究，分析了射流破碎后的速度、轨迹及射流破碎时间和长度，同时揭示了二次破碎时射流破碎的主要模态。2008 年，J.S.Chang 等[33]研究了脉冲电场下液态烃电液雾化两相流流型图。

④ 2010—2014 年

2010 年，X.Jiang 等[34]研究了雾化和喷雾中气—液两相射流的物理建模和高级模拟，综述了雾化和喷雾过程中气—液两相射流的物理模型和先进的计算方法。C.E.Ejim 等[35]研究液体黏度和表面张力对气—液两相流焦化器喷管雾化的影响，实验研究了液体黏度和表面张力对气—液两相流雾化雾滴尺寸的影响。G.Tomar 等[36]以 VOF(有限体积)多相流模型与 DEM(离散元)颗粒相模型的多尺度方法为基础，对喷管的初级雾化过程进行了数值模拟。K.S.Park 等[37]研究了压力旋流雾化器液滴尺寸分布的非线性建模，提出了一种通过线性稳定性模型的轴对称边界元法来模拟压力旋流喷管的雾化过程。A.Tratnig 等[38]用相位多普勒风速仪测量了压力旋流雾化器喷雾的总液滴尺寸分布，得到了喷雾的总平均液滴尺寸随喷管几何形状、液体流量和液体物理性质变化的关系。采用量纲分析方法分析了无量纲全局索特平均直径的相关性，建立了全局索特平均液滴尺寸与全局液滴尺寸(RMS)之间的关系。2011 年，J.Shinjo 等[39]研究了液体直喷的表面不稳定性和一次雾化特性，利用一次雾化的详细数值模拟数据，描述了导致雾化液面不稳定性的发展过程。2012 年，A.Belhadef 等[40]考虑了液—气混合物的单相，以表示液体与周围气体的湍流混合，建立了高韦伯数和雷诺数下压力旋流—液膜雾化的欧拉模型与考虑密度变化影响的液体质量分数湍流通量模型，通过求解平均液—气界面密度平衡方程，得到了液滴的索特平均直径，以三维结果为边界条件进行了二维轴对称涡流计算。2013 年，G.Salque 等[41]研究了在空气/油和空气/水环形流下，文丘里管中的气液相互作用、液膜物理性质对雾化速率的影响。B.Duret 等[42]研究了通过二相流的 DNS(直接数值模拟)来比较和改进 RANS(雷诺时均方程的模拟方法)和/或 LES(大涡模拟)形式中的一次雾化模型。2014 年，L.Durdina等[43]研究了小型飞机涡轮发动机压力旋流雾化器喷雾特性与气体污染物的形成和颗粒物的排放。P.G.Verdin 等[44]通过气—液多相系统中 38 in(1 in=2.54 cm)大直径管道中分层/雾化气液流的 CFD(计算流体动力学)建模研究了水滴的输运。I.K.Zwertvaegher 等[45]实验研究了喷雾雾滴流与疏水型表面碰撞过程及其黏附量关系。

⑤ 2015—2019 年

2015 年，M.Mlkvik 等[46]采用四种内混式双流体雾化喷管对黏性液体(μ 分别为 60、147、308 MPa·s)进行了低压喷雾实验，研究了黏性液体的双流体雾化过程中雾化器结构对破碎过程、喷雾稳定性和液滴尺寸的影响。V.S.Sutkar 等[47]从能量角度实验研究了颗粒与液面之间碰撞的特性，建立了相应的数学方程。S.Pawar 等[48]实验研究了喷雾过程中的雾滴之间的相互作用规律。2016

年,J.Jedelský 等[49]研究了多孔式气动喷雾器的喷雾特性和液体分布,在低压和低气液比下该类型气动喷雾器喷雾分布不均匀、喷雾不稳定。邓磊等[50]基于大涡模拟和真实气体状态方程(即 SRK 方程)重点考察了不同压力对超临界喷雾特性的影响。2017 年,Y.L.Yoo 等[51]采用欧拉—拉格朗日组合方法、基于密度的有限体积方法、三维大涡模拟方法研究了在各种喷雾条件下,不同液体喷射速度、横流温度、液气动量流量比下流体射流在横流中的破碎和雾化过程。M.Mezhericher 等[52]研究了通过气体射流分解薄液膜将液体雾化成微米级和亚微米级雾滴。M.Zaremba 等[53]通过对比四种不同的双流体雾化器在相同的工作条件下的性能,研究了低压双流体雾化混合过程对喷雾形成的影响。B.Seong 等[54]研究了一种利用静电力和空气动力来雾化液体,并达到良好的稳定性和重复性的液滴雾化喷射效果。A.Urbán 等[55]利用相位多普勒技术研究了高速气流雾化的液滴动力学、尺寸表征、气液耦合作用和湍流的产生对喷雾形成过程、液滴动力学和最终液滴尺寸分布的影响。M.Saeedipour 等[56]采用欧拉—拉格朗日耦合方法开展了水射流一次雾化过程的多尺度模拟与实验。M.Shafaee 等[57]利用 OpenFOAM 软件采用基于欧拉—拉格朗日方法的离散液滴跟踪方法与动态网格技术模拟,基于 Rosin-Rammler 分布函数、KH-RT 模型和 TAB 模型研究了喷管几何参数和流动条件对喷雾特性的影响,进行数值模拟。Y.Xia 等[58]采用高速摄影、相位多普勒测速仪测量喷雾的平均液滴大小和速度分布,研究了水—空气冲击射流雾化器的雾滴尺寸和速度特性。王贞涛等[59]采用 VOF-CSF(有限体积联合表现张力)模型,建立悬浮液滴蒸发过程中内部非稳态流动模型,对液滴蒸发过程中内部非稳态流动进行了研究。常倩云等[60]利用 FAM 激光测粒仪分析了喷管流量和气化剂流量等因素对雾化颗粒分布、索特平均直径和喷管雾化角的影响规律。2018 年,T.T.Vu 等[61]采用多尺度工具实验,基于液带所承载的小结构的动力学研究了高度扰动液膜的液丝雾化过程。N.S.Rodrigues 等[62]采用阴影法和相位多普勒测速仪研究了三种不同高应变率(10^5~10^6)非牛顿冲击射流的喷雾形成和雾化特性。M.Maly 等[63]研究了单喷管和溢流回流压力旋流雾化器的内部流动和空气核心动力学,溢流回流式雾化器通过在涡流室的后壁增加一个通道,使液体可以从中溢出,从而增强了单喷管结构雾化效果。M.Kuhnhenn 等[64]研究了旋转雾化器的内部流动及其对复杂的、高黏度的、多组分的液体喷雾性能影响的研究。Y.B.Sun 等[65]采用欧拉—拉格朗日方法对多相流进行数值模拟,采用线性化的不稳定片层雾化模型预测油膜的形成、片层的破碎和雾化,求解了湍流气体流动的 RANS 方程,模拟和实验研究了锥形压力旋流雾化喷管的宏观喷雾结构和喷雾特性。Q.G.Wang 等[66]研究了不同工作流量和出口压力下两级空化射流泵内的射流空化，得到临界压力比与压力损失的关系。康忠涛等[67]基于统计方法 Otsu（大律法）最大类间方差法和 Canny 算法并引入间歇因子（γ）定量描述气核尺寸与射流振荡分布特性。2019 年，M.A.Rahman 等[68]使用耦合 PDPA（相位多普勒粒子分析仪）和脉冲探针测量了气动雾化辅助力，研究了气动辅助雾化的质量流量特性。A.Zandian 等[69]采用水平集和流体界面体积捕捉方法，对不可压缩方程（即纳维—斯托克斯方程，简称“N-S 方程”）进行了直接数值模拟，研究了平面流体射流的初始破裂长度尺度、扩散速率。S.Braun 等[70]研究了利用光滑粒子流体力学（SPH）对空气辅助一次雾化的数值预测。N.Machicoane 等[71]用同步辐射 X 射线对典型双流体同轴雾化器的液核进行了表征。J.K.Huang 等[72]研究了流体射流中雾化和蒸发的数值模拟，采用体积流体法和虚拟流体法对液体射流的雾化和蒸发过程进行了数值模拟。

⑥ 2020 年以来

2020 年，J.K.Bothell 等[73]研究了阴影照相、管源 X 射线照相、高速同步辐射白束 X 射线成像和同步辐射聚焦束 X 射线照相对同轴空气辅助雾化器近场喷雾场的表征。M.M.Tareq 等[74]采用相位多普勒测速仪和电子耦合组件摄像机，研究了液体和空气的物理性质对预膜式气流喷管喷雾特性的影响。A.J.Torregrosa 等[75]提出了一种用拟流体方法研究雾化流体射流的湍流一次雾化过程。A.Ahmed 等[76]提出一种基于界面捕捉技术的一致性数值框架来研究不凝性气体中液体喷射空化。N.Machicoane 等[77]研究了稳态和振荡旋流对双流体同轴雾化器近场喷雾特性的影响，提出了一种不需要任意阈值的方法来严格确定喷雾的初始扩散角，分析了在气流（旋流）中加入方位动量对喷雾近场的影响，探讨了旋流周期振荡的可能性。M.R.Pendar 等[78]利用 OpenFOAM 软件对欧拉—拉格朗日算法进行了扩展，研究了静电旋罩式喷雾器内液滴形成和沉积过程中的基本流动行为，精确地考虑了转速、气动空气和液相流量、电荷值和液滴分布等操作参数的影响。G.Chaussonnet 等[79]研究了环境压力对预膜空气雾化中流体积聚和一次喷雾的影响，采用粒子图像测速法（PIV）和阴影技术，研究了环境压力对平面预膜式空气雾化喷管破碎过程的影响。D.V.Antonov 等[80]研究了由于碰撞和微爆炸引起的气体饱和液滴的二次雾化。J.Wen 等[81]通过欧拉—拉格朗日法模拟研究了横流喷管附近的液体喷射喷雾的雾化—蒸发过程，发现空气动力学韦伯数显著影响液柱后面的初次破裂行为以及涡旋的发展和形态，同时也极大地改变了蒸发过程。Y.C.Zhang等[82]提出了一种涡流混合式低压雾化双流体喷管并研究其雾化液滴的 SMD 分布规律。

2021 年，T.Nambu 等[83]研究了燃气轮机燃烧室条件下横流一次雾化的详细数值模拟，对燃气轮机燃烧室流场中的一次雾化进行了详细的数值模拟。

L.Z.Kong 等[84]利用高速摄影、相位多普勒测速仪研究了管式气液雾化混合器中流体射流的喷雾初始破碎及混合特性。K.P.Shanmugadas 等[85]利用时间分辨激光诱导荧光成像和相位多普勒干涉测量技术的阶段性特征来跟踪流动通过旋流杯时喷雾的形成，喷头出口处的雾滴分布主要取决于导向喷管的喷雾特性和气—液两相之间的相对动量交换，旋转剪切层的相互作用是改善旋流杯雾化过程的主要机制。S.Sahu 等[86]采用激光干涉成像液滴定径技术测量了旋转抛油孔出口处的液体破碎结构、抛油孔表面不同径向位置处的液滴尺寸。C.Inoue 等[87]开发了一种新的适用于平面气流雾化喷管喷雾流量分布测量的三维打印图形发生器，基于液滴与气流动量比平方根的无量纲喷射条件，研究了平面气流喷射流量分布的测量和建模。V.Radhakrishna 等[88]研究了高奥内佐格数下二次雾化的实验表征，通过对数字在线全息术(DIH)获得的图像进行处理，得到了不同奥内佐格数和韦伯数下液滴的尺寸和速度，给出了液滴破碎所需的最小回流速度百分比。F.A.Hammad 等[89]通过流动可视化和数字图像处理研究了外—内双流体雾化喷管内的两相流和喷雾特性，提出一种新设计的外入式液雾器，泡状流和弹状流的不均匀流动会导致出口孔内产生不必要的间歇流和不稳定的粗雾，而稳定的环形或波浪状的环形腔流则为出口孔内提供了良好的连续环形流和稳定的细雾。H.J.Sun 等[90]为研究撞针式高压雾化喷管的雾化特性，提出了一种用于测量液滴参数的光学成像系统，并详细分析了喷管孔口直径对雾化的影响。

(2) 气—液两相流雾化理论研究进展分析

从现有国内外两相流气动雾化研究来看，从 2010 年开始出现对旋流雾化喷管的研究，2013 年开始出现对气动文丘里喷雾技术的研究，到 2017 年和 2018 年大量出现对双流体气动喷雾、压力旋流喷雾技术的研究。自 2017 年以来，偏重于采用先进仪器和模拟方法对两相气动雾化过程进行表征，而研究结果多发现空气动力喷雾在低压时运行不稳定，也更重视喷雾的效率和节能性。

常用提高雾化效率的方法有增大喷射压力、缩小孔径、增加环境密度、增大气液比例、升高环境温度等，这些方法以高耗能为代价通过改变气动总压力参数增大雾滴的破碎、蒸发速率来提高喷雾效率。尽管具有一定成效，但仅在工况参数方面优化而气液作用方式未变的情况下有成效，所提升的雾化效率潜力有限。

因此，本书通过创新雾化方式、优化喷管结构、减少能耗(如“非雾化必要”型对冲能量的损失)来提升雾化效率，增强雾化潜力。本书以超音速气动喷雾降尘技术为研究对象，它是一种可在低压力条件下达到气流超音速流动的雾化方式，主要应用在航空航天领域，如火箭推进器等。超音速雾化的国内外研究进展如下。

1.2.2 超音速雾化理论国内外研究进展

(1) 液体超音速雾化理论研究进展

从有关研究文献来看,代表性的观点与理论如下:

自20世纪70年代以来,许多研究都是通过实验进行的,还包括对超音速气流中流体射流破碎的数值研究。超音速气体中流体射流雾化研究的实验方法,包括光断层摄影、纹影法、高速纹影法[91],火花纹影照片[92],脉冲纹影图形技术[93],相位多普勒粒子速度测量[94],数字全息显微镜[95],粒子图像测速法[96]和平面液体激光诱导荧光法[97]。在实验中,主要测量参数为超音速流动中射流穿透长度以及雾化羽流的宽度。另外,数值模拟是一种重要的补充实验研究的方法。超音速射流雾化涉及气体加速流动和内部的液滴破碎雾化,是一个复杂的两相流动过程。初始流动一次雾化和射流喷射的二次雾化气流和雾滴特性时空分布差别很大。两相流的数值方法,如VOF、水平集,而虚拟流体法通常被用来研究主要的近场液相射流雾化机理。关于超音速雾化国外研究主要成果介绍如下。

① 1963—1999年

1963年,A.R.Hanson等[97]提出了描述液滴破碎的经典理论。1971年,A.Sherman等[98]通过光断层扫描仪和阴影图形研究了注射液孔径、动态压力值和液体性质对雾化程度和喷射速度的影响。1990年,M.Samimy等[99]使用激光多普勒速度计研究了马赫数(Ma)为0.51、0.64和0.86的超音速气液混合层,雷诺应力也与可压缩性有关。G.S.Elliott等[100]提出了超音速流动中气液混合层厚度生长速率的表达式。1993年,J.P.Bonnet等[101]提出超音速气流压缩性的增加会降低湍流强度,抑制雾化混合层的生长速率。1994年,S.Barre等[102]实验研究了具有$Ma=0.62$的超音速雾化混合层从入口楔形湍流边界层发育到整个区域的过程,剪切流中的湍流扩散受大尺度结构控制,当$Ma>0.6$时,压缩性对速度特性(如雷诺应力)的影响更强。1995年,N.T.Clemens等[103]利用平面激光MIE散射(PLMS),研究了Ma在0.28~0.79范围内的平面气液混合层,发现了混合分数三维流动方向上的瞬时梯度分布。1999年,L.Biagioni等[104]实验研究了超音速湍流动能耗散与内部涡旋的关系。

② 2000—2009年

2000年,J.B.Freund等[105]研究了雾化效率与超音速流动中高马赫数、流体可压缩性及液相雾化中大规模涡旋发展之间的关系。J.C.Lasheras等[106]研究了气液同轴超音速射流喷雾。2001年,D.Igra等[107]利用双曝光全息干涉测量法实现激波形态可视化,实验中研究了气相和液相的相互作用和密度变化。2002年,C.Pantano等[108]应用DNS发现了应力输运方程中雷诺应力的应变项随压缩性的增大而降低。2003 年，C. Aalburg 等[109]确定了各种详细的流动特征如膨胀波的汇聚，空化的成核气泡和循环区。2004 年，K.C.Lin 等[110]实验研究了关于液体喷射器结构推导喷雾羽流的横截面积与纯液体射流穿透深度的相关性。2005 年，J.Y.Choi 等[111]研究了低频振荡流动不稳定对超音速雾化过程的影响。2009 年，J.Beloki Perurena 等[112]总结了横向射流的超音速雾化机理。

③ 2010—2014 年

2010 年，A.Ingenito 等[113]研究了超燃发动机燃烧室内超音速流动中涡流尺寸，可压缩性影响了湍流的强度和尺度，其中能量从大尺度涡旋传递到小尺度涡旋。2011 年，T.G.Theofanous[114]提出液滴在剥离破裂中的破裂机理。高玉闪等[115]采用 K-H 和 R-T 混合雾化模型针对高速气流中横向射流雾化的特点阐明了一次、二次雾化的机理和雾化过程中的波现象。2012 年，李洁等[116]建立适用于 DSMC(直接模拟蒙特卡罗)算法的固态和液态颗粒碰撞、聚合和分离模型，实现高超声速稀薄流环境下的气粒多相喷流流场数值模拟。2014 年，J.O'Brien等[117]研究了强烈压缩和膨胀过程中超音速雾化规律，开尔文—赫尔姆霍兹流动不稳定通过产生扰流增强雾化效率，随着压缩性增加，雾化从低涡区域向高涡区域转移，压缩冲击优先影响雾滴分布。

④ 2015—2019 年

2015 年，A.Atoufi 等[118]研究了动能交换在平均场和波动场之间的影响。B.Wang 等[119]用数值方法研究了马赫数、流速比、气液混合层中流体密度比对超音速雾化过程影响，随着流体密度比、流速比的增加，雾化效率提高。流体射流深度是影响雾化的重要因素。2016 年，R.Jahanbakhshi 等[120]研究了超音速流动中斜压转矩和膨胀对夹带过程中流动湍流的产生和发展的影响。F.Xiao 等[121]利用大涡模拟方法，研究了超音速流体射流雾化的一次和二次雾化。S.Sembian 等[122]利用高分辨率阴影图技术实验研究了圆柱形水柱与激波间的相互作用。2017 年，F.Xiao 等[123]发现在超声速横流中，液滴破碎取决于几个无量纲数如韦伯数、奥内佐格数等。T.Regert 等[124]使用激光片成像和红外光消光光谱(IR-LES)研究马赫数为 6 的超音速雾化过程，二次雾化程度与一次射流破碎液带的毁灭性破碎有很大关联，平均液滴直径与韦伯数无关。K.C.Lin 等[125]使用高速阴影和 PDPA 技术研究了马赫数为 1.94 时横流液体射流中的雾化过程，液柱的破裂和最终羽流形成受初始迎风侧射流液柱特性形状影响。K.A.Sallam 等[126]使用了数字全息显微镜研究气液近场一次射流雾化液带、液滴尺寸，并得到了近场区域的雾滴速度。2018 年，N.Liu 等[127]模拟了马赫数为 1.2、1.5 和 1.8 时的超音速液滴破碎。引起液滴破碎的表面不稳定性来自迎风面高速气体流动剪切和背风面诱导旋涡。J.C.Meng 等[128-129]模拟了三维状态下马赫数为 1.47 时超音速气流中的液滴破碎过程。2019 年，I.S.Anufriev 等[130]利用现代光学测量方法（SP、IPI、PIV、PTV）研究了超音速空气或蒸汽射流雾化液态烃的研究，测量了透视雾化燃烧器内气—液滴两相流的流动特性，获得了射流雾化的分散组分、载体和分散相速度、射流雾化角等数据。J.Xia 等[131]采用多阈值技术对图像进行处理研究了亚临界、跨临界和超临界条件下柴油机喷雾雾化特性，得到定量的喷雾参数，如射流和液体穿透量、平均长度、液体稳定时间、喷雾锥角和其他参数。图 1-4 为 2017 年我国第十届全国流体力学青年研讨会中对超音速横向流场中的射流破碎雾化机理的最新研究成果[132]。

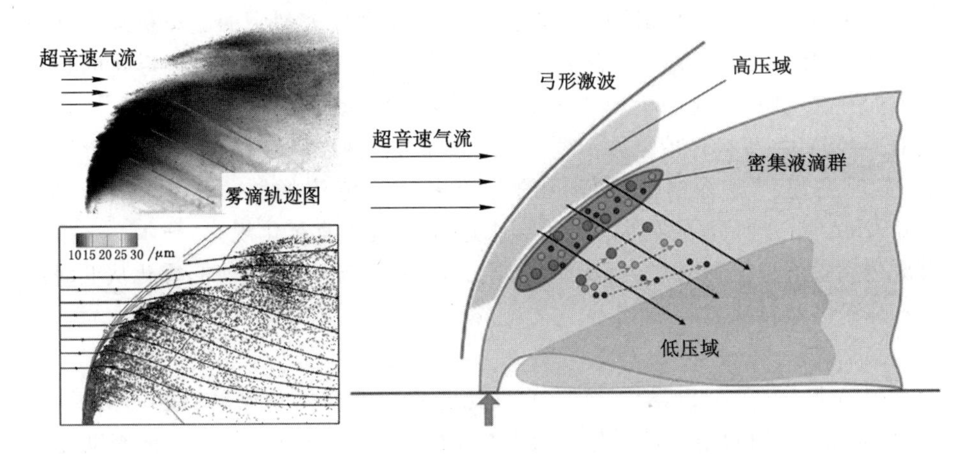

图 1-4　超音速横向流场中的射流破碎雾化机理图

⑤ 2020 年以来

2020 年，C.Y.Li 等[133]采用相位多普勒测速系统研究了超音速横流中流体射流截面结构的实验和数值研究，对马赫数为 2.85 的空气横流中流体射流的截面分布进行了实验和数值研究，获得了液滴直径和两个速度分量，横截面呈欧米伽形。索特平均直径在横截面中心区域为 40 μm，从中心到外围逐渐减小，靠近喷管的侧边界观察到索特平均直径增加，平均横向速度呈条带状分布，高速度值出现在横截面的顶部和底部区域，动量较小的小液滴流入气流的漩涡中，动量较大的液滴沿壁向侧面流动，随着喷管直径的增大，截面呈准欧米茄形，但无量纲高度和宽度不变，喷管直径越小，壁面附近的流向速度越小，负横向速度越大，从而导致喷雾角越大。王冠群[134]通过对不同厚度的水膜进行仿真，得出气液分布图和气压、速度云图，然后将上述影响因素综合起来统一进行虚拟正交试验设计，得出对雾化影响最大的因素为喉部直径。

(2) 超音速射流雾化成形理论相关研究进展

① 1997—2009 年

1997 年,Y.Okada 等[135]研究了椭圆喷管稳定超音速流动中的雾化团簇形成。2002 年,T.H.Van Steenkiste 等[136]研究了超音速气流中较大的金属粉末雾化形成涂层中粒子的动能的转化,并讨论了涂层形成的阈值或临界速度。2003 年,C.S.Cui 等[137]测量了两个典型雾化器中(其中包括拉瓦尔结构),熔体输送管尖端的气体压力,提出了加压和抽吸的形成机理,带拉瓦尔喷管的雾化效率优于带收敛喷管的雾化器。2005 年,T.H.Vansteenkiste 等[138]用扫描电子显微镜研究了使用具有金刚石、钨、碳化硅或氮化铝增强颗粒的铝基体对铝复合材料超音速喷雾成形的表面破碎与黏合过程。2006 年,R.Ünal[139]采用超音速气体雾化技术紧密耦合喷管系统来制造球形锡粉,研究熔体输送管的突出长度对熔体尖端压力形成的影响,气体与熔体的质量流量比增加会产生较细的粉末粒径。2007 年,A.H.Khan 等[140]实验研究了超声气体射流纳秒激光脉冲的刻蚀速率和孔质量,获得等离子体屏蔽和不同的气体动力学条件在孔内和表面的结合。2009 年,J.H.Kim 等[141]采用透射电镜和 EDS(X 射线能谱分析)研究了超音速气动雾化合金与氢气吸收解吸反应中的氢化特性,雾化粉末颗粒呈规则球状,气体雾化的喷流压力的增加会导致颗粒储氢能力的下降,雾化过程中射流压力的增加加速了气相合金晶粒内的相分离。

② 2010—2015 年

2010 年,O.Khatim 等[142]将 De-Laval(德拉瓦尔)喷管液态金属雾化阶段划分为过渡时间和稳定阶段两部分,并研究操作参数在这两个阶段对粒径分布的影响。2011 年,Y.Bai 等[143]研究了将高效超声速气动射流雾化等离子喷涂(SAPS)系统与传统气动方式对比获得成形体微观结构,具有良好的雾化细度、黏附、热生长氧化物(TGO)的较低的增长率,大大改善了技术制备细密柱晶结构热障涂层系统的热循环寿命。2012 年,M.P.Planche 等[144]采用 PIV 技术详细描述了 De-Laval 喷管中接近雾化点的区域铜粉的速度矢量场,证明了速度值与液滴尺寸之间的密切关系。2015 年,M.Haghighi 等[145]综述了超音速分离器技术研究,目前的研究多集中在分离器设计、性能和效率、经济可行性和工业应用,但在已发表的文献中,在包括微观液滴和液壁膜的超声速流动的研究等领域仍然存在相当大的空白。

(3) 超音速雾化理论研究进展分析

自 20 世纪 70 年代以来,许多针对超音速气流中流体射流破碎研究都是通过实验进行的,而超音速射流雾化涉及气体加速流动和内部的液滴破碎雾化,是一个复杂的两相流动过程,初始流动一次雾化和射流喷射的二次雾化气流和雾滴特性时空分布差别很大。数值模拟也是一种重要的补充实验研究的方法。两相流的数值方法包括如VOF、水平集、虚拟流体法等,主要针对超燃发动机内燃烧过程揭示液态燃料与氧化剂的超音速喷管内及近场液相射流的雾化混合燃烧机理。围绕超音速气液混合雾化效率与喷管对流体的压缩、扩张性、喷孔结构参数、射流气动总压力、液体性质等,对以水为基质的研究较少。所研究的喷管多应用在航空航天领域,尺寸结构规模大,对可民用的细巧孔径的超音速雾化过程研究较少,大部分实验仪器和手段无法适用。

其中可以借鉴的结论有,超音速雾化所产生的雾滴穿透性强、雾化效果好。尽管实验难度很大,但证明了数值模拟方法的可行性,这些研究中多采用K-H模型和R-T模型模拟超音速混合雾化,研究一次、二次雾化的机理。压缩性对速度特性(如雷诺应力)的影响更强,雾化破碎主要来自超音速剪切流中的湍流扩散与大尺度涡旋结构作用,喷管效率取决于超音速湍流动能耗散与内部涡旋程度,通过产生强剪切和扰流增强雾化效率。超音速流场的马赫数、流速比、气液混合层中流体密度比对超音速雾化过程射流雾化的雾滴平均尺寸、液体稳定时间分散组分、载体和分散相速度、射流雾化角等影响很大。随着流体密度比、流速比、流体射流深度的增加,雾化效率提高。液滴破碎取决于几个无量纲数如韦伯数、奥内佐格数等。二次雾化程度与一次射流破碎液带的毁灭性破碎有很大关联,液柱的破裂和最终羽流形成受初始迎风侧射流液柱特性形状影响,引起液滴破碎的表面不稳定性来自迎风面高速气体流动剪切和背风面诱导旋涡。

结合特殊环境条件与现有技术实际问题,通过借鉴上述优秀研究成果,提出超音速虹吸式气动雾化机理,以充分利用超音速流动流场细观动力学特性为基础,通过优化设计结构参数、优选气动总压力、创新液相离散方式等,来提高相间速度差、降低总动量要求、降低非必要对冲能量损失、降低雾化分散性,形成具有强动力、强穿透、强润湿性的主动捕捉呼吸性粉尘的气动喷雾方式。

1.2.3 粉尘运移及气动喷雾捕尘理论国内外研究进展

(1) 研究进展

根据国内外有关气固液三相耦合降尘研究文献来看,代表性的观点与理论如下。

1996年,M.J.Andrews等[146]开发了一种稠密粒子单元方法(MP-PIC),考虑了气相阻力、颗粒间应力、颗粒黏性应力和气体压力梯度力,模拟了流化床中的颗粒流的分离、沉降现象。

2011年,J.Toraño等[147]对地下矿井的气体流动和粉尘运移进行模拟,发现控制粉尘扩散最有效的方法是增加通风气流速度、减小后退距离和改善通风管道高度。K.Washino 等[148]采用实验与软件模拟的方法对液滴颗粒碰撞、黏附于墙面的过程进行了研究。

2012 年，A.G.Li 等[149]考虑布朗扩散、湍流扩散和重力对颗粒沉积的影响，利用数值 CFD-DEM 方法模拟了通风管道中的颗粒物沉积。葛少成等[150]基于碰撞模型、破碎模型以及蒸发模型 UDF 方法研究不同雾化参数、多喷管干涉条件下的雾化除尘效率和不同诱导气流条件下雾滴粒径的分布特性，提出过饱和湿空气的粉尘沉降的论点。

2013 年，刘邱祖等[151]采用格子 Boltzmann（波利兹曼）方法模拟维多辛斯基曲线喷管喷口处的压力，得到分布较平稳、减少喷管能量进而提高喷雾效率的结论。

2015 年，V.S.Sutkar 等[152]从能量角度实验研究了颗粒与液面之间碰撞的特性，建立了相应的数学方程。G.Zhou 等[153]研究了高温紊乱气流作用下的颗粒物温度、浓度、速度的分布规律。

2017 年，F.Z.Chen 等[154]通过一种将光滑离散颗粒流体力学（SDPH）和有限体积法（FVM）相结合的方法，降低计算量，适用于广泛的体积分数。F.Geng 等[155]采用 Euler-Euler（欧拉—欧拉）和 Euler-Lagrange（欧拉—拉格朗日）法研究了混合通风系统受限空间的颗粒物的动力学演变规律。

2018 年，王鹏飞等[156]通过建立煤矿井下气水喷雾降尘数学模型，拟合了全尘降尘效率与呼吸性粉尘降尘分级效率的理论计算式。孙其飞等[157]根据工作面粉尘粒径、喷雾粒径与降尘效率关系，确定了高压喷雾粒径最佳范围。丛晓春等[158]采用基于时间的动态质量平衡模型剖析了颗粒物在不同环境介质间的传输渗透机理。许圣东等[159]基于标准 k-ε 湍流模型和离散相模型，模拟受限空间呼吸性颗粒物浓度分布，主要集中在顶部空间运移不易沉降。

2019 年，李刚等[160]研发了一种适合矿山井下使用的移动式矿用湿式振弦旋流除尘器，通过使雾滴与含尘气流接触面积增大、接触时间加长提高捕尘效率。蒋仲安等[161]用相似原理推导出了高溜井卸矿气流及颗粒物的相似准则数，并通过相似实验及数值模拟对不同粒径及不同卸矿高度下溜井内气流变化、粉尘运移规律进行研究。

2020 年，G.B.Zhang 等[162]基于计算流体动力学理论探讨了多级外部喷雾对综采工作面雾化和降尘的影响，该系统可有效降低工作面扬尘浓度。X.M.Fang等[163]研究了不同粒径的细水雾的降尘效率，表明了不同粒径的水雾捕尘阶段不同。Z.K.Sun 等[164]通过实验研究了不同湍流流场下细颗粒的团聚和去除特性，确定了流场中具有小尺度和三维旋涡的湍流团聚装置对细颗粒的团聚和去除效果最好。

(2) 研究进展分析

从国内外学者研究情况来看,目前主要依靠雾滴的惯性碰撞捕集颗粒物,但对于粒径小于 10 μm 的呼吸性粉尘,捕集效率低。主要由于处于该粒径分布的颗粒会表现出对流体较好的跟随性,难以依赖重力作用脱离气载流线自然沉降。并且矿山地区风流扰动严重,需要雾滴与固体颗粒间保持比较大的速度差,才能有足够的动量实现惯性碰撞、增湿,且此过程的分级效率受到相对速度系数的影响。由此,本书提出增强相间速度差、破坏含尘气流原始流线、增强射流雾化空气卷吸作用、降低雾滴空间分布离散性、提高颗粒有效碰撞概率和主动捕捉能力以实现对双模态颗粒物的高效降除。

1.2.4 国内外研究进展分析

综上所述,通过对国内外两相流喷雾、超音速雾化、湿式雾化捕尘等理论的研究进展的分析可知:

(1) 从 1997 年至 2016 年,国内外学者对气—液两相雾化的研究更加深入,对于接连出现的高压旋流喷雾技术、多种精细雾化气动辅助喷雾技术,经过对喷雾气动总压力、喷雾器结构参数和双流体性质的研究和优化,雾化效果得到了一定提升。自 2017 年以来两相流喷雾技术越来越重视喷雾能耗、喷雾效率、喷雾稳定性和均匀性,并依靠先进光学仪器对多种两相流雾化过程进行了表征。尽管建立了各种光学研究方法和数值模拟模型,但对除尘喷头而言,所应用喷管的孔隙十分细小,内部雾化过程及近场部分的雾化特性通过传统方法表征困难,现有仪器如高精度的激光衍射粒度分析仪在高浓度、高速气雾中也无法准确测量雾滴粒径。

(2) 依据现有国内外雾化降尘技术所采用机理,仅依靠增大喷射压力、缩小孔径、增加环境密度、增大气液比例、升高环境温度、优化气动总压力和结构等手段,使雾滴的破碎速率增大、破碎程度提高,进而达到增加降尘水平的目的是不够的,并且改变气动总压力、结构参数往往以高耗能为代价。事实上,在雾化降尘应用中纯压力型雾化的原理使雾化效率的增长陷入了瓶颈。目前主要依靠雾滴的惯性碰撞捕集颗粒物,但对于粒径小于 10 μm 的呼吸性粉尘,因其对流体流线较好的跟随性表现,难以起到高效的捕集效果,也无法依赖重力和喷雾等作用脱离气载流线、凝并和沉降,以截留碰撞为主的雾化降尘模式对呼吸性粉尘治理大打折扣。并且矿山地区风流扰动严重,当雾滴和气动喷射动能较低时,稳定性和适用性受到影响,现场应用与实验室结果相距遥远。尤其是应用最广泛、普遍的高压雾化与超声波干雾抑尘,雾滴柔软无力,易随风飘散,需要雾滴与固体颗粒间保持更大的速度差,才能有足够的动量实现惯性碰撞、增湿,对呼吸性粉尘的实际降尘效率并不理想[165-169]。

(3) 在航空航天、内燃机、核电、喷雾成型等领域以超音速气动雾化为代表的高速气动微细雾化理论研究已发展相对成熟,但在湿式雾化降尘方面应用很少,相关基础性研究相对薄弱,基础理论和手段有待进一步发展和丰富。

基于此,本书提出了对超音速汲水虹吸式气动雾化捕尘细观动力学机理的研究。首先通过细观尘雾耦合动力学行为研究,分析传统雾化方式雾化降尘不足的本质原因,并得到高效雾化降尘所需雾滴特性分布。为得到特性分布的雾滴,借鉴其他领域对超音速雾化理论的研究成果,采用理论分析、数值模拟、实验室实验、实物加工测试、现场工程适用实验等结合的研究方法,深入研究除尘雾化喷管内跨音速流动特性及场内雾滴破碎规律,并提出超音速汲水虹吸式气动雾化方式,通过减少"非雾化"所必需的对冲能量损失,充分利用超音速流动和场内液相破碎特性规律,来提高气液相间速度差、降低总动量要求。并通过建立变维度的可压缩流体跨音速流动中液滴破碎雾化三维研究模型,实现对喷管内部及近场区域的雾滴特性分布三维可视化研究,最终获得高效雾化装置喷管结构参数与雾滴特性。

通过对喷雾装置雾化和降尘过程的实验研究,创新液相离散方式、优选操作气动总压力,达到低压、高效、均匀和稳定的降尘效果。形成一系列针对呼吸性粉尘治理的可产生强动力、穿透和主动捕捉润湿性能气雾的超音速气动喷雾降尘装置。进一步结合前面对雾场分布特性的研究,揭示超音速汲水虹吸式气动雾化捕尘细观动力学机理,并进行现场适用性研究。为针对呼吸性粉尘的稳定、高效湿式气雾捕集建立理论支撑。

1.3 主要研究内容

(1) 高速气—雾—尘碰撞耦合细观动力学理论

依据多相流理论分析,建立气—雾—尘耦合碰撞三相流数值模型,利用线积分函数对雾滴相的体积分数在尘粒表面界面上积分定量表征润湿程度,采用控制变量法研究雾—尘粒径比、相对速度、雾—尘界面接触角等因素对气—雾—尘耦合碰撞润湿过程的影响。根据不同影响因素影响下的气—雾—尘耦合效果,确定高效降尘的气雾特性条件,揭示高速气雾与粉尘间的耦合作用机理。

(2) 可压缩气流管内跨音速流动特性

根据空气动力学相关理论分析,建立可压缩气流管内跨音速流动数学模型,研究可压缩气流在拉瓦尔喷管内的跨音速过程;建立不同喷管初始尺寸、侧壁形状可压缩气流管内跨音速流动的几何模型量化分析,研究上述因素对可压缩气流管内跨音速流动特性分布影响规律；得到传统超音速雾化的缺陷本质与可根据超音速雾化理论实现除尘雾化喷头的超音速雾化过程的途径和方法。

(3) 跨音速流场中液滴雾化细观动力学特性

根据液滴破碎雾化有关理论、超音速流动有关方程建立可压缩气流跨音速流动中的液滴破碎雾化的数学模型；控制初始马赫数、初始密度、初始释放位置，研究可压缩气流在不同侧壁曲线形状、不同缩扩比参数结构的拉瓦尔喷管内的跨音速流动中的液滴破碎雾化特性；建立变维度的可压缩气流跨音速流动中的液滴破碎雾化数值研究模型，模拟研究实现管内及近场瞬态雾滴破碎三维可视化数值表征，获得其特性分布规律；进一步研究实现超音速气动雾化、汲水虹吸、节能和超细雾化的理论基础和实现途径。

(4) 超音速汲水虹吸式气动雾化细观动力学特性

通过雾化粒度测试、雾化实验、摄像等方法研究现有先进的超声波干雾抑尘雾化效果和不足之处、离散位置及方式对超音速雾化的影响，得到完备的超音速汲水虹吸式气动雾化装置结构；通过雾化实验研究超音速汲水虹吸式气动雾化特性、机理，以及研究装置结构参数对超音速汲水虹吸式气动雾化特性的影响；通过实验研究超音速汲水虹吸式气动雾化装置的节能防堵特性，总结其节能防堵机制。

(5) 超音速汲水虹吸式气动雾化捕尘细观动力学机理

通过对比实验研究不同结构参数、气象条件的超音速汲水虹吸式气动雾化捕尘特性；通过数值模拟和实验结果分析气流—雾滴场中不同粒径雾滴对含尘气流中不同粒径级数粉尘动态作用机制，揭示超音速汲水虹吸式气动雾化降尘机理；通过对比实验研究超音速汲水虹吸式气动雾化隔尘特性，揭示超音速汲水虹吸式气动雾化隔尘机理，进一步通过控制变量法实验研究气动总压力、结构因素对超音速汲水虹吸式气动雾化降尘效率的影响。

(6) 超音速汲水虹吸式气动雾化控尘系统工程应用

结合选煤厂和煤矿井下现场实际情况，研究选煤厂准备车间的实际粉尘污染现状，研究治理点的粉尘污染现状、不同粒径煤尘在车间启车状态下的运移规律；数值模拟和现场实验研究确定超音速汲水虹吸式气动雾化系统降尘的分区域应用治理方案，包括喷头结构型号的选择、气动总压力的确定、布置位置、角度、距离、多型号喷头的相互配合；设计适合超音速汲水虹吸式气动雾化控尘的配套装置，现场工程实施和试验，囊括选煤厂胶带落料口带式输送机软连接漏尘点、带式输送机机尾甩尘、带式输送机走廊内外侧扬尘和煤矿井下输煤转载点、回风巷等处；研究超音速汲水虹吸式气动雾化雾幕降尘现场应用治理效果、稳定性和适用性。

第二篇　超音速雾化降尘技术理论基础研究

第2章　高速气—雾—尘碰撞耦合细观动力学理论与特性规律

由第一章分析可知，传统湿式雾化方式对呼吸性粉尘捕集效率低，为此，本章首先采用数值方法模拟高速气雾中雾滴与粉尘的细观动力学行为，来分析传统湿式雾化方式对呼吸性粉尘降尘效率低的原因，并探究适合不同粒径（$PM_{2.5}$～PM_{10}）的最佳捕捉雾滴特性。

对于气动雾化降尘而言，其雾化捕尘过程会产生较高速的气雾溶胶，因此需建立以高速气流为背景的数值模型。高速气流中的雾—尘耦合过程与常规高压喷雾的雾—尘耦合不同，其区别在于，高压喷雾雾滴与外在空气是相对运动的，与尘亦是相对运动的，捕尘时周围环境空气是低速流动的，雾—尘之间相对速度受周围空气流动影响小，这也是前人雾—尘耦合碰撞的研究背景。而高速气流中雾—尘耦合过程是针对双流体喷管的高速气动微雾化喷头，雾滴粒径小、惯性差，随高压、高速气流向外喷射与粉尘结合时，雾滴与气流几乎保持同等高速度进而形成“高速气雾”（简称“气雾”），与粉尘间具有较大的相对速度。

本书以 30～100 m/s 的气—雾—尘相对速度为例，通过研究雾—尘粒径比、雾—尘相对速率、碰撞角度、接触角等对雾—尘耦合细观动力学行为的影响，获得高速气雾与粉尘接触后，瞬时碰撞捕捉、松弛匀速运动状态下的润湿行为机制。

2.1　高速气流中单颗粒雾—尘碰撞耦合细观动力学理论

依据多相流理论建立气—雾—尘耦合碰撞三相流数值模型，采用数值模拟方法研究雾—尘粒径比、相对速度、雾—尘界面接触角等因素对气—雾—尘耦合碰撞润湿过程的影响，利用线积分函数对雾滴相的体积分数在尘粒表面界面上积分，对比积分结果获得不同影响因素下的气—雾—尘耦合效果，确定高效降尘的气雾特性条件。

2.1.1　三相流数学模型的建立

气—液—固多相流数值模拟的最大障碍是气—液界面的存在、变形和界面位置的不确定性，以及气—液—固相相互作用时，界面的动态急剧变化。

Level Set 方法最初由 S.Osher 等在 1988 年提出[170]，最初应用于智能图像控制、图像处理等领域，经 J.A.Sethian 等的发展，被用于气—液两相流的数值模拟研究中，该方法的基本思路是将气液界面的传播用高阶函数(Level Set，φ)的零点值表示，计算区域中的不同相由 φ 的代数值来区分。与有限元动网格技术结合，能够很好地解决气—液—固界面的流动、破碎、融合等问题，而该过程的主要物理参数是表面张力。它作为相的界面上的一种能量，主要由表面曲率和法向向量确定[171]。

运动界面的确定需要求解两个运输方程[172]，即式(2-1)和式(2-2)，其中包括相场变量 φ 和混合能量密度 ψ，关键参数包括表面张力系数 σ、界面厚度参数 ε_{pf}。

$$\frac{\partial \varphi}{\partial t}+u \nabla \varphi=\varphi \cdot \frac{\gamma_0}{{\varepsilon_{pf}}^2} \nabla \psi \tag{2-1}$$

$$\psi=-\nabla \cdot {\varepsilon_{pf}}^2 \nabla \varphi+(\varphi^2-1)\varphi+\left(\frac{{\varepsilon_{pf}}^2}{\lambda}\right)\frac{\partial f}{\partial \varphi} \tag{2-2}$$

式中 u——运动速度，m/s；

λ——表面能密度，J/m^2；

ε_{pf}——界面厚度参数，m，默认为计算域内最大网格元素 h_{max} 的一半，即 $\varepsilon_{pf}=h_{max}/2$；

$\partial f/\partial \varphi$——场导系数，其中 $f(J/m^3)$为外部自由能；

γ_0——质量迁移率，$m^3 \cdot s/kg$。

λ 与 γ_0 分别由式(2-3)和式(2-4)确定。

$$\lambda=\frac{3\varepsilon_{pf}\sigma}{\sqrt{8}} \tag{2-3}$$

式中 σ——表面张力系数，N/m。

$$\gamma_0=\chi {\varepsilon_{pf}}^2 \tag{2-4}$$

式中 χ——迁移率调整系数，$m \cdot s/kg$。

式(2-4)中的 χ 决定了 Cahn-Hilliard 扩散的时间尺度，为保持界面恒定厚度需要该值保持足够大，但过大的设定会使得模拟中相过度扩散，过小会产生扩散阻尼阻碍相扩散运动，可由式(2-5)定义：

$$\chi=\frac{\boldsymbol{u} \cdot h_{max}}{3\sqrt{2}\sigma\varepsilon_{pf}} \tag{2-5}$$

速度场 $\boldsymbol{u}$ 通过对流方式完成相场变量的传递，计算时经相初始化确定流体—流体界面位置。气—液界面受到气体与固体表面张力性质决定，在求解动量方程时包含表面张力。另外，液—固界面由润湿壁定义，流体与固体接触角为 θ_w(rad)。相界面上表面张力项可被描述为：

$$\boldsymbol{n} \cdot \varepsilon_{\mathrm{pf}}{}^{2} \nabla \varphi = \varepsilon_{\mathrm{pf}}{}^{2} \cos(\theta_{\mathrm{w}}) \cdot \varphi \mid \nabla \varphi \mid \tag{2-6}$$

式中　$\boldsymbol{n}$——界面上的内在几何特性参数,法向向量。

而穿过流体界面的质量为 0,可表示为:

$$\boldsymbol{n} \cdot \frac{\gamma_0 \lambda}{\varepsilon_{\mathrm{pf}}{}^{2}} \nabla \varphi = 0 \tag{2-7}$$

其中接触角可由杨氏方程定义:

$$\sigma \cos(\theta_{\mathrm{w}}) + \gamma_{\mathrm{s2}} = \gamma_{\mathrm{s1}} \tag{2-8}$$

式中　γ_{s1}——流体 1 与固体界面上的表面能密度,$\mathrm{J/m^3}$;

γ_{s2}——流体 2 与固体界面上的表面能密度,$\mathrm{J/m^3}$。

2.1.2　几何模型的建立

高速气流中单颗粒雾—尘碰撞耦合三相流数值研究几何模型设定如图 2-1 所示。碰撞的双方为雾滴与粉尘,碰撞环境空气域为高速气流、雾滴、粉尘颗粒,本书粉尘颗粒尺寸设定为直径 20 μm、10 μm、2.5 μm,雾滴尺寸根据研究内容设定,雾滴与空气域相对速度为 0,粉尘与雾滴相对速度根据研究内容设定。空气域根据所研究粉尘颗粒不同,设定边长为颗粒直径的 200 倍的正方形。

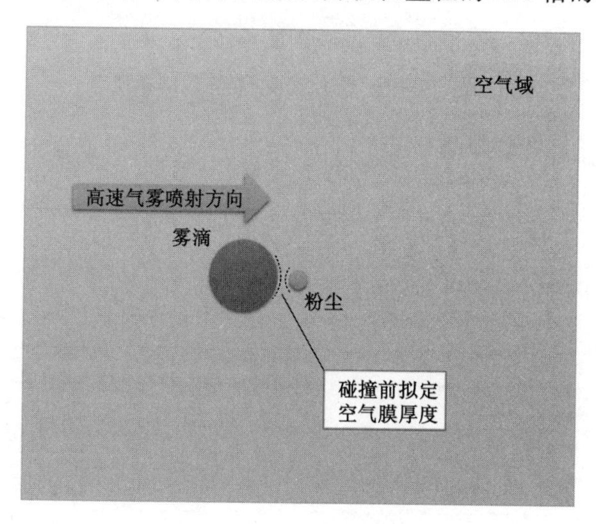

图 2-1　雾—尘碰撞几何模型图

2.1.3　网格划分

采用流体动力学自由三角形极细化划分方法计算网格中流体气、液部分,最大单元为 1.34 μm,最小单元为 0.004 μm,最大单元增长率为 1.05,曲率因子为 0.2,狭窄区域分辨率为 1。固体区域采用普通物理学自由三角形网格划分。网格单元数为 66 776,最小单元质量为 0.554 7,平均单元质量为 0.942 6,单元面积比为 0.010 74，网格面积为 40 000 μm^2。采用了流体力学极细化动网格的边界捕捉技术，设定气相和液相区域为动网格，可捕捉气—液两相在高速碰撞过程中微秒级的瞬态边界形态变化规律，气—固—液三相交界区域网格质量如图 2-2 所示。

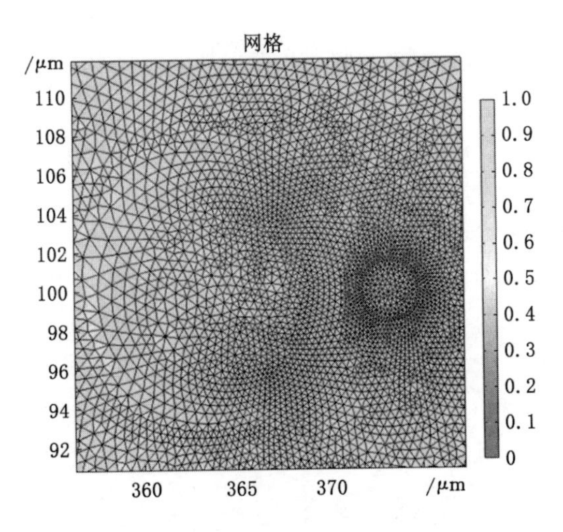

图 2-2　气—固—液三相交界区域网格质量

在图 2-2 中，可以明显看出雾滴与尘粒边界被网格刻画清晰，在相互交界的动网格区域网格质量良好。能够捕捉到在高相对速度时，雾滴、气膜的形态变化。

数值模拟中的边界条件设定，见表 2-1。

表 2-1　边界条件设定

边界条件	设定值
尘粒密度/(kg·m^{-3})	1.33×10^3
尘粒杨氏模量/MPa	2 713
尘粒泊松比	0.339
气相密度/(kg·m^{-3})	1.27

2.1.4　可靠性验证分析

国内外三相流研究多集中在对气泡、油、水、固壁为介质的研究上，研究雾滴—尘粒碰撞文献较少，现有文献尤其对气流中微米级颗粒—液滴间高相对速度的碰撞建模仍为空白，无相关碰撞行为表征及可视化实验研究对照证明。

由此，本书在 2.2.1 节，将模拟结果的“雾—尘两相瞬态碰撞后气相在尘粒外的流线分布”与文献中“不可压缩流体在光滑圆柱外绕流运动时的流线分布”实验结果对比；将模拟结果的“不同角度时尘—雾碰撞应力分布变化”与文献中“不可压缩流体冲击在圆柱体表面绕流时的瞬时应力系数、合力系数分布变化”实验结果对比。从流线分布和应力变化角度验证模拟的可靠性，形态与文献中“不可压缩流体与在光滑圆柱体周围绕流无分离流动”结果吻合较好。

在 2.3 节中，以接触角为变量的碰撞润湿研究中，研究了润湿角为 180°的疏水案例，通过疏水性润湿屏蔽现象的呈现情况来验证模拟的可靠程度。180°时疏水表面与雾滴完全未有润湿，这种绝缘屏蔽现象在模拟中被较好的呈现。

2.1.5　润湿度、雾核、雾桥、松弛现象

为研究雾滴与尘粒间的碰撞和润湿过程，并进行定性定量分析，介绍以下四个概念[173]。

(1) 润湿度

润湿度 Φ(μm)由线积分 $\int_a^{a'} \varphi_1(x)\mathrm{d}x$ 定义，其中 φ_1 为体积分数，如图 2-3 所示。

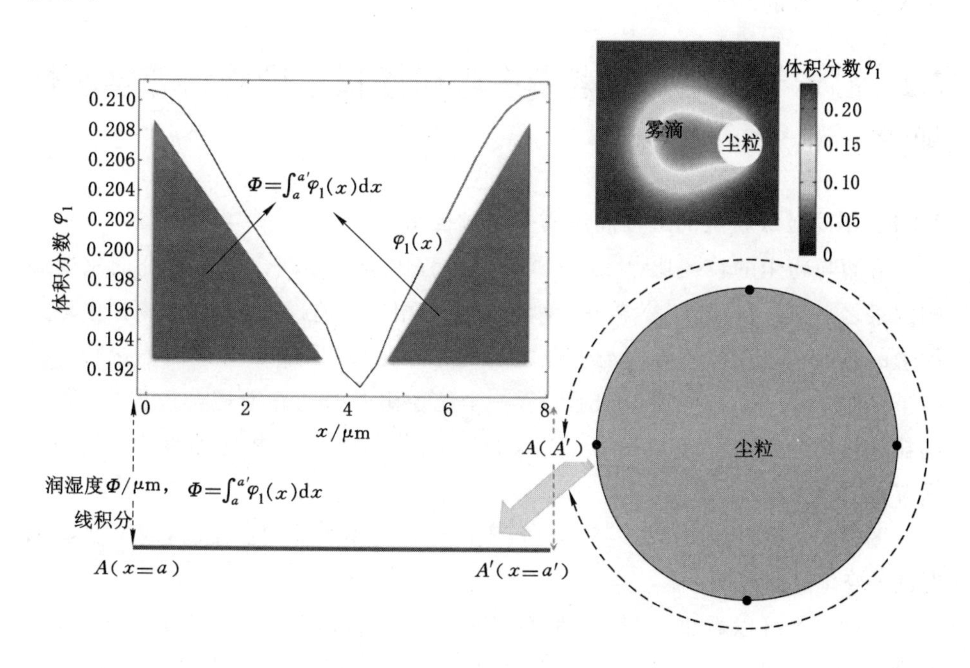

图 2-3　润湿度线积分定义图解

由于尘粒表面各点液相瞬时体积分数 φ_1 不尽相同，因此为表征雾滴对尘粒的瞬时润湿程度，在尘粒周长上定义该定积分函数进行线积分计算获得润湿度 Φ。

(2) 雾核

雾滴在空气中由于质量迁移作用，液相会随时间迁移向气相中扩散，其体积百分数将随扩散过程分阶梯降低，雾滴内液相百分数最大区域，将之称为雾核。

(3) 雾桥

雾滴与粉尘接触后因润湿性的不同会以不同速度润湿粉尘，此时气、液、固三相界面会形成以气—液组成的桥状，以接触角为特性确定的边界将粉尘连接，随着润湿度不同，雾桥宽度、长度、深度不同，以此可判断雾滴对粉尘的瞬态润湿速率。

(4) 松弛现象

两相之间存在的不平衡性随时间的推移而逐渐减弱的现象称“松弛”。在雾滴—颗粒流中，最主要的平衡是速度的平衡，而液滴对雾滴的润湿便是在此种运动状态下完成的。

2.2 高速气流中单颗粒雾—尘碰撞耦合细观动力学特性规律

2.2.1 不同粒级粉尘的最佳润湿雾—尘粒径比

雾滴与粉尘的粒径比[174]是气雾降尘过程中尘—雾耦合特性研究的重要影响因素之一，通过建立气—雾—尘耦合碰撞三相流数值模型，并且在模拟中根据粉尘的粒径大小权衡了雾滴与尘粒之间的相对距离，保障足够近而不接触。模拟了针对 3 种不同粒径粉尘和不同雾—尘粒径比 k 时的碰撞耦合过程。3 种不同粒径粉尘分别为 $PM_{2.5}$、PM_{10}、PM_{20}，模拟中气—雾—尘相对速度为 50 m/s、润湿角为 $\pi/9$。

图 2-4 为不同雾—尘粒径比 k 时，不同粒径粉尘被捕捉润湿时，润湿度 Φ 随时间 t 变化的曲线图。

从图 2-4 可以看出，对于 3 种粒径的粉尘，随着雾—尘粒径比的增大，润湿度的变化一致，且随着润湿时间的增加，k 较小时润湿度先增大后减小，k 较大时润湿度逐渐增大，但增大速度逐渐减小且存在一个最佳值。当粉尘粒径为 2.5 μm 时，最佳捕尘比 $k=2$；当粉尘粒径为 10 μm 时，最佳捕尘比 $k=$

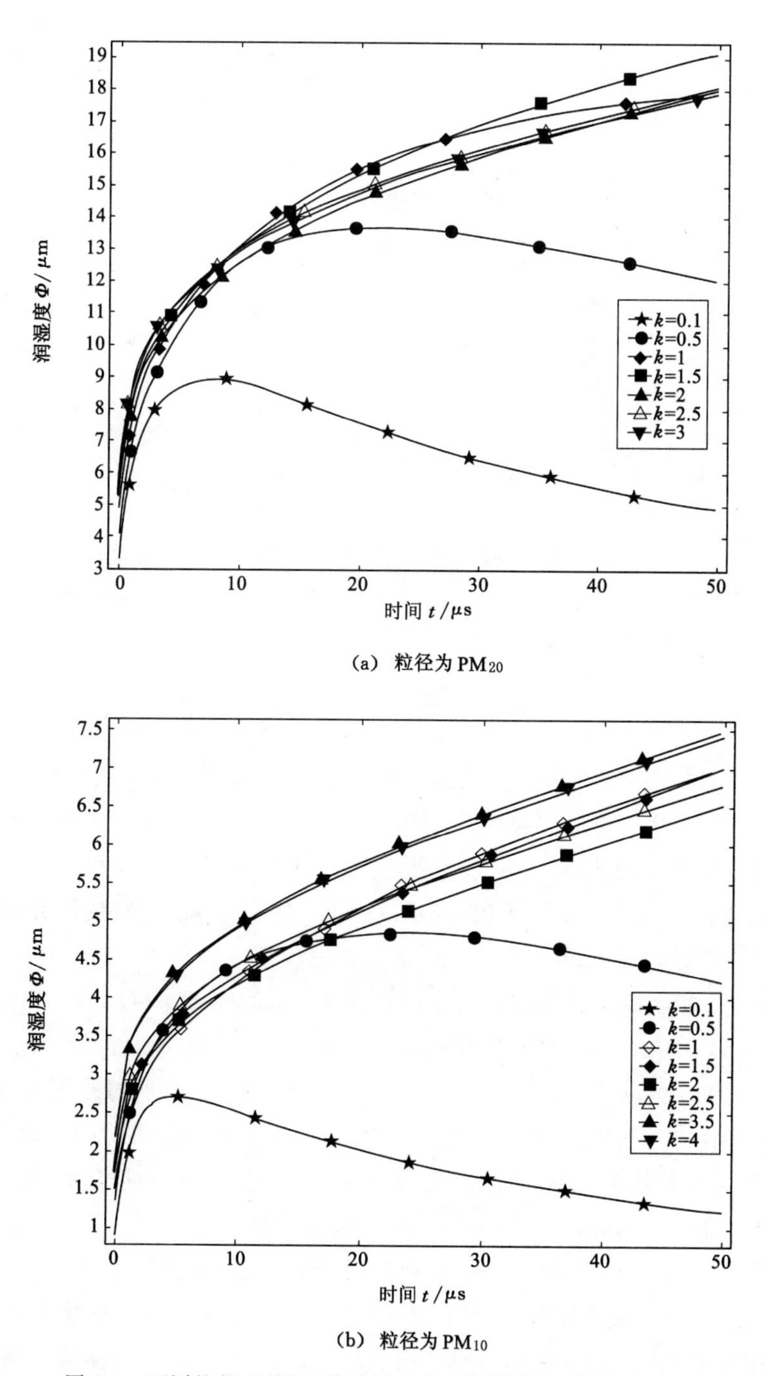

(a) 粒径为 PM_{20}

(b) 粒径为 PM_{10}

图 2-4　不同粒径、不同 k 值时雾—尘碰撞润湿度瞬态对比图

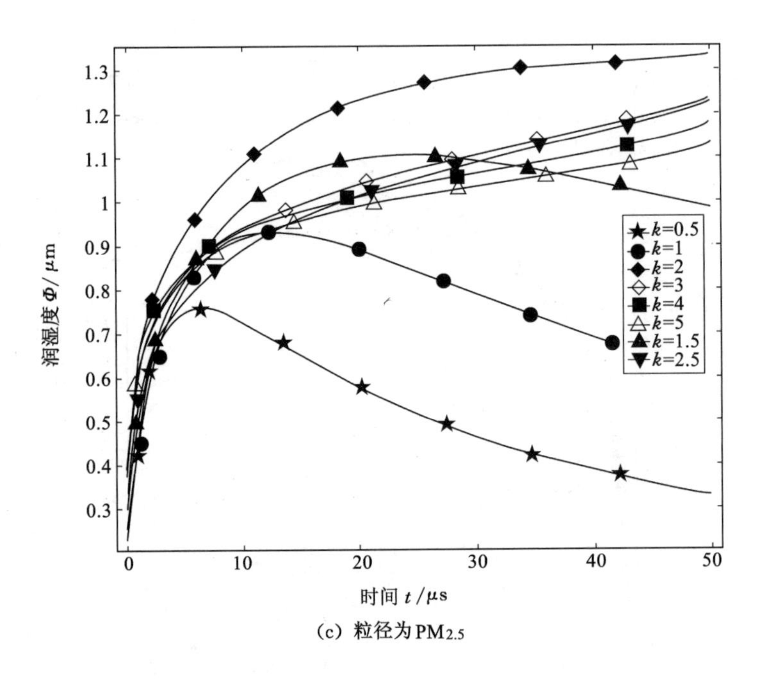

(c) 粒径为$PM_{2.5}$

图 2-4 (续)

3.5;当粉尘粒径为20 μm 时,最佳捕尘比 $k=1.5$,即高速气雾降尘时针对$PM_{2.5}$、PM_{10}、PM_{20}的最佳粒径分别为 5 μm、35 μm、30 μm。这解释了常规气动雾化降尘喷头对 PM_{10}以下粉尘效率低的原因,是由于普遍推广应用的雾化喷头粒径分布多处于 30~1 000 μm,对于 PM_{10}以下粉尘的捕捉,该雾化粒径分布范围显然不够细小。

对于 PM_{20},在最佳润湿雾—尘粒径比 $k=1.5$ 时,雾滴与 PM_{20}相对运动并碰撞后,50 μs 内的瞬态模拟结果如图 2-5 所示。

从图 2-5 可以看出,受润湿速率的限制,PM_{20}与雾滴刚碰撞时相对速度大,雾滴不能完全包裹尘粒,被沿对撞方向挤压呈“蘑菇顶”状,并做与气流方向相反的运动,与尘粒接触处形成雾桥。随着二者在气流中运移和相互牵引,蘑菇顶状的液滴形态开始回弹,雾桥变宽、变粗,并逐渐连接雾核。

当 $t=10$ μs 时,与雾核连接,运动方向逐渐与气流运动方向一致。当 $t=16$ μs 时,液滴已基本恢复为球形,但因润湿作用接触边界界面向尘粒表面迁移,形态逐渐变为“灯泡状”。随润湿进行,雾核内液相的体积分数逐渐下降,雾桥继续拓展,雾滴在纵向变得扁平,$t=48$ μs 时几乎包裹住粉尘。

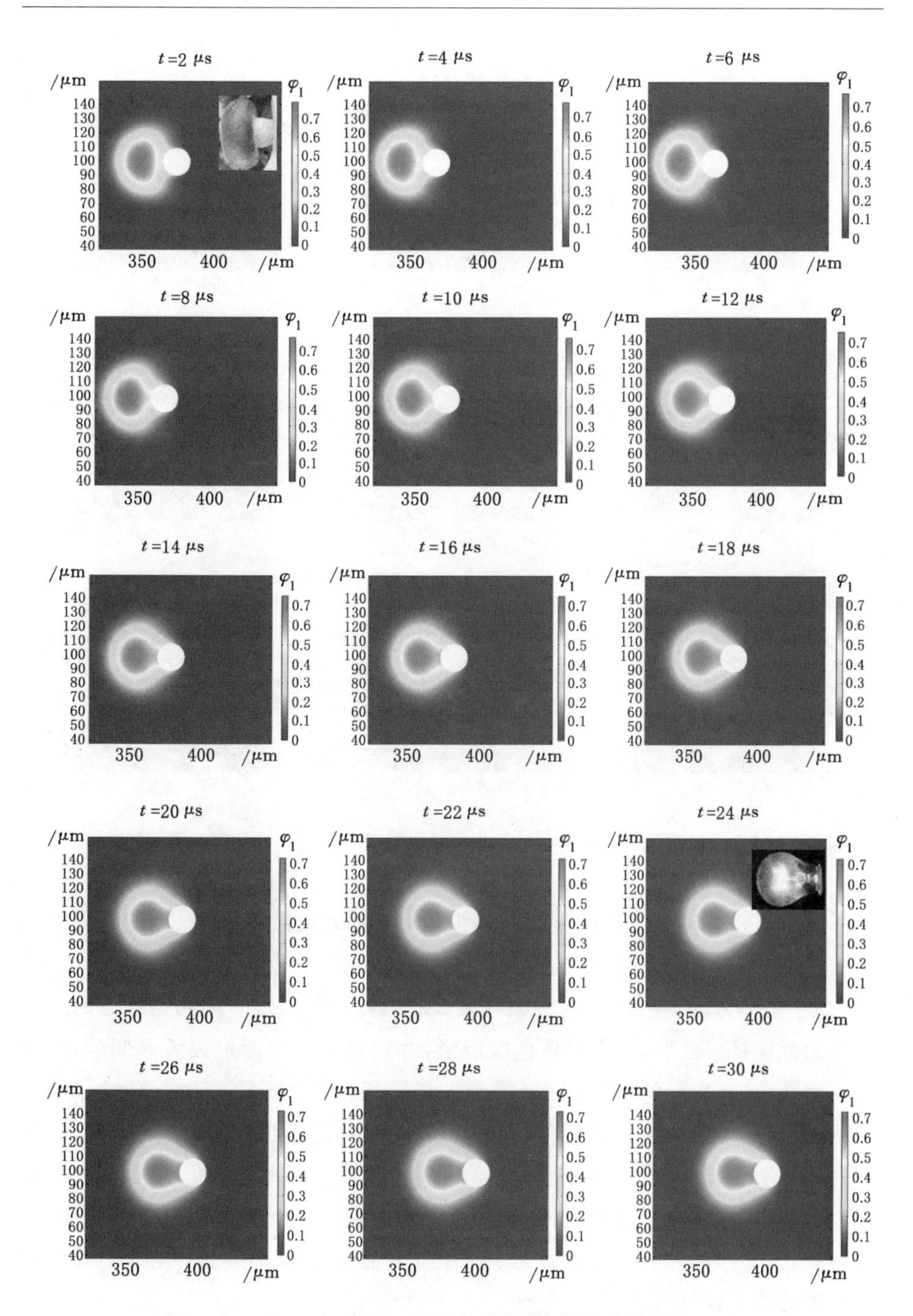

图 2-5　$k=1.5$ 时对 PM_{20} 的瞬态碰撞液相体积分数分布云图

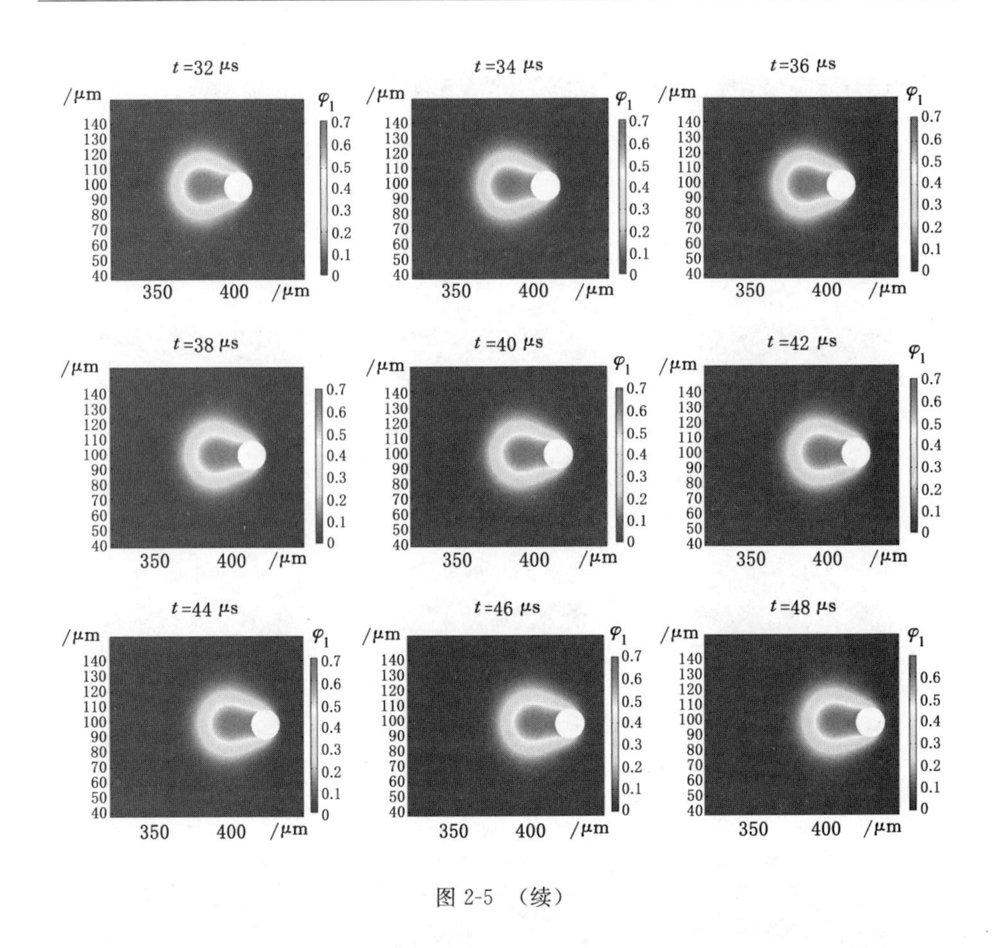

图 2-5 （续）

对于 PM_{10}，$k=3.5$ 时的雾滴与煤尘相对运动并碰撞后 50 μs 内的瞬态润湿耦合模拟结果如图 2-6 所示。

如图 2-6 所示，由于 PM_{10} 的惯性较 PM_{20} 的小很多，与雾滴初始接触时无法将之大范围挤压变形，内部雾核呈椭圆形，并在接触面两侧形成弧形凹陷，随接触时间增长，雾滴形状开始回弹，凹陷曲率下降。当 $t=10$ μs 时，雾核恢复圆形，边界又随即向尘粒方向迁移，在逐渐形成雾桥的过程中，形态渐变为“气球状”，并且随着雾桥的拓展逐渐变瘪，但雾核与尘粒的距离无变化，说明尽管雾滴与尘粒间空气膜中的气相体积分数逐渐被液相替代，但 $t=48$ μs 时依然存在空气薄膜，润湿作用形成的牵引力无法克服气流的曳力/阻力和尘—雾耦合体惯性力形成的合力，将尘粒拉近。

对于 $PM_{2.5}$，$k=2:1$ 时的雾滴与煤尘相对运动并碰撞后，50 μs 内的瞬态模

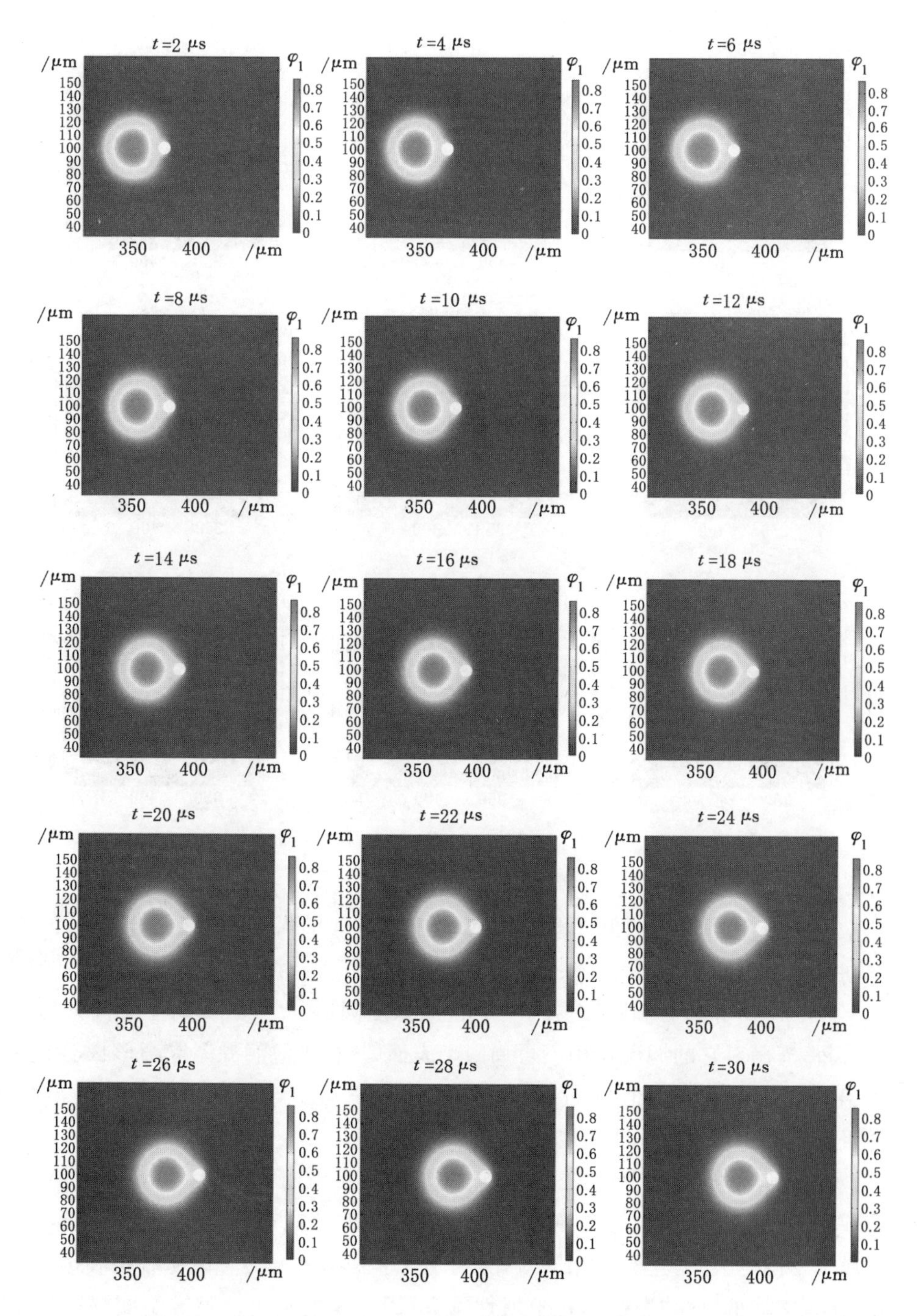

图 2-6　$k=3.5$ 时对 PM_{10} 的瞬态碰撞体液相体积分数分布云图

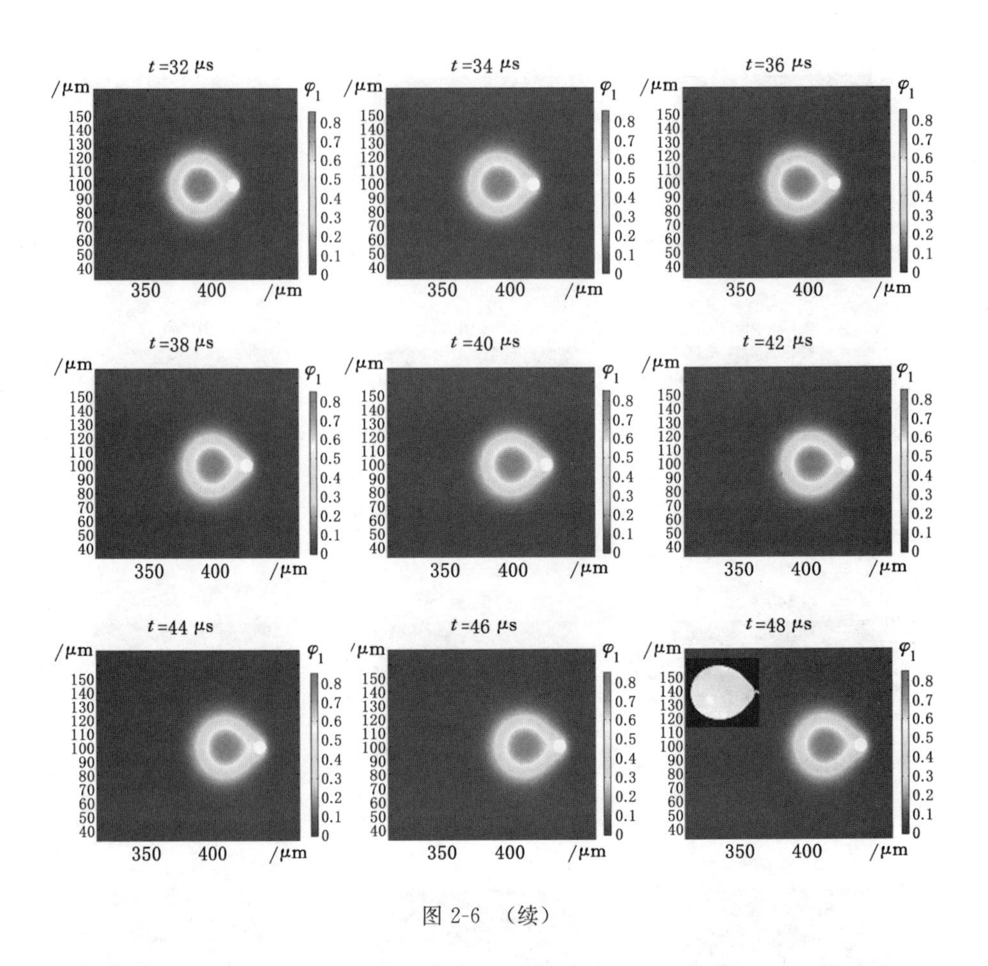

图 2-6 （续）

拟结果如图 2-7 所示，因 $PM_{2.5}$ 的粒径和惯性过小，当雾滴运动接近尘粒时，二者之间空气被挤压却未被完全突破。尘粒在 0～3 μs 内对雾滴造成的形变十分微弱，1～2 μs 时雾滴为椭圆形，在 $t=3$ μs 时恢复圆形。$t=6$ μs 时尘雾间开始建立雾桥，雾滴对它的润湿作用不再局限于表面的“相扩散润湿”，雾滴形状逐渐变得扁平，将尘粒包裹。但 50 μs 内，尘、雾间仍无法建立与雾核相连的核内雾桥，并且二者的相对距离无明显变化。

综上所述，雾滴与 PM_{20}、PM_{10} 和 $PM_{2.5}$ 碰撞接触时，开始因相对速度较大，造成以雾滴—粉尘惯性为主导的不同程度地形变，相同雾—尘粒径比时，粉尘惯性越大形变越大，粉尘粒径相同时，雾滴越大形变越小。随着碰撞后相对速度降低，出现雾滴的“回弹”现象，粉尘惯性越大，回弹速度越快。随雾滴润湿粉尘并与之相对静止向前运移，雾滴与粉尘之间建立雾桥，对于不同尺寸尘粒和不同粒

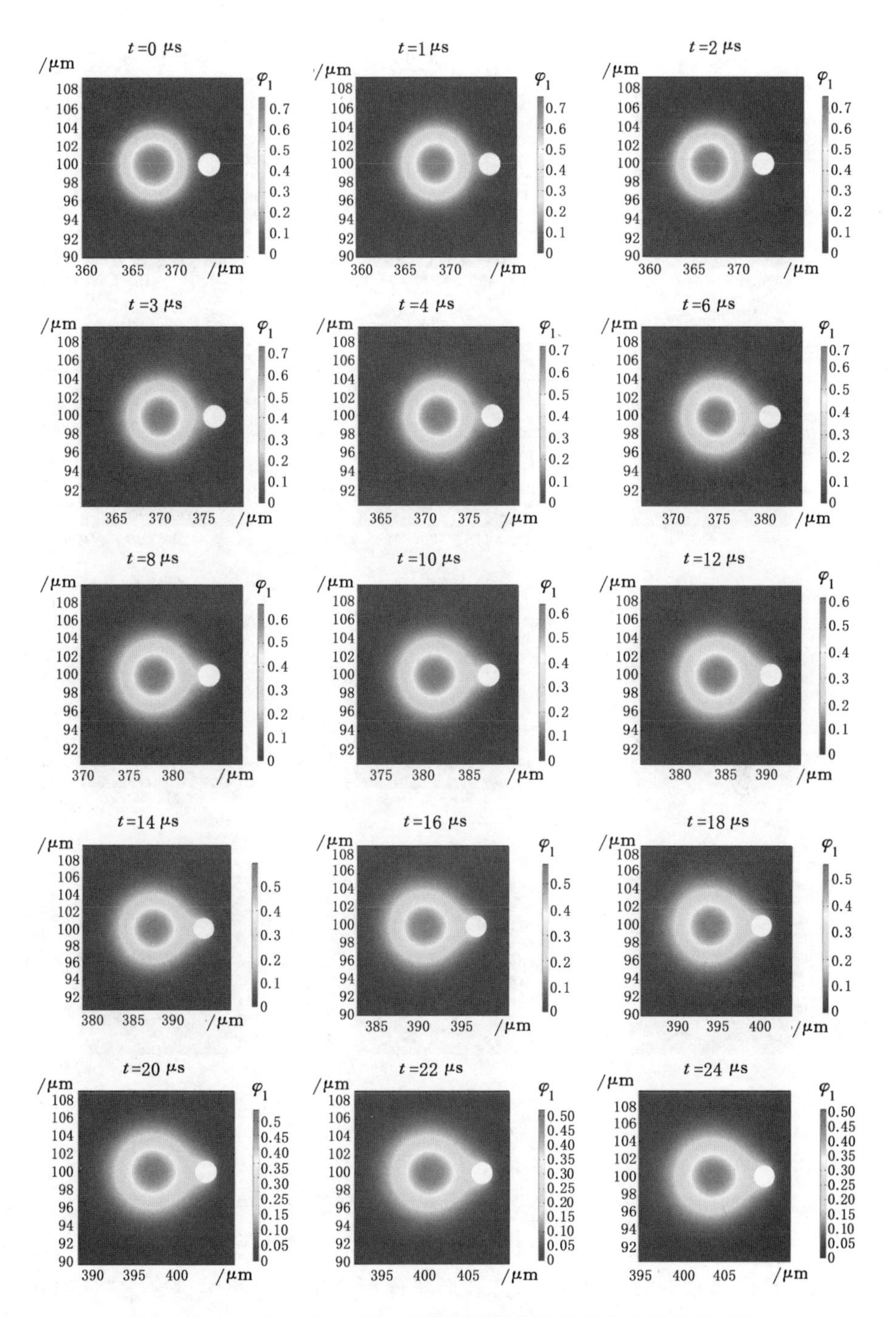

图 2-7　$k=2$ 时对 $PM_{2.5}$ 粉尘的瞬态碰撞体液相体积分数分布云图

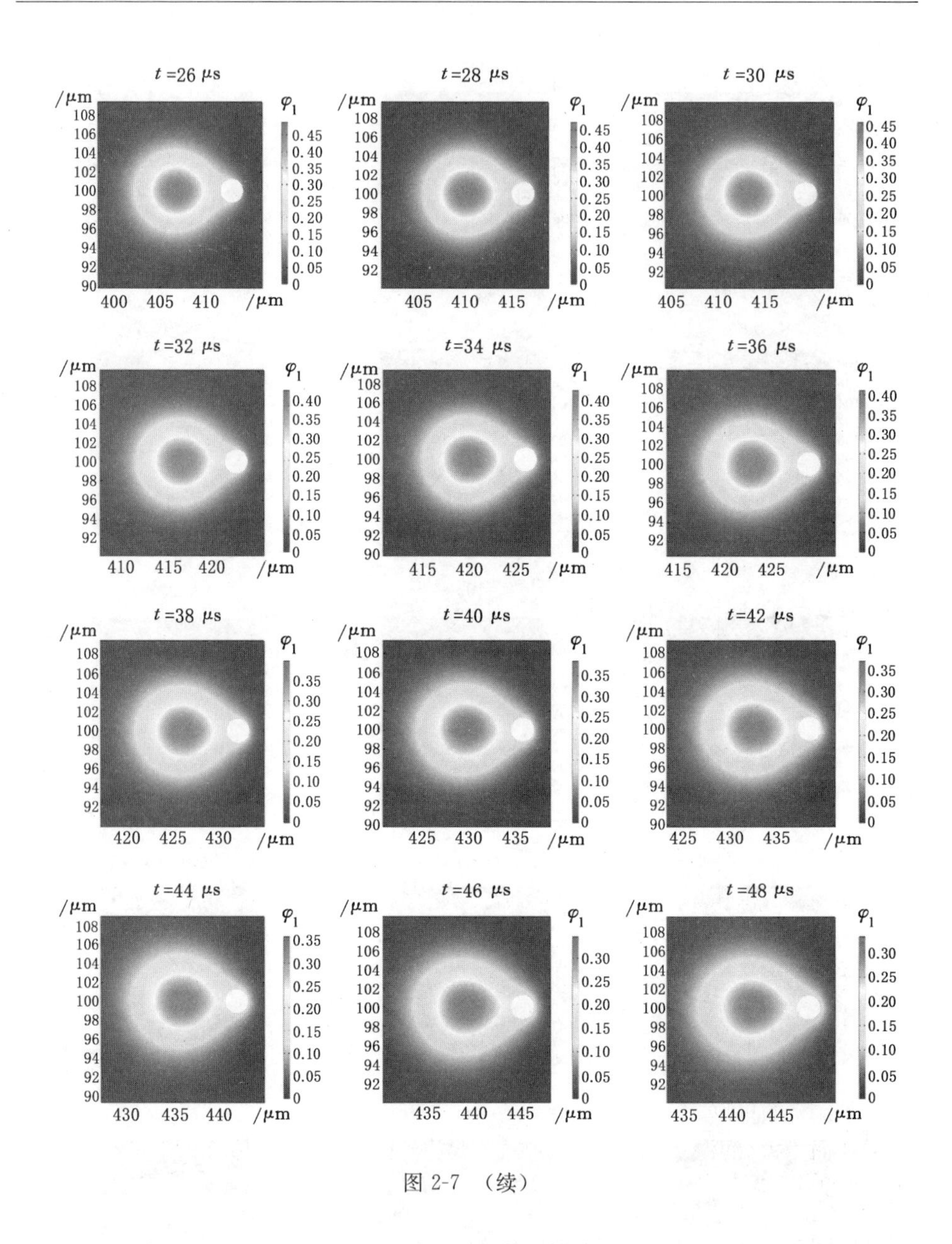

图 2-7 （续）

径比，雾桥建立的时刻不同，尘粒越小雾桥建立越晚且强度越微弱。随粉尘被润湿程度的增加，雾滴内雾核的体积分数逐渐下降，雾滴粒径越小，对粉尘润湿性越好，雾核的体积分数下降越快，雾滴形状逐渐变扁并与粉尘耦合为“灯泡状”，随着雾核向尘粒沿中心线迁移，耦合体形状向“气球状”发展。

2.2.2　雾—尘粒子相对速度对碰撞耦合润湿的影响

尽管通过最佳粒径比可以解释常规气动雾化喷头低效率降尘的原因，但实际中细雾喷头对 $PM_{2.5}$ 的效率依然不尽人意，因此以 $PM_{2.5}$ 为研究对象，设定粒径比 $k=4$，研究不同雾—尘粒子相对速度对气—雾—尘耦合碰撞的瞬态润湿度影响，包括碰撞速率[175]和碰撞角度[176]的研究。

2.2.2.1　粒子相对速度

本书在相同雾滴粒径比、碰撞角度条件下，以雾滴与煤尘的相对速度为变量进行雾滴与尘粒的正面碰撞润湿度瞬态变化数值模拟研究。雾滴速度研究范围为 30～100 m/s。计算了 1～50 μs 内的润湿度瞬态结果。图 2-8 为不同雾—尘相对速度(U，m/s)，0～50 μs 时的润湿度瞬态模拟变化曲线。

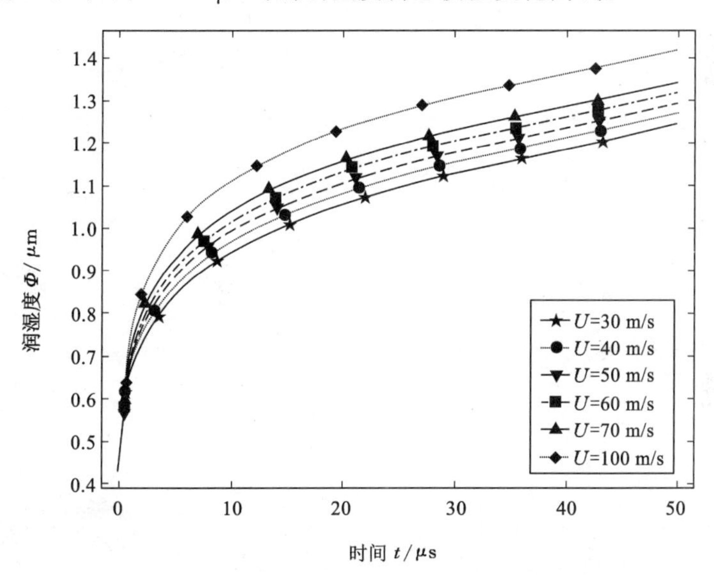

图 2-8　不同雾—尘相对速度的碰撞润湿度瞬态对比图

从图 2-8 可以看出，不同的雾—尘相对速度润湿度的变化一致，润湿度随时间的增加而增大，润湿速率不断减小，且随着相对速度 U 从 30 m/s 增大到 100 m/s，当 $t=50$ μs 时润湿度的值由 1.23 μm 增加至 1.42 μm，可得润湿度随雾—尘相对速度 U 的增大而增大。

如图 2-9 所示，从雾—尘瞬态碰撞体流线分布状态可明显看到，雾滴在与粉尘碰撞时，雾、尘中间存在气膜薄层，随着碰撞进行空气逐渐被挤压排出，并在固体颗粒周围呈绕流运动。接触界面间气流流线的间距先是扩大，随着二者进入松弛状态，间距开始减小。尘粒尾部流线间距先是不断减小，松弛后又逐渐扩

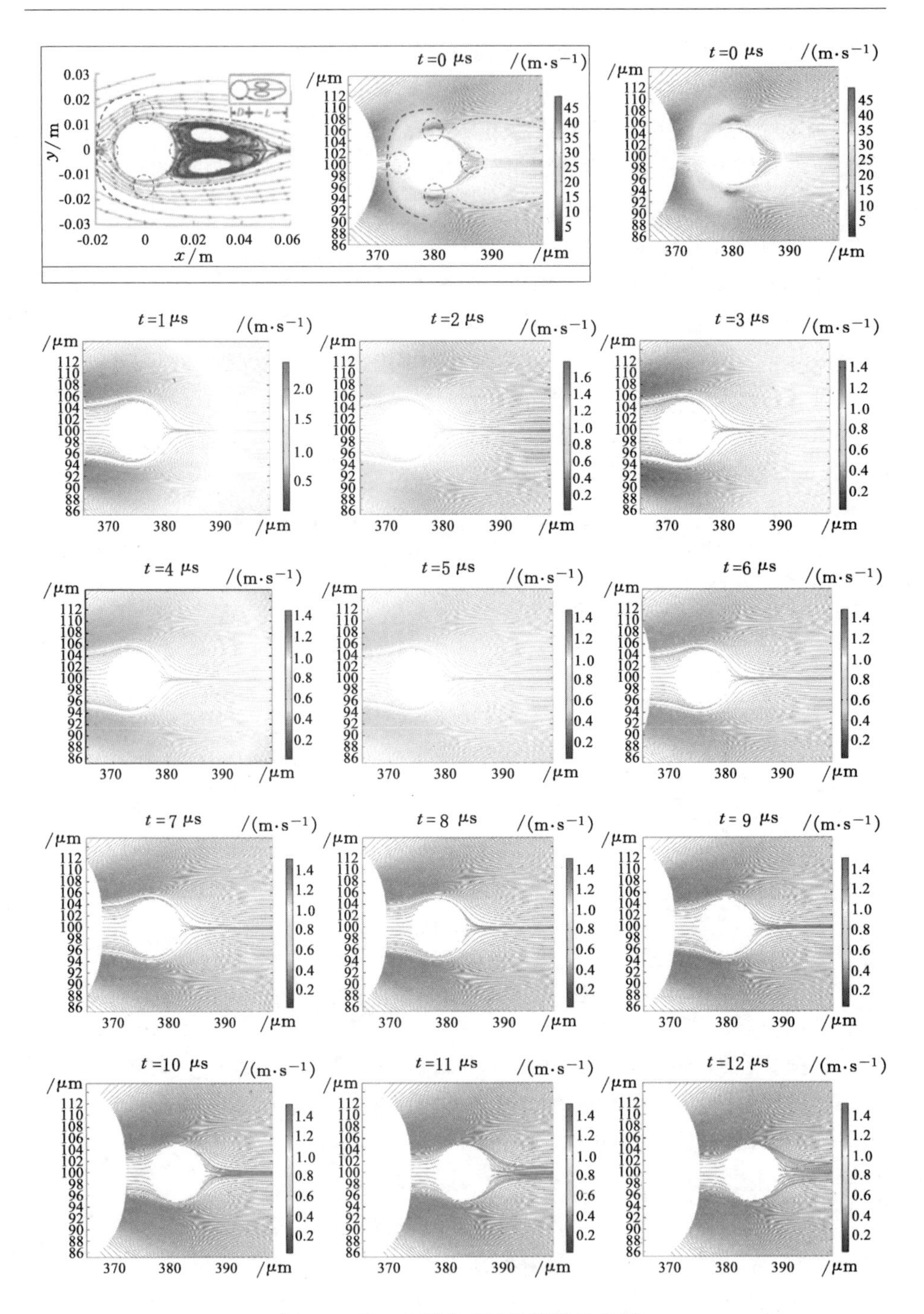

图 2-9 雾—尘瞬态碰撞体流线分布图

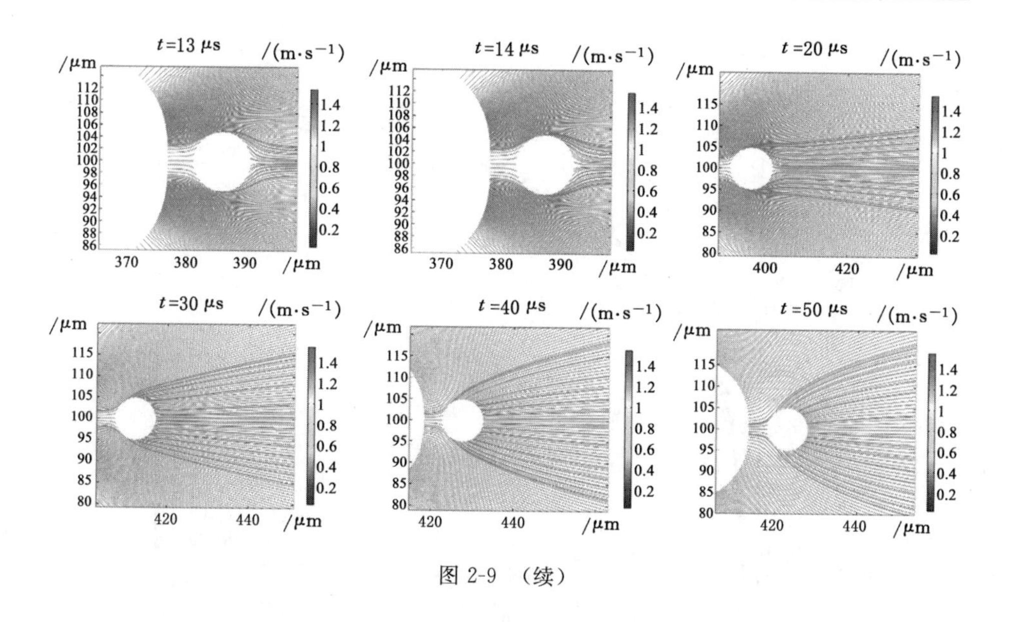

图 2-9 （续）

大，与文献中“不可压缩流体绕光滑圆柱表面流线分布”的实验结果吻合较好[177-178]。

当 $t=0$ μs 时，尘粒与雾滴相对速度最大，在对撞前与二者间形成新月状气流流动并沿尘粒上下表面向后流动，在尘粒运动反方向表面气流高速汇聚形成涡状，随即发生碰撞，$t=1$ μs 时，相对运动速度下降至 1.5～2 m/s，$t=2$ μs 时下降至 0.4～0.6 m/s，当速度下降至 0.2 m/s 甚至趋于相对静止后，雾滴和尘粒速度开始在气流的推动下增加，尘粒右侧气流速度大于左侧气流速度。$t=5$ μs 时前后速度同时增加至 1 m/s，此时尘粒与雾滴同时进入松弛状态，并于气流相对静止，匀速前进。从 8～50 μs，受到雾滴的推力、气流曳力、雾滴表面张力的润湿牵引共同作用，尘粒逐渐向雾滴靠近，尘雾间流线密度增加，尘粒前进方向上流线密度下降。

2.2.2.2　粒子碰撞角度

首先，定义 c 为模拟中各系列计算调节系数，以初始相对速度的角度来定义粒子碰撞角度为 $\beta=c\cdot\pi$。如 $c=0$ 时，表示雾滴与粉尘颗粒正面对撞。图 2-10 为 $c=0.25$、$c=0.166\ 67$、$c=0.008\ 333$ 和 $c=0$ 时，0～50 μs 内的润湿度变化曲线图。

如图 2-10 所示，四种角度润湿度变化一致，碰撞后润湿度先迅速增大，后因去湿效应增大速率逐渐降低，其最大值可到达 1.3 μm。碰撞时角度越大，瞬时润湿度越低。上述现象形成的原因是，不同的雾—尘撞击角度，雾—尘松弛运动前的相间应力的变化规律是不同的。

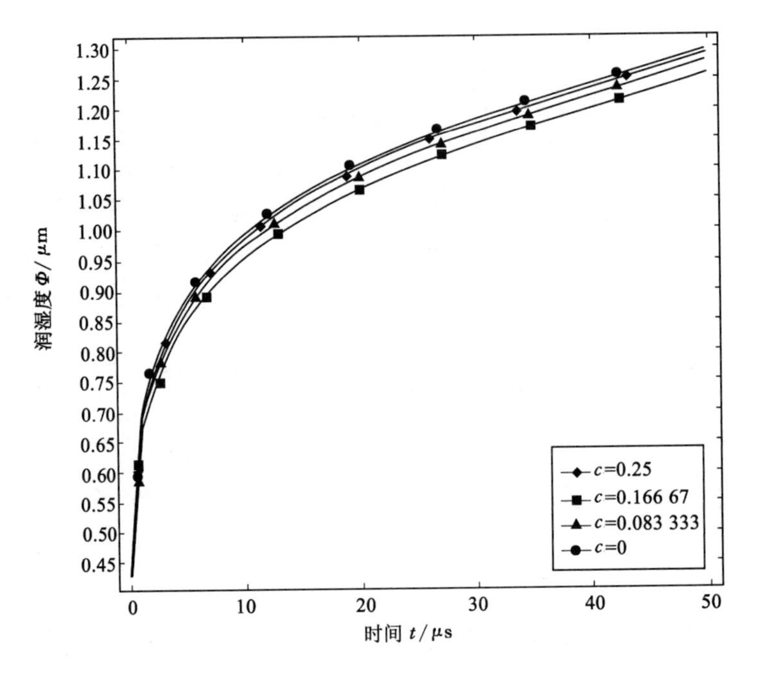

图 2-10　不同撞击角度的润湿度变化曲线图

当碰撞角度不同时，在 0～10 μs 内粉尘受到的牵引应力如图 2-11 所示。各角度碰撞后，雾滴与尘粒间进入松弛状态，粉尘表面的牵引应力分布与文献研究结果基本一致[178]。

雾滴与尘粒碰撞时，尘粒首先受到与撞击角度相反的合力作用，同时受到液相表面润湿的表面张力牵引，随着撞击进行，反作用力减弱，牵引力沿撞击方向的法向两侧延伸，应力逐渐减小，法向与撞击方向相反侧的作用力大于相同侧的作用力，随着雾滴与尘粒进入松弛状态，上下两侧作用力渐渐平衡。液滴对尘粒的推力、气流对尘粒的牵引力大于因液相表面张力润湿带来的牵引吸附力，撞击角度越大，进入松弛时间越长，润湿的速率越低，瞬时润湿的效果越差。

2.2.3　雾—尘界面接触角对碰撞耦合的影响

固液接触角[179]是影响雾滴对固体尘粒润湿度的重要因素，往往决定于固液体之间的物化性质。对水而言，当与固体接触角小于 π/2 时，固体表面为亲水性，大于 π/2 时为疏水性。本书中针对三种粒径的粉尘，以 50 m/s 相对速度正向对撞为例，研究了 12 种接触角的气—雾—尘耦合的润湿性细观动力学特征。模拟中定义了接触角(润湿角)$\theta_w = \pi/c$，并通过调整系列系数 c 值来改变接触角的大小，模拟结果如图 2-12 所示。

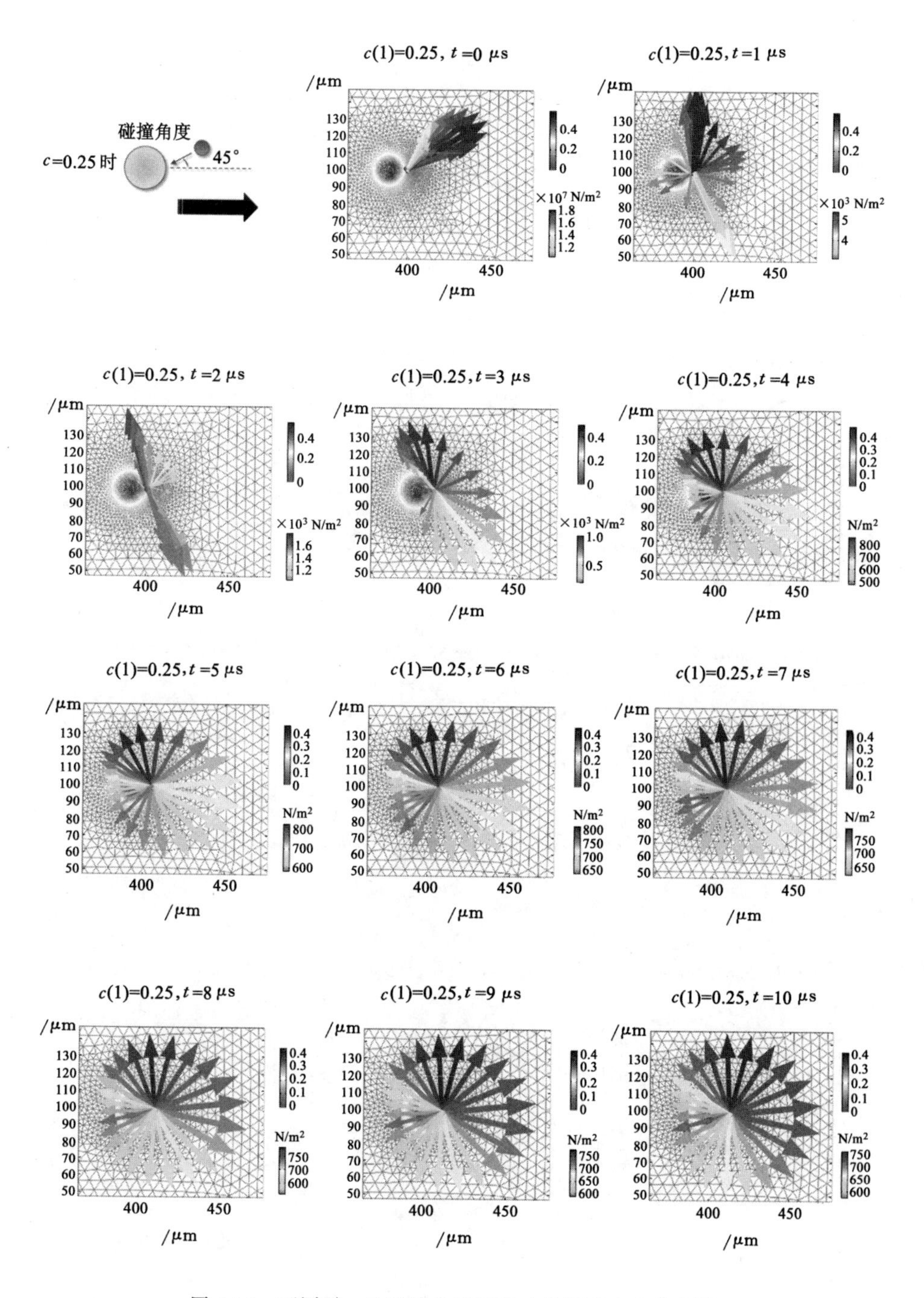

图 2-11　不同雾—尘碰撞角度时粉尘的瞬态应力分布图

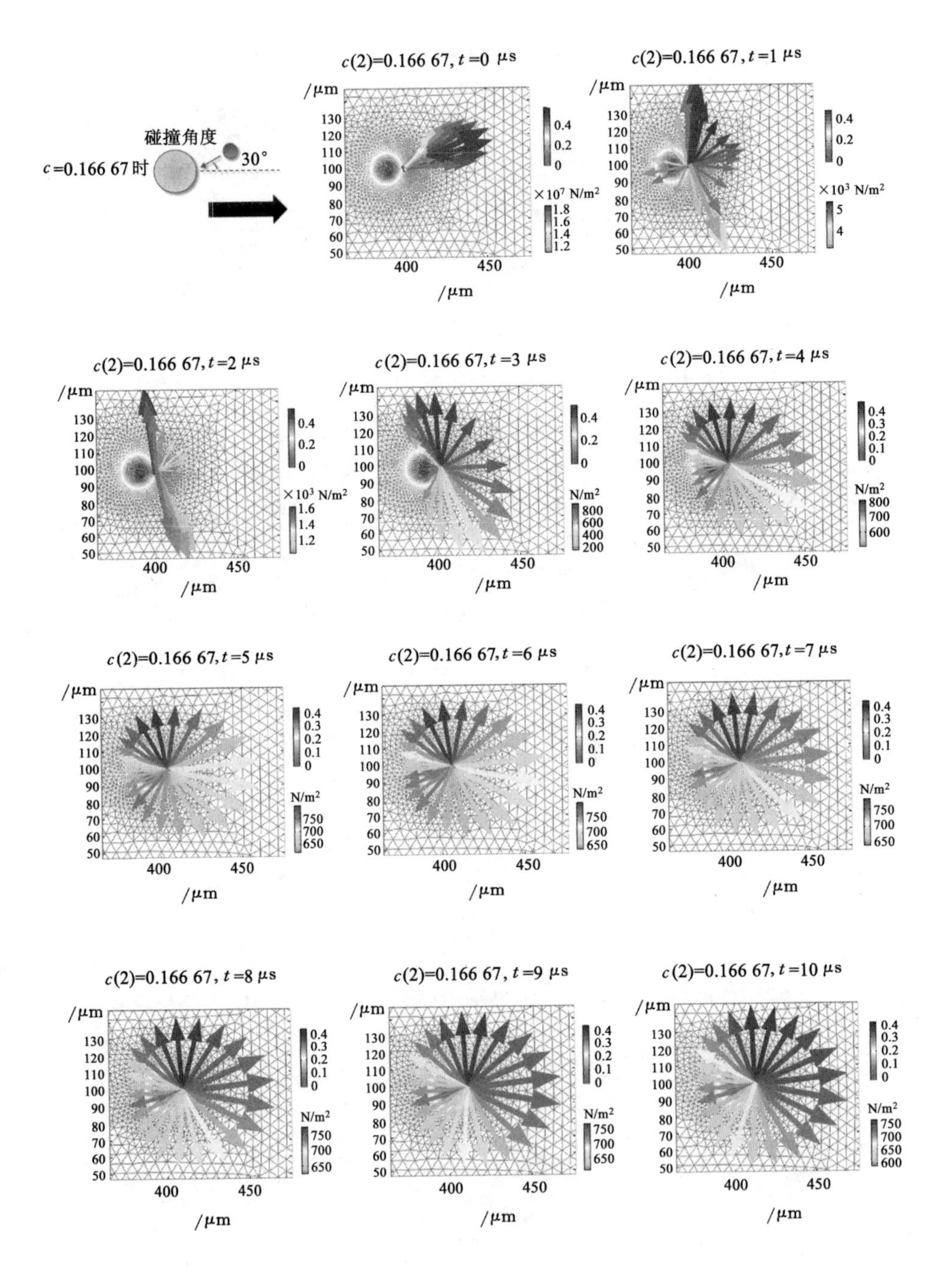
碰撞角度
c=0.166 67时
30°
c(2)=0.166 67, t=0 μs
c(2)=0.166 67, t=1 μs
c(2)=0.166 67, t=2 μs
c(2)=0.166 67, t=3 μs
c(2)=0.166 67, t=4 μs
c(2)=0.166 67, t=5 μs
c(2)=0.166 67, t=6 μs
c(2)=0.166 67, t=7 μs
c(2)=0.166 67, t=8 μs
c(2)=0.166 67, t=9 μs
c(2)=0.166 67, t=10 μs
/μm
×10^7 N/m^2
×10^3 N/m^2
N/m^2

图 2-11 （续）

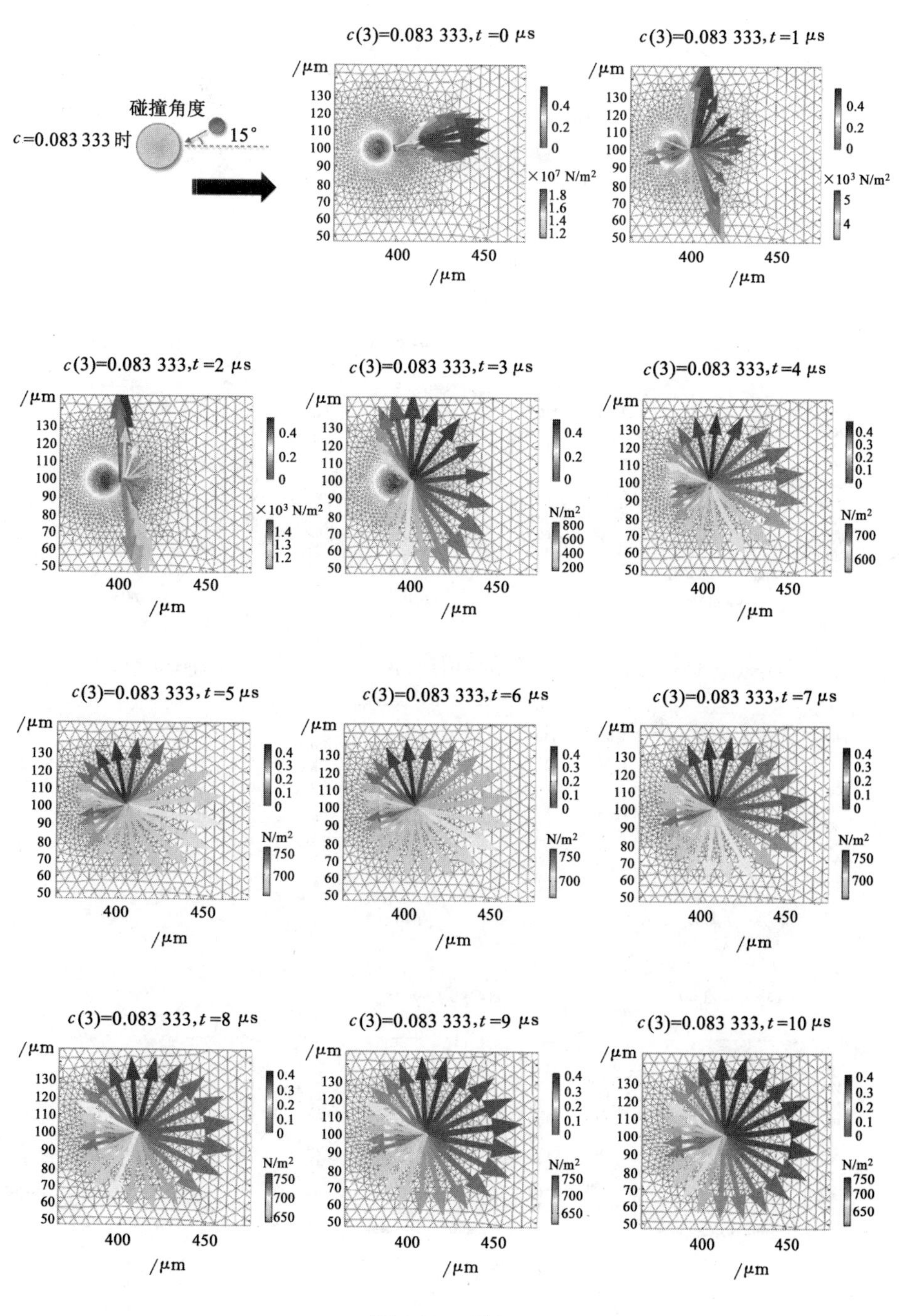
碰撞角度
c=0.083 333时
15°
c(3)=0.083 333, t=0 μs
c(3)=0.083 333, t=1 μs
c(3)=0.083 333, t=2 μs
c(3)=0.083 333, t=3 μs
c(3)=0.083 333, t=4 μs
c(3)=0.083 333, t=5 μs
c(3)=0.083 333, t=6 μs
c(3)=0.083 333, t=7 μs
c(3)=0.083 333, t=8 μs
c(3)=0.083 333, t=9 μs
c(3)=0.083 333, t=10 μs
/μm
N/m²

图 2-11 （续）

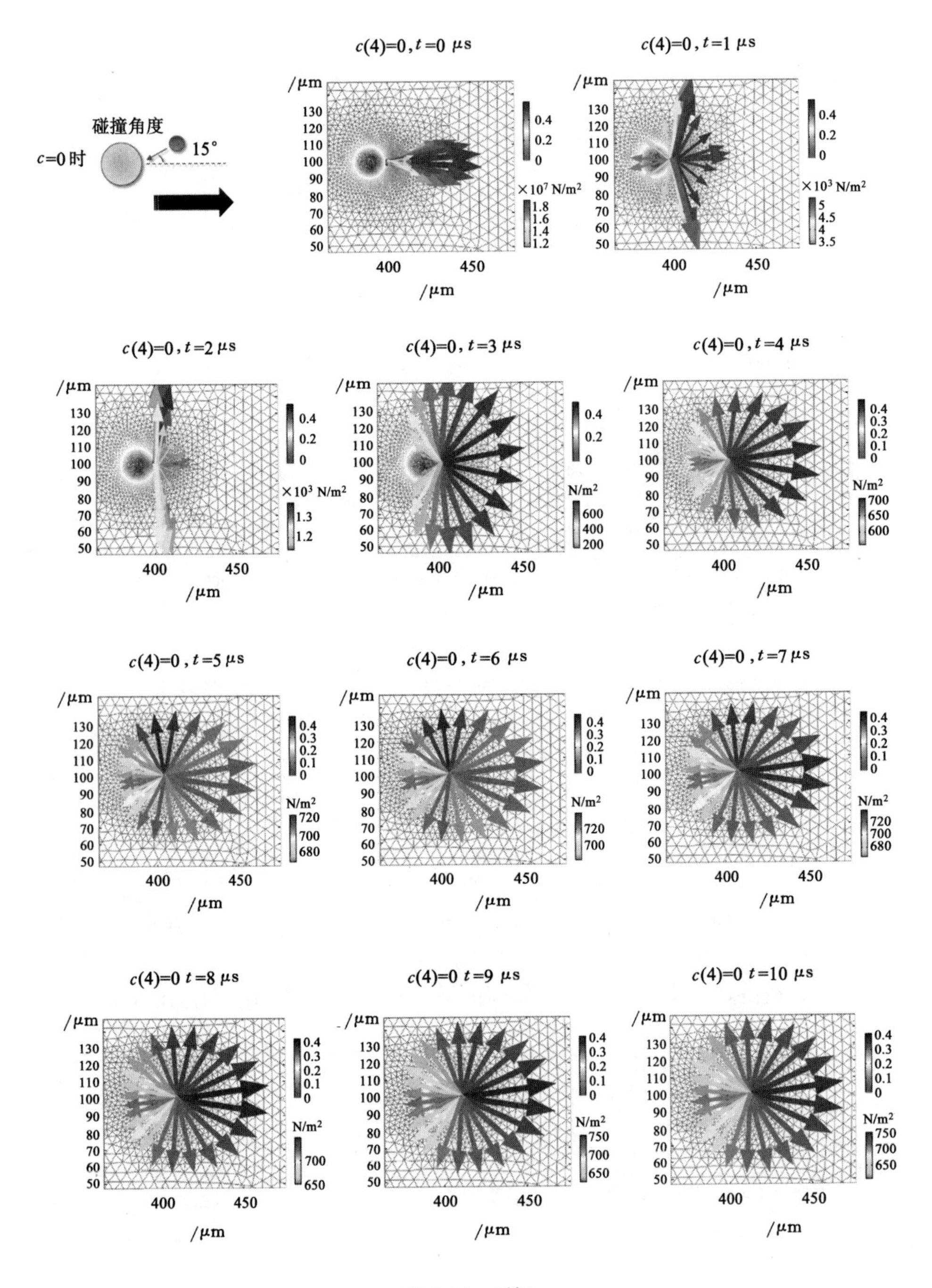
碰撞角度
c=0时
15°
c(4)=0, t=0 μs
c(4)=0, t=1 μs
c(4)=0, t=2 μs
c(4)=0, t=3 μs
c(4)=0, t=4 μs
c(4)=0, t=5 μs
c(4)=0, t=6 μs
c(4)=0, t=7 μs
c(4)=0 t=8 μs
c(4)=0 t=9 μs
c(4)=0 t=10 μs
/μm
×10⁷ N/m²
×10³ N/m²
N/m²

图 2-11 （续）

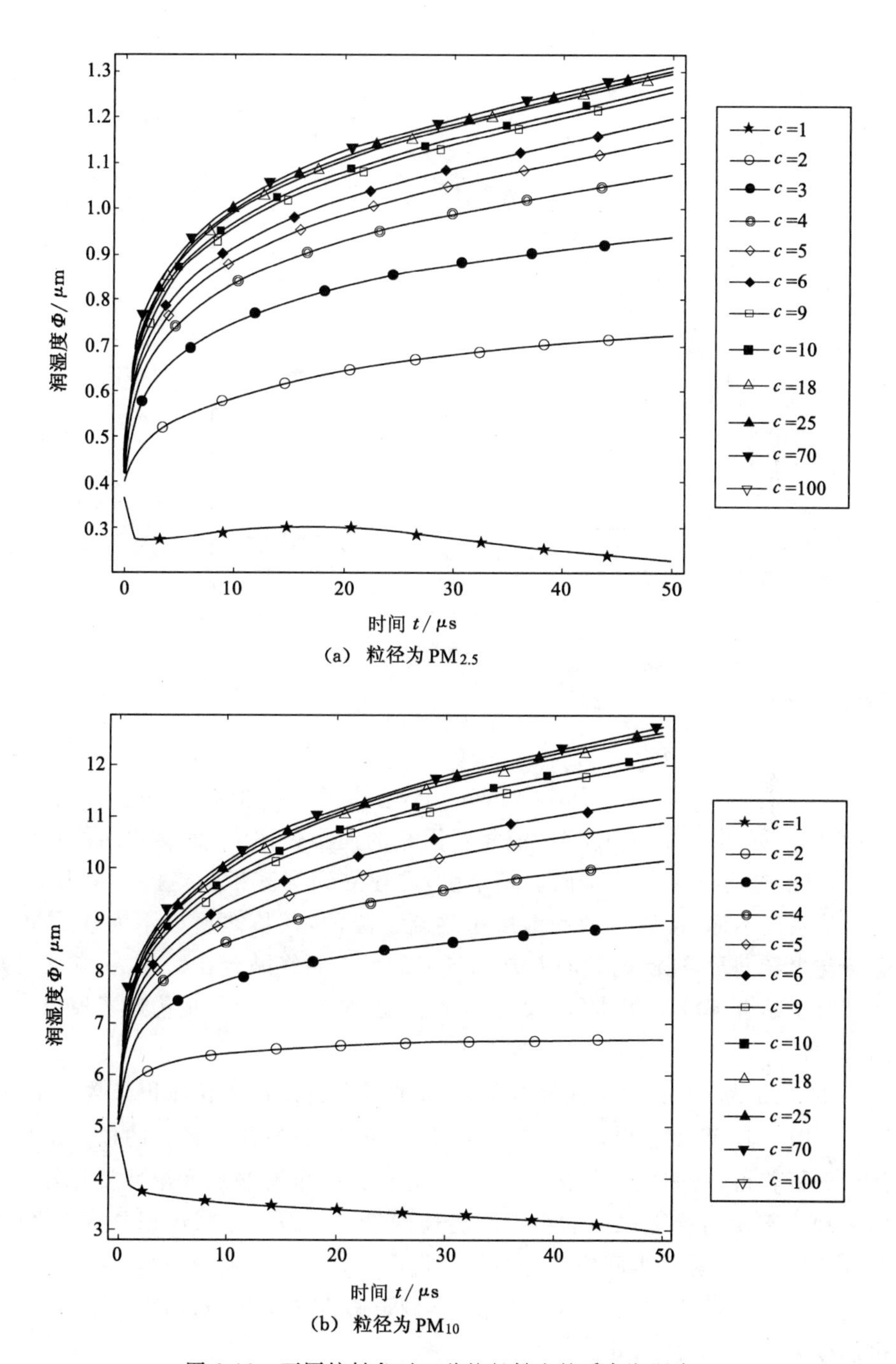

(a) 粒径为 $PM_{2.5}$

(b) 粒径为 PM_{10}

图 2-12 不同接触角对三种粒径粉尘的瞬态润湿度

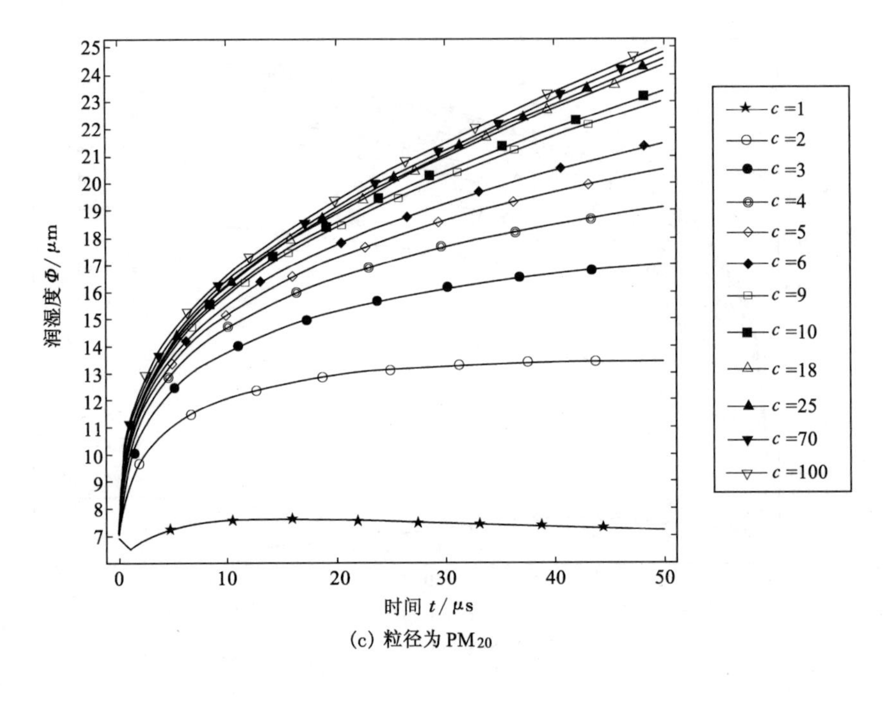

(c) 粒径为 PM_{20}

图 2-12 (续)

如图 2-12 所示，对于 $PM_{2.5}$、PM_{10}、PM_{20} 这三种粉尘而言，接触角越小润湿性越好，是由于接触角小时，液相对固相的润湿速率大，使得相间的牵引应力大，雾滴便更容易将粉尘向雾核牵引，并建立润湿雾桥。当接触角为 π 时，与其他系列不同，接触后的润湿度是逐渐下降的，其值之所以不为 0，是由于雾滴与尘粒间尽管无润湿作用，却因气流的曳力始终贴合在一起，在统计时默认计算了贴合部分液相体积分数。这种润湿/屏蔽现象[180]也佐证了模拟过程的可靠性。

图 2-13 为 50 μs 时不同接触角 PM_{10} 的瞬态碰撞体液相体积分数分布。

从图 2-13 可以看出，当 $t=50$ μs 时，以 PM_{10} 的最佳粒径比的模拟结果为例可分析获得，液固之间的接触角越小，相同条件下雾滴的润湿性就越好。具体表现为雾滴与粉尘之间的牵引距离长、雾桥长且宽、雾核体积分数下降快。结合 2.2.2 节对雾—尘间应力分布的分析可知，当 PM_{10} 润湿角越小时，雾—尘之间的牵引力就越大，松弛速度越快，雾滴形态也越扁平，对粉尘的吸附/包裹也越彻底，则润湿性越好。

接下来，当 $t=50$ μs，$c=1$、$c=9$、$c=18$ 时，以 $PM_{2.5}$ 和 PM_{20} 的瞬态润湿情

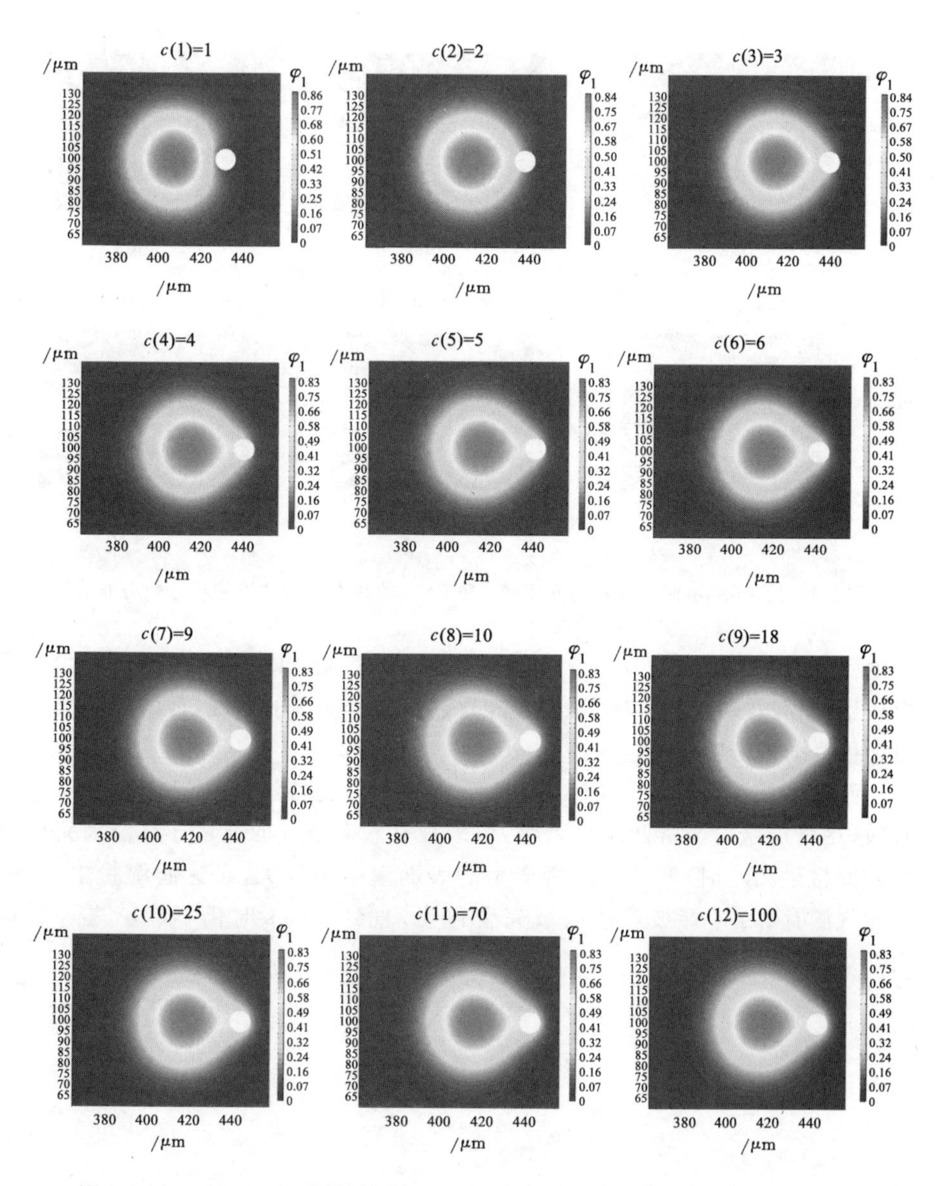

图 2-13　$t=50\ \mu s$ 时不同接触角 PM_{10} 的瞬态碰撞体液相体积分数分布云图

况为例，说明雾滴对 $PM_{2.5}$ 和 PM_{20} 的润湿特性，其瞬态计算结果如图 2-14 所示。

如图 2-14 所示，对于 PM_{20} 而言，50 μs 时，由于尘粒惯性较 PM_{10} 大很多，当润湿屏蔽时，PM_{20} 对雾滴的挤压形变幅度更大，几乎一半左右嵌入雾滴内部，但

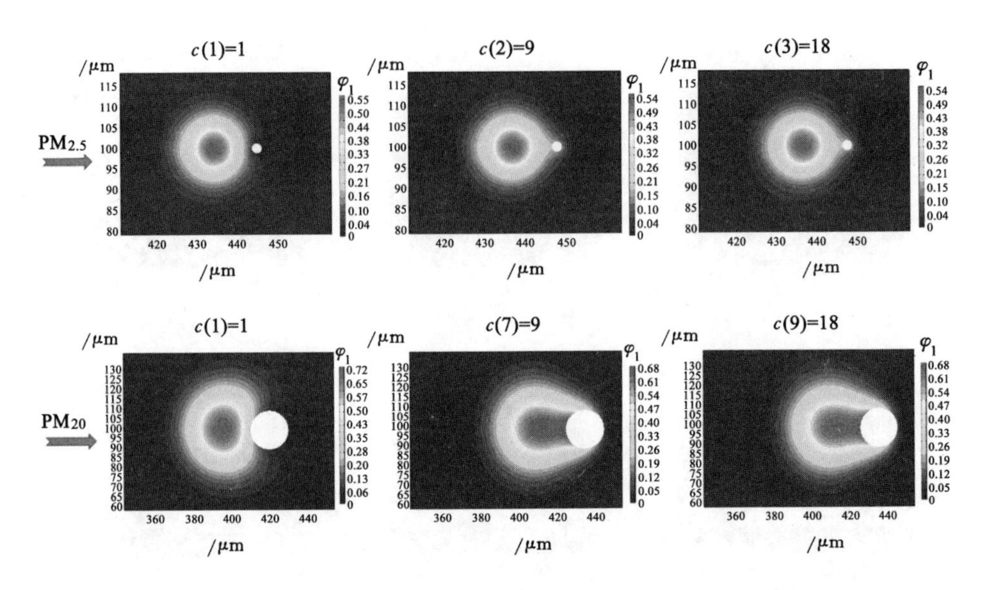

图 2-14　$t=50\ \mu s$ 时不同接触角 $PM_{2.5}$ 和 PM_{20} 的瞬态碰撞体液相积分数分布云图

在尘粒表面并无润湿行为。当 $c=9$ 时，为一般润湿效果，雾桥、雾核与粉尘大面积相连，润湿效果较好。当 $c=18$ 时，为近乎完全润湿的情况，雾滴向空气的质量迁移范围将粉尘完全包裹。

而与之相反，$PM_{2.5}$ 质量小、动量低、惯性差，能够给雾滴带来的形变十分有限，尽管屏蔽时与雾滴接触紧密，但未被雾滴向空气的质量迁移范围完全包裹。而接触角小时，润湿作用所产生的表面牵引力较大，迅速润湿粉尘，但因表面气膜存在，尽管被渗透区域完全包裹，直到 50 μs 时仍不能够进入雾核内部。

第3章　可压缩气流管内跨音速流动特性

为达到对PM_{10}以下粉尘的较高结合效率，喷雾效果需要达到超高速细气雾水平。这需要气动雾化装置产生高速气流，在喷管内部对液相高效雾化，同时对雾滴进行强劲的加速和推进。

经过前人研究发现，拉瓦尔喷管是一种控制可压缩流体压力、密度、温度和速度等特性的装置，通过将压力和热量转化为动能的方式来提高气流的流速[181]，它在航空航天领域中主要用于火箭推进器或微型推进器，可以将流体压缩至亚音速并扩张加速到超音速，产生推力[182-185]。而应用在除尘喷管上后，可实现高速细气雾的产生[186]。与火箭喷射器不同，因应用在降尘喷嘴中的喷管尺寸过小，常规风速探测器无法进入其中进行测量，由于孔径过小、流场变化速率过快，即便是采用粒子图像测速法（PIV），测量结果误差依旧很大。因此，本章主要通过数值模拟的方法来研究不同结构[187]、气动总压力[188]对可压缩气流管内跨音速流动过程的影响，并通过流场内的特殊现象如激波[189]、音速环[190]以及轴向最大马赫数[191]、轴线最大平均速度等，来分析特定结构参数的喷管在不同气动总压力下的喷射规律，进而获得应用至除尘喷头内部喷管的最佳方案。

3.1　可压缩气流管内跨音速流动理论

如图3-1所示，拉瓦尔喷管结构包括压缩段、喉部及扩张段，在喷管的扩张段发散部分，流体可以被加速，达到超音速即马赫数（Ma）>1，这导致了堵塞流现象，也称为临界流动条件[192]。

产生堵塞流现象的原因为，喷管的压缩段截面由大缩小，至中间收缩至狭窄窄喉。窄喉之后喷管截面由小增大表现为扩张状，形成扩张段结构。在被压缩的高密度气流在一定气动总压的作用下，由压缩段入口进入拉瓦尔喷管，气流在压缩段处于高压力、高密度、缓慢流动状态，此过程遵循不可压缩气流的管内流动特点即“截面小则流速大，截面大则流速小”，管内压缩段气流不断缓慢加速保持亚音速流动。随着流动至窄喉，流速接近音速，并在窄喉处达到马赫数为1的“当地音速状态”。气流运动突破喉部后，在喷管的扩张段，被压缩到极限的流体

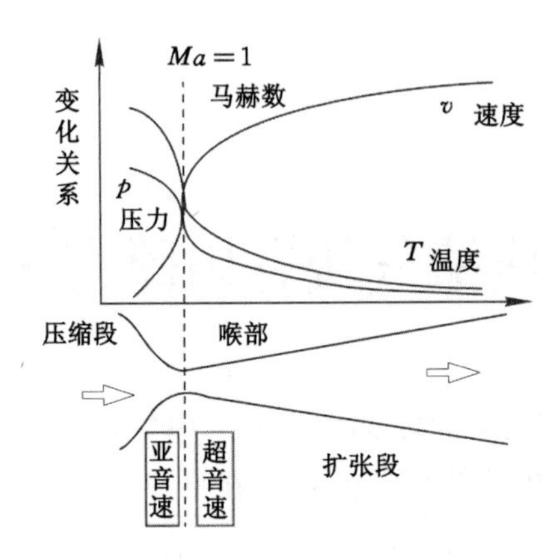

图 3-1 可压缩流体在拉瓦尔喷管内的流动原理

开始急速膨胀,其流动状态不再遵循“截面小则流速大,截面大则流速小”的原理,而是恰恰相反,“截面大,流速快”,突破音速,达到超音速流动状态。

因此,在拉瓦尔喷管内的流动是“可压缩气体的跨音速流动”的过程,在本书中所述“跨音速流动”便特指此类流动,根据空气动力学原理该过程可由准一维可压缩气体管内流动方程控制。

可压缩气体管内跨音速流动控制方程的推导[193],是根据质量守恒(连续性)[194]进行的,流经喷管的质量流率是守恒的,并且等于流体密度、流动速度和喷管管内当地截面积的乘积:

$$m=\rho uA \tag{3-1}$$

式中 m——通过喷管的质量流率,kg/s;

ρ——流体密度,kg/m^3;

u——流动速度,m/s;

A——喷管管内当地截面积,m^2。

由连续性质量流率方程式(3-1)[195]来看,似乎可以通过固定密度值并简单地增加给定区域的流体速度来无限地增加质量流量。然而,在实际流体流动中,由于气体流体的可压缩效应,密度不会随着速度的增加而保持不变。必须考虑流体密度的变化量,以确定可压缩气流超高速流动中的质量流量。根据等熵流动关系、完全气体状态方程[196]和连续性质量流量方程以及马赫数的定义导出质量流量方程的可压缩形式为:

$$u=Mac_0=Ma\sqrt{\gamma R_s T} \tag{3-2}$$

式中 γ——比热容比(数值通常为 1.4);

R_s——完全气体状态方程常数,J/(kg·K);

T——当地温度，K；

Ma——当地马赫数；

c_0——当地声速，m/s。

将式(3-2)代入式(3-1)，质量流率可以被表示为：

$$m=\rho AMa\sqrt{\gamma R_s T} \tag{3-3}$$

根据完全气体状态方程：

$$p=\rho R_s T \tag{3-4}$$

式中　p——可压缩气体压力，Pa。

将式(3-4)代入式(3-3)，则质量流率可被表示为：

$$m=AMap\sqrt{\frac{\gamma}{R_s T}} \tag{3-5}$$

根据可压缩气体等熵流动方程：

$$p=p_{tot}\left(\frac{T}{T_{tot}}\right)^{\frac{\gamma}{\gamma-1}} \tag{3-6}$$

式中　p_{tot}——可压缩气体总压，Pa；

T_{tot}——可压缩气体当地总温，K。

将式(3-6)代入式(3-5)中，质量流量方程的可压缩形式为：

$$m=Ap_{tot}Ma\sqrt{\frac{\gamma}{R_s T_{tot}}}\left(\frac{T}{T_{tot}}\right)^{\frac{\gamma+1}{2(\gamma-1)}} \tag{3-7}$$

又根据温度的等熵流动[197]关系方程：

$$\left(\frac{T}{T_{tot}}\right)=[1+0.5(\gamma-1)Ma^2]^{(-1)} \tag{3-8}$$

将式(3-8)代入式(3-7)有：

$$m=Ap_{tot}Ma\sqrt{\frac{\gamma}{R_s T_{tot}}}[1+0.5(\gamma-1)Ma^2]^{\frac{2(\gamma-1)}{\gamma+1}} \tag{3-9}$$

式(3-9)表示了可压缩气体质量流率与当地截面、气流的总压、总温、马赫数、比热容比及完全气体状态常数的关系。

本书中可压缩气流性质选择了牛顿流体，其连续性符合纳维-斯托克斯(Navier-Stokes)方程[198]，简写为N-S方程。

将质量流率的可压缩形式代入该方程，可推导出N-S方程的可压缩形式：

$$\rho\frac{\partial \boldsymbol{u}}{\partial t}+\rho(\boldsymbol{u}\cdot\nabla)\boldsymbol{u}=\boldsymbol{F}-\nabla p+\nabla\left[\left(\mu'-\frac{2}{3}\mu\right)\nabla\cdot\boldsymbol{u}\right]+\mu\nabla\cdot(\nabla\boldsymbol{u}) \tag{3-10}$$

式中　t——时间，s；

$\boldsymbol{F}$——体积力,N;

μ,μ'——气体动力黏度系数,Pa·s。

对于可压缩气体存在 μ 和 μ' 两个动力黏度系数(例如 Hook 弹性体),它们都表示对流体膨胀或收缩引起的内摩擦功的大小的衡量。除了高温和高频声波等极端情况外,一般情况下气体的运动可以近似假定 $\mu'=0$,因此,$\mu'\nabla\cdot\boldsymbol{u}$ 的值远小于 p,这一假定在分子运动理论中已经由乔治·斯托克斯证明了。

μ 的大小主要受流体温度影响,由 Sutherland(萨瑟兰)定律[199]:

$$\mu=\mu_{\text{ref}}\left(\frac{T}{T_{\mu,\text{ref}}}\right)^{\frac{3}{2}}\frac{(T_{\mu,\text{ref}})+S_{\mu}}{(T+S_{\mu})} \tag{3-11}$$

式中 μ_{ref}——流体参考的动力黏度,Pa·s;

$T_{\mu,\text{ref}}$——参考动力黏度的温度,K,定义其值等于拉瓦尔喷管入口处的静压温度 T_{stat};

S_{μ}——Sutherland 定律常数,K,通常取值 111 K。

流体密度、速度的连续性方程:

$$\nabla\cdot(\rho\boldsymbol{u})=0 \tag{3-12}$$

此外,假定流体是稳定的、轴对称的、各向同性的和绝热的流动,即$\dfrac{\partial u}{\partial t}=0$。

因此,式(3-10)可以被简化为:

$$\rho(\boldsymbol{u}\cdot\nabla)\boldsymbol{u}=\boldsymbol{F}-\nabla p+\frac{1}{3}\mu\nabla\cdot(\nabla\boldsymbol{u}) \tag{3-13}$$

为封闭该方程,引入能量守恒方程:

$$\rho c_{\text{v}}(\boldsymbol{u}\cdot\nabla)T=K\Delta T-\rho(\nabla\cdot\boldsymbol{u})T \tag{3-14}$$

式中 c_{v}——流体比热容,J/(kg·K);

K——传热系数。

流体导热率满足 Fourier 定律:

$$\boldsymbol{q}=-K\nabla T \tag{3-15}$$

$$K=\mu\frac{c_{\text{p}}}{pr}=\mu\frac{\gamma R_{\text{s}}}{(\gamma-1)Pr} \tag{3-16}$$

式中 $\boldsymbol{q}$——热量,J;

c_{p}——气体比热容,J/(kg·K);

Pr——普朗特数。

流体力学中普朗特数用来表征流体流动中动量交换和热交换的相对重要性。除了临界状态,Pr 是独立于流体温度和压力的,通常取值 0.72。

边界设定为绝热无滑移[200],控制方程为:

$$\boldsymbol{u}=0;-\boldsymbol{n}\cdot\boldsymbol{q}=0 \tag{3-17}$$

式中　$-\boldsymbol{n}\cdot q=0$ 表示在界面法向 $\boldsymbol{n}$ 方向的热传播能量为 0,即边界绝热。

基于上述假设,可以通过求解式(3-10)至式(3-17)来模拟计算可压缩气体在拉瓦尔喷管内的跨音速流动的物理过程。

3.2　管内跨音速流动数值模型建立

3.2.1　几何模型

拉瓦尔喷管内部流动过程由喷管截面控制,在模拟几何建模中,喷管的侧壁光滑程度被高度要求。因此,本书通过 MATLAB 软件中 Spline(三次样条数据插值函数)三次样条模块拟合了光滑侧壁曲线的函数方程,通过三次样条方法所拟合的函数二阶导数连续[201],反映在宏观中,函数曲线所构成的喷管壁面是完全光滑的,四种典型喷管的侧壁曲线函数拟合结果,如图 3-2 所示。

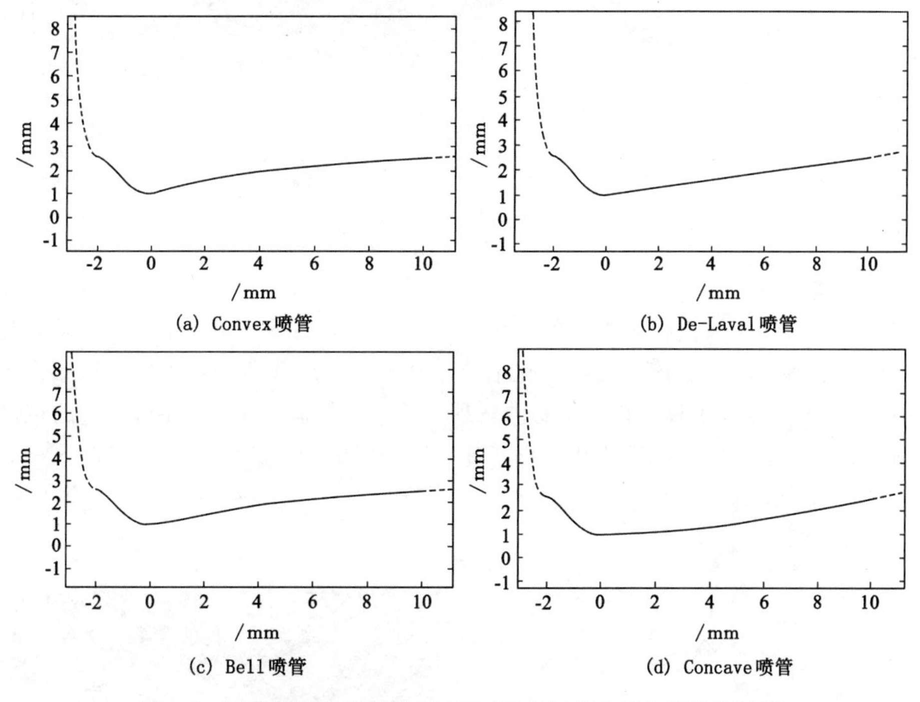

图 3-2　四种侧壁曲线形状 MATLAB 软件拟合后的参数方程图

建模中,COMSOL 软件内置参数方程调取该函数,在 COMSOL 软件中形成插值函数嵌入模型,在几何中绘制参数方程的喷管曲线段,采用轴对称旋转建立喷管的实体模型。

如图 3-3 所示,几种拉瓦尔喷管的几何参数为:喷管入口直径为 10.2 mm,喉部直径为 2 mm,喷管出口直径为 10 mm。由于超音速气动雾化过程主要在管内瞬间完成,并由喷管出口以超高速度喷射向外部大气,为获得雾场内的空间分布,需在喷管外建立巨大的相对喷管的大气计算区域,参考一般气—液两相物化范围绘制了直径为 2 000 mm、长为 6 000 mm 的圆柱气柱以表征雾场覆盖范围。

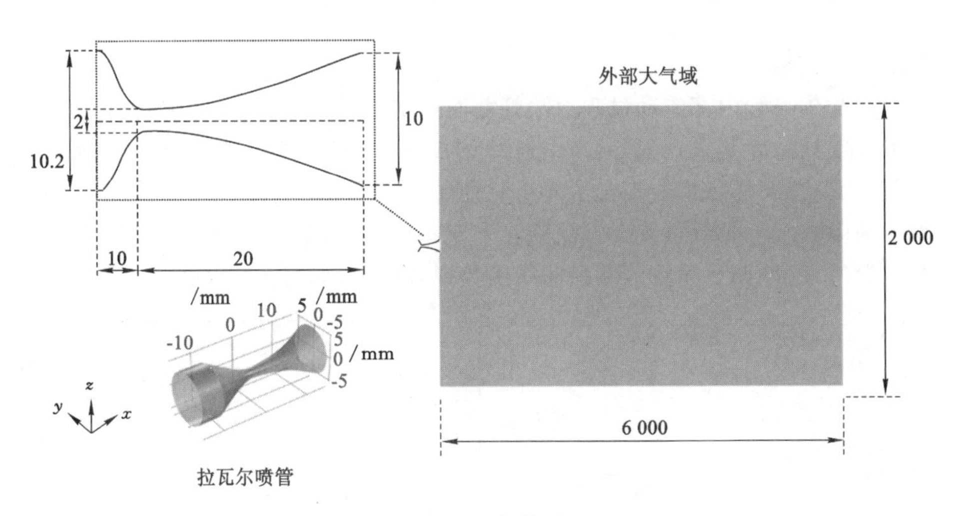

图 3-3　几何模型

3.2.2　网格划分

网格划分按照模拟软件中的流体动力学方法划分为三角形网格,这样这些网格可以捕捉高速湍流流场的变化细节。其中边界层和角细化采用条形四边形网格,便于沿边界扩展。图 3-4 是网格划分后的网格间的缩扩比图,右边的色谱图例表示每个子图中的网格单元缩扩比关系,即网格质量[173]。

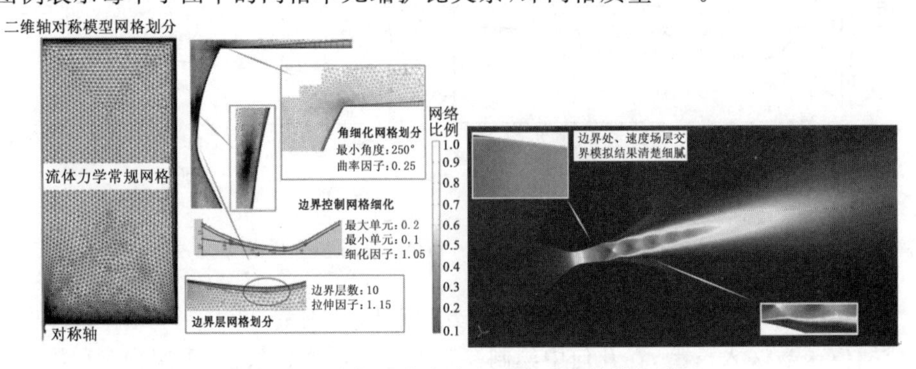

图 3-4　可压缩气流管内跨音速流动数值模拟结果

在喷管区域使用极细化流体动力学网格，在喷管出口附近使用细化流体动力学网格，在其他区域使用流体动力学常规网格。另外，在喷管喉部及轴线附近，采用基于边界控制的附加细化方法对喉道轴向进行细化，用来捕捉超音速流动过程中激波和空化音速环的变化，其中角度细化、最大单元格、最小单元格和曲率数已在图中标注。

根据计算报告可得：分离组的误差估计为 0.000 87，0.000 61；分离组的残差估计为 50，4.9×10^3；分离 1(se1)的最大迭代次数为 1 000；分离步骤(ss1)的阻尼因子为 0.5；湍流变量的阻尼因子为 0.35；公差因子为 1.0；求解器为 PARDISO。

经过多次网格划分调整后，模拟结果保持不变，如图 3-4 所示的可压缩气流管内跨音速流动数值模拟结果，边界清晰稳定。模拟基本边界条件与参数值见表 3-1，拟定入口气流总压值、总温值，并根据等熵流动公式计算入口其他条件，出口设定为标准状况大气压力。

表 3-1　边界条件和参数值

边界		条件与参数值	
入口	$p_{tot}=0.3\sim0.7$ MPa	$T_{tot}=293$ K	M_{in}(入口马赫数)=0.01
出口	$p_{out}=0.1$ MPa		
气流	$R_s=287$ J/(kg·K)	$\gamma=1.4$	$Pr=0.72$

3.2.3　可靠性验证

通过理论公式计算和实验测量两种方法，来实现对仿真可靠性的验证。并且为不影响风场的原始分布，本书保持了与出风口的适当距离，选择了喷管出口外轴线上若干测点的风速大小分布。

为保证测点位置在喷管轴线上，利用激光测距仪进行校准。喷管采用数控车床加工获得，方法是按照 MATLAB 所拟合的侧壁函数三次样条曲线经线切割加工获得特定曲线形的车床刀具，如图 3-5(b)所示，由刀具加工的喷管实物与数值模拟中所应用模型边界曲线尺寸一致，进行实验测量。采用 GM8903 手持式热敏式风速仪进行风速测量，以激光测距仪将热敏探头、喷管保持统一直线并确定测量距离。进而通过将理论计算结果、实验测量结果与仿真模拟结果的误差比较，来验证模拟的可靠性。

验证结果如图 3-5 所示，分图中理论计算结果风速值的散点分布位置与仿真模拟结果的拟合曲线高度吻合，实验测量值与模拟风速散点及拟合曲线吻合较好。两种方法计算的相对误差如下。

① 如图 3-5(a)所示，A/A^* 为当地截面积与拉瓦尔喷管喉部截面积的比

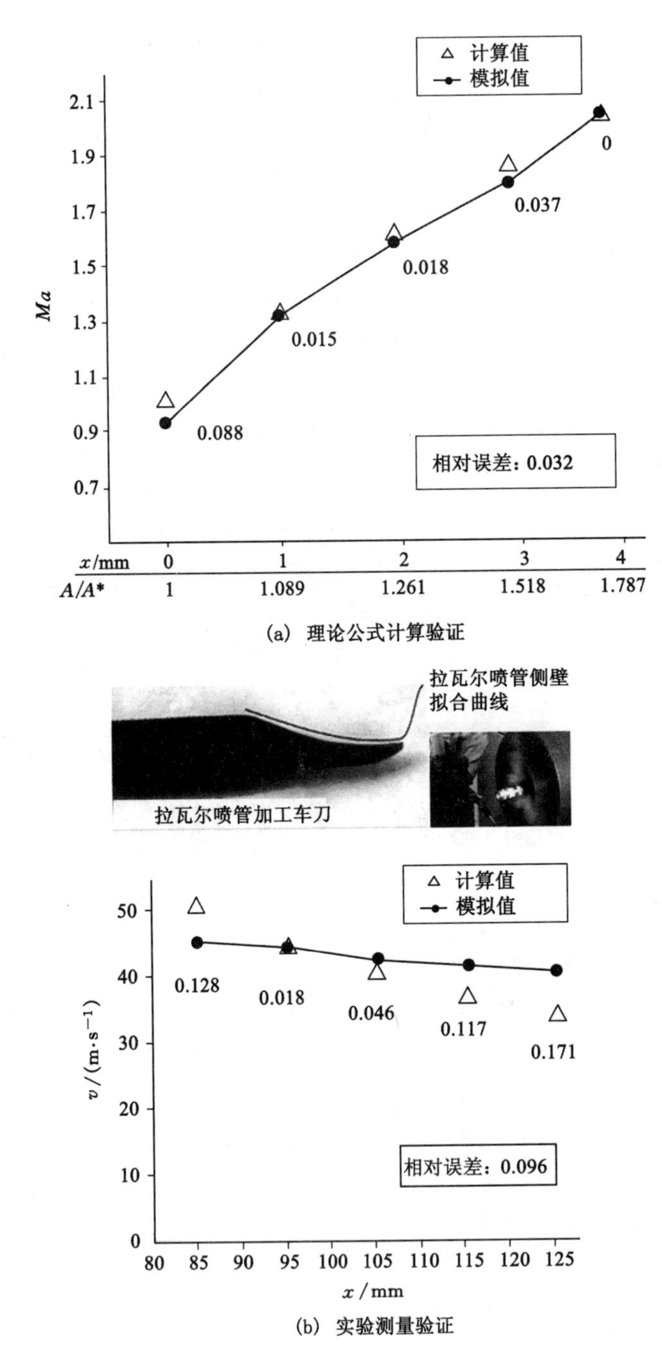

图 3-5 马赫数理论计算结果和实验测量结果与仿真模拟结果之间的对比误差

值，是等熵流动方程中的关键变元[192]，不同 A/A^* 的仿真模拟结果与理论计算结果的相对误差为 0.032。

② 如图 3-5(b)所示，实验测得的风速与仿真结果基本一致。误差主要来源是当测量位置 $x<90$ mm 时，测量仪器阻碍了风流的运动，实际测量结果略小于仿真模拟结果。在测量位置 $x>90$ mm 时，喷射后气流的膨胀接近饱和，实际应为不可压缩流动，计算误差较大，相对误差为 0.096。

通过两种方法的相对误差验证，确定了计算模型的可靠程度，为进一步确定喷管侧壁形状、初始气动总压大小等因素对可压缩气流管内跨音速流动过程的影响规律，提供了便利有效的数值研究平台，节约了大量的人力与物力。

3.3　气动总压及结构对跨音速流动的影响

在不同的领域中，需要具有不同流动特性的喷管。如航天推进器更注重推力、质量流量；超燃发动机更注重对燃料的雾化性能、射流范围。由第 2 章的研究可知，除尘时除需要保障喷雾的角度和覆盖面积外，还需保障雾化的效率和雾滴的喷射速度。

这些流动特征的根源在于喷管内的流场分布，根据所推导的流动方程，与喷管形状结构密切有关[192]。因此，有必要研究不同膨胀截面形状的喷管跨音速流场特性分布，获得不同气动总压力下不同拉瓦尔喷管结构参数的跨音速流动规律。

而喷管形状是由侧壁曲线线性决定的，基于此，选择了具有代表性的四种形状，分别为 De-Laval(直)[142]、Bell(钟)[202]、Concave(凹)和 Convex(凸)喷管，其中 De-Laval 喷管用于某些类型的汽轮机，也用作喷雾成形喷管，Bell 喷管也被广泛用作火箭发动机喷管。另外两个喷管是本书引入的新的膨胀方法，Concave 喷管的侧壁曲线呈现为从喉部扩张越来越陡，Convex 喷管的侧壁曲线呈现为从喉部扩张越来越陡逐渐变缓，其具体形状如图 3-6 所示。

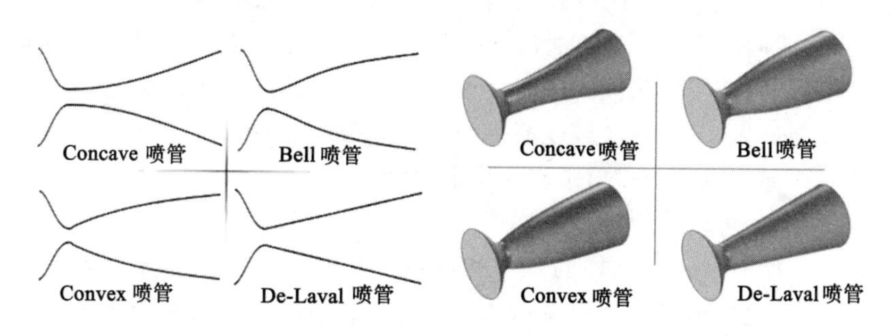

图 3-6　几种不同膨胀形状的拉瓦尔喷管

3.3.1 形状及气动总压对跨音速流动的影响

利用所建立的数值模型，对四种形状喷管内跨音速流动进行模拟，结果如图 3-7所示，研究中截取了管内的速度分布和轴向马赫数分布数据，并分析获得不同压力时，不同形状的拉瓦尔喷管的流场特性分布规律，包括压力、速度、马赫数等。进而在四种形状喷管之间选择最佳形状及对应的最优气动总压力。

如图 3-7 所示，四种形状喷管在 $p_{tot}<0.4$ MPa 低压下的速度场中分布状态呈带状分布，轴线上速度最大，向壁面方向速度逐渐减小，流场均具有不同程度的地振荡。当气体通过喷管时，其速度随入口气动总压的增加而上升，振荡范围也在增大。在轴向马赫数曲线图中，曲线的波峰和波谷之间的距离，表示速度变化的振幅，波峰间距表示震荡发生的频率。随压力增大振幅与频率均在增加，表明管内斜激波的强度在压力增大时同时增大。当 $x>10$ mm 时，气流通过喷口进入大气区域，四个喷管无显著差异。

通过图 3-7(b)右上角放大图可以清楚地获得，当入口气动总压为 0.3 MPa 时，四种喷管中 De-Laval 喷管的流场最不稳定，但轴向最大马赫数是四种形状中最大，Concave 喷管可以保持相对稳定，但最大马赫数相对较低。在低压下的流场中，四种喷管的内部流场均存在“音速环”，它是拉瓦尔喷管中流动的一种特殊现象。音速环越大，表明能量损失越大，速度分布越不均匀。四种喷管的管内压力均表现为压缩段压力大、扩张段压力小，并且流速和压力变化是同步的，即流速越大压力越小。速度最大的位置与外界大气的静压差达到最大。

随着入口气动总压由 0.4 MPa 增加至 0.5 MPa，如图 3-7(e)所示，Convex 喷管内速度分布与其他三个喷管的分布相比之下，呈现出巨大差异，在 Convex 喷管内产生了一道正激波。巨大的音速环几乎充斥了整个喷管的扩张段，其他三个喷管的音速环范围很小，这表明在该入口压力条件下 Convex 喷管的能量损失最大，超音速流动状态最差。这种现象也可由图 3-7(f)中轴向马赫数分布对比结果得出。Convex 喷管的马赫数在喷管膨胀段中，距喷管到喉部 2～3 mm的位置急剧下降，在多截面图 3-7(g)中，该现象表现为深色的音速环截面，由指示线向左引出。这道激波几乎穿过整个喷管的截面，不可避免地造成巨大的能量损失，使得膨胀段的速度处于较低水平。随总压升到 0.6 MPa，四种喷管速度逐渐增大，超音速区域逐渐扩大。而 Concave 喷管在 0.3～0.6 MPa 压力时能够始终保持较强的喷射效率和稳定性。

综上分析，可以获得拉瓦尔喷管形状对可压缩气流管内跨音速流动过程的影响规律。所有拉瓦尔结构的气流速度、压力、密度和其他基本特性参数的分布，是沿法向呈环形带状。当总压力为 0.3 MPa 时，最大马赫数发生在距咽喉 1.5 mm 处，约为膨胀段长度的五分之一。且轴向速度远高于壁面附近速度，膨

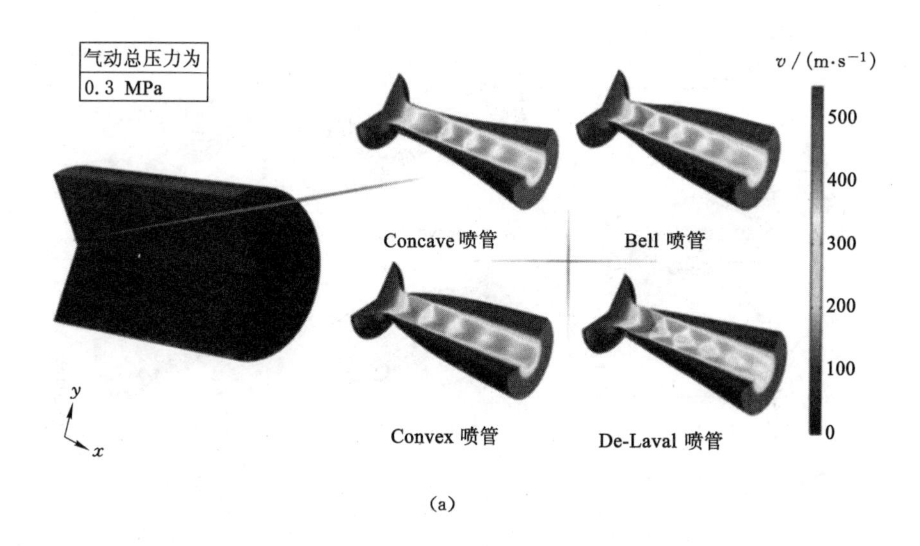

(a)

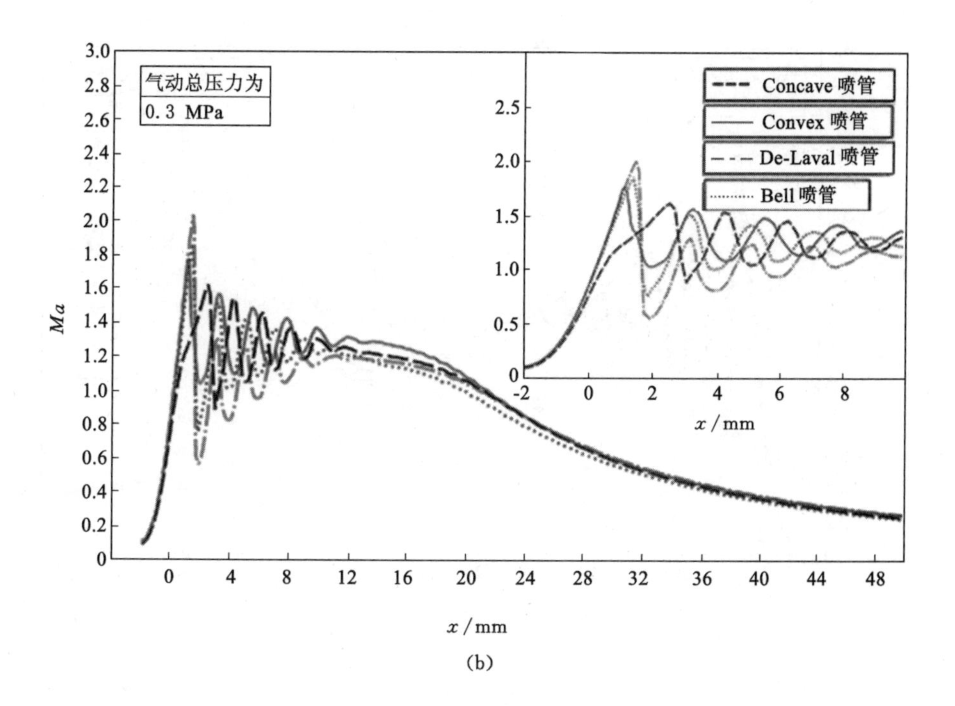

(b)

图 3-7　不同形状喷管在不同的气动总压力下管内流动状况及马赫数分布图

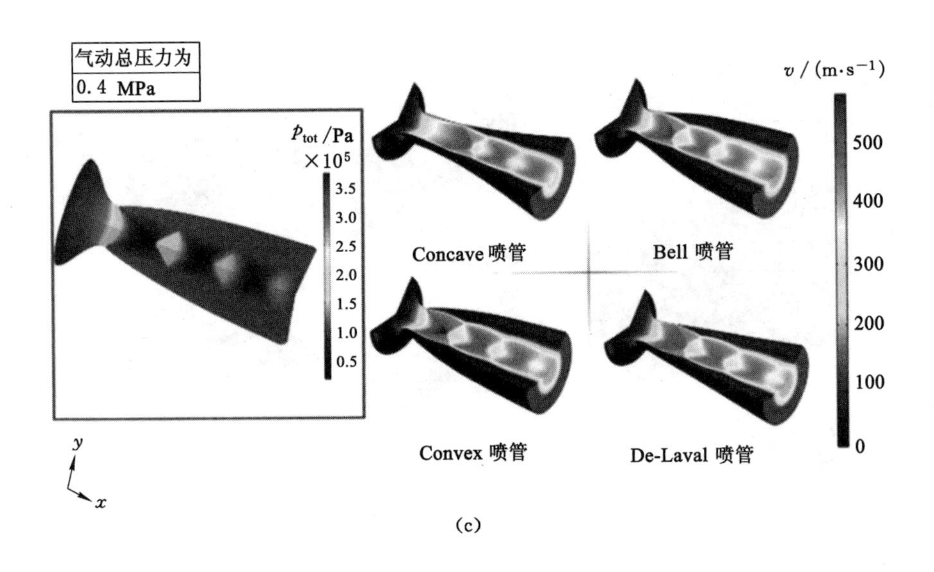
气动总压力为
0.4 MPa
p_{tot} /Pa
×10^5
3.5
3.0
2.5
2.0
1.5
1.0
0.5
Concave 喷管
Bell 喷管
Convex 喷管
De-Laval 喷管
v / (m·s^-1)
500
400
300
200
100
0
y
x

(c)

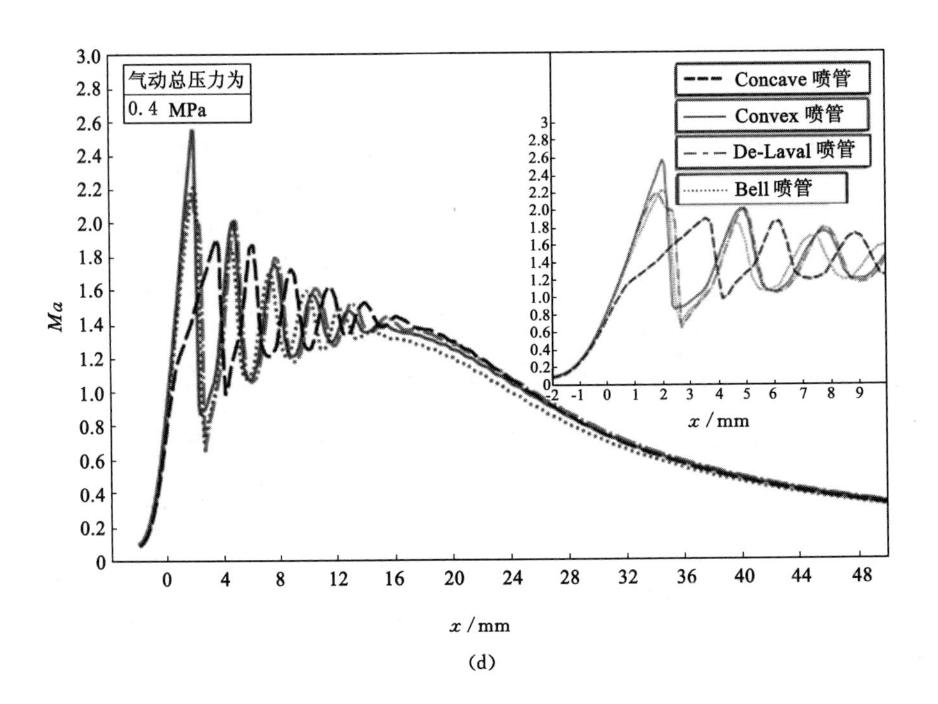
气动总压力为
0.4 MPa
Ma
x / mm
Concave 喷管
Convex 喷管
De-Laval 喷管
Bell 喷管

(d)

图 3-7 （续）

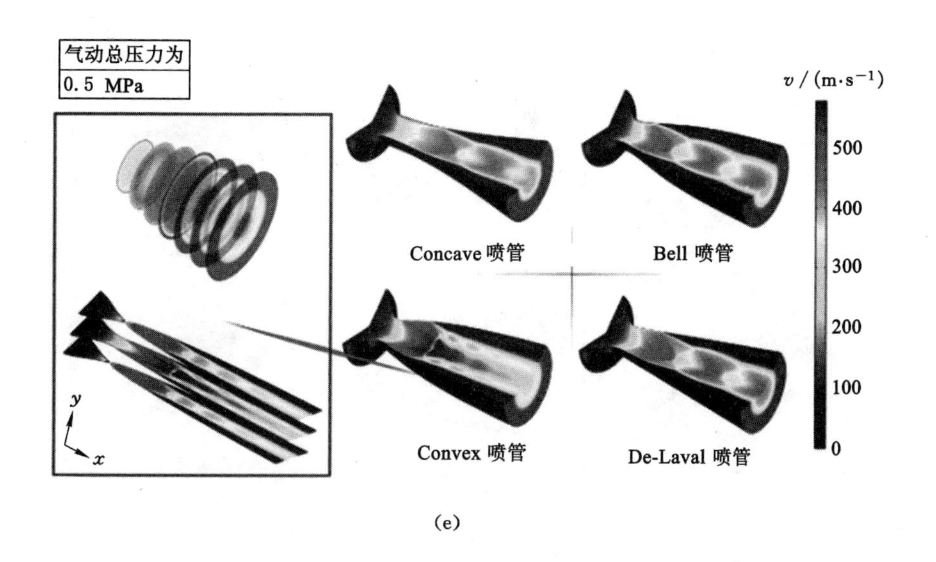

气动总压力为
0.5 MPa
v / (m·s^{-1})
500
400
300
200
100
0
Concave 喷管
Bell 喷管
Convex 喷管
De-Laval 喷管
y
x

(e)

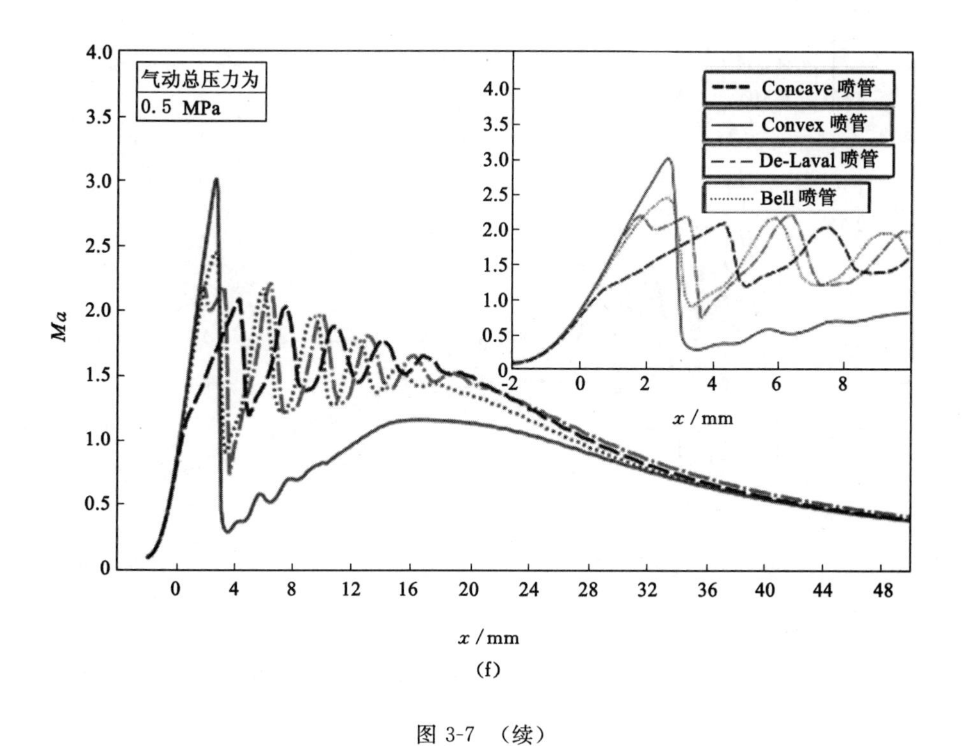

气动总压力为
0.5 MPa
Concave 喷管
Convex 喷管
De-Laval 喷管
Bell 喷管
Ma
x / mm

(f)

图 3-7 （续）

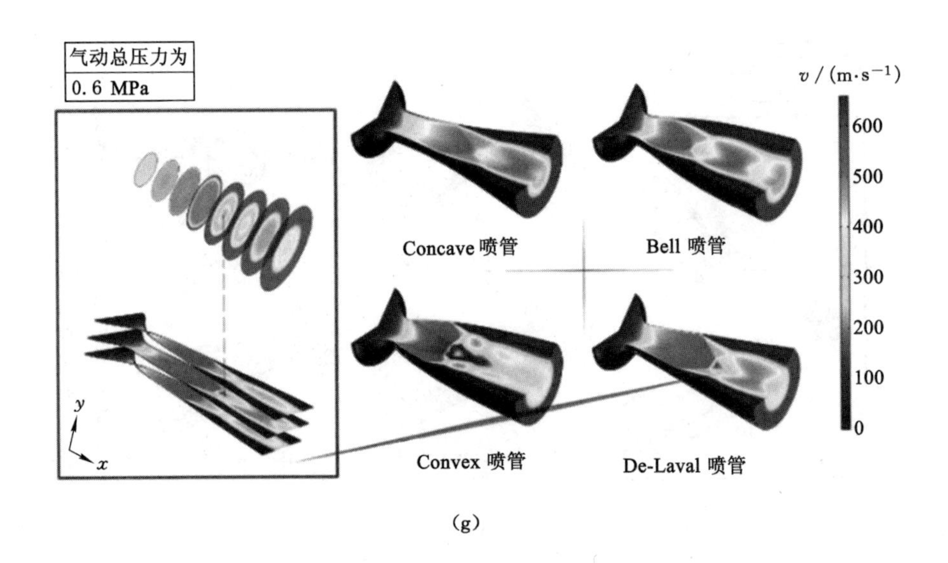
气动总压力为
0.6 MPa
v / (m·s^{-1})
600
500
400
300
200
100
0
Concave 喷管
Bell 喷管
Convex 喷管
De-Laval 喷管
y
x

(g)

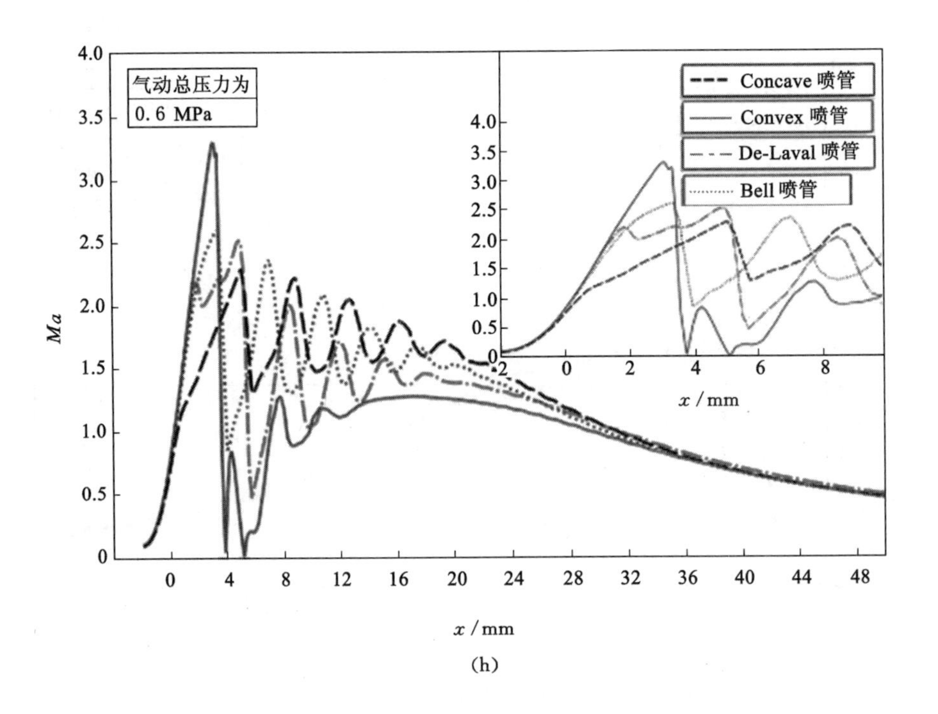
气动总压力为
0.6 MPa
Concave 喷管
Convex 喷管
De-Laval 喷管
Bell 喷管
Ma
x / mm

(h)

图 3-7 （续）

胀段速度远高于压缩段速度，压力与之相反，分布规律为压缩段压力远高于膨胀段压力。这便要求，在实际应用需要从侧壁射流雾化时，入射压力将取决于射流的具体位置。因此，低压的超音速雾化过程必须在膨胀段设置入口，射流的方向必须回避超音速的动压且与气体射流的方向基本一致。这样与外界的大气压力具有较高的静压力差，可以大大降低对雾化液相射流压力的需求。

另外，当马赫数要求尽可能高时，应用 Convex 喷管能达到最大马赫数，但稳定性很差。相反，如果在不同的工作压力下需要较高的流动稳定性，则 Concave 喷管是最佳选择。

3.3.2　缩扩比、膨胀角及气动总压对管内跨音速流动的影响

在 3.3.1 节中通过数值模拟得到了喷管形状对管内跨音速流场的影响规律，但在喷管结构参数中还有两个重要因素，即膨胀角和缩扩比。膨胀角(α)[203]是膨胀段的壁线与中轴线之间的夹角，缩扩比 R[204]为喷管喉部尺寸与出口尺寸的比值，它们是拉瓦尔喷管结构因素中重要的部分之一，以往学者研究时多将二者剥离开研究，而往往膨胀角和缩扩比是同时变化的。

基于此，本书将二者与气动总压力联合研究，并选择经典形状 De-Laval 喷管进行全面分析。选此喷管的原因是其形状完全决定于膨胀角与缩扩比，并且由于国内外对膨胀角与缩扩比的研究均采用此型喷管，但却均未将二者同工况联合研究。根据等熵流动方程，轴向马赫数分布取决于点到壁面的距离，为此在研究中保证了所有喷管的压缩段和膨胀段的长度相等。由此，本书所研究的结构参数如图 3-8 所示。

3.3.2.1　膨胀角度、缩扩比及气动总压对跨音速流场的影响

由于影响因素多，包括 5 组缩扩比、6 组入口气动总压、4 组膨胀角，共计数值模拟 120 组，结果分析难度大且复杂。因此，分别通过管内流场速度表面图结果和流场内指标的统计具体分析，包括不同缩扩比的喷管在相同膨胀角、不同压力下的流场变化规律；不同膨胀角的喷管在相同缩扩比、不同入口气动总压下的流场变化规律。图 3-9 为膨胀角为 8.5°和 10°、入口气动总压为 0.3～0.7 MPa 时，不同缩扩比喷管内部的跨音速流场速度分布表面图。如图 3-9 所示，在 0.3 MPa 处，高速带与咽喉段宽度几乎相同，边界波动较弱。随着进口总压力的增加，高速带以大于 0.5 的缩扩比逐渐填充拉瓦尔喷管中的空腔。随着缩扩比的增加，音速环向出口移动，迁移长度随压力的增加而增加。当音速环被推出喷管时，喷管内的速度分布趋于均匀。因此，在高压下，增加缩扩比可以增加高速带在喷管内部空间中的比例，扩大出口的平均速度，提高射流流量，但需要应用局部高速气流和节省空气功率的行业应避免过大缩扩比。

当压力从 0.3 MPa 增加到 0.7 MPa 时，缩扩比小于 0.5 的喷管不易产生音

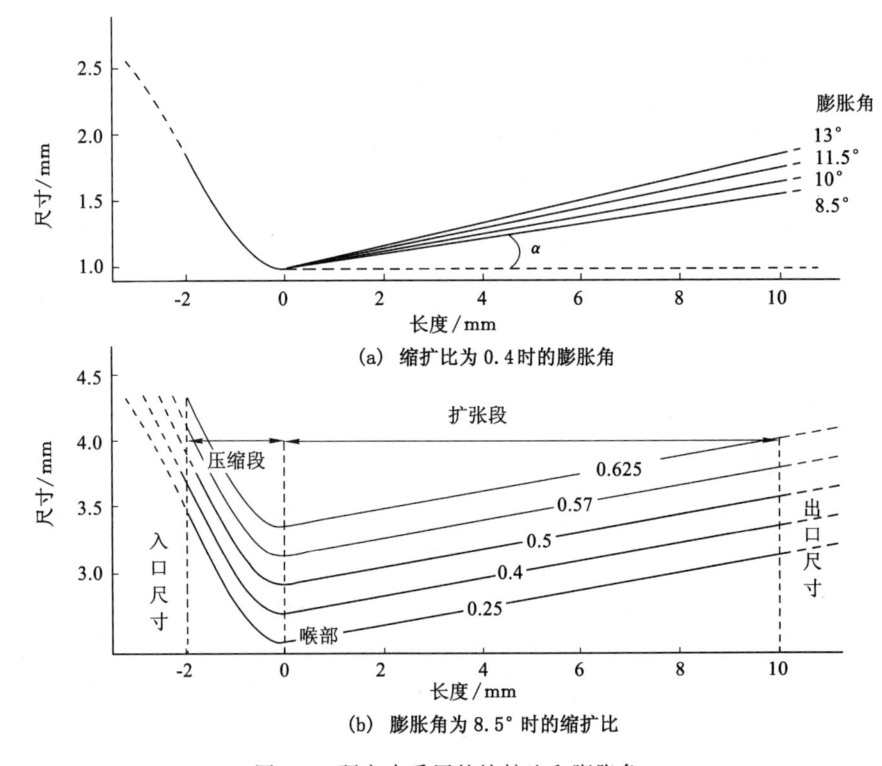

(a) 缩扩比为 0.4 时的膨胀角

(b) 膨胀角为 8.5° 时的缩扩比

图 3-8 研究中采用的缩扩比和膨胀角

速环，内部高速带速度值不断增大。因此，较小的扩散器喷管在不同压力下具有更好的效率和加速性能。在低压 $p_{tot}=0.4$ MPa 时，缩扩比 $R=0.625$ 喷管的气流加速能力极差，气流场的很大一部分处于亚音速状态。

在气动总压力为 0.3 MPa 的情况下，特别是缩扩比大于 0.5 的喷管处于上述情况。当压力 $p_{tot}=0.5$ MPa 时，较大缩扩比的加速能力得到提高。因此，在低压下应用过大的缩扩比喷管是不合适的，这可以通过增加入口气动总压来提高它们的加速性能。

当气动总压力为 0.7 MPa、缩扩比从 0.5 增加到 0.57 时，音速环变化小，喷管内速度均匀增加，但缩扩比为 0.625 的喷管的加速度效应和效率仍然不能令人满意，原因是出口外形成了一个正激波。当总压力较高时，可以通过适当地将缩扩比扩大到一定程度来提高喷管效率。

同样地，膨胀角为 10°时，随着缩扩比的增加，音速环仍然向出口移动，迁移长度随着压力的增加而增加，但需要更大的压力才能将音速环从喷管中推出来。因此，为提高喷管出口气体流量和高速带在相同压力下的空间分布比，应在增大

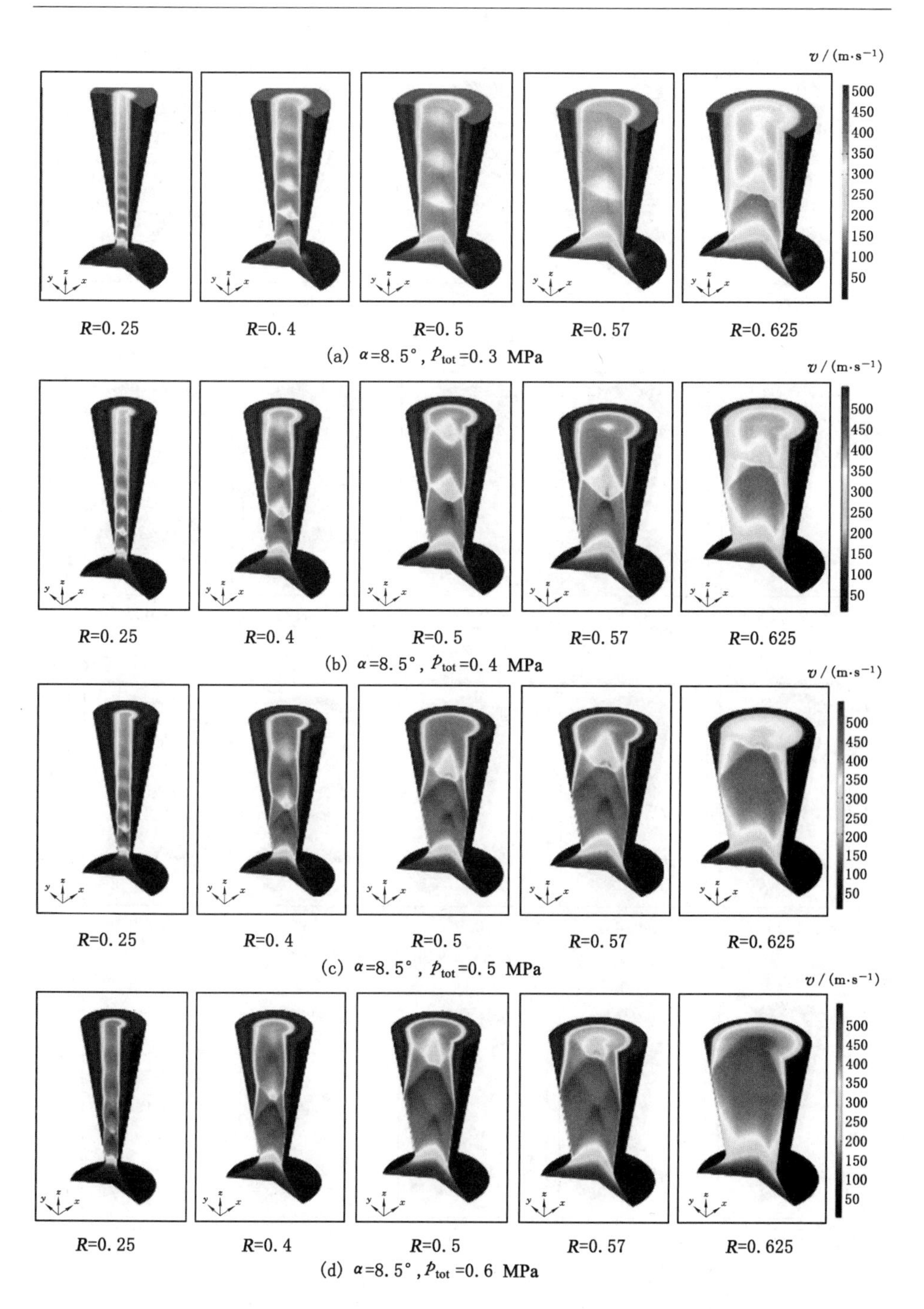

(a) α=8.5°, p_{tot}=0.3 MPa

(b) α=8.5°, p_{tot}=0.4 MPa

(c) α=8.5°, p_{tot}=0.5 MPa

(d) α=8.5°, p_{tot}=0.6 MPa

图 3-9　不同膨胀角度、缩扩比及入口气动总压力下的跨音速流场速度分布表面图 1

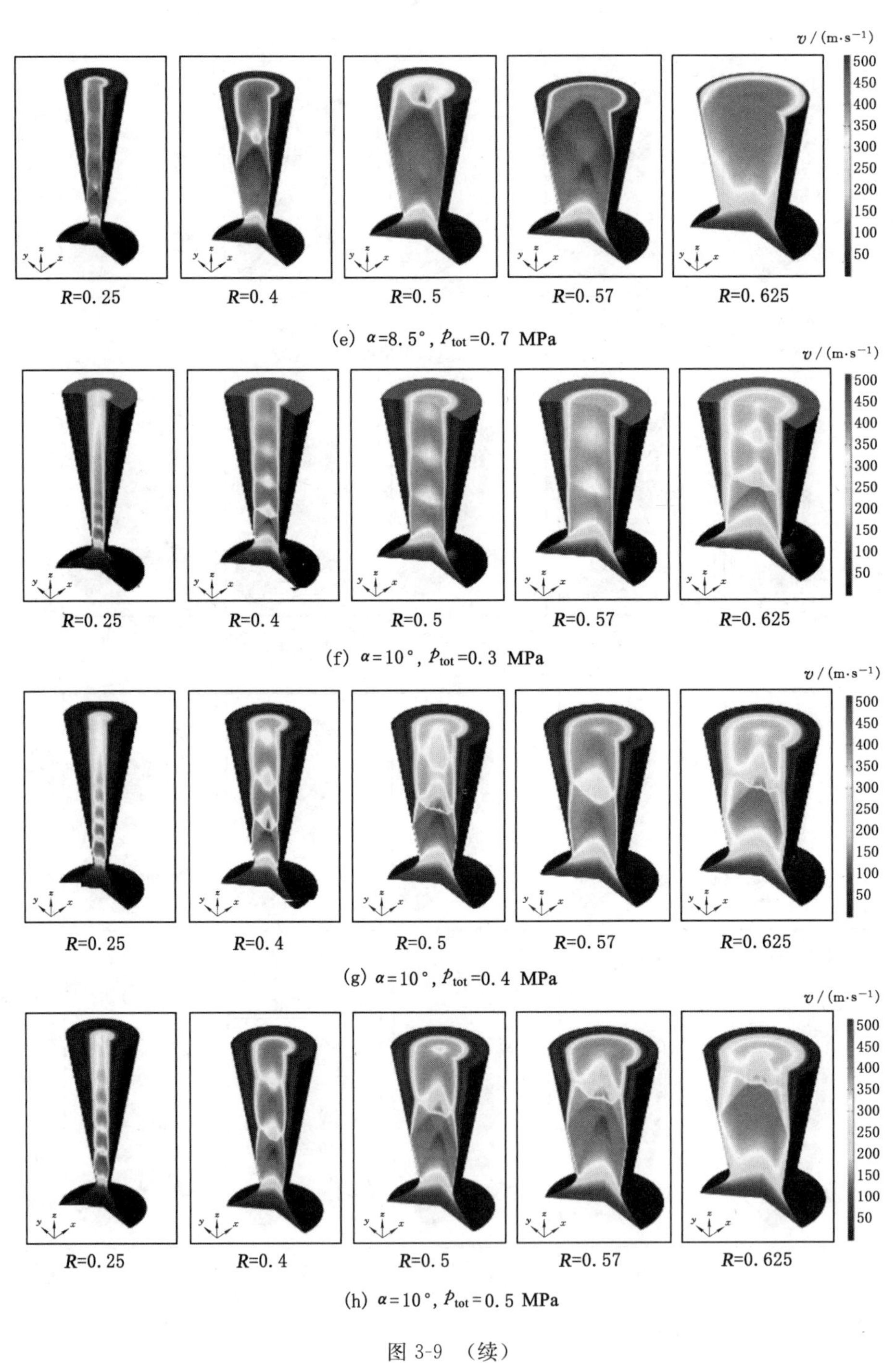

(e) α=8.5°, p_{tot}=0.7 MPa

(f) α=10°, p_{tot}=0.3 MPa

(g) α=10°, p_{tot}=0.4 MPa

(h) α=10°, p_{tot}=0.5 MPa

图 3-9 (续)

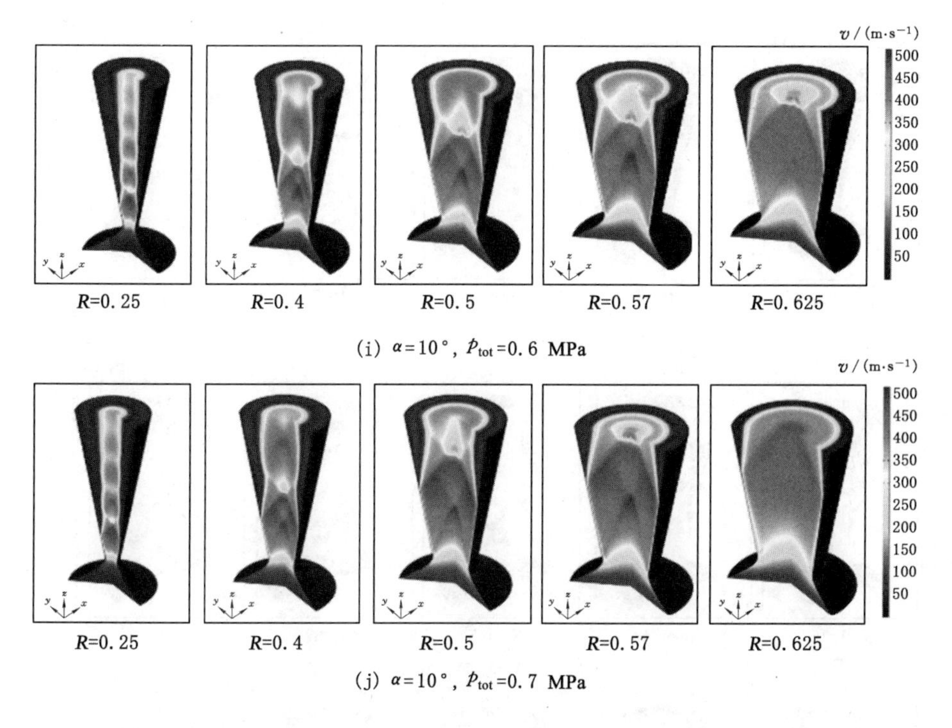

(i) $\alpha=10°$, $p_{tot}=0.6$ MPa

(j) $\alpha=10°$, $p_{tot}=0.7$ MPa

图 3-9 （续）

缩扩比的同时减小膨胀角。

在膨胀角为 10°时，较小的扩散器喷管在相同的气动总压下具有更好的性能。然而，随着膨胀角度从 8.5°扩展到 10°，喷管中出现了一个弱音速环，其缩扩比值为 0.4，与我们研究中的其他压力相比，在气动总压力为 0.4 MPa 时，这种现象最明显。

同样，在低压下，喷管的很大一部分处于亚音速状态，当压力较高时，这种情况会变得更好。特别是在气动总压为 0.4 MPa 时，缩扩比为 0.5 的喷管中形成了一个正激波，这导致了音速环后面部分的膨胀截面的速度是亚音速。与膨胀角为 8.5°不同的是，入口气动总压和缩扩比越大，音速环的范围越大，效率越低。

图 3-10 为膨胀角为 11.5°和 13°、入口气动总压为 0.3～0.7 MPa 时，不同缩扩比喷管内部的跨音速流场速度分布表面图。与膨胀角为 10°相比，在膨胀角为 11.5°时，将音速环推出喷管的入口气动总压需求被进一步增加。膨胀角为 11.5°与膨胀角为 10°相比，当入口气动总压为 0.4 MPa 时，喷管中有明显的音速环现象，其缩扩比值为 0.4，而缩扩比值为 0.25 的喷管有微弱的音速环产生的趋势。

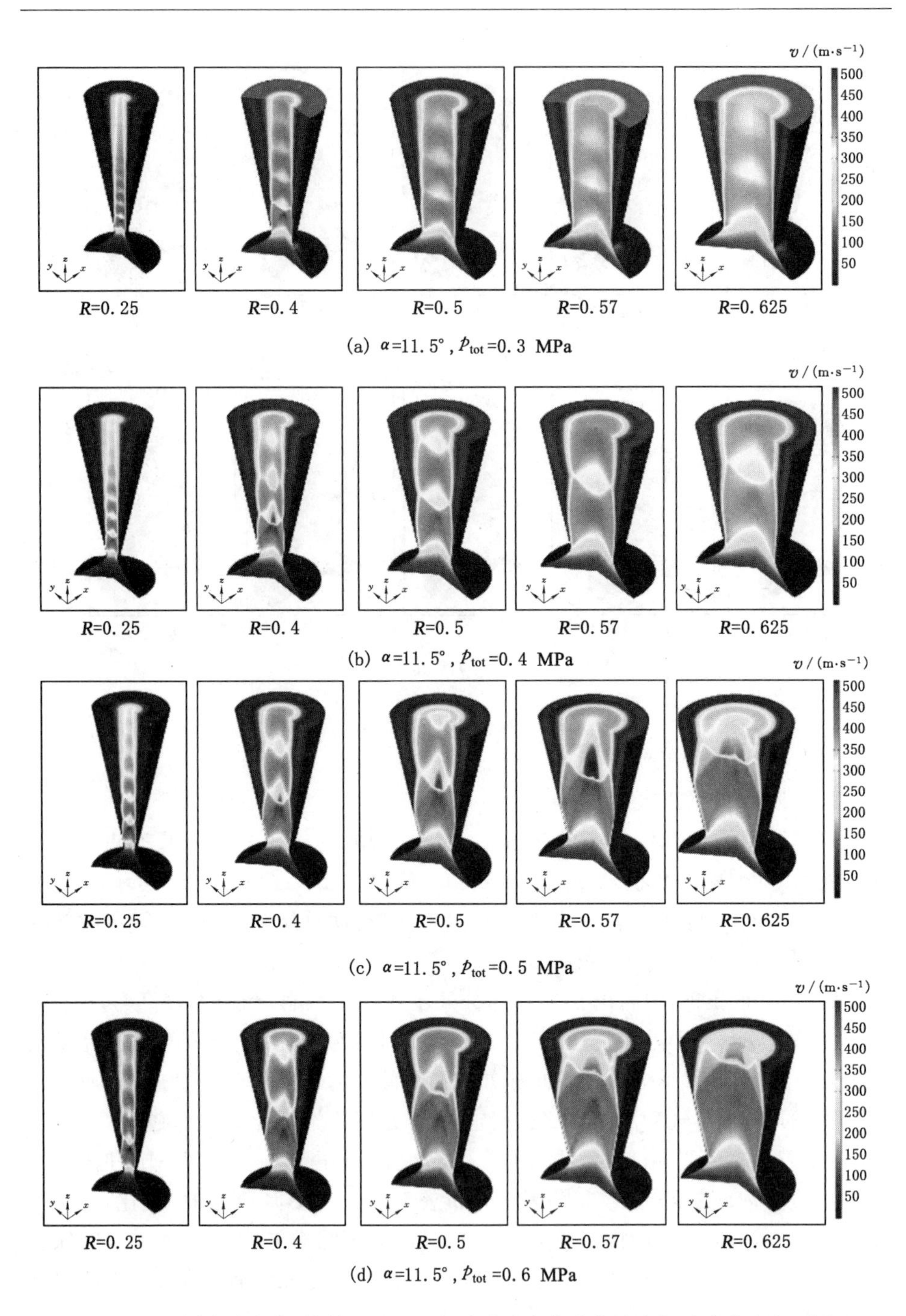

(a) α=11. 5°, p_{tot}=0. 3 MPa

(b) α=11. 5°, p_{tot}=0. 4 MPa

(c) α=11. 5°, p_{tot}=0. 5 MPa

(d) α=11. 5°, p_{tot}=0. 6 MPa

图 3-10　不同膨胀角度、缩扩比及入口气动总压力的跨音速流场速度分布表面图 2

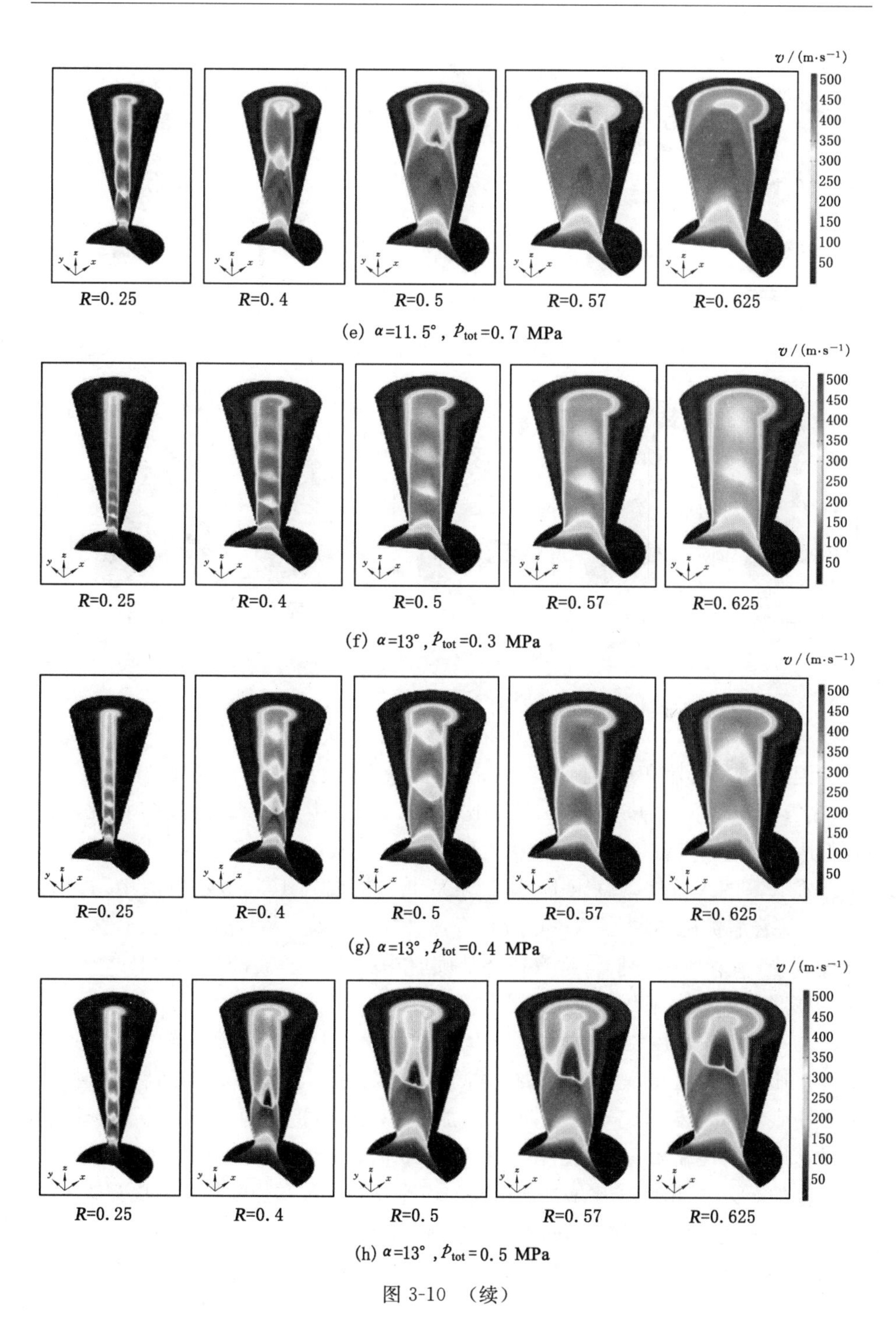

(e) α=11.5°, p_{tot}=0.7 MPa

(f) α=13°, p_{tot}=0.3 MPa

(g) α=13°, p_{tot}=0.4 MPa

(h) α=13°, p_{tot}=0.5 MPa

图 3-10 （续）

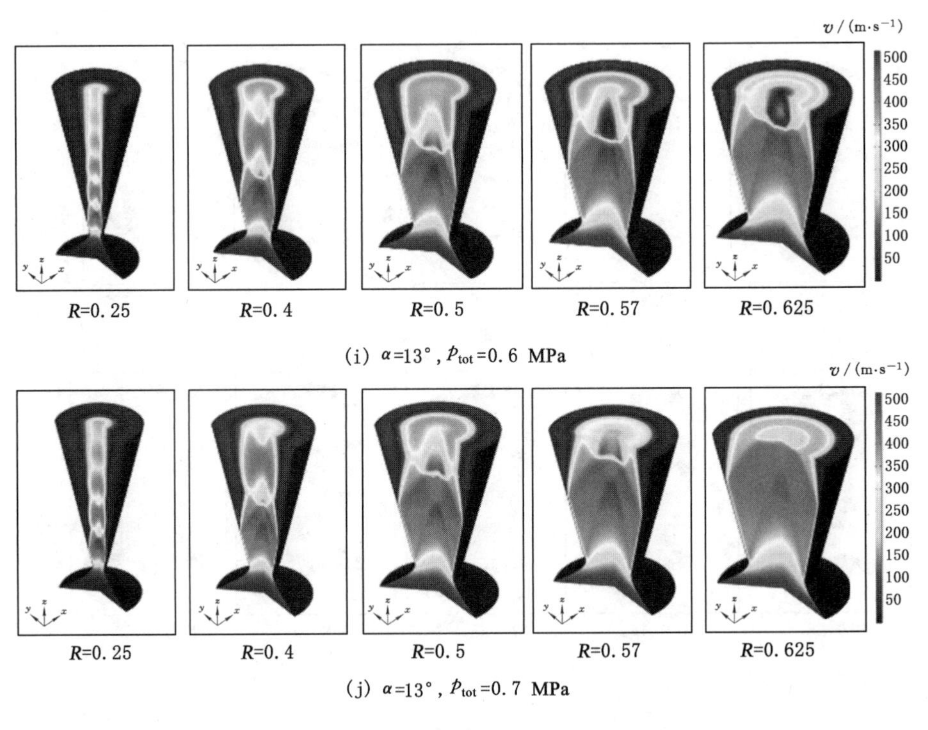

图 3-10 （续）

因此，增加膨胀角度会降低喷管的效率。当喷管的膨胀角度由 10°变为 11.5°时，喷管在气动总压为 0.4 MPa、缩扩比为 0.5 时，产生的正激波消散。因此，虽然在低压下通过一定程度上增加缩扩比可以提高效率，但膨胀角也应该增加。

在较高的入口气动总压下，膨胀角从 8.5°扩展到 10°，膨胀角从 10°扩展到 11.5°，随着缩扩比的增加（$R \geqslant 0.57$），音速环尺寸增大，表明能量损失较多，内部速度较小，喷管效率较低。将音速环从喷管中推出来所需的气动总压大于以较小的膨胀角度推出来的气动总压。

与小的膨胀角度相比，当入口压力为 0.5 MPa 时，喷管内产生较大的音速环，其缩扩比为 0.4，但其缩扩比为 0.25 的喷管仍然很弱。当膨胀角增加后，喷管内速度在膨胀角为 11.5°时趋于均匀；连续增加到 13°时，缩扩比为 0.5 的喷管表现出较高的速度均匀性和喷管效率。在膨胀角为 13°时，与较小角度相比，在入口气动总压较高的压力下，由缩扩比增加所引起的声速环的膨胀和加深的现象更为明显。

综上所述，在 0.3 MPa 处，高速带与喉部宽度基本相同，边界起伏较弱。随着进口总压力的增加，缩扩比大于 0.5 时，高速带逐渐填充拉瓦尔喷管中的空腔。随着缩扩比的增加，音速环向出口移动，并且随着压力的增加，移动距离增加，但又随着角度增大，所需要的压力越大。当音速环被推出喷管时，喷管内的速度分布趋于均匀。

在高压下，增加缩扩比可以增加高速带在喷管内部空间的比例，进而增加出口的平均速度和射流流量，然而，需要应用局部高速气流和节省空气功耗的行业应避免超大缩扩比。此外，在相同的压力下，为提高流量和高速带的空间分布比，应在增大其缩扩比的同时减小膨胀角。

缩扩比较小的喷管在不同压力下具有更好的效率和加速性能。然而，增加角度会降低它们的效率，即如果膨胀角增大，则需要较小的缩扩比来保持上述稳定性。在低压下，不宜使用过大的缩扩比。大缩扩比喷管可以通过增加入口压力来提高其加速性能。

当角度大于8.5°时，在高压下，压力越高，音速环的范围越深，效率越低。角度越大，问题越严重。除上述一般的规则外，特殊情况是，在低压下，通过适当增加缩扩比和角度在一定程度上提高效率，然而，在较高的压力下，角度需要减小。

3.3.2.2　膨胀角相同时不同缩扩比及气动总压对跨音速流场的影响

在上一小节中，结合速度分布的表面图，系统地讨论了缩扩比对喷管内流场和效率的影响，包含部分对膨胀角的讨论，但这些并不全面。由此，本小节分析了在不同压力下喷管膨胀段轴向平均速度（v_{avg}）和最大马赫数（Ma_{max}）的统计结果。根据控制变量法，综合考虑缩扩比和膨胀角的两个结构因素，保证研究一个单一因素时，另一个因素的相对恒定。

图3-11为不同膨胀角、缩扩比和气动总压条件下管内Ma_{max}统计图，如图所示，在入口气动总压为0.3 MPa时，图中的不同角度所代表的四条线几乎重叠，当总压力增加到0.4 MPa时，它们逐渐开始分离，但在排列顺序上没有明显的差异。

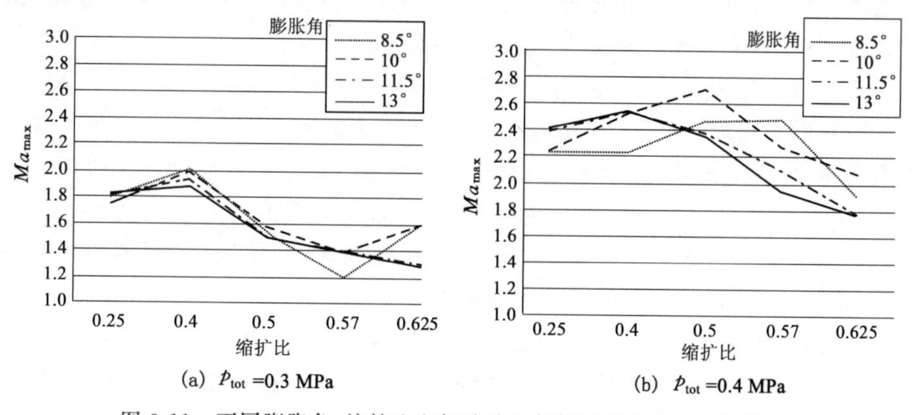

图3-11　不同膨胀角、缩扩比和气动总压条件下管内Ma_{max}统计图1

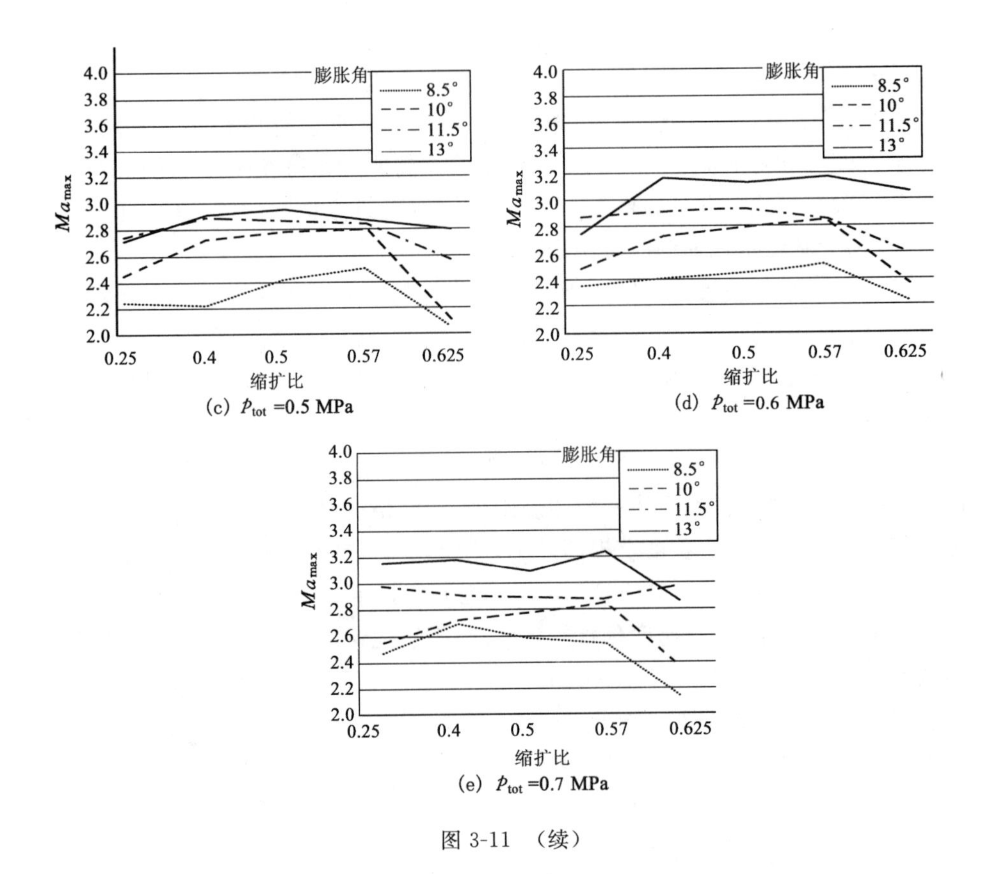

图 3-11 （续）

这样的排列顺序表明，在入口气动总压较低时，最大马赫数主要受缩扩比影响，Ma_{max}随着缩扩比的增加而减小。在入口气动总压处于 $p_{tot}=0.5$ MPa 时，随着缩扩比的增加，不同膨胀角度所代表的直线之间 y 轴上的距离逐渐增大，但次序不变，从上到下的顺序为 13°、11.5°、10°和 8.5°。

同样，如图 3-12 所示，在不同膨胀角、缩扩比和气动总压条件下管内 Ma_{max}雷达分析图上可以观察到，在入口气动总压处于低压时，不同的膨胀角所代表的线几乎重叠，向缩扩比为 0.4 的方向移动，并随着入口气动总压的增加逐渐向外扩展，不同角度之间的间隙越来越明显，偏离方向在缩扩比为 0.4～0.57 之间。这表明所有喷管的 Ma_{max}随着压力的增加而增加，不同角度时，增加的幅度不同，对缩扩比为 0.4～0.57 的喷管影响最大。

因此，相同缩扩比喷管的 Ma_{max}随着膨胀角的增大而增大，入口气动总压越高该现象越明显。当入口气动总压和膨胀角变化时，缩扩比越小，不同膨胀角度的线越平衡，这也显示了这些喷管的稳定特性。

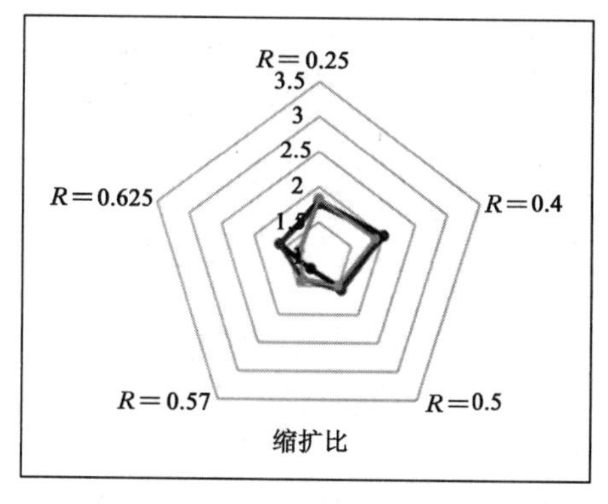

(a)　p_{tot}=0.3 MPa

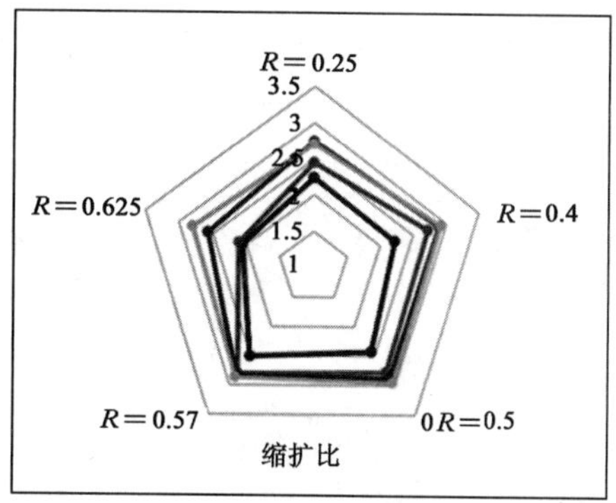

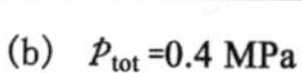
(b)　p_{tot}=0.4 MPa

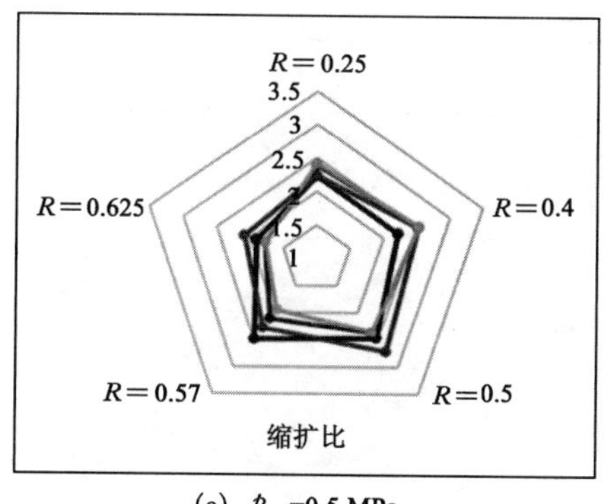

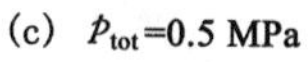
(c)　p_{tot}=0.5 MPa

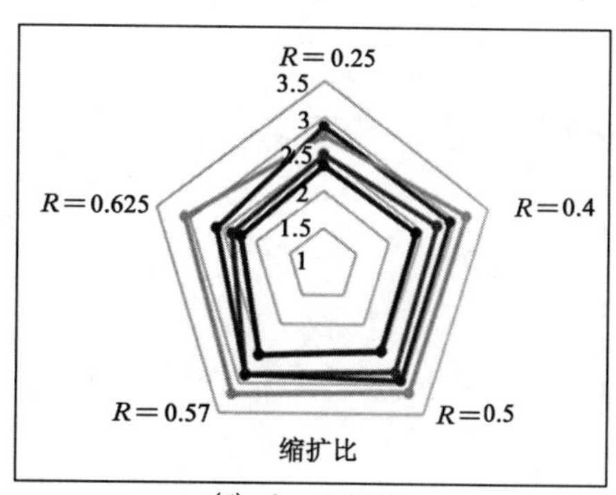

(d)　p_{tot}=0.6 MPa

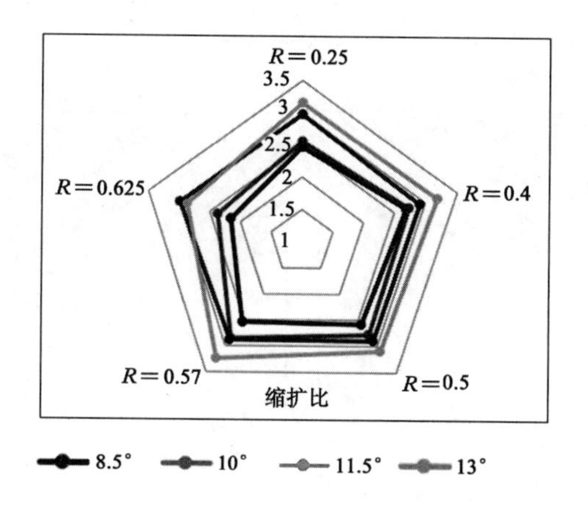

(e)　p_{tot}=0.7 MPa

图 3-12　不同膨胀角、缩扩比和气动总压条件下管内 Ma_{max} 雷达分析图

管内平均速度 v_{avg} 由轴向速度的线积分平均值确定，可反映喷管内的能量损失和加速效率，为此截取了轴线的平均速度。图 3-13 为不同膨胀角、缩扩比和气动总压条件下管内 v_{avg} 统计图。

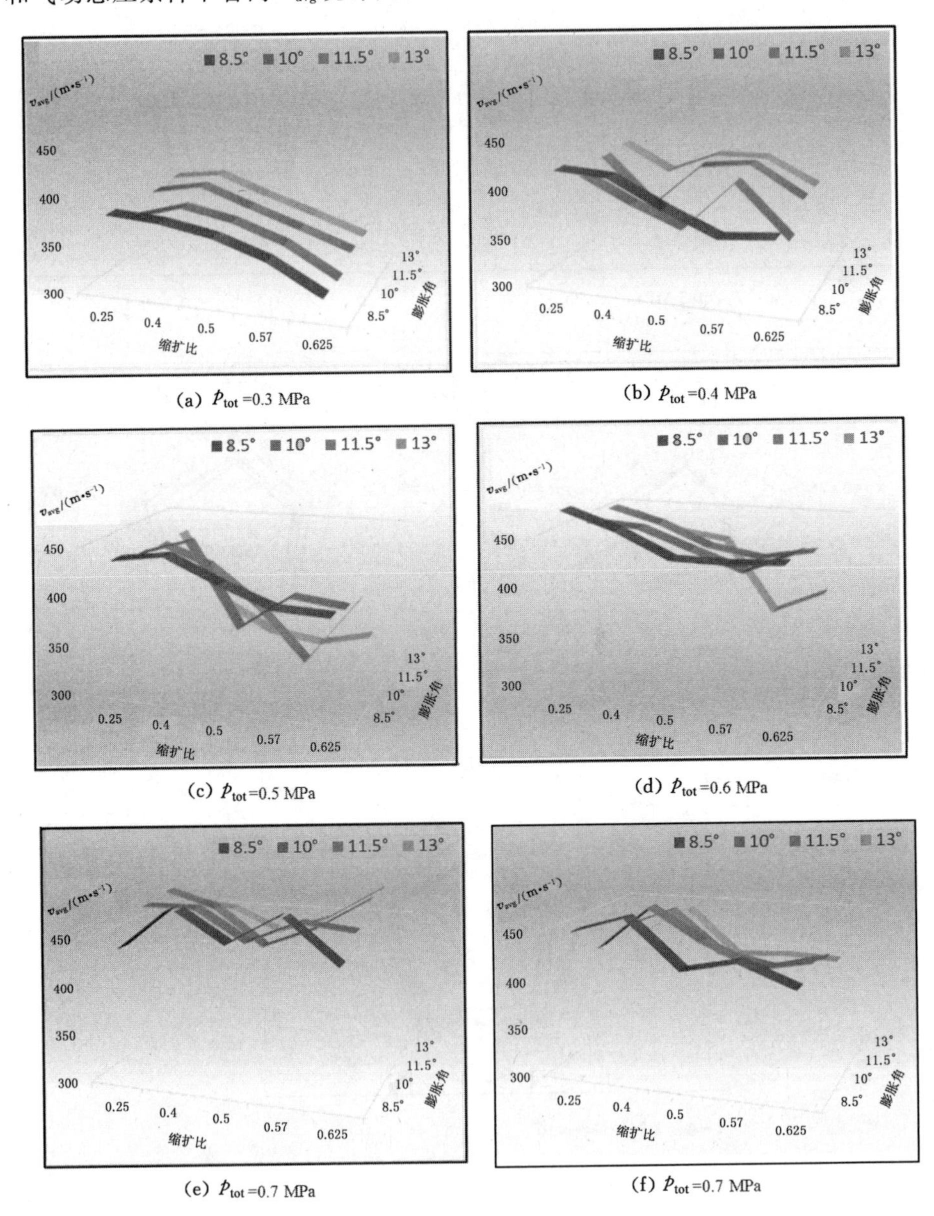

(a) p_{tot}=0.3 MPa

(b) p_{tot}=0.4 MPa

(c) p_{tot}=0.5 MPa

(d) p_{tot}=0.6 MPa

(e) p_{tot}=0.7 MPa

(f) p_{tot}=0.7 MPa

图 3-13 不同膨胀角、缩扩比和气动总压条件下管内 v_{avg} 统计图 1

对于角度相同的喷管，v_{avg}随缩扩比的增加而减小，在 0.4 MPa 处有很大的波动，在 0.6 MPa 时区域平稳，这与上节的结论是一致的。如图 3-13 所示，特别是，当总入口压力为 0.7 MPa 时，内部流场趋于均匀，v_{avg}增加，因为缩扩比为 0.57 和 0.625 的喷管中的音速环被推出了喷管。虽然这似乎不同于总入口压力在 0.3～0.6 MPa 之间的规律，但当截取数据轴从喉部 20 mm 的平均速度(计算包括外部喷管 10 mm)后，0.7 MPa 的 v_{avg}结果仍然符合较小压力的规律，这与上节中，高压时，随着音速环被推出喷管内流场趋于均匀的结论一致。

进一步地，以角度为变量，如图 3-14 所示，将相同缩扩比作为一个系列进行研究。

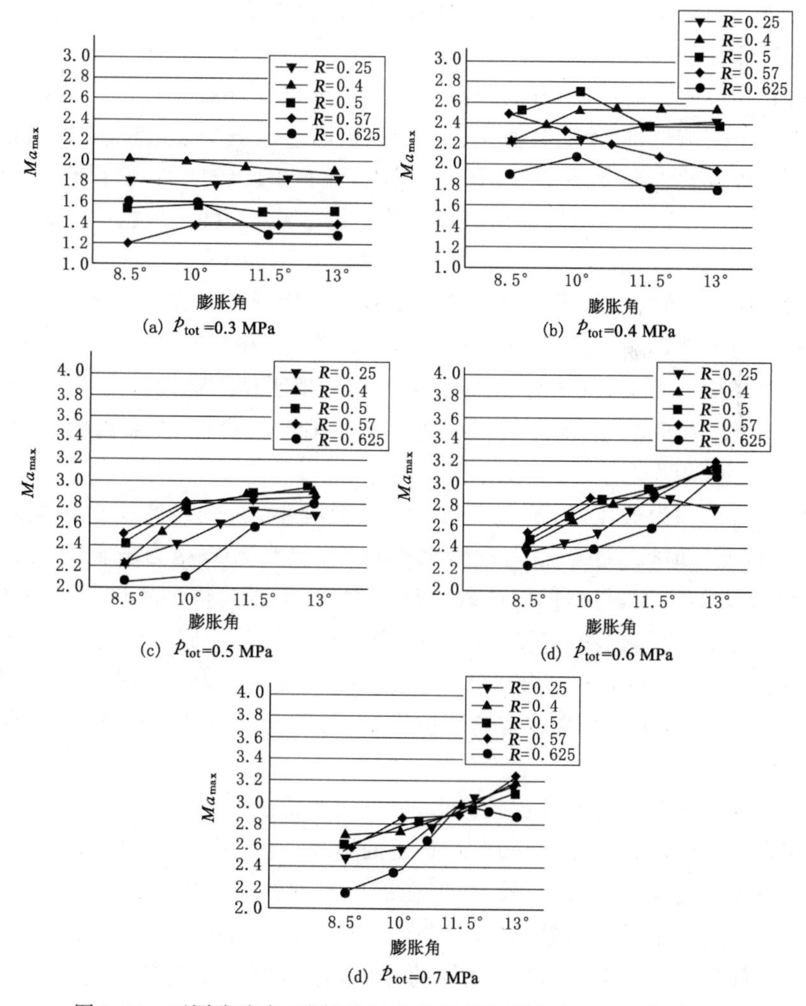

图 3-14　不同膨胀角、缩扩比气动总压条件下管内 Ma_{max}统计图 2

在较低的压力下，Ma_{max}不随角度的增加而发生明显的变化，但呈现出微弱的下降趋势。在较高的压力下，Ma_{max}随着角度的增加而增加，随着压力的增加，代表不同缩扩比的线在 y 轴上间距逐渐减小。这种变化表明，压力越高，缩扩比对最大马赫数的影响越小。缩扩比为 0.25、0.625 的曲线都悬停在线图的下侧，表明对于 Ma_{max}来说，在较高的入口气动压力下应该避免相对极端的缩扩比条件，以避免管内的不稳定性和低效率性能，这与前面雷达分析图上讨论的结果是一致的。

如图 3-15 所示，在入口气动低压时，膨胀角度对管内轴线平均速度的影响不大。右上角的小矩形框内是该图形的二维平面图，在该图中的 y 轴方向上，缩扩比较大的曲线处于图中相对较低的位置，表明该压力下，缩扩比越大轴向平均速度越低。

随着入口压力的增加，各曲线在 y 方向之间的距离逐渐拉近。这进一步证明了上节中的结论，即不适合使用太大的缩扩比。当角度变化时，缩扩比较小的喷管总是稳定的。在 $p_{tot}=0.5$ MPa 压力下，随着角度的增加，喷管的 v_{avg}减小。在图 3-15(f)中，当进一步增加出口附近的数据截线长度时，数据截取至 20 mm 后，这种现象更为明显。

综上所述，随着缩扩比的增大，Ma_{max}先增大后减小。在低压下，Ma_{max}主要受缩扩比的大小影响，受膨胀角度影响微弱。但是，在较高的气动总压下，膨胀角度越大，Ma_{max}越大，气动总压越高，这种现象越明显。轴向管内平均速度 v_{avg}随缩扩比的增加而减小，随着喷管中的音速环被推出喷管，内部流场趋于均匀，内部的 v_{avg}增加明显。

在入口条件为低压时，膨胀角度对 v_{avg}影响不大，较大的缩扩比喷管内的 v_{avg}相对较低。Ma_{max}随膨胀角度增大而增大，但当入口压力较低时变化不明显，随着压力的增加，与缩扩比的影响程度相比，膨胀角度的影响越来越大。当膨胀角度变化时，缩扩比小的喷管的 v_{avg}总是稳定的，在高压下，v_{avg}随着角度的增加而减小，研究中缩扩比为 0.625 的喷管在入口压力为 0.7 MPa 时表现出相反的行为，主要是由于最大的音速环被推出喷管，当增加统计距离后，现象与其他压力时一致。

通过对喷管流场特性的比较分析，可以大致得出以下结论。缩扩比越小，气流高速带在轴线附近越集中，随着缩扩比的增加，高速带的边界向壁面延伸并逐渐填充空腔。因此，尽管水压较大，但在缩扩比大的喷管侧壁注水，相对于气流速度极低的射流很难进入轴向中心，与边界层相比，这是一个真实的高速区域。

当气体的入口压力增大时，气体的速度增大，但由于高速带边界向侧壁移动，所以向高速带注入流体就更困难。随着缩扩比的增加，音速环向出口移动，

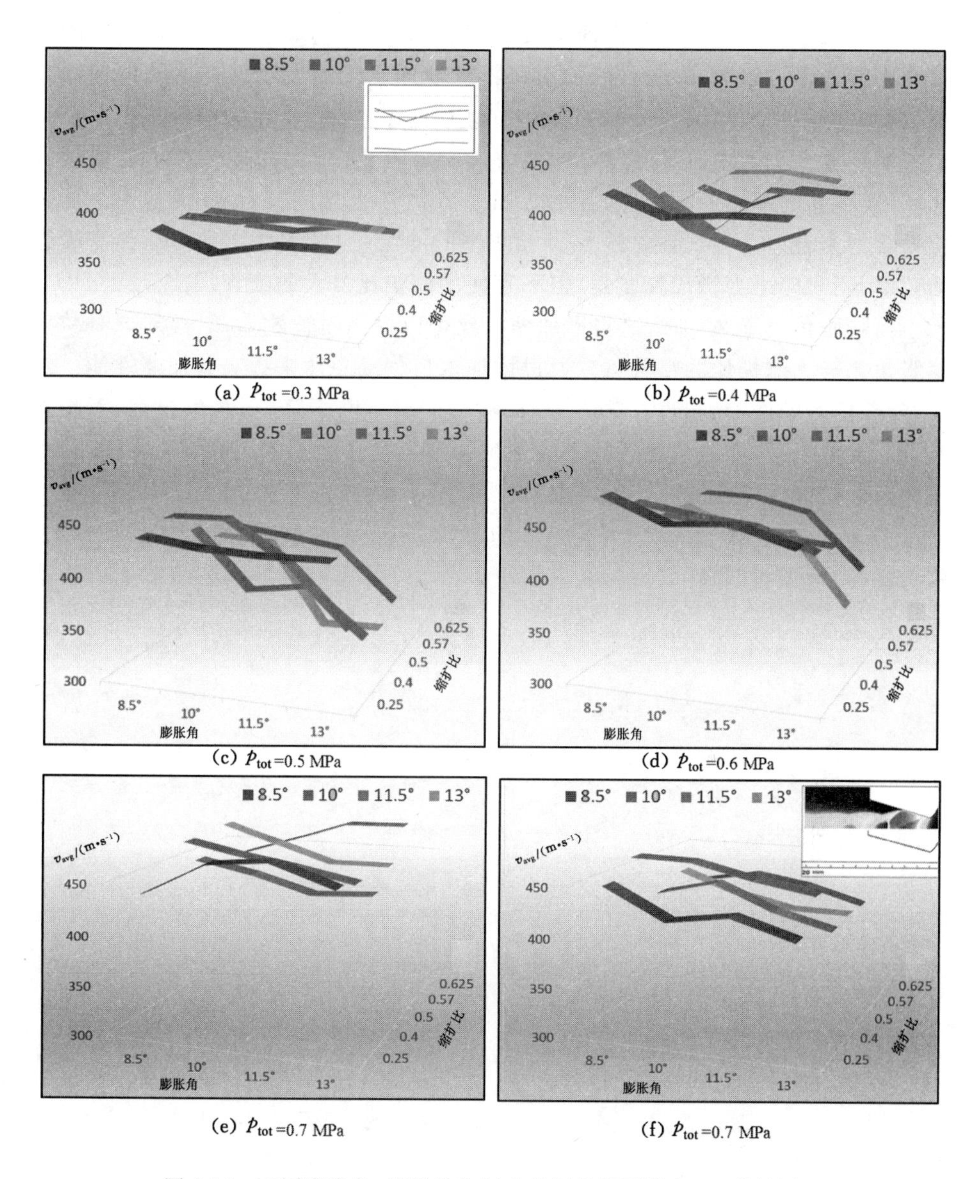

(a) p_{tot}=0.3 MPa　　(b) p_{tot}=0.4 MPa

(c) p_{tot}=0.5 MPa　　(d) p_{tot}=0.6 MPa

(e) p_{tot}=0.7 MPa　　(f) p_{tot}=0.7 MPa

图 3-15　不同膨胀角、缩扩比和气动总压条件下管内 v_{avg} 统计图 2

并且随着压力的增加，音速环的移动距离增加，当膨胀角度越大时，移动相同距离需要的压力越大。当音速环被推出喷管时，喷管内的速度分布趋于均匀。在高压下，增加缩扩比可以增加高速带在喷管内部空间的缩扩比、出口的平均速度和射流流量，并且需要更大耗气量。

此外，在相同的压力下，为提高流量和空间分布比，应在增大其缩扩比的同时减小膨胀角。然而，膨胀段的轴向在膨胀段的平均速度随缩扩比的增加而减小。需要应用本地高速气流和节省空气动力的行业应避免太大的缩扩比。

缩扩比较小的喷管具有较好的效率和加速性能，增大角度会产生较弱的音速环，破坏其内部流场稳定性。因此，如果需要节能、高效、稳定，则采用小缩扩比喷管更为合适。当气动总压 $p_{tot}=0.4$ MPa 时，适当提高缩扩比可以提高喷管的效率，同时应适当增加膨胀角，但不宜使用缩扩比过大的喷管。

当膨胀角小于 8.5°时，适当增加缩扩比可以提高喷管效率，但必须同时减小膨胀角。较大缩扩比的喷管可以通过增加入口气动总压来提高其加速性能。然而，随着压力的增加，超过 0.5 MPa 时，喷管效率不断下降，膨胀角越大，下降越严重。在低压下，膨胀截面轴线上的平均速度不受角度的太大影响。在高压下，增大角度会导致速度减小。随着缩扩比的增加，喷管的压缩能力先增大后减小。当压力 $p_{tot}=0.5$ MPa 时，主要受角度的影响，膨胀角度越大，最大马赫数越大，压力越高，效果越明显。此外，在高压下，最大马赫数主要发生在缩扩比适中的喷管中。

第 4 章　微细雾化与跨音速雾化理论研究

4.1　跨音速流场中液滴雾化细观动力学特性分析

为实现超音速雾化过程，必须在喷管的膨胀段高速负压区射流。为验证该方法的正确性，并探究恰当的射流离散方式，需要系统的研究可压缩气流中的液滴在跨音速流动过程中的破碎行为[105,107,115]。为此，根据前人研究的雾滴破碎模型，结合所建立的可压缩气流管内跨音速流动数值模型，进一步建立其场内的液滴破碎雾化数值模型，对不同结构、工况条件下的管内跨音速雾化过程进行系统深入的研究。

4.1.1　二维轴对称管内跨音速雾化数值模型建立

通过对不稳定性模型的分析，建立可压缩气流跨音速流动中液滴破碎雾化数值模型需要获得可压缩流场的基本特性参数，气流场各位置的气体密度、气流速度、静压力、动力黏度。由于在求解二维轴对称可压缩气流跨音速流动中液滴破碎雾化问题时 KH-RT 混合模型实际计算收敛性差[205-207]，而超音速雾化主要利用了气体运动的超高速度原理破碎液滴，将液滴看成弹簧类比是不恰当的，而 RT 模型又在忽略气体作用。

因此，在本书中采用了 K-H 破碎模型，它在超音速雾化破碎相关研究中被广泛应用[112-115,127]，并与可压缩气体跨音速破碎过程的数值模型进行耦合，获得了 K-H 破碎模型的可压缩气流破碎扰动的不稳定性控制方程，为使该模型计算收敛良好，网格沿用第 3 章网格的划分方法和参数设定。

气象韦伯数的可压缩形式为：

$$We_{g}' = \frac{\left[\boldsymbol{F} - p + \frac{1}{3}\mu\boldsymbol{u}\right](\boldsymbol{u} - \boldsymbol{v})^{2} r_{p}}{\sigma_{p}(1 + \boldsymbol{u})\boldsymbol{u}} \tag{4-1}$$

式中　$\boldsymbol{v}$——气体速度，m/s；

r_{p}——液滴粒径，m；

σ_{p}——液滴的表面张力，N/m。

则泰勒数的可压缩形式为：

$$T'=Z\sqrt{We_{g}'} \tag{4-2}$$

式中 Z——昂赛格数。

可得到最大增长频率的可压缩形式为：

$$\Omega_{KH}'=\frac{0.34+0.398\ 5We_{g}'^{1.5}}{(1+1.47T'^{0.6})(1+Z)}\sqrt{\frac{\sigma_{p}}{\rho_{p}r_{p}^{3}}} \tag{4-3}$$

式中 ρ_p——液滴密度，kg/m^3。

可得到最大增长波长的可压缩形式为：

$$\Lambda_{KH}'=\frac{9.02r_{p}(1+0.45\sqrt{Z})(1+0.4T'^{0.7})}{(1+0.865We_{g}'^{1.67})^{0.6}} \tag{4-4}$$

则 K-H 破碎模型的可压缩形式的半径控制方程为：

$$r'_{ch}=\begin{cases} B_{0}\Lambda_{KH}' & B_{0}\Lambda_{KH}'\leqslant r_{p} \\ \min\left(\left(\left(\frac{3\pi r_{p}^{2}(\boldsymbol{u}-\boldsymbol{v})}{2\Omega'_{KH}}\right),\left(\frac{3r_{p}\Lambda_{KH}'}{4}\right)\right)^{\frac{1}{3}}\right) & B_{0}\Lambda_{KH}'>r_{p} \end{cases} \tag{4-5}$$

式中 B_0——常数[208]。

4.1.2 Convex 喷管内两种离散方式雾化模拟结果与分析

根据所建立的数值模型本节研究气动总压及结构对跨音速雾化过程的影响规律，所建立的几何模型与 3.2.1 节一致，增加了几何“点”用来确定液滴释放的位置，在几何点的设置中 COMSOL 软件提供了释放的初始粒径，粒径大小按照拟定实验的喷头结构设定为 0.8 mm。释放方向与拟定实验的喷头钻孔/探针角度确定为朝气流喷射方向与法线呈 45°。释放速度按照实验的拟定流量与释放孔径截面的乘积计算获得。具体参数见表 4-1。

表 4-1 边界条件和参数值

边界名称	边界条件设定参数值		
液相	液滴质量流率 $m_p=1.11$ g/s	计算步：$(0,10^{-6},2\times10^{-3})$s	常数 $B_{KH}=5$
	液滴初速度 $v_0=0.88$ m/s	液滴初始粒径 $d_0=0.8$ mm	
入口	入口总压 $p_{tot}=0.6$ MPa	入口总温 $T_{tot}=293$ K	入口马赫数 $M_{in}=0.01$
出口	出口总压 $p_{out}=0.1$ MPa	出口总温 $T_{tot}=293$ K	
气相	$R_s=287$ J/(kg·K)	比热比 $\gamma=1.4$	普朗特数 $Pr=0.72$
粒子	密度 $\rho_p=1\ 000$ kg/m³	表面张力 $\sigma_p=0.072\ 9$ N/m	参考动力黏度 $\mu_p=1$ mPa/s

本节研究模拟了与第 3 章中一致的四种形状的喷管在 0.3～0.6 MPa 的四个气动总压、两种离散方式的可压缩气流跨音速流动中的液滴破碎雾化过程，其中两种离散方式分别为孔型离散和探针离散。之所以选择“探针离散”是根据第 3 章中所得到的可压缩气流在管内跨音速流动规律，“音速流动段集中在喷管轴向并保持轴对称的带状分布，向壁面方向速度分层轴对称环状分布”，根据斯托克斯曳力定律和不稳定雾化破碎理论，液相的离散位置便决定了离散后雾滴与气流的相对速度，进而对管内的超音速雾化过程和雾化效果产生巨大影响。若将雾滴直接释放于超音速流带内，则可保证初始的最大相间速度，称此为“探针离散”。

因此，研究中选择了孔式离散/探针离散两种不同的液相离散方式，并探究其对超音速雾化过程的影响。另外，该研究也可与后续的实验过程进行相互印证，获得传统超音速雾化的超声波干雾抑尘喷头雾化效率低、射程近、柔软无力、微细粒度液滴分布占比低的根本原因。

气动总压为 0.3～0.6 MPa 条件下，Convex 喷管应用孔式、探针式两种液相离散方式后，喷口较近距离范围内及喷管内部的雾滴破碎瞬态模拟结果，如图 4-1 所示。由横纵对比可知，在气动总压为 0.3 MPa 下，Convex 孔式离散喷管 0.005 s 时雾滴射程为 120 mm。雾滴由离散孔以低速沿射流角度在超音速流动低速带内向喷管轴向运移，随射流距离增加，0.003 s 时达到破碎点，该位置位于轴向超音速流带边界，速度约 100～150 m/s，受到超音速气流作用瞬间破碎至 10～40 μm，并以 8～12 m/s 的速度向喷管外运移，在 0.005 s 时，喷管外雾滴受到喷管气流曳力作用逐渐加速至 70 m/s。

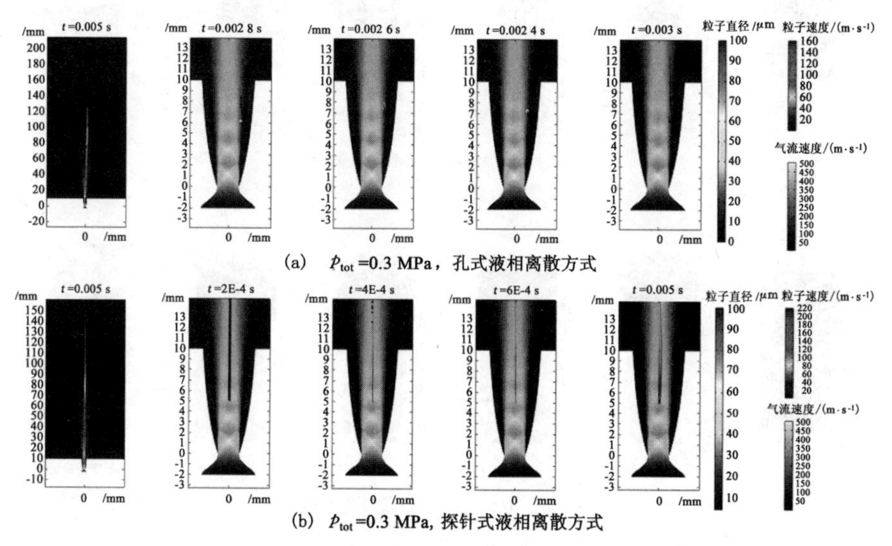

(a)　p_{tot}=0.3 MPa，孔式液相离散方式

(b)　p_{tot}=0.3 MPa，探针式液相离散方式

图 4-1　不同入口气动总压下 Convex 喷管内雾化粒子轨迹表面图

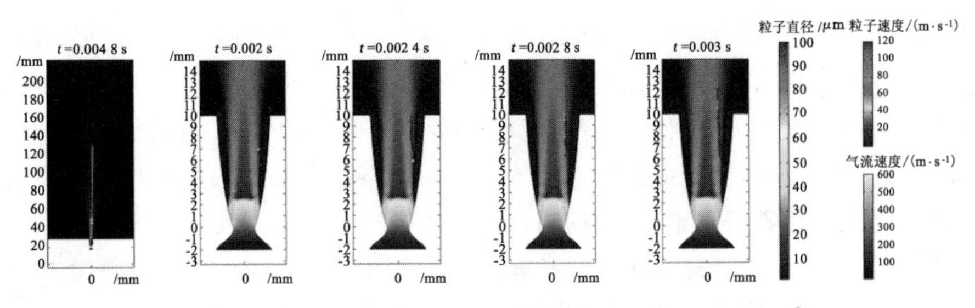

(c) p_{tot}=0.4 MPa，孔式液相离散方式

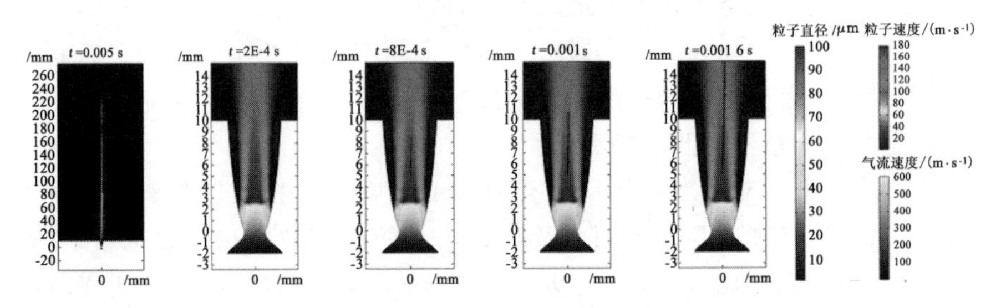

(d) p_{tot}=0.4 MPa，探针式液相离散方式

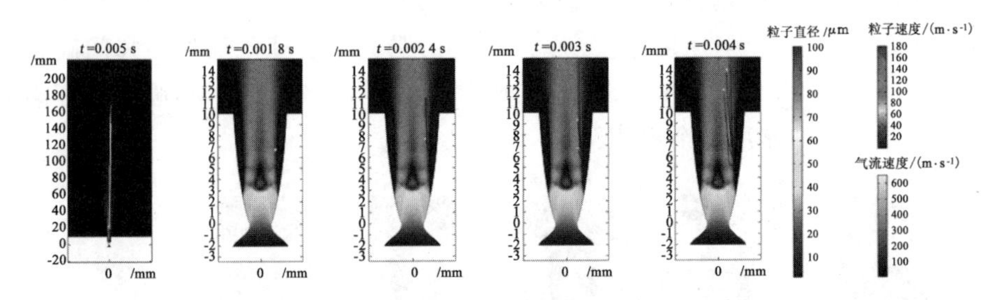

(e) p_{tot}=0.5 MPa，孔式液相离散方式

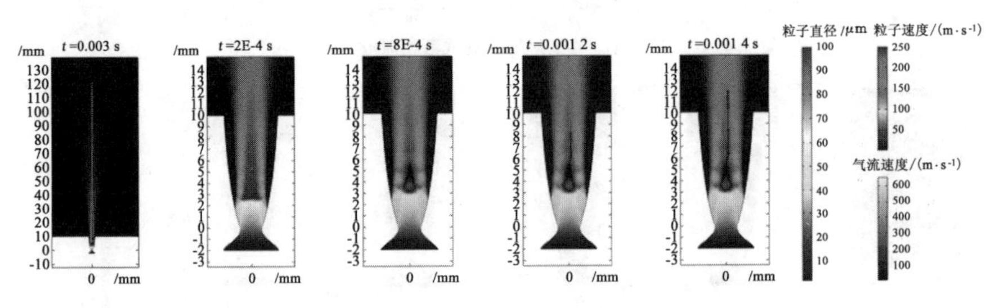

(f) p_{tot}=0.5 MPa，探针式液相离散方式

图 4-1 （续）

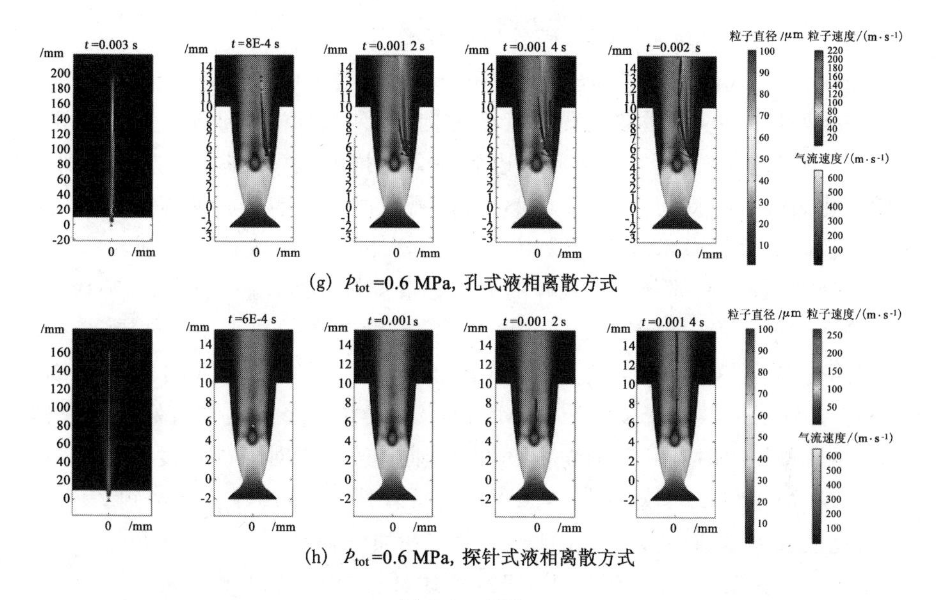

(g) p_{tot}=0.6 MPa, 孔式液相离散方式

(h) p_{tot}=0.6 MPa, 探针式液相离散方式

图 4-1 （续）

当离散位置选在喷管超音速流动中心轴向时，液滴无须经历高压力射流穿透亚音速流动区域的射流过程，初始离散便破碎至 10 μm 以下，以 20～80 m/s 的速度向管外喷射。在不同时刻，沿轴向雾滴速度分布不同，0.005 s 时雾滴喷射距离达到 180 mm，先加速至约 180 m/s，位置位于 80 mm 处后减速至 20 m/s，表明雾滴破碎与加速同时进行时。探针离散式管内破碎程度大，雾滴受到曳力大，加速运动明显，在此段明显高于孔式离散雾滴速度；当雾滴速度大于气流速度时雾滴受到的推力小于阻力，雾滴开始减速，但由于该方式下雾滴粒径小、惯性小，相同时间较另一方式喷射更远，却速度衰减更快。

在入口气动总压为 0.4 MPa 时，尽管管内超音速音速环较大，空化能耗明显增加，受到喷管轴 $z=2$ mm 处正激波影响，激波后超音速流带被分割为对称两部分，亚音速区域边界更靠近管壁，因此当射流离散在 0.002 s 时，开始雾化，但由于该位置速度与轴向速度相差较大，破碎程度较实际能量消耗而言，明显不足。存在大量未及时破碎的液滴进入喷管更深处的音速环空化区域，缓慢破碎并加速向管外运移，0.003 s时还未运移出管口。由于总压增加至 0.4 MPa，0.003 s时喷射距离达到 130 mm，速度先增大后减小，在 80 mm 处增至管外最大速度值为 70 m/s。Convex 探针式离散喷管 $p_{tot}=0.4$ MPa 时，由于管内离散位置位于巨大音速环内部，从 0.000 2～0.000 8 s射流破碎和雾滴加速作用缓慢进行，直到 0.001 s 液滴运移至空化音速环边界与喷管超音速流带相互作用，开始加速和破碎，在 0.001 2 s 时，破碎后的雾滴离开喷管。

Convex 孔式离散喷管 $p_{tot}=0.5$ MPa 时，气动总压力增大迫使喷管内部音速环空化区域减小，正激波位置向管外方向迁移，由原本 2.2 mm 迁移至3 mm 处，局部平均速度增加，超音速流带边界向管壁拓展，表现在雾化方面的现象是初始雾化破碎时间提前。在 0.001 8 s 时，离散的液滴与超音速流带边界碰撞，并迅速破碎成大量微米级雾滴以 40 m/s 向管外喷射，最大速度达到 90 m/s，受到破碎速率限制，小部分未及破碎的大粒径液滴被高速膨胀气流推出喷管，该部分液滴在喷射过程中破碎为 50～100 μm 雾滴散落在锥形雾场的外围。宏观去看，雾滴分布为"轴向浓而细，边缘淡而粗"，这与后续实验观测结果相吻合。Convex 探针式离散喷管 $p_{tot}=0.5$ MPa 时，由于粒子释放位置恰好在空化圆环内部，尽管该压力时圆环范围缩小，但由于轴向速度相对环外速度小很多，沿轴向离散时，加速和破碎效果很差，雾滴喷射至管外时，雾滴粒径虽达到 20 μm 以下，但速度仅加速到 40 m/s，并且主要分布在喷管轴向，覆盖范围很小。

Convex 喷管在 $p_{tot}=0.6$ MPa 时，音速环受到气动总压增大的影响，被压缩得更小，正激波强度减小，后逐渐转化为斜激波。与 $p_{tot}=0.5$ MPa 时现象一致的是，孔式与探针相比雾滴分布更加松散，雾化效率差，但覆盖范围较大，尽管在较低气动总压时孔式无法到达超音速流带便破碎喷射出喷管，但在 0.5～0.6 MPa 时，受到超音速喷管内激波分布位置影响，探针离散处恰好在大型音速环范围，轴向速度相对外侧降低不少，使得孔式离散在 Convex 喷管的气动总压为 0.4～0.5 MPa 时雾化整体效果更优，射程、覆盖范围更大，破碎速率更快。在 0.03 s、0.5～0.6 MPa 时，孔式的射程分别达到 200 mm 和 220 mm，最大速度介于 120～140 m/s，雾滴粒径介于 10～50 μm，10 μm 左右的细雾部分主要分布在轴向附近。

综上，由破碎点至约 100 mm 处雾滴先加速后减速，加速幅度与临界点位置随喷管入口气动总压增大而增加，破碎程度与破碎速率随气动总压增大而明显提升。因此，Convex 喷管孔式气动总压力点应选在 0.5～0.6 MPa，此时超音速流带被激波分割成环状轴对称分布，靠近侧壁离散孔，使得液滴更早与超音速流动区域接触并雾化，而 Convex 喷管探针离散气动总压力应在 0.4 MPa 以下，管内激波分割区域不够明显，离散位置易于掌握，可实现在超音速流带内的初始液相离散，并首先达到最大气液速度差，破碎至最微细粒度，同时受到最大的气流曳力作用，达到最佳的雾化、加速喷射效果。

4.1.3 De-Laval 喷管内两种离散方式雾化模拟结果与分析

与 Convex 喷管有很大不同，De-Laval 喷管超音速流场分布呈近圆柱形，管内超音速流带气流边界几乎呈一条直线，速度处于亚音速在 100～300 m/s 左右，且无大量斜激波造成的低速“通道”。因此，如图 4-2 所示，孔式的离散液滴在此类流场中根本无法穿透带状亚音速边界进入内部的更高速区域，这样便无法达到该气动总压条件下的最大速度差，使得内部超音速流动区域气流剪切与推力完全浪费。其管内雾滴破碎的瞬态速度、粒径、位置追踪结果如图 4-2 所示。

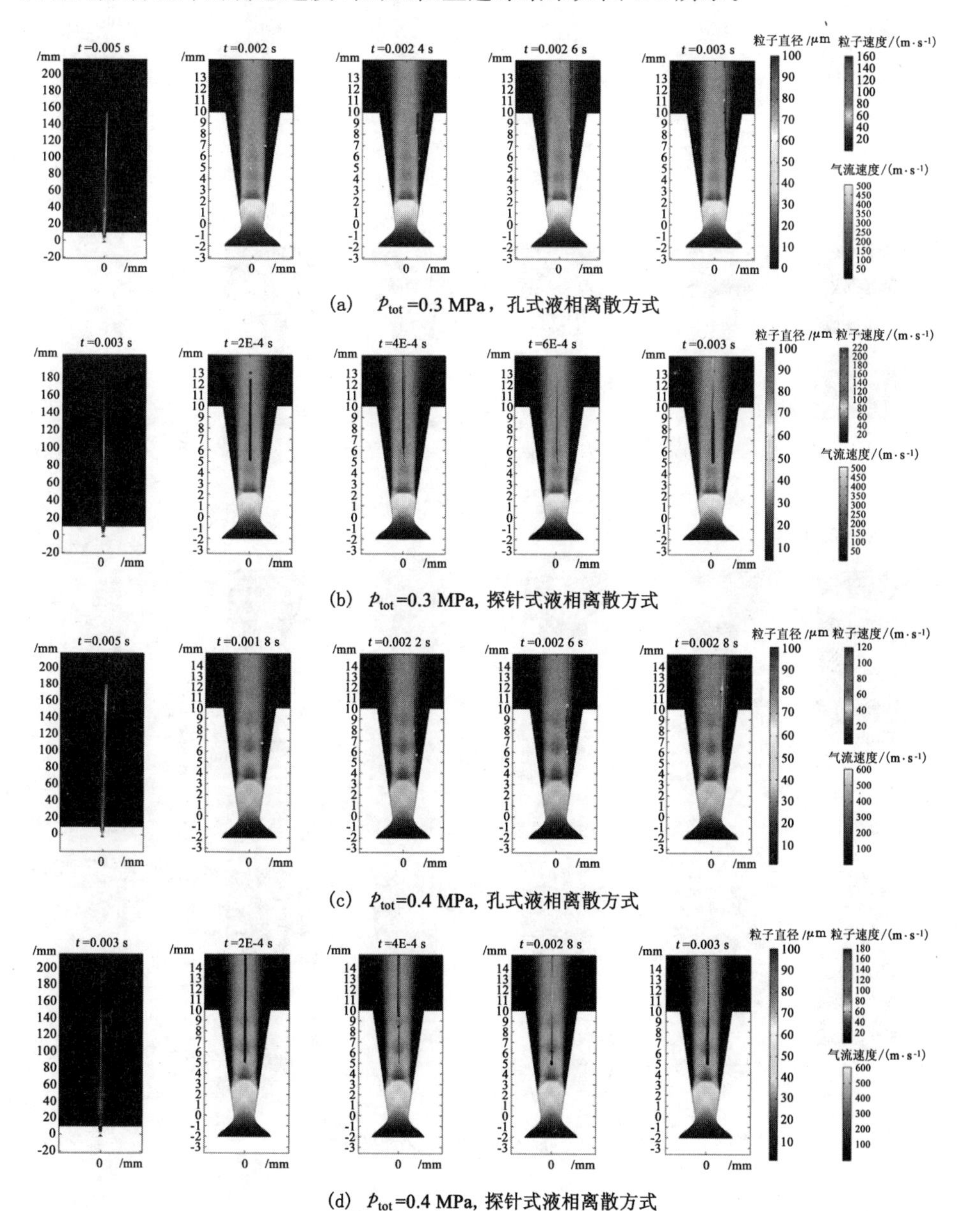

(a)　p_{tot}=0.3 MPa，孔式液相离散方式

(b)　p_{tot}=0.3 MPa，探针式液相离散方式

(c)　p_{tot}=0.4 MPa，孔式液相离散方式

(d)　p_{tot}=0.4 MPa，探针式液相离散方式

图 4-2　不同入口气动总压下 De-Laval 喷管内雾化粒子轨迹表面图

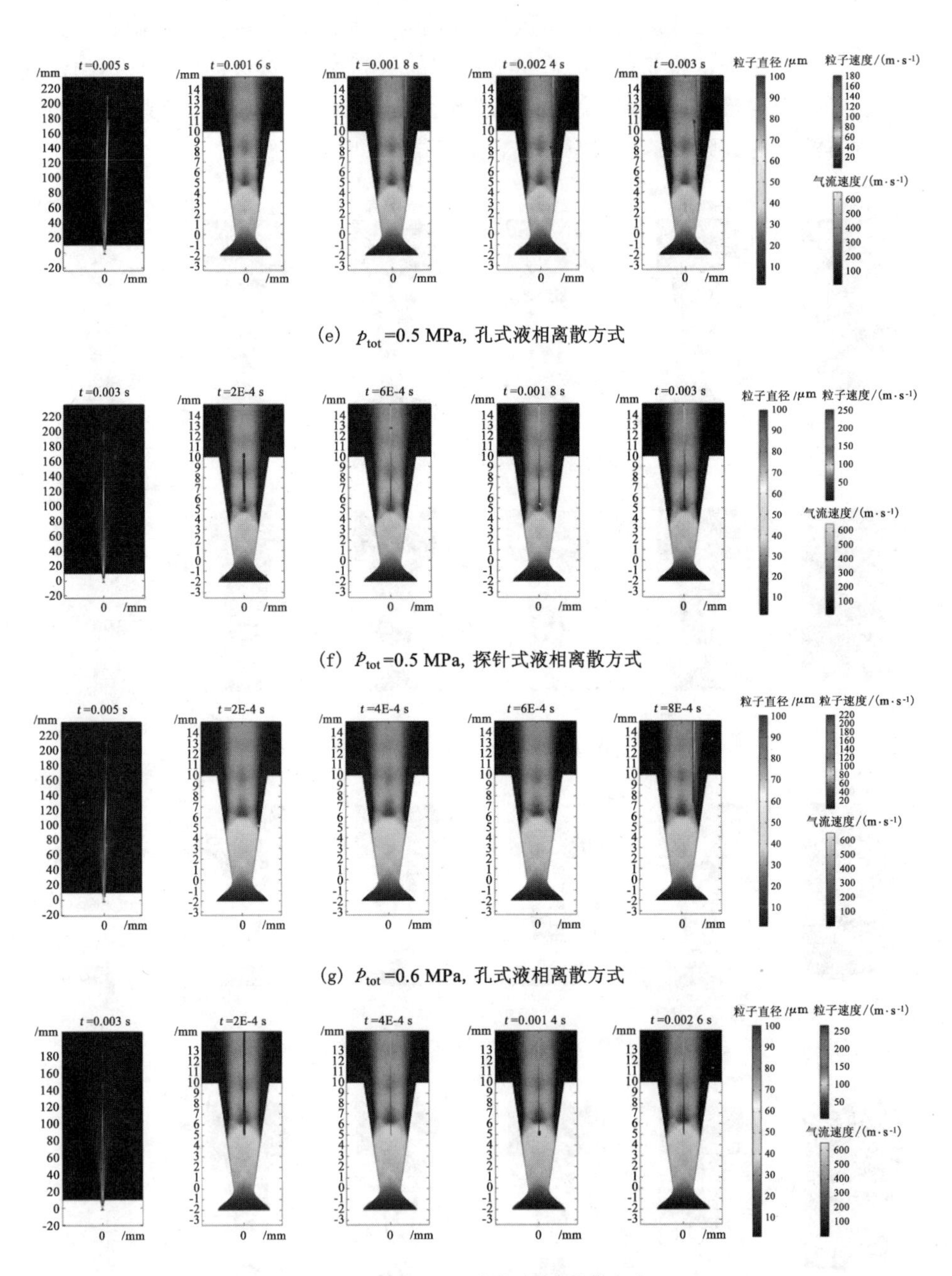

(e) p_{tot}=0.5 MPa, 孔式液相离散方式

(f) p_{tot}=0.5 MPa, 探针式液相离散方式

(g) p_{tot}=0.6 MPa, 孔式液相离散方式

(h) p_{tot}=0.6 MPa, 探针式液相离散方式

图 4-2 （续）

由于喷管对液滴的破碎雾化效率无法达到最佳状态，雾滴便在亚音速气流的推动下喷射向喷管外部。气动总压为 0.3～0.6 MPa 的条件下，De-Laval 喷管应用孔式、探针式两种液相离散方式后，通过喷口较近距离范围内及喷管内部的雾滴破碎瞬态模拟结果，可得 De-Laval 孔式离散喷管在 $p_{tot}=0.3$ MPa、$t=0.005$ s 时，射程为 150 mm，$z=100$ mm 处雾滴速度可加速至 100 m/s。初始破碎时间为 0.002 s，随着雾滴破碎后向外喷射，由于越接近轴向流场速度越大，这部分雾滴速度增长越快，破碎速率越大，初始破碎时雾滴粒径减小至 40 μm。经过 0.000 2 s 后雾滴破碎至 10～20 μm，并加速至 2 m/s，随着雾滴向喷管外运移，速度增加，粒径进一步减小。当雾滴速度与气流速度相近时，约在 40 m/s，雾滴破碎速率下降，位置介于喷口位置与喷口外 100 mm 以内。探针式喷管在 0.003 s 时雾化射程达到了 170 mm，最大雾滴喷射速度为 120 m/s，随后迅速衰减至 20～40 m/s 并随气流运移，初始破碎时间为液相离散时间。0.000 2 s 时，液滴破碎为 10 μm 以下雾滴并以 20～70 m/s 速度向管外运移。0.000 4 s 时速度便加速至 120 m/s，相比孔式离散初始破碎速度差约为 400～500 m/s，增大了 2～2.5 倍。因此，液滴在超音速流场中破碎位置不同，初始气流剪切动能不同，破碎速率和效率会因气液速度差的大幅度增加而增大，随后的喷射过程中，雾滴所受到的曳力加速度相比小速度差情况有明显增大，射程变远，雾化效果更好。

当入口气动总压增大至 0.4 MPa 时，气流在跨音速过程中斜激波的角度变小，管内各流带内的平均速度均增大。使得初始破碎时间为 0.001 8 s、0.002 2 s 时，液滴破碎为 10～70 μm 雾滴，并以 5～20 m/s 速度向管外运移。在 0.004 s 时达到最大雾滴喷射速度为 120 m/s，随后迅速衰减。在 0.005 s 时，孔式喷管雾化射程超过 170 mm。探针式喷管初始破碎时间为液相离散时间，在 0.000 2 s 时液滴破碎为 10 μm 以下雾滴，仅经过 0.000 2 s 便加速至 160 m/s 喷射出管口，0.003 s 时雾化射程达到了 180 mm，最大雾滴喷射速度超过 160 m/s。相比孔式离散方式，探针离散方式受到总压增加影响更大，当增大入口压力输入时，初始破碎速度差变化不大，但由第 3 章结论可知，管内轴向平均速度增大明显，因此微米级雾滴在管内受到气流推力更大，相同位置动能更大。

入口气动总压为 0.5 MPa 时，孔式喷管初始破碎时间为 0.001 6 s，相比 0.4 MPa时提前了 0.000 2 s，液滴破碎为 20 μm 以下雾滴，经过 0.000 2 s 加速至 40 m/s 通过管口。在 0.005 s 时雾化射程达到了 220 mm，最大雾滴喷射速度超过 160 m/s。是因为总压增大至 0.5 MPa 后，超音速或亚音速带状区域范围扩大，膨胀斜激波作用范围向管壁靠近，但仍留有一定距离的超低速区域，液滴与亚音速边界接触仍需依靠初始射流动能穿过，由于距离减小、接触时间提前、接触位置气流速度增加，气—液两相速度差增大，加速与破碎效果明显提升。

探针式 De-Laval 喷管，初始破碎时间为释放时刻，液滴破碎为 10 μm 以下雾滴，0.000 2 s 时已加速至管口速度为 60 m/s。在 0.003 s 时，雾化射程达到了 200 mm，最大雾滴喷射速度超过 160 m/s。由于释放位置恰好在该气压条件下的超音速流场音速环内，初始速度差较小，管内破碎速率未能达到预计的因总压增大而大幅增强的情况。因此，雾滴在管内加速有限，而喷射管外后，由于管外各压力下速度分布状况相似，雾滴的管外运移并未受到总压变化的明显影响。

入口气动总压为 0.6 MPa 时，De-Laval 孔式或探针式喷管雾化破碎位置均最靠近超音速区域，但此压力下能耗也是本书对比的最高气动总压力。相比其他压力射程增加幅度在 20～70 mm 之间。最大雾滴喷射速度超过 200 m/s，孔式和探针式液滴释放时刻即为其初始破碎时间，孔式液滴破碎为 30～70 μm 以下雾滴，探针式液滴破碎为 10 μm 以下。0.000 8 s 时孔式雾滴经过管口速度为 60 m/s，探针式雾滴 0.000 2 s 时以约 100 m/s 速度射出管外。

产生上述现象，是由于随气动总压达到 0.6 MPa，超音速或亚音速流域逐渐将低速带填满，孔式粒子位置与接触界面间距离随之缩至最短，但在各压力时，初始接触位置的相间速度差差距较小，初始破碎速率和破碎程度相近。因此，在液滴破碎粒径范围受到压力的影响变化幅度较小，而喷射距离主要受到气流场平均速度影响。此外，探针式喷管在该压力下位于音速环近喉侧，该位置为喷管内超音速流场速度差最大位置，因此破碎加速效果最好，但由于喷射路径经过音速环，且雾滴以超高速度喷射出喷口后所受阻力路径与大小增加明显，因此在 0.003 s 时间内，喷射的距离变化幅度不大。

4.1.4 Bell 喷管内两种离散方式雾化模拟结果与分析

Bell 喷管兼具 Convex 喷管与 De-Laval 喷管的形状特点，喷管入口气动总压为 0.3～0.4 MPa 时，超音速流场分布呈近圆柱形，管内超音速流带气流边界几乎呈一条直线且速度处于亚音速在 100～300 m/s，且无大量斜激波造成的低速“通道”，圆柱底面直径近似与喉部尺寸一致，从雾化角度分析 Bell 喷管与 De-Laval喷管的最大区别是其超音速、亚音速带边界距离侧壁更远。

入口气动总压为 0.3～0.6 MPa 条件下，Bell 喷管应用孔式、探针式两种液相离散方式后，喷口近场（即距离喷嘴出口较近的喷雾场域）和喷管内部的雾滴破碎瞬态模拟结果，如图 4-3 所示。

因此在图 4-3 中，孔式的离散液滴不仅无法穿透带状边界进入更高速区域，更无法在各入口气动总压下以固定初速度迅速达到雾化接触点。而在入口气动总压为 0.5～0.6 MPa 时，因 Bell 喷管扩张段后半部分与 Convex 喷管相近。当所生成音速环因入口气动总压增大被外推时，轴向形成空化区域，高速带向边界扩展，原本直线边界因斜激波膨胀左右变为波浪状，所以 Bell 喷管的孔式和探

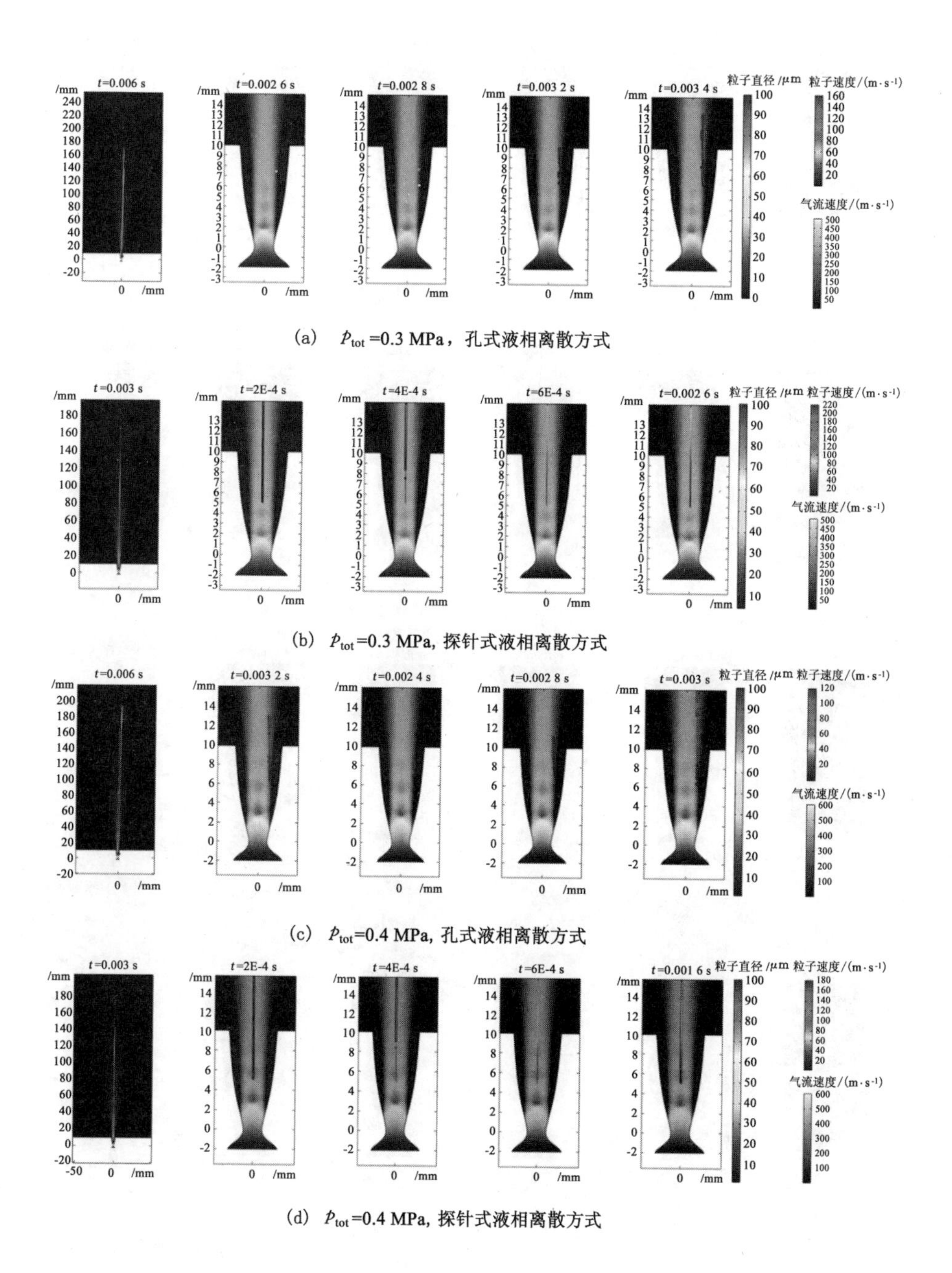

(a) p_{tot}=0.3 MPa，孔式液相离散方式

(b) p_{tot}=0.3 MPa, 探针式液相离散方式

(c) p_{tot}=0.4 MPa, 孔式液相离散方式

(d) p_{tot}=0.4 MPa, 探针式液相离散方式

图 4-3　不同入口气动总压下 Bell 喷管内雾化粒子轨迹表面图

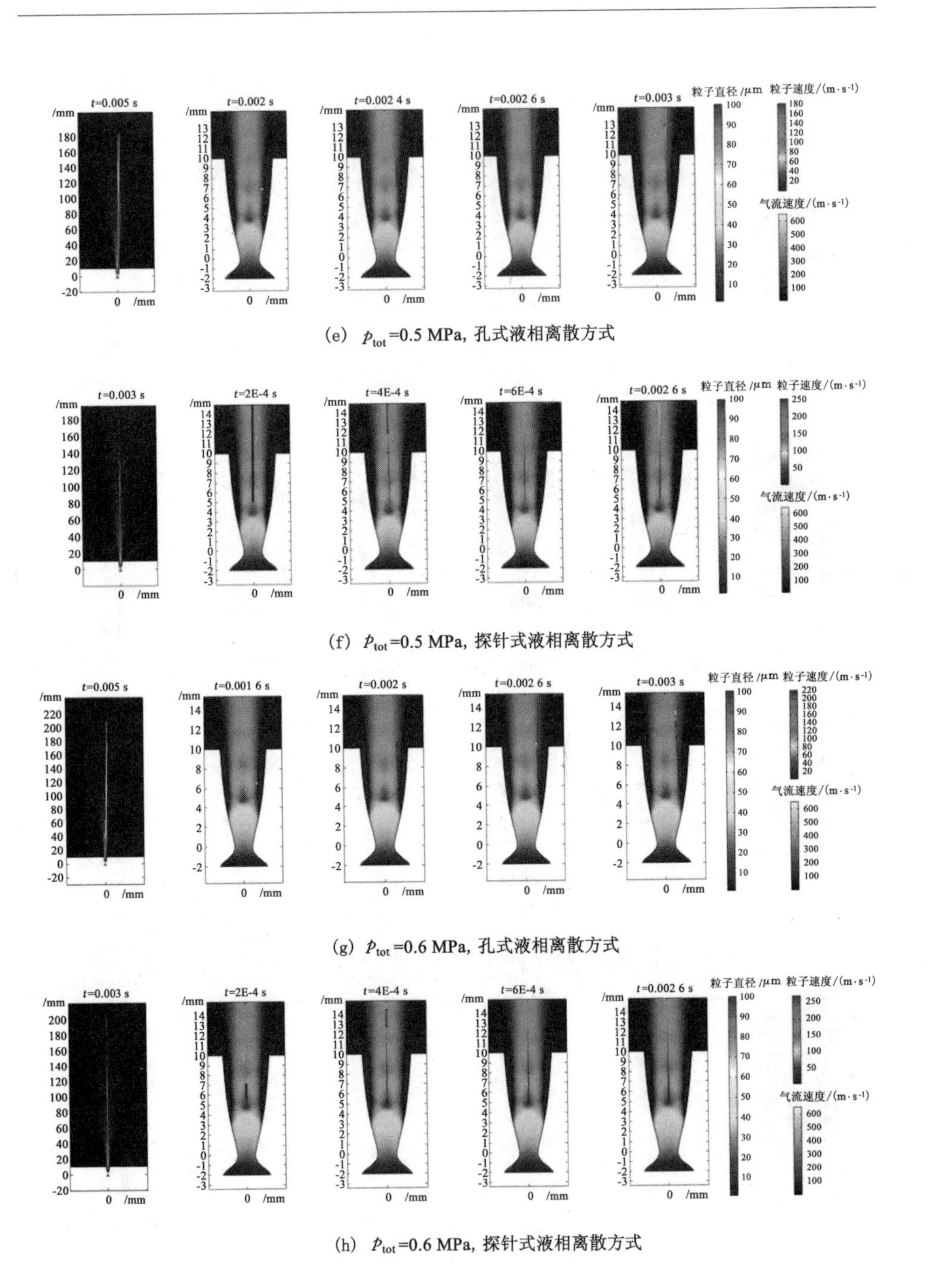

(e) p_{tot}=0.5 MPa, 孔式液相离散方式

(f) p_{tot}=0.5 MPa, 探针式液相离散方式

(g) p_{tot}=0.6 MPa, 孔式液相离散方式

(h) p_{tot}=0.6 MPa, 探针式液相离散方式

图 4-3 （续）

针式液相离散雾化过程与前二者又有不同之处。

如图 4-3 所示，入口气动总压为 0.3 MPa、0.006 s 时，雾化射程为 180 mm，雾滴此过程增速段距离为 10～150 mm，最大喷射速度为 80 m/s，雾滴经出口速度为 20 m/s。这表明雾滴从雾化至喷射到 180 mm 处一直做跟随运动且雾化破碎速率处于较低水平，从释放至破碎经过近 0.002 8 s 时间，破碎时粒径由 100 μm 以上破碎为 70 μm 左右雾滴，在缓慢移动中，0.003 s 时进一步破碎为 30～50 μm，喷射出出口后，受到轴向高速剪切气流的影响，雾滴加速破碎为 10 μm 以下。Bell 探针式喷管在 0.3 MPa 时获得良好效果，0.003 s 时射程达到 180 mm，射程效率是孔式的 1 倍，最大雾滴速度为 140 m/s。雾滴加速至 100 mm 处开始减速，初始破碎时间与雾化粒度、速度变化规律同 De-Laval 喷管的探针式在该压力时相近。

随着入口气动总压增大至 0.4 MPa，管内音速环空化范围增加，这导致管内因激波产生的能量损失增大，与雾滴相作用的亚音速边界速度未能因总压增大而大幅增加，因此该压力下孔式喷管效率提升有限，初始破碎时间为 0.002 6 s，0.006 s 时喷射距离为 2 000 mm，雾滴速度处于 50～70 m/s 范围，雾化粒径为 20～70 μm，加速时间长、距离大、增速区间小。而 0.4 MPa 时，由于轴向平均速度增加，探针式雾滴射速增大，射程变远，最大雾滴速度增加 12.5%。

入口气动总压增至 0.5 MPa 后，0.005 s 时，Bell 孔式喷管雾化射程为 190 mm，增速段距离为 10～80 mm，最大喷射速度为 140 m/s，雾滴经出口速度为 15～20 m/s，初始破碎时间为 0.002 2 s，速度范围为 1～2.5 m/s，粒径范围为 20～40 μm，0.002 8 s 首次释放液滴完全雾化，于 0.003 s 完全由出口喷射而出。是因内部空化音速环、斜激波强度增加，能量损失加剧，雾滴喷射轨迹分散、粒径大小不一，轴向喷射距离远、速度大，切向速度小。Bell 探针式喷管在 0.3～0.5 MPa 范围内，0.003 s 时射程均为 180 mm 左右，而最大喷射速度位置与加速距离减小至 180 m/s与 10～50 mm，射程效率降低明显，由此可见尽管初始破碎时间与雾化粒度、速度变化规律相近，但并非增加喷射入口气动总压雾化喷射效果便增强，而取决于增加入口气动总压对内部流场分布与超音速雾化的作用效果。

入口气动总压为 0.6 MPa 时，0.005 s Bell 孔式喷管雾化射程为 210 mm，增速段距离为 10～80 mm，最大喷射速度为 120 m/s，雾滴经出口速度为 15～20 m/s，初始破碎时间为 0.001 6 s，相比 0.5 MPa 时提前 0.000 6 s，速度范围为 1～1.5 m/s，粒径范围为 60～70 μm，0.002 2 s 首次释放液滴完全雾化，雾场内部存在大量未及时充分破碎的雾滴，随后喷射而出并在气流场中缓慢加速运动。0.6 MPa 时 Bell 探针式喷管粒子释放点位于音速环内部与 Convex 喷管在 0.5 MPa时现象相似，在音速环内气液速度差远小于喷管超音速流动速度预期值。因此，即使探针释放于超音速流域内，破碎时间在 0.000 2 s 时刻，入口气动总压增加至 0.6 MPa 管内平均速度大幅增加，但破碎效率与喷射加速作用效率低。这主要是由于该压力下 Bell 喷管轴向气体密度低且受到激波影响速度低，轴向气流对雾滴的作用力很小，初次破碎雾滴在 0.002 s 时刻才完全喷射出管，增速距离主要分布在区间 20～60 mm 范围内，速度增加幅度为 60～200 m/s，后续阻力大，并发生小程度二次破碎，雾滴粒径在 10～20 μm。

4.1.5 Concave 喷管内两种离散方式雾化模拟结果与分析

从对不同入口气动总压下前三种形状的喷管内部液滴的雾化过程分析可知，喷管雾化效率、喷射效率的主要影响因素包括管内平均速度、流带特性分布规律、亚音速/超音速边界与粒子释放的相对位置关系、粒子作用轨迹上的气体密度、音速环特性、激波特性等。而又由第 3 章结论可知 Concave 喷管具有各压力流场分布均匀、斜激波强度低、管内平均速度高、超音速流带管内填充域大和不易产生音速环等良好特性。因此，此节深入分析了不同入口气动总压下 Concave喷管孔式和探针式液相离散方式的管内射流破碎雾化规律。

入口气动总压为 0.3～0.6 MPa 条件下，Concave 喷管应用孔式、探针式两种液相离散方式后，喷口较近距离范围内及喷管内部的雾滴破碎瞬态模拟结果，如图 4-4 所示。

Concave 孔式喷管在入口气动总压为 0.3 MPa 条件下，0.001 2 s 时液滴于管内亚音速流带边缘破碎，相比前三种喷管由于侧壁曲线为内凹形态，流带边界距离喷管侧壁距离更近，相同液相初速度时，接触时间更短。初始液滴破碎为 40 μm 左右的雾滴，经过 0.000 2 s 后破碎为 30 μm 左右的雾滴，在 0.001 6 s 时破碎至 10 μm 以下，于 0.001 8～0.002 s 时间段 0～40 μm 雾滴混合以 10～40 m/s速度喷射出喷管，轴向雾滴在 60 mm 处加速至 160 m/s，切向散射雾滴在 70 mm 处加速至 80 m/s，轴向雾滴粒径小，切向雾滴粒径大。

Concave 探针式喷管内，在 0.3 MPa 压力时，初始释放液滴便破碎为 10 μm 以下雾滴并喷射出管外，于管外 $z=50$ mm 处速度瞬间加速至 200 m/s，因释放位置恰好位于超音速区域，实现了超音速气流的初始破碎剪切于加速效应，由于轴向无明显音速环和斜激波存在，雾滴持续破碎、加速，并达到 0.003 s 时的 160 mm射程。经 110 mm 距离衰减后速度仍超过 20 m/s，这表明喷管的破碎速率、雾化效率、喷射加速效率都达到了良好状态，既实现了超音速雾化过程，也使雾场内大粒度雾滴消弭殆尽，当液滴流量增大时破碎速率快、喷射效率高，可满足大功率降尘应用。

另外由第 2 章最佳捕尘雾滴粒径、相对速度越大越易突破粉尘表面气膜的结论可知，当雾滴粒径与尘粒粒径符合或接近最佳粒径比，并且速度远大于尘粒

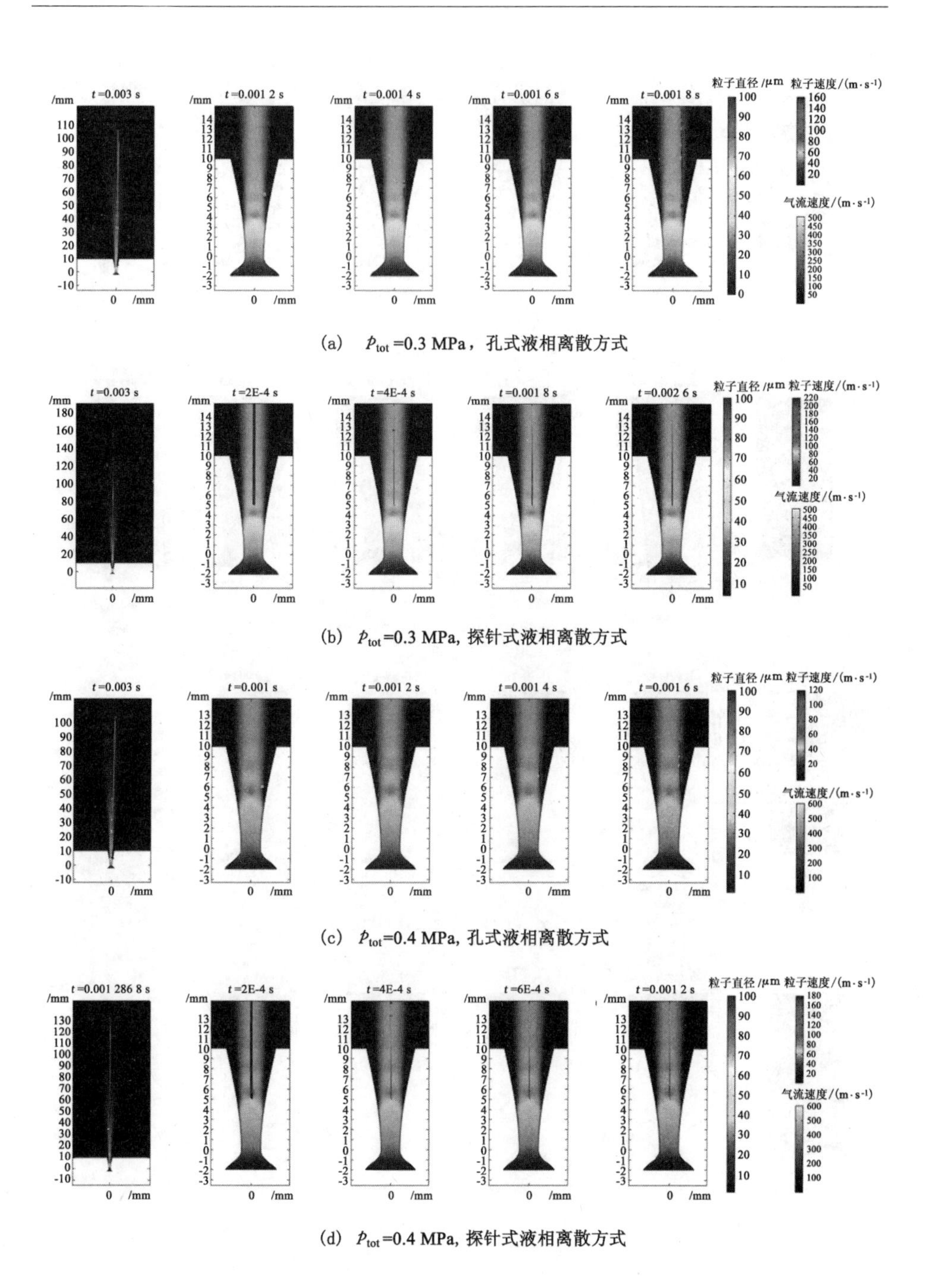

(a)　p_{tot}=0.3 MPa，孔式液相离散方式

(b)　p_{tot}=0.3 MPa, 探针式液相离散方式

(c)　p_{tot}=0.4 MPa, 孔式液相离散方式

(d)　p_{tot}=0.4 MPa, 探针式液相离散方式

图 4-4　不同入口气动总压下 Concave 喷管内雾化粒子轨迹表面图

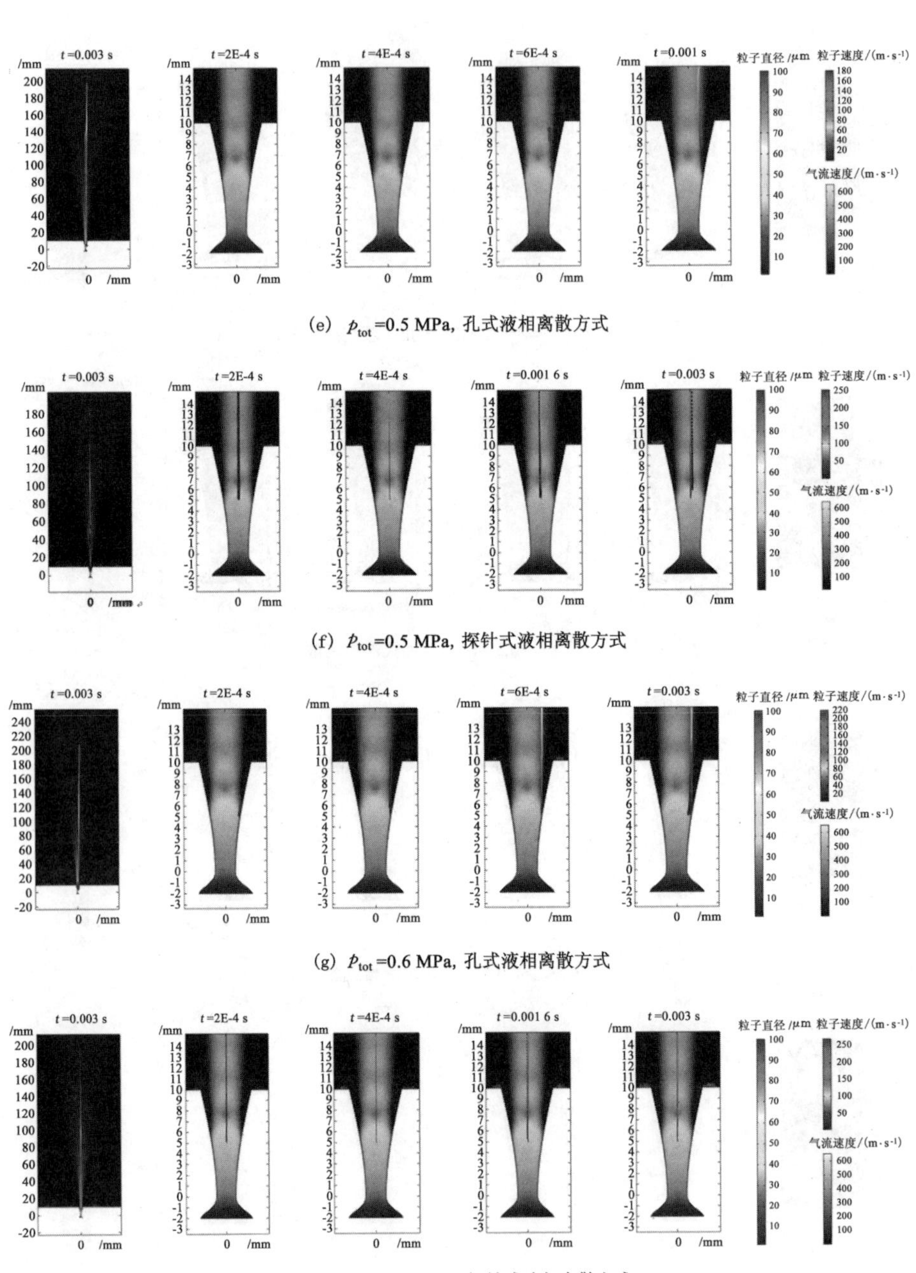

(e) p_{tot}=0.5 MPa, 孔式液相离散方式

(f) p_{tot}=0.5 MPa, 探针式液相离散方式

(g) p_{tot}=0.6 MPa, 孔式液相离散方式

(h) p_{tot}=0.6 MPa, 探针式液相离散方式

图 4-4 (续)

跟随运动速率时，雾滴对尘粒的润湿捕捉效果越好。经过 Concave 探针式喷管喷射后的雾滴在低至 0.3 MPa 时便具备上述特点。这样既能降低超音速雾化压力要求、减少能耗，亦能达到良好的雾化降尘效果。进一步研究入口气动总压增大对 Concave 喷管雾化喷射特性的影响。

当入口气动总压增加至 0.4 MPa 时，0.003 s 后孔式喷管雾滴喷射距离达到 100 mm，粒子最大运动速度为 110 m/s，尽管初始破碎时间为 0.001 8 s，但直至 0.002 2 s 管内破碎结束雾滴粒径仍处于 20～70 μm 还未喷射出管口，是因为 Concave 喷管超音速流带轴向分布足够均匀，切向方向超音速/亚音速带状分布区域界限明显，液滴于亚音速流带边界的接触点处，气液速度差相对其他三种形状更小，雾滴在边界区域加速幅度小，喷口处仅为 10～30 m/s 且受到气流膨胀作用，雾滴难以进入轴向中心，进而受到中心气流的强劲推力作用，喷射距离和二次破碎效果十分有限。Concave 探针式喷管内部液滴释放位置为超音速流带内最大马赫数分布边缘地带，由于喷管内部无明显音速环、正激波，喷管喷射加速效果良好，超音速区域占喷管轴向长度约 1/2，雾化破碎于释放时发生，液滴瞬间破碎至 10 μm 以下，0.000 4 s 时以 80 m/s 速度喷射而出，在 70 mm 处达到 180 m/s，0.003 s 内喷射距离为 190 mm，无大粒度散射现象，说明喷管雾化速率与喷射效率达到良好状态，雾滴超高速带分布于 15～100 mm 之间，此区间速度大于 100 m/s。

当入口气动总压增加至 0.5 MPa 时，0.003 s 后孔式喷管雾滴喷射距离达到 190 mm，相比 0.4 MPa 时增大接近 1 倍，粒子最大运动速度为 160 m/s，初始破碎时间为 0.000 4 s，雾滴粒径仍处于 10 μm 以下，0.000 6 s 后完全喷射出管口，是因为随压力增大至 0.5 MPa，Concave 喷管内超音速流带将孔式离散孔口覆盖，当射流速度固定时，液滴于该位置离散后经极短时间便与超速气流接触，受到剪切与推力作用，沿管壁处破碎为微米级雾滴，但雾滴依旧难以进入轴向中心从而有效利用内部超音速流动流场。对于孔式离散的超音速雾化喷射而言，入口气动总压达到 0.5 MPa 甚至更高为 0.6 MPa 时，可因总压增加使超音速流带逐渐填满喷管，将孔口包裹从而增大初始气液速度差，进而增加雾化效率提高喷射距离与功率。但亦存在两个弊端，即高能耗和高压力，不仅入口气动总压要保持在 0.5～0.6 MPa，同时孔式注射压力也要随之增大，因此实际应用中，干雾抑尘喷头的入口气动总压力往往要求在 0.5 MPa 以上，注水压力要超过1.2 MPa 以保障射流深度和射流流量，当入口气动总压力不满足要求时，喷雾效率低、甚至不产生气雾。

当入口气动总压为 0.5 MPa 时，0.003 s 后探针式喷管雾滴喷射距离达到 180 mm，粒子最大运动速度为 250 m/s，初始破碎时间为释放时间，雾滴粒径处于 10 μm 以下。0.000 2 s 以 50～100 m/s 速度全部喷射出管口，由于粒子喷射速度大，在管外运移时受到空气阻力大，增速距离短，范围在 10～50 mm。喷射距离超过 100 mm 后速度衰减快，因为在总压增加后，超音速流带区域变宽、变长，扩展至该形状喷管一半以上范围，破碎位置的气液速度差值超过 500 m/s，达到管内可实现的最大速度差，此时破碎速率最快，雾滴粒径瞬间由毫米级下降至亚微米级，形成高速气—雾向管外喷射。

当入口气动总压进一步增大至 0.6 MPa 时，如图 4-4 所示，喷射速度进一步增大，但 0.003 s 内射程并未增加，是因为速度增加后空气阻力增大，二次破碎程度增加，粒径进一步减小，破碎后惯性降低，雾滴在经历加速段后速度在阻力影响下迅速衰减，此位置空气密度相对加速段密度大，雾滴在其中穿梭受到更大的气相摩擦力。而最大雾滴运动速度也未发生变化，这表明尽管增大总压后管内平均速度增大，初始气液速度差增加，但速度增大到一定程度后，管内开始在喷射轨迹上出现微弱的斜激波，并且过于细微的雾滴尽管雾化效果更加良好，相同离散相质量流率时所产生雾滴数量呈指数倍增加，同时其惯性、动量、动能等也通过影响喷射距离、液—固速度差、润湿性等影响喷管的雾化降尘效果。因此，未必气压越大越好，实际应用需要根据所需设定合适的入口气动总压力。

综上对 4 种形状、2 种液相离散方式、4 个不同入口气动总压下可压缩气体管内跨音速流动中的液滴破碎雾化过程进行研究，可得出以下结论。

① 喷管形状即侧壁曲线线形的结构参数和入口气动总压主要影响了管内跨音速流动特点，不同的形状在不同压力下内部流场有不同的表现形式，反映在音速环、流带界面形态、激波分布等方面。

② 入口气动总压力与结构参数共同决定了管内的平均速度、最大马赫数和超音速流带分布状态，状态中音速环位置、深度、大小及正(斜)激波强度位置是影响管内液相破碎速率、加速效果的重要因素。往往超音速流带分布越均匀，超音速流域范围越大，激波强度低、数量少时能够达到较好的雾化喷射效果。

③ 另一个重要的因素为液相的离散，也就是模拟中液滴的释放位置、角度、流率等，其中释放位置决定于液相的离散方式，当选择孔式离散时，液滴释放于喷管侧壁边界，其初始破碎时间决定于超音速流带与离散孔之间的距离，破碎速率和加速状态决定于接触界面点的速度差和作用能量。其中 Convex 喷管在0.4～0.6 MPa时超音速/亚音速流带边界速度较大更适合孔式离散，而 Concave 喷管具有更均匀、大范围的内部稳定超音速流场，更适合探针式离散与超音速流域内。

④ 通过研究也清楚地认识了，不论是何种侧壁线形还是多大入口气动总压，对于 0.3～0.6 MPa 的入口气动总压而言，喷管内部无法被超音速气流流域充满管内，液滴也无法以低流量、低压力在高速膨胀气流中穿透亚音速边界，孔式离散便

无法达到“超音速雾化”状态。反观探针离散方式，是一种在低入口气动总压状态下能够以低流量、低压力实现“超音速雾化”的有效方式，并且对喷管形状、入口气动总压有较强的适应性和兼容性，具有低能耗、高效率雾化喷射的特点。

4.2 跨音速雾化过程雾滴粒径分布特性分析

通过粒子追踪轨迹色谱图是无法清晰获得精确雾化粒径分布，为进一步揭示超音速雾化机理，本节通过统计不同时刻的瞬态粒径分布结果和累计比例，获得形状参数、入口气动总压、液相离散方式对形状超音速雾化粒径影响规律。

4.2.1 孔式离散雾滴粒径分布规律

模拟计算了不同类型喷管在入口气动总压为 0.3～0.6 MPa 时，孔式离散方式的喷管内部雾化雾滴特性分布。

其中，图 4-5 为不同入口气动总压 Convex 孔式离散喷管雾滴粒径瞬态统计。统计图中不同线型的柱形轮廓图表示不同时刻的不同直径雾滴所占比例，不同线型的折线表示粒径的累加浓度值，当折线达到 0.5 时，其对应粒径为数量中位粒径，表示为 N_{50}，代表所对应粒径直径为该时刻的中位粒径。折线达到 0.9时为 N_{90}，0.1 时为 N_{10}，与粒度分析仪器测量的 N_{10}、N_{50}、N_{90}意义相同。

由图 4-5 可以看出，条形柱表示各粒径的雾滴瞬态数量分布比例，曲线表示分布比例累加值，当累加值达到 0.5 时，表示对应粒径为该分布的中位粒径。入口气动总压为 0.3 MPa 时，随时间的增加雾滴粒径由 25～35 μm 不断减小，且减小幅度逐渐降低，不同时刻分布比例呈正态分布，表明随雾滴向管外喷射其破碎速率逐渐下降。

p_{tot}＝0.4 MPa 时，受到管内正激波和音速环的影响，雾化过程极不稳定，0.002 2 s时破碎至中位粒径为 15 μm，而由 0.002 4～0.002 6 s 和由 0.002 8～0.003 s两个时间段雾滴粒径变化不大，此时雾滴已喷射出管外，在管外雾滴运动速度很快但与气流运动速度相差并不大，且气流密小，作用力小，对雾滴的剪切破碎作用相对管内较为微弱。当 p_{tot}＝0.5 MPa 时，管内超音速流带范围扩展，雾化效果相对 0.4 MPa 时提高不少，随时间增加，雾滴粒径持续下降，但 0.002 2 s后，随着雾滴喷射出管口，雾滴粒径再无较大变化。p_{tot}＝0.6 MPa 时，液滴雾化后粒径先减小至 5 μm，后喷出管内在管外气液速度差降低，雾化破碎速率下降，0.001 s 时喷管内还存在未及时破碎的大液滴开始在低速区域破碎为 25 μm 左右，并进一步向轴向移动且雾滴出现凝并现象，粒径小幅度增加，最后运移至轴向附近速度差增大，空气密度增加，相间作用力增大，粒径减小。图 4-6为不同入口气动总压 De-Laval 孔式离散喷管雾滴粒径瞬态统计图。

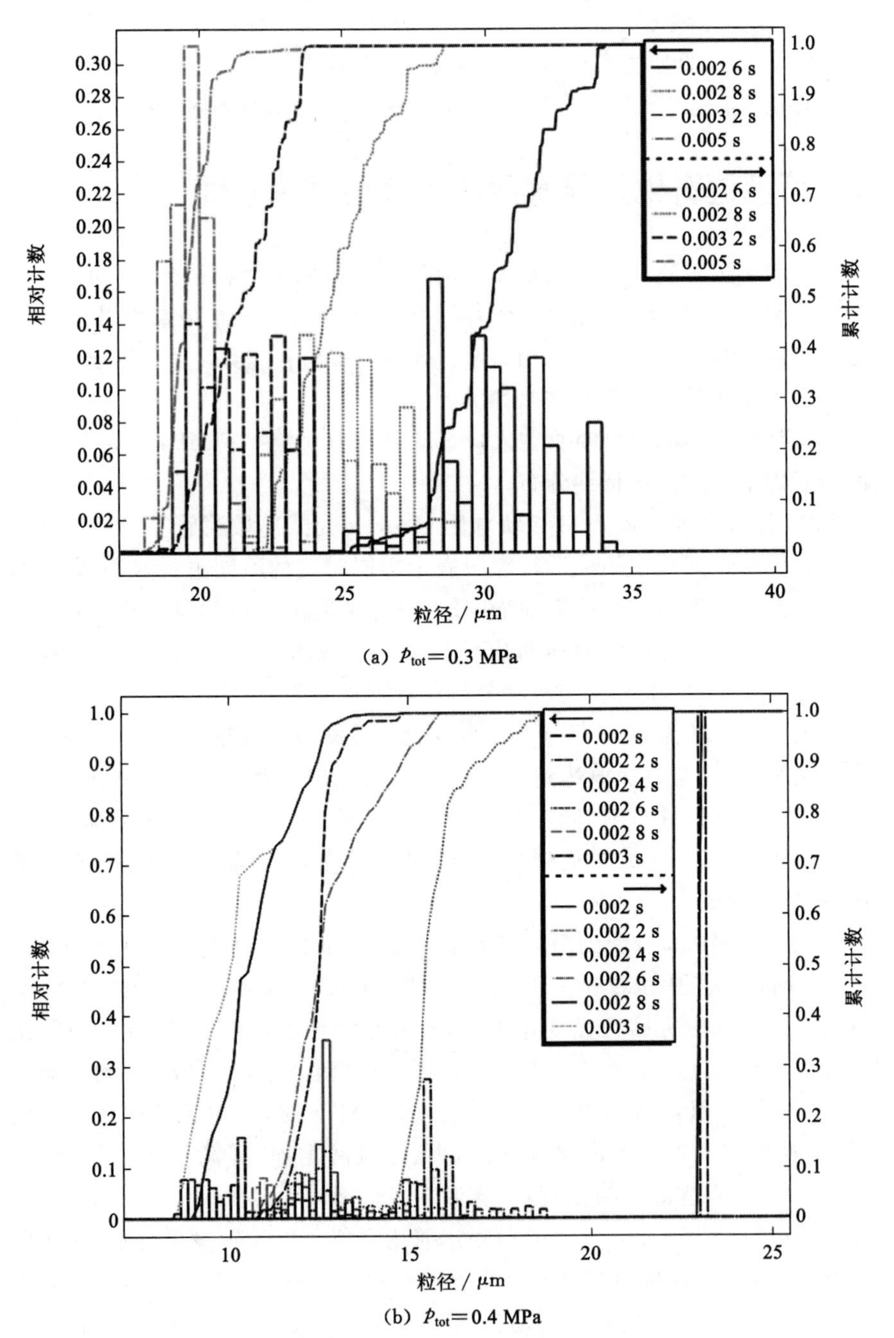

(a) p_{tot}=0.3 MPa

(b) p_{tot}=0.4 MPa

图 4-5 不同入口气动总压下 Convex 孔式离散喷管雾滴粒径瞬态统计

注：图中"←"表示对应左边纵坐标的值，"→"表示对应右边纵坐标的值。

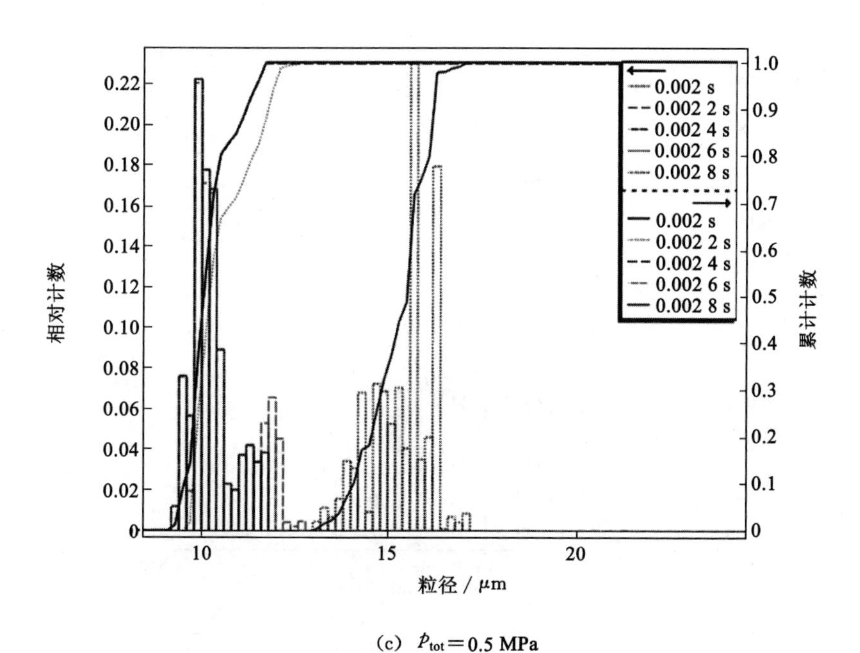

(c) $p_{tot}=0.5$ MPa

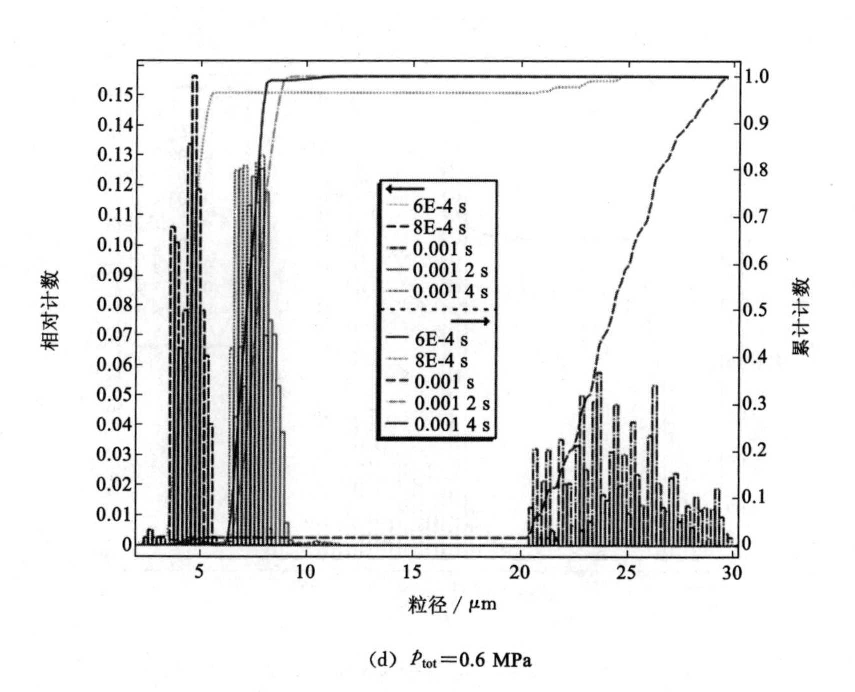

(d) $p_{tot}=0.6$ MPa

图 4-5 （续）

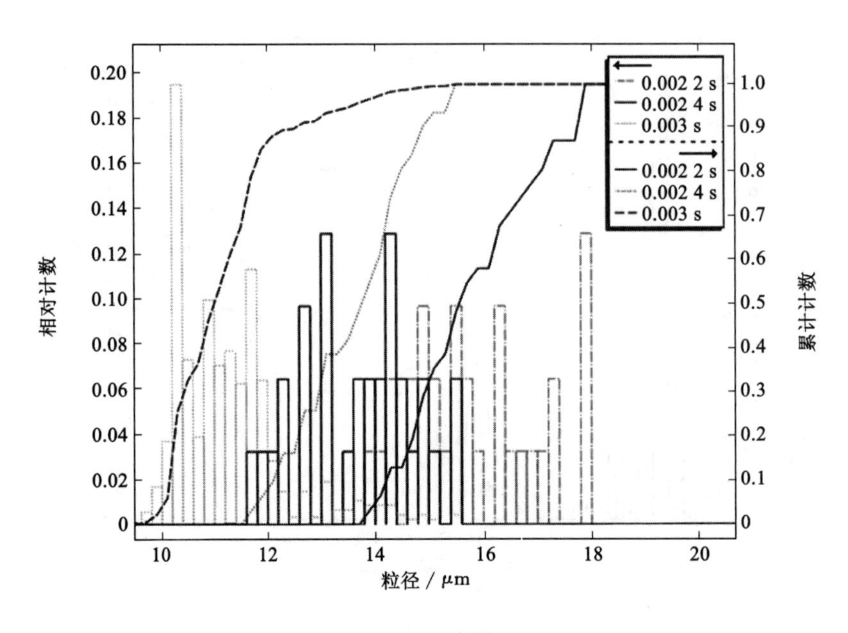

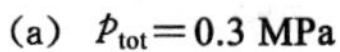
(a) $p_{tot}=0.3$ MPa

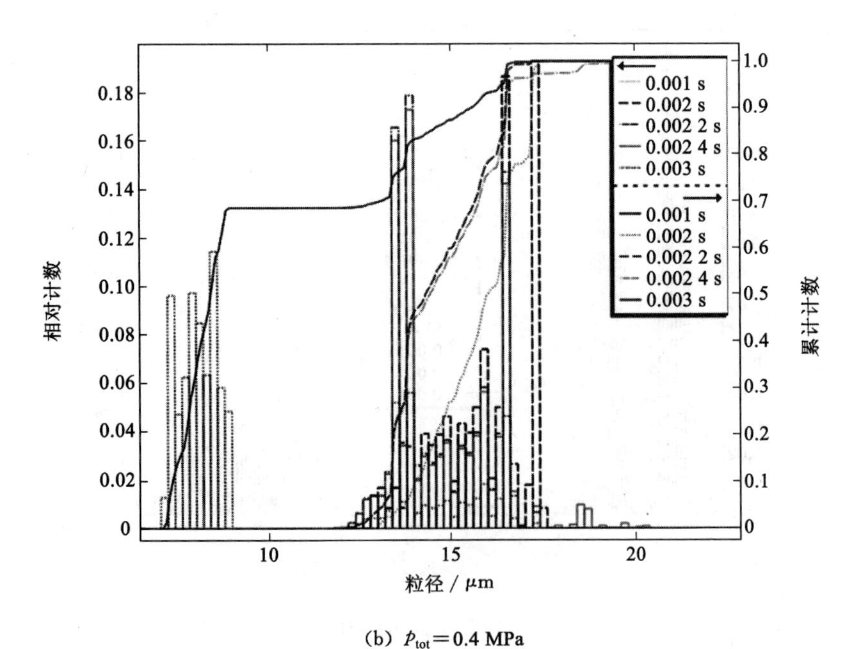

(b) $p_{tot}=0.4$ MPa

图 4-6　不同入口气动总压下 De-Laval 孔式离散喷管雾滴粒径瞬态统计

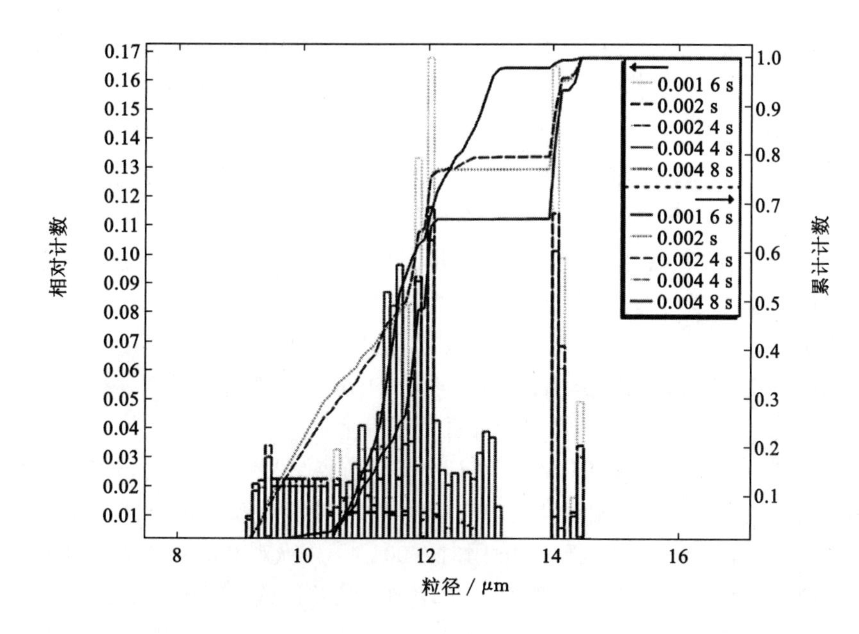

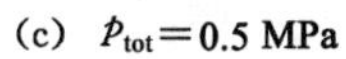
(c) p_{tot}=0.5 MPa

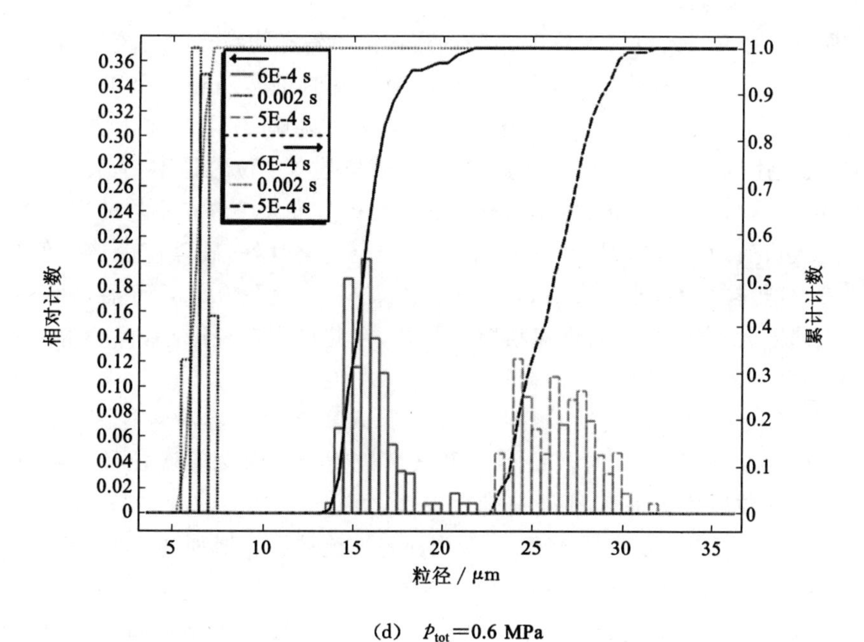

(d) p_{tot}=0.6 MPa

图 4-6 (续)

由图 4-6 可以看出，当 p_{tot}=0.3 MPa 时，随时间的增加，雾滴粒径由 10～18 μm 不断减小，中位粒径呈线性下降，表明随着雾滴向管外喷射，其破碎速率相近。

当 p_{tot}=0.4 MPa 时，0.002～0.002 4 s 雾滴中位粒径变化不大由 16 μm 下降至 14 μm，但不同粒径的雾滴比例分布变化很大，大粒径雾滴数量减小、小雾滴数量增加。0.003 s 时雾滴中位粒径下降至 7～8 μm，表明在管外雾滴运移过程中，雾滴速度的衰减存在与气流间的相间作用力，但由于气流密度低，速度差相比管内大幅缩减，仅存在小幅度的二次破碎。

当 p_{tot}=0.5 MPa，各时刻雾滴中位粒径几乎相同为 11～12 μm，0.004 4 s 前雾场既存在 10 μm 以下雾滴也同时存在 15 μm 以上雾滴，雾滴分布尺度不均匀。表明该入口气动总压下管内破碎雾化不彻底。

入口气动总压增大至 0.6 MPa，喷管内雾化粒径呈“断崖式”非线性变化，相同时刻不同粒径分布比例为对数正态分布，雾滴中位粒径由 26 μm 下降至 16 μm 用时 0.000 1 s，由 16 μm 下降至 6 μm 用时 0.001 4 s。纵观 0.3～0.6 MPa De-Laval 孔式离散喷管雾滴粒径变化可得，随压力增加雾滴粒径整体减小，数量分布由正态向对数正态发展，0.3～0.5 MPa 时雾滴粒径分布不均，破碎主要发生在管内，管外二次破碎程度微弱。

图 4-7 为不同入口气动总压 Bell 孔式离散喷管雾滴粒径瞬态统计结果。由图 4-7 可以看出，各压力下，Bell 孔式离散喷管各时刻雾滴粒径呈正态分布，雾化破碎在 0.3～0.4 MPa 时一开始速率快，粒径下降幅度大，后来随雾滴向管外运移，气液速度差下降，雾滴破碎速率下降，管外基本中位粒径不变，管内与管外同时存在大粒径雾滴分布，总体的雾场雾滴粒径呈现大小分布不均的现象。

当入口气动点压达到 0.5 MPa 后雾滴粒径变化良好，破碎速度稳定但初始破碎效率低，粒径大，处于 40～50 μm 范围。当压力达到 0.6 MPa 后，管内雾化破碎点速度大，雾滴破碎后迅速喷射出管外，在此过程粒径减小，但喷射出管外后，雾滴粒径基本无变化，中位粒径为 14 μm。

图 4-8 为不同入口气动总压 Concave 孔式离散喷管雾滴粒径瞬态统计结果。总压为 3～0.4 MPa 时，Concave 孔式离散喷管各时刻雾滴粒径分布散乱，随时间雾滴粒径持续下降，但下降速度趋缓。

由图 4-8 可以看出，0.5 MPa 后管内超音速流域占比增加，0.018 s 雾化破碎效果达到良好，中位粒径为 8 μm，分布均匀。

总压为 0.6 MPa 的条件下，0.000 2 s 时雾化粒径呈正态分布，中位粒径为 12 μm，随着时间增加，雾滴破碎后的粒径呈对数正态分布，中位粒径减小至8 μm，5 μm 以下雾滴分布比例增大至 0.4，是因为此时超音速流带将孔式离散口覆盖，且

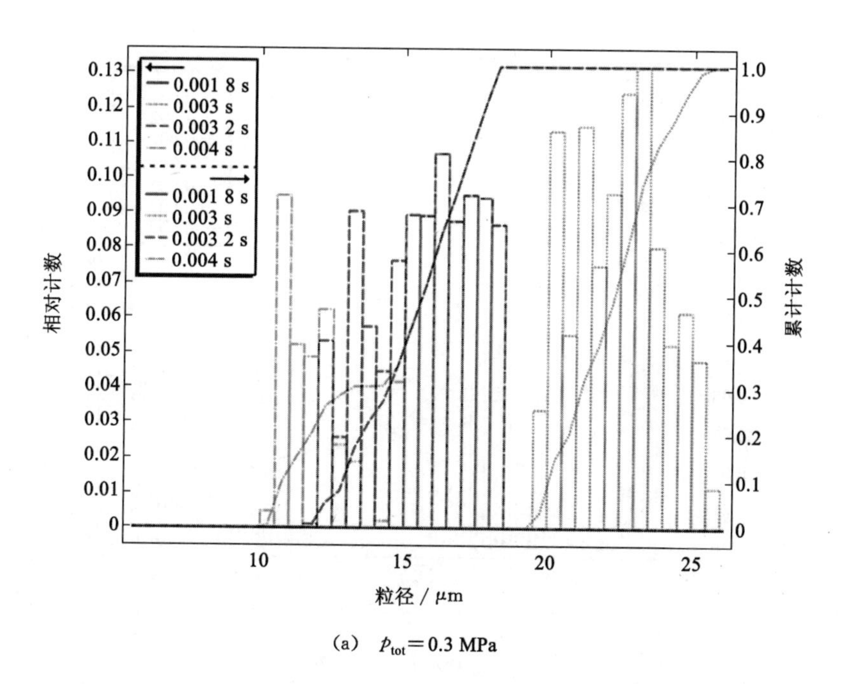

(a)　p_{tot} = 0.3 MPa

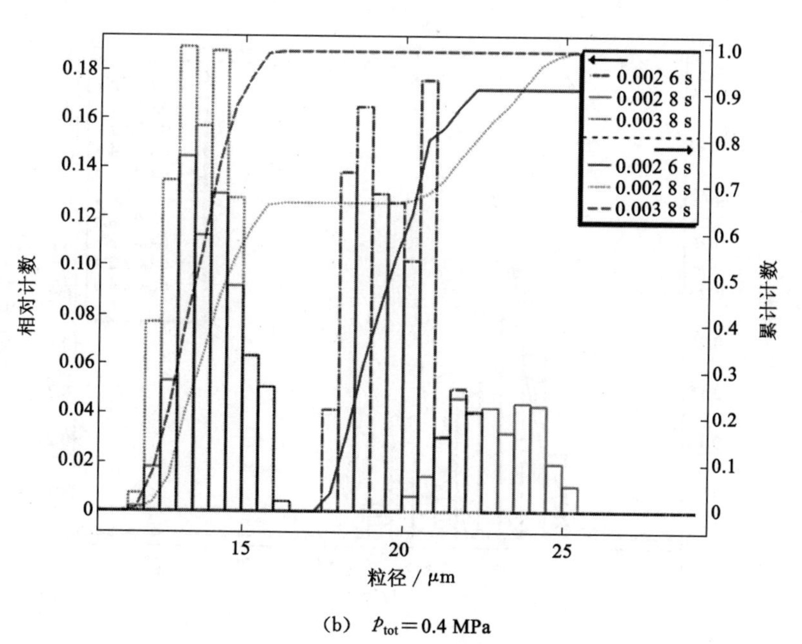

(b)　p_{tot} = 0.4 MPa

图 4-7　不同入口气动总压下 Bell 孔式离散喷管雾滴粒径瞬态统计

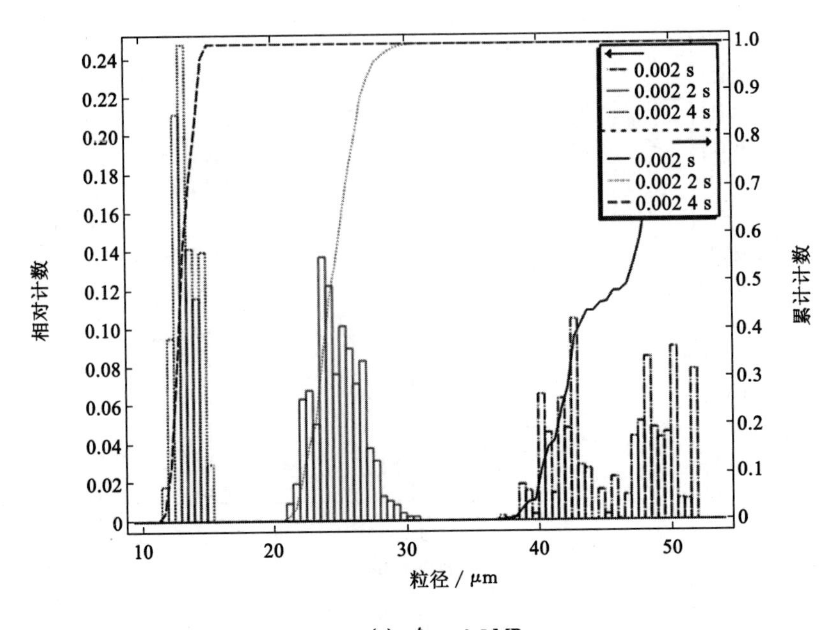

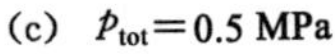
(c) p_{tot}=0.5 MPa

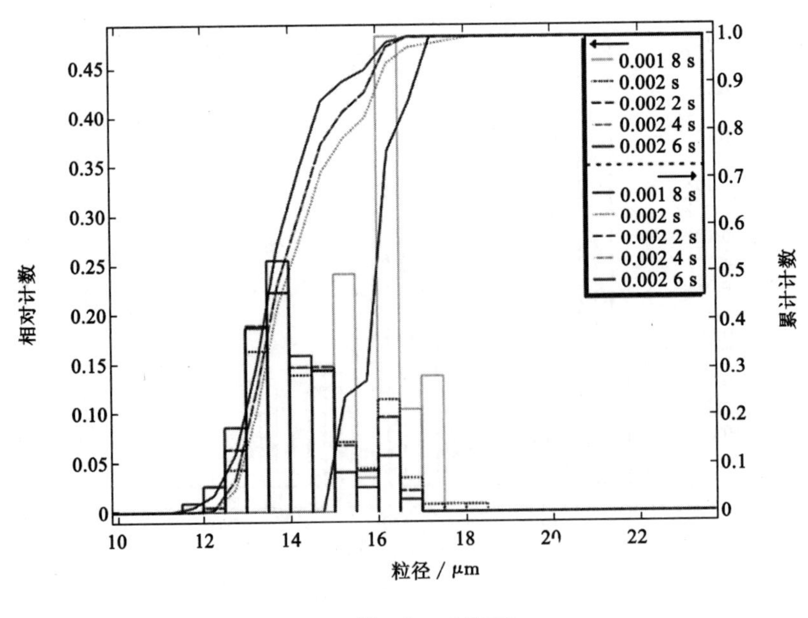

(d) p_{tot}=0.6 MPa

图 4-7 （续）

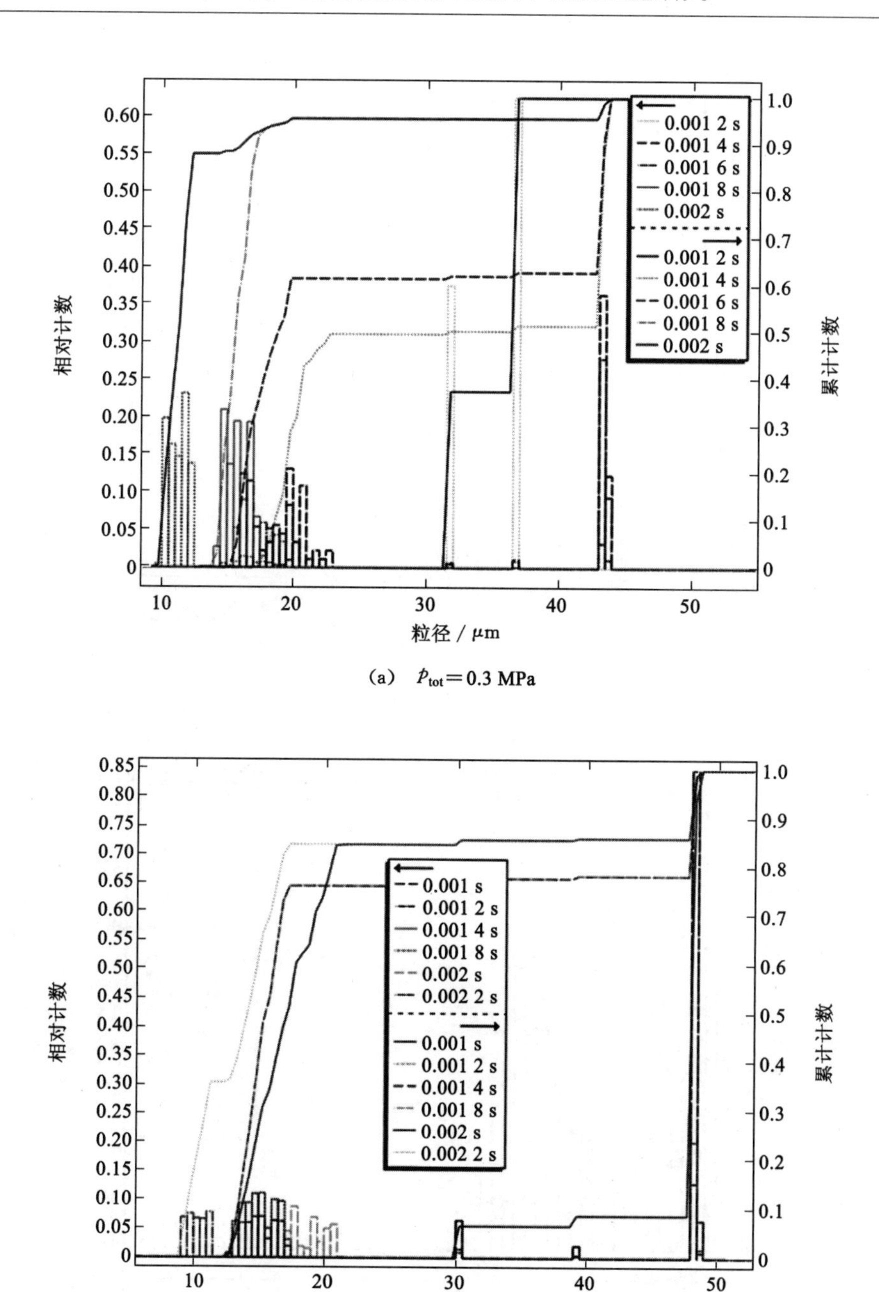

(a)　p_{tot}=0.3 MPa

(b)　p_{tot}=0.4 MPa

图 4-8　不同入口气动总压下 Concave 孔式离散喷管雾滴粒径瞬态统计

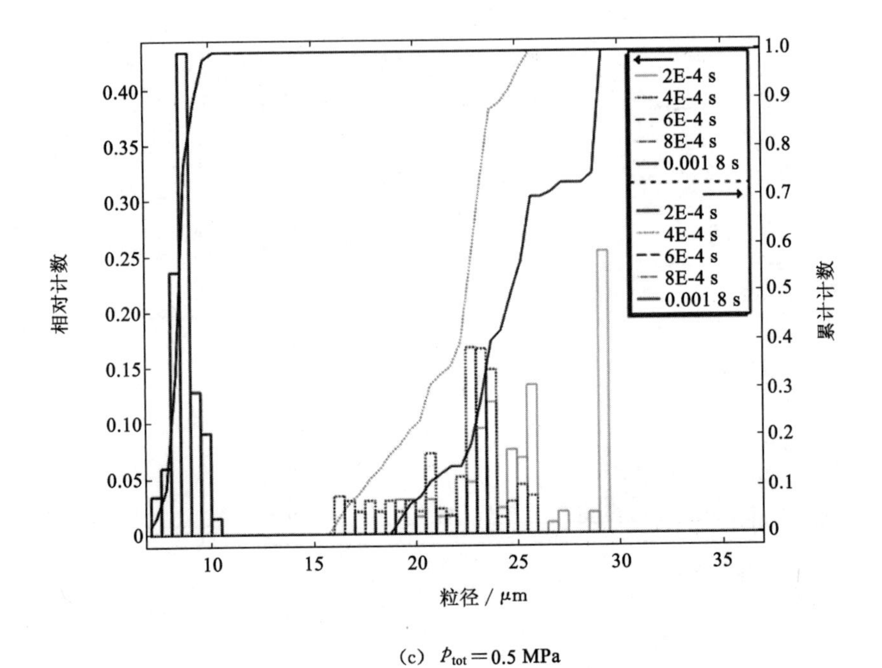

(c) $p_{tot}=0.5$ MPa

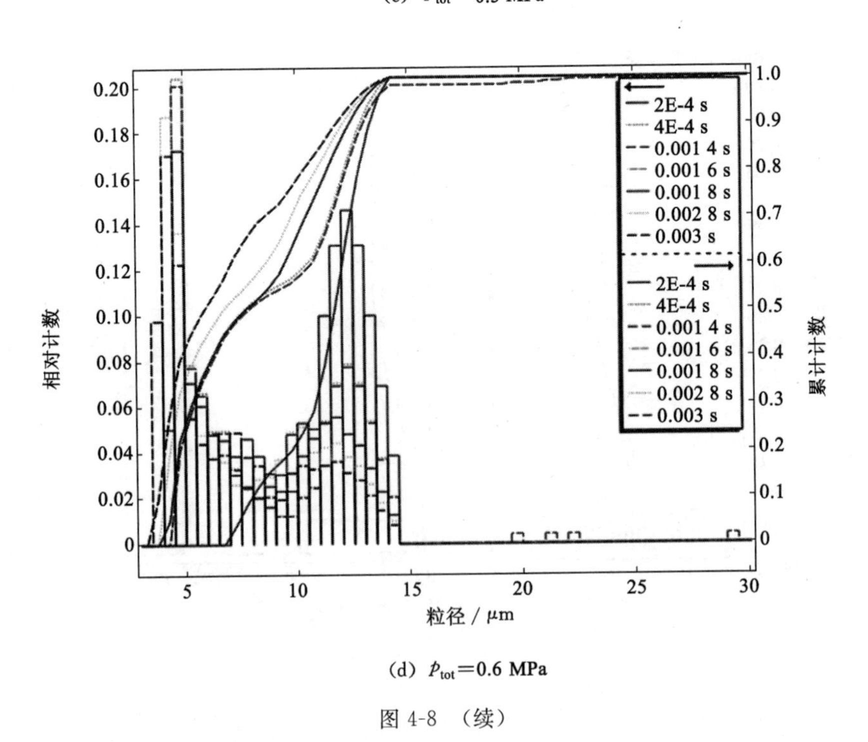

(d) $p_{tot}=0.6$ MPa

图 4-8 （续）

Concave 喷管超音速流带内速度分布均匀无明显激波及深邃音速环区域。

综上结果表明，对于孔式离散喷管，雾滴破碎主要发生在喷管内部，破碎时间短，雾化效率决定于初始破碎时气液相间速度差。从雾滴粒径分布角度，当入口气动总压达到 0.5～0.6 MPa 时，管内超音速流域扩大，若能覆盖孔口，雾化效率达到较高水平。其中 Convex 喷管在 0.5～0.6 MPa 时效果良好，De-Laval喷管在各压力下雾化稳定、雾滴粒径小且不同粒径雾滴分布均匀，Concave 喷管在 0.6 MPa 时雾化效果最好，粒径为 5 μm 以下的雾滴比例达到 0.4，15 μm 以下的雾滴比例达到 1。

4.2.2　探针式离散雾滴粒径分布规律

已知管内破碎时，尽管入口气动总压、形状参数对管内的超音速雾化雾滴破碎过程有很大影响，但真正决定雾化是否能达到“超音速”并且产生高速气雾的是液相的离散方式，即初始破碎位置。

为此，在对传统孔式离散方式研究的基础上，进一步研究探针式离散的内部雾滴粒径分布，进一步证明和补充上节的研究结论。图 4-9 为不同入口气动总压 Convex 探针式离散喷管雾滴粒径瞬态统计图。

如图 4-9 所示，Convex 探针式离散喷管在入口气动总压为 0.3 MPa 时不同时刻雾化粒径基本呈对数正态分布，并且 N_{90} 在 4.5～4.6 μm 之间，N_{50} 为 4.5 μm，表明各时刻雾化稳定，而压力为 0.4 MPa 时，0.001 s 时雾滴分布开始分散，但随着破碎和喷射雾滴粒径向 8～10 μm 附近靠拢，并且呈正态分布，随着时间的增加，雾滴在管内破碎程度逐步增大，但变化速率降低，这从中位粒径的变化间隔可以得到，也表现为累加曲线距离随时间逐渐减小。在 0.002 6 s 时，N_{90} 为 8.5 μm 左右，尽管入口气动总压增强。但由第 3 章对其流场的研究可知，该型喷管内激波作用强烈，激波前后压降明显，能量损失大，内部空化音速环区域深邃，因此造成了雾化程度下降。入口气动总压为 0.5 MPa 时，雾化程度进一步下降由 0.4 MPa 时能达到 8.5 μm，降低至 9～20 μm 间，并且雾滴分布散乱，表明该压力时管内破碎过程不够稳定。当入口气动总压继续增加至 0.6 MPa时，尽管初始破碎粒度为 20～25 μm 范围，但随着雾化进行，雾滴破碎至 8.5 μm 左右，效果与 0.4 MPa 时类似，分布基本呈正态分布。0.002 2 s 时，N_{90} 为 9 μm，N_{50} 为 8 μm。

图 4-10 为不同入口气动总压 De-Laval 探针式离散喷管雾滴粒径瞬态统计结果。如图 4-10 所示，De-Laval 探针式离散喷管在入口气动总压为 0.3、0.4、0.6 MPa时不同时刻雾化粒径基本呈对数正态分布，区别在于分布系数不同，当入口气动总压增加时，分布曲线峰值向 x 轴负方向移动，表明入口气动总压越大雾滴粒径越细，0.3 MPa 时峰值位于 $x=6.1$ μm，0.4 MPa 时峰值位于 $x=$

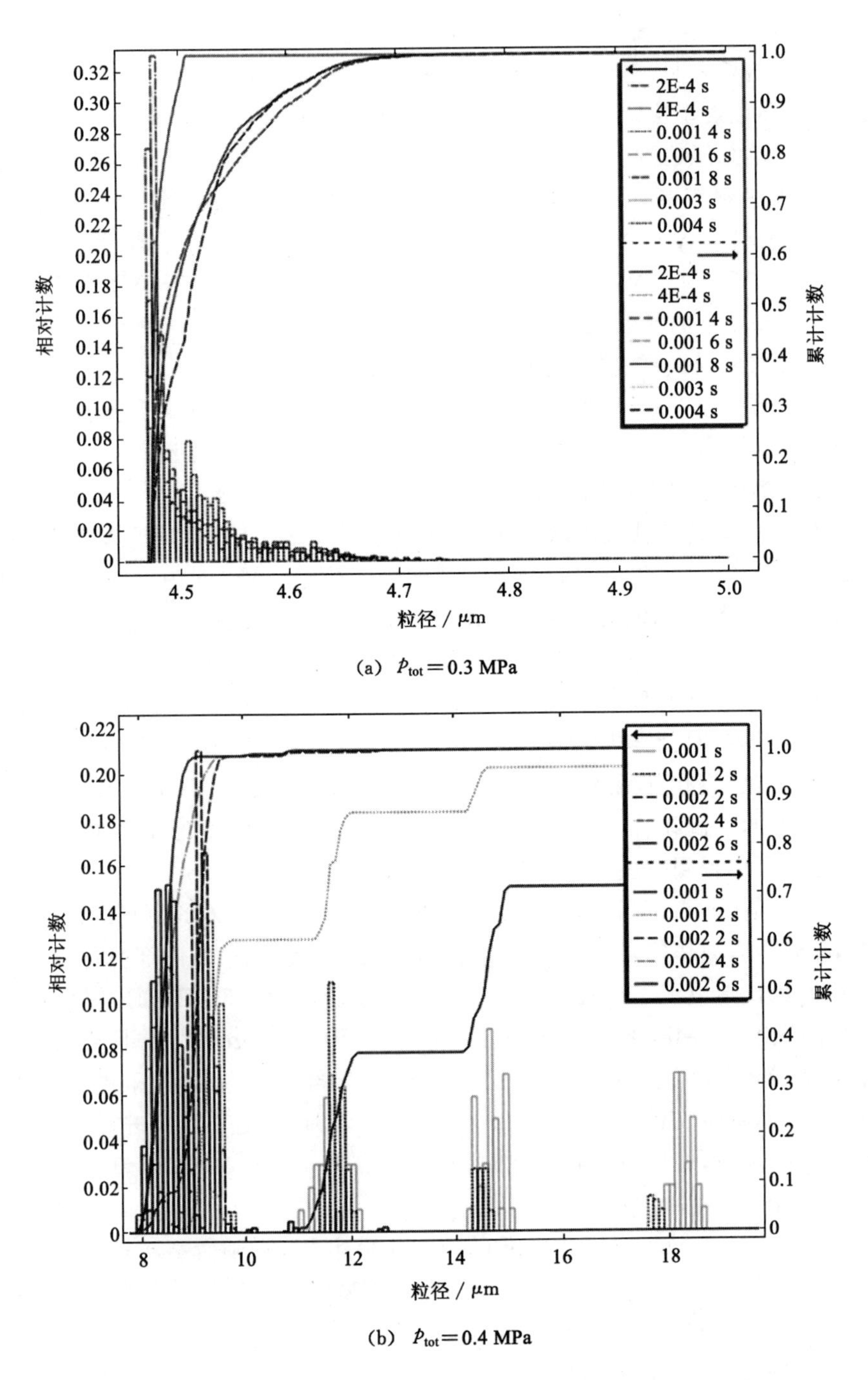

(a) $p_{tot}=0.3$ MPa

(b) $p_{tot}=0.4$ MPa

图 4-9 不同入口气动总压下 Convex 探针式离散喷管雾滴粒径瞬态统计

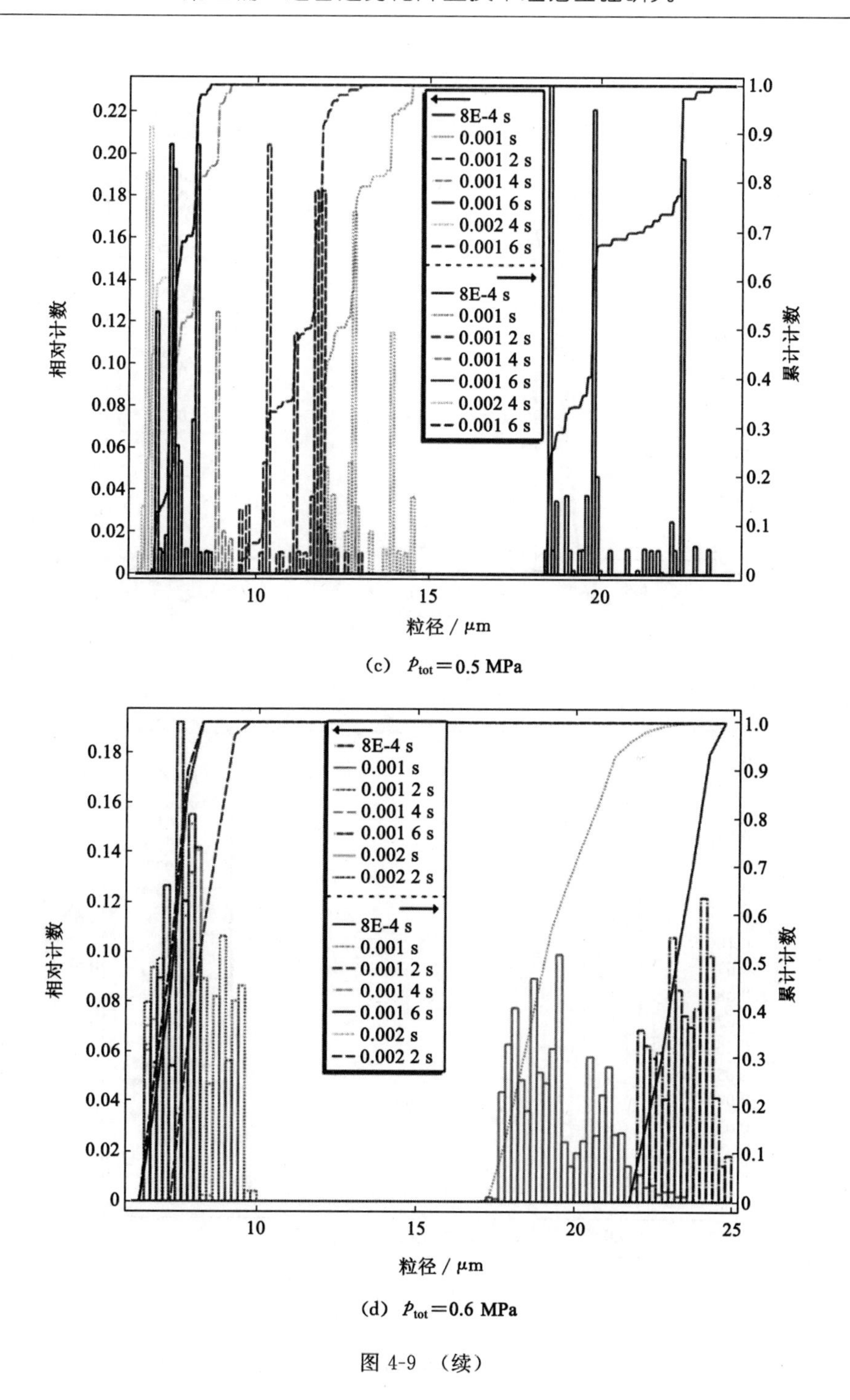

(c) p_{tot}=0.5 MPa

(d) p_{tot}=0.6 MPa

图 4-9 （续）

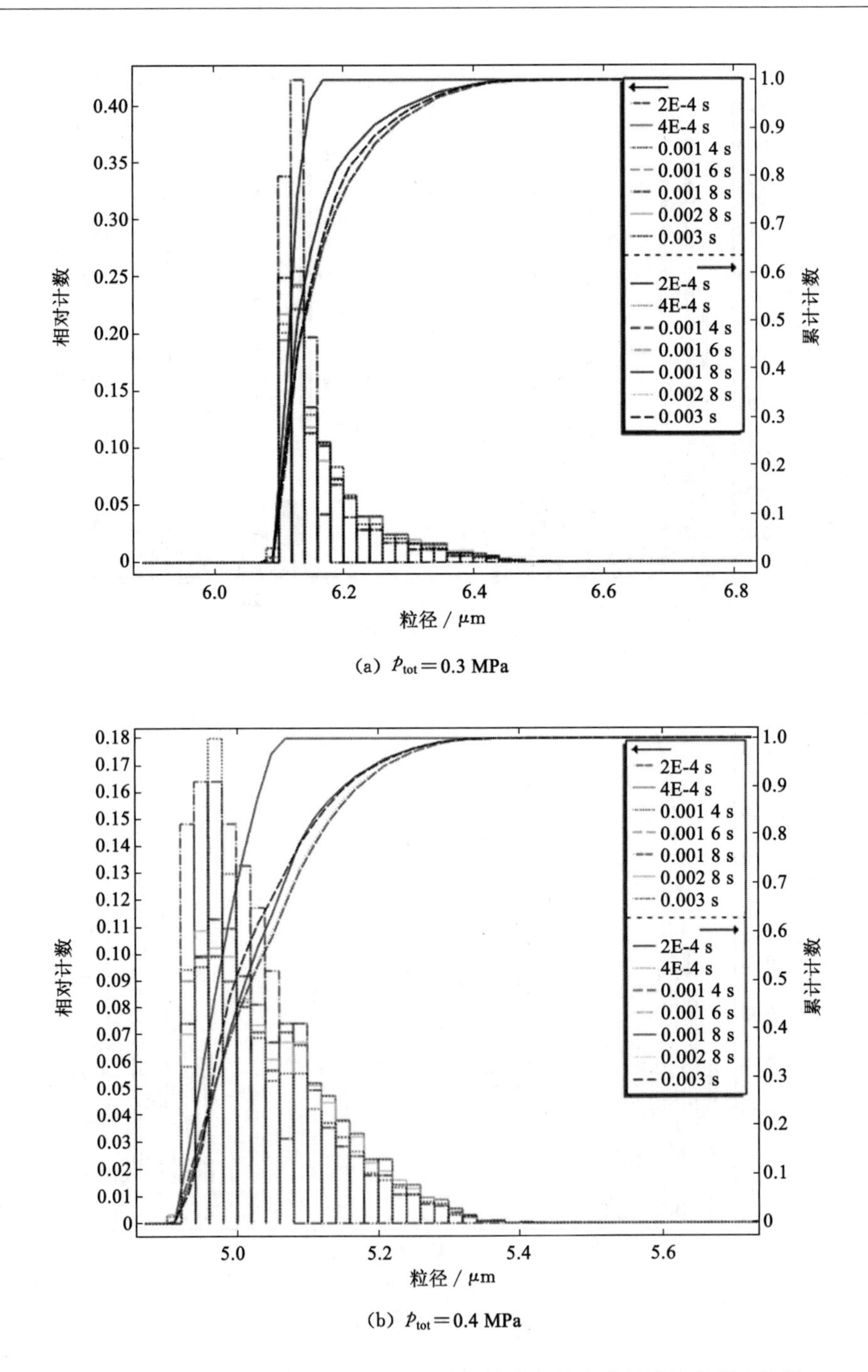

(a) $p_{tot}=0.3$ MPa

(b) $p_{tot}=0.4$ MPa

图 4-10　不同入口气动总压下 De-Laval 探针式离散喷管雾滴粒径瞬态统计

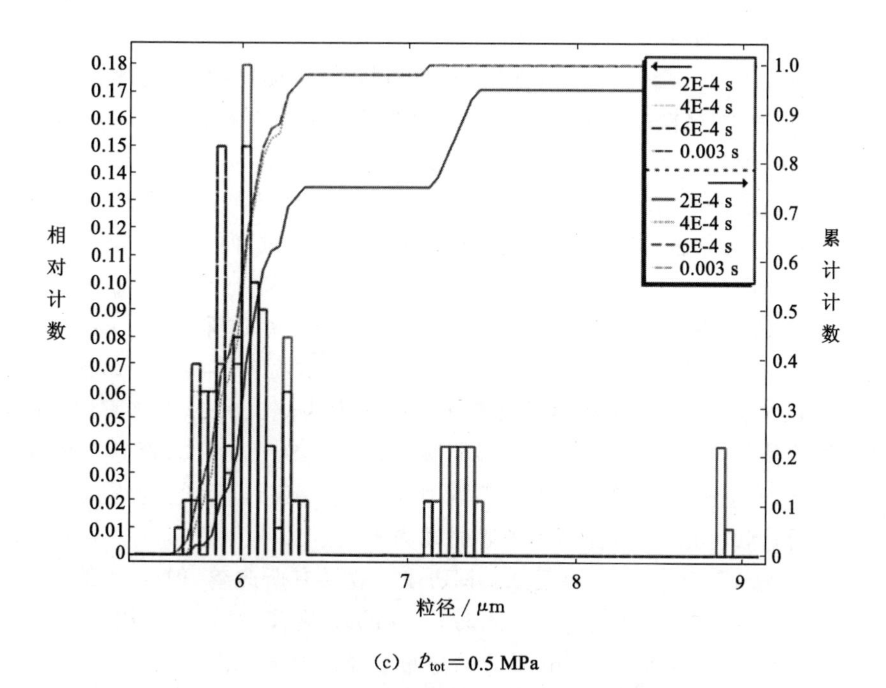

(c) $p_{tot}=0.5$ MPa

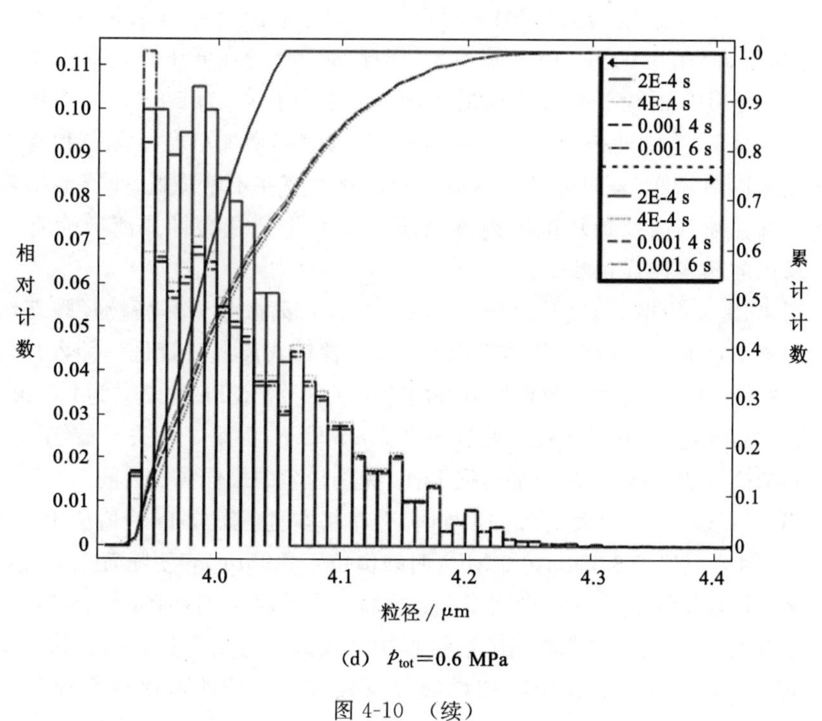

(d) $p_{tot}=0.6$ MPa

图 4-10 （续）

5 μm,0.6 MPa 时峰值位于 $x=3\sim4$ μm。

而与之不同的是,0.5 MPa 时因管内出现较强音速环,而粒子释放位置恰好位于其内,雾滴尺寸在入口气动总压增加的情况下反而相比 0.4 MPa 时更大,分布曲线峰值位于 $x=6$ μm 处呈正态分布。

在初始破碎时存在 7 μm、9 μm 等液滴雾化分布不均。反观其他压力各时刻雾化稳定,雾化破碎随时间持续进行,在 0.3 MPa 时,便达到 6 μm 左右的全雾滴分布,即 N_{90} 为 6 μm 左右。在 0.6 MPa 时 N_{90} 达到 4 μm 水平,表明 De-Laval探针式离散喷管在 0.3、0.4、0.6 MPa 时雾化稳定雾化效率高。

图 4-11 为不同入口气动压力 Bell 探针式离散喷管雾滴粒径瞬态统计图。如图 4-11 所示,Bell 探针式离散喷管在入口压力为 0.3、0.4、0.5 MPa 时不同时刻雾化粒径基本呈对数正态分布,但雾滴分布相对 De-Laval 喷管分布来讲峰值高度略低,表明随时间增加雾滴在喷管内雾化效率下降,当大粒径雾滴减小到一定尺寸后,继续向更小粒径雾滴破碎时动力不足。

而当入口气动总压增加至 0.5 MPa 时,效果有所改善,但增大到 0.6 MPa 时,雾滴分布开始出现驳杂状态,此时与 Convex 喷管一样,在管内存在较强正激波,管内粒径存在 8~20 μm 不等的分布粒径情况。

当入口气动总压为 0.3 MPa 时,0.002 s 时雾滴 N_{50} 为 5.1 μm,小于 De-Laval 喷管,但在 0.4 MPa 时差别不大,因此 Bell 喷管在低压时效率较好。

当 0.5 MPa 时喷管效率达到最优,0.001 6 s 时 N_{90} 为 5.85 μm,而压力超过 0.6 MPa 效率、稳定性极差。在不同时刻,随着时间增加小粒径雾滴和特别大的雾滴比例逐渐降低,表明雾滴破碎运移时雾化效率在不断降低,小雾滴随着向外喷射运移在喷管内及近场范围内逐渐凝并。因此 Bell 探针式离散喷管并不是一种理想的超音速雾化喷管。

图 4-12 为不同入口气动总压 Concave 探针式离散喷管雾滴粒径瞬态统计结果。如图 4-12 所示,在图中不难看出 Concave 探针式离散喷管是一种入口气动总压在 0.3~0.6 MPa 时雾化效果均良好的喷管。在 0.3 MPa 时,N_{90} 为4.7 μm左右,N_{50} 为 4.6 μm 左右,并且粒径主要分布在 5 μm 以下,由第 2 章关于最佳捕尘雾滴粒径的结论可知,该粒径范围是捕捉 $PM_{2.5}$ 级别粉尘的最佳粒径区间。

当入口气动总压增大至 0.4 MPa 时,分布基本呈正态分布,峰值位于4.15 μm。0.5 MPa 时峰值位于 3.6 μm,0.6 MPa 时峰值位于 2.9 μm,表明随着入口气动总压增大雾滴粒径持续下降,且分布集中,全雾场无大粒径雾滴存在,各个时刻雾滴粒径分布范围变化不大,表明雾滴喷射过程中持续破碎与凝并过程已保持平衡,1~5 μm雾滴可稳定存在。在距离初始破碎点较远位置依然可保持高速和低粒径状态。

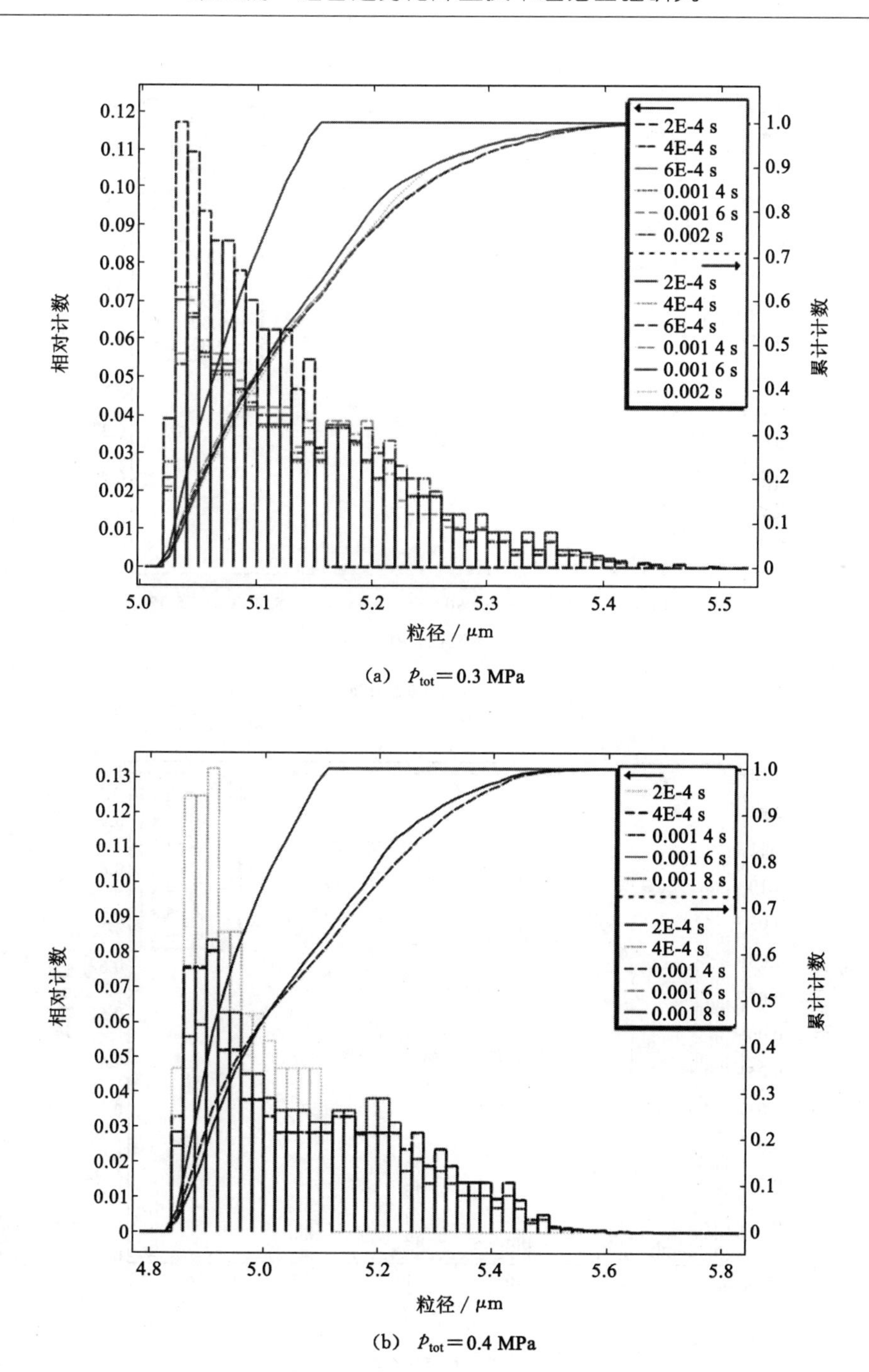

(a)　p_{tot}=0.3 MPa

(b)　p_{tot}=0.4 MPa

图 4-11　不同入口气动总压下 Bell 探针式离散喷管雾滴粒径瞬态统计

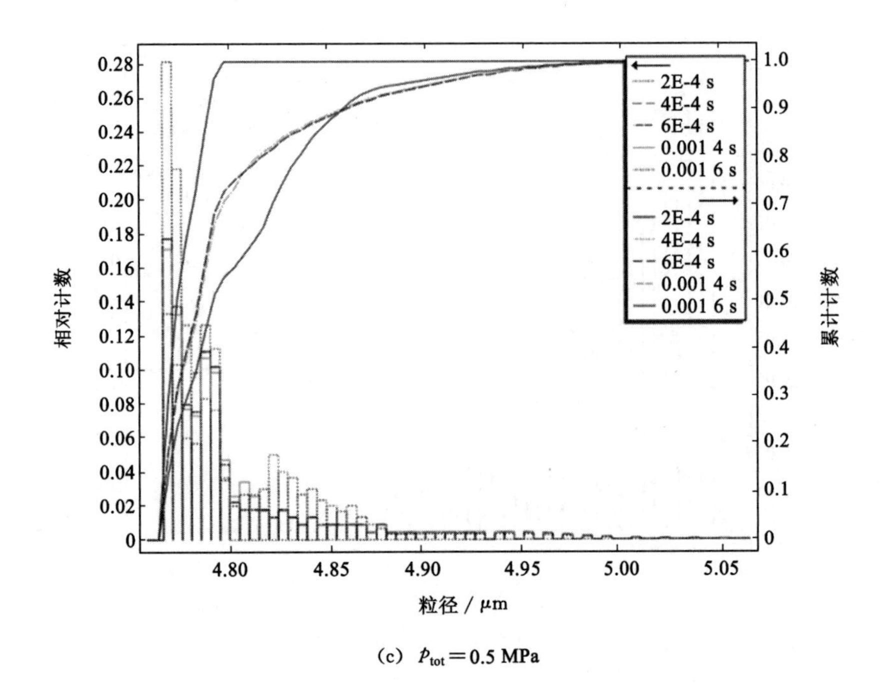

(c) p_{tot}=0.5 MPa

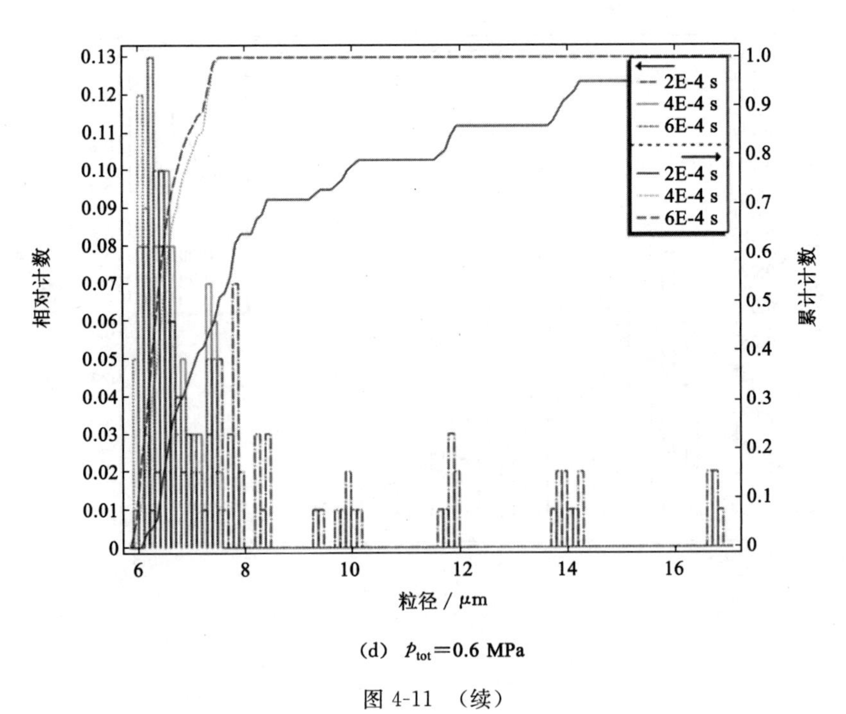

(d) p_{tot}=0.6 MPa

图 4-11 （续）

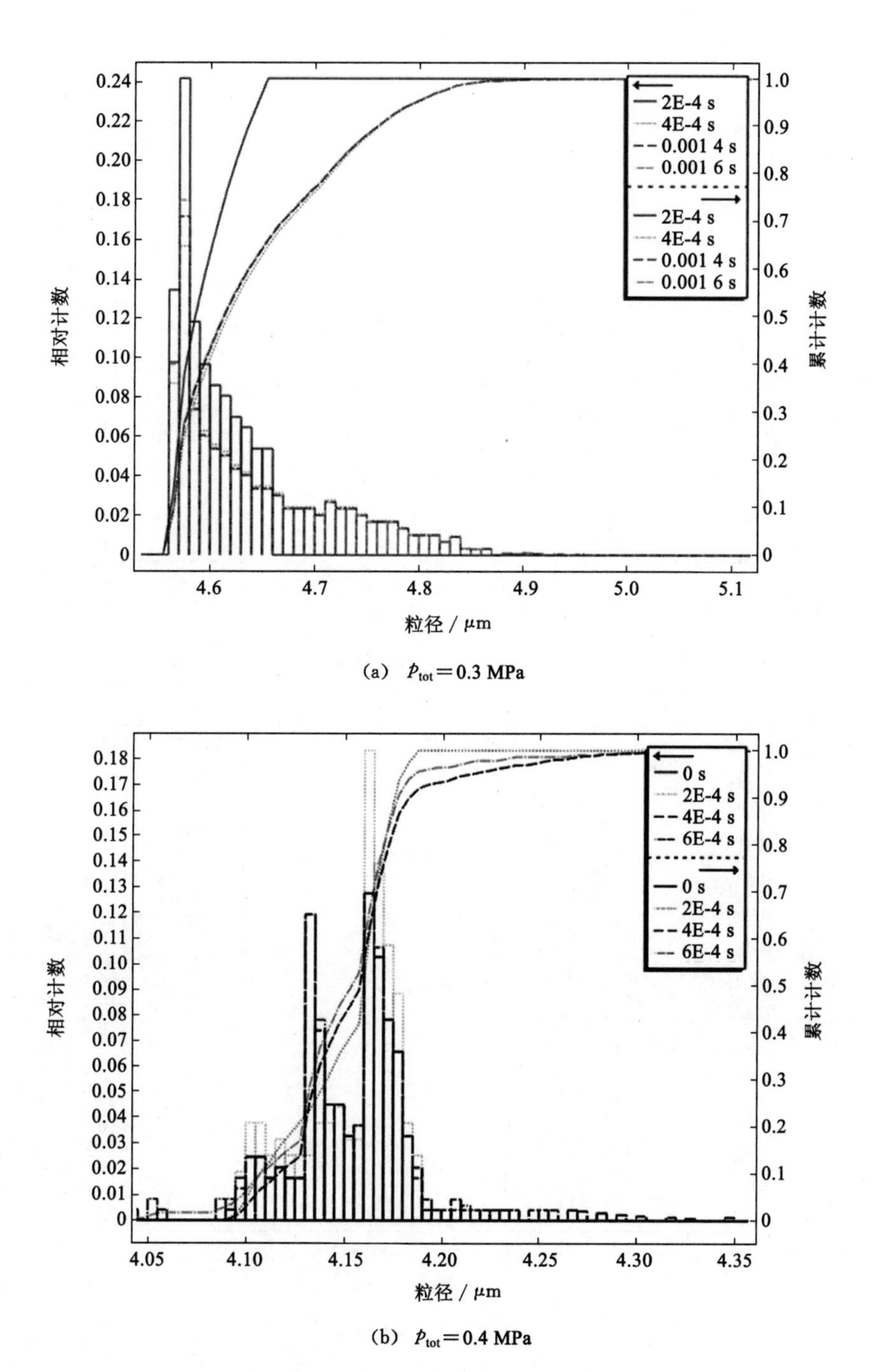

(a)　$p_{tot}=0.3$ MPa

(b)　$p_{tot}=0.4$ MPa

图 4-12　不同入口气动总压下 Concave 探针式离散喷管雾滴粒径瞬态统计

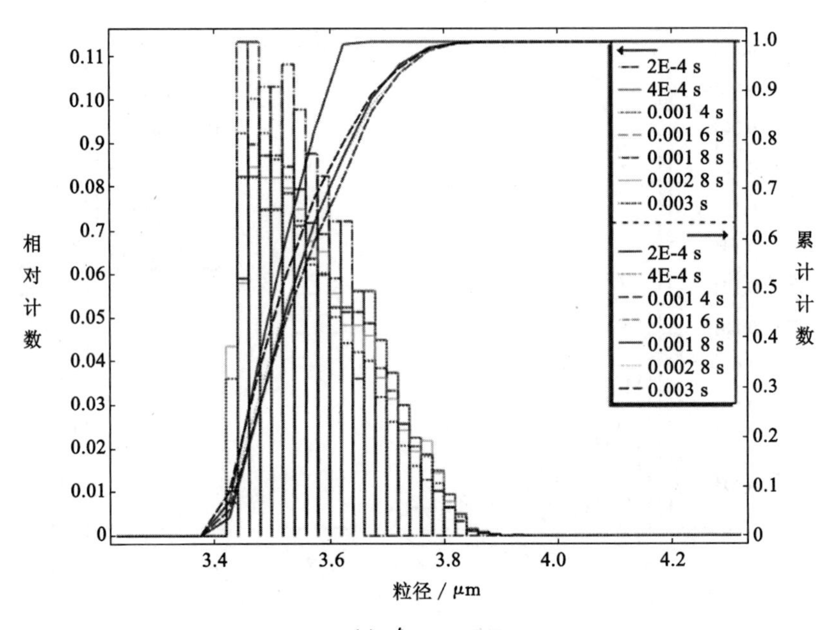

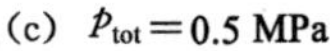
(c) $p_{tot}=0.5$ MPa

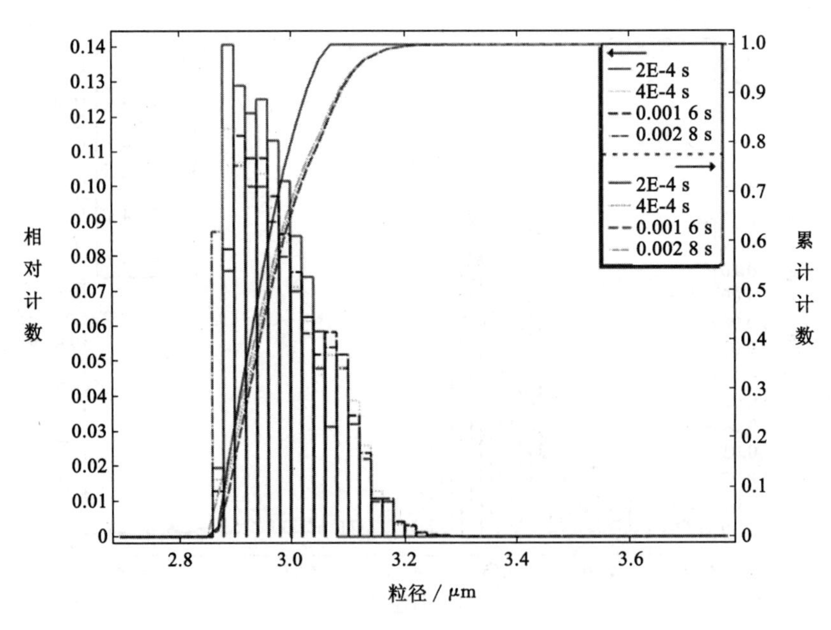

(d) $p_{tot}=0.6$ MPa

图 4-12 （续）

综上所述，对于探针式离散喷管，雾滴破碎主要发生在离散点，破碎时间为初始释放时间，雾化效率决定于初始破碎时气液相间速度差，四种喷管管内轴向速度分布均很大的情况下，探针式雾化效果不再决定于某入口气动总压下，喷管内超音速流带区域大小，雾化破碎取决于初始位置设定与喷管内部流场中不同压力时所衍生激波位置、强度、音速环深度等特性。因此喷管内超音速流场分布与液相离散方式共同决定雾化效果，并普遍随入口气动总压的增加，雾化效果提升，但不同形状喷管在不同压力时表现不同。

Convex 喷管只有在 0.3 MPa 时效果较好，De-Laval 喷管在 0.5 MPa 时效果不好，Bell 喷管超过 0.6 MPa 效果变差，而只有 Concave 喷管在各个压力效果良好。

从雾滴粒径分布与气压关系角度来看，雾滴粒径基本随时刻增加变化不大，但分布情况有所变化，峰值位置逐渐增大，表明尽管雾滴粒径都很细但随着喷射凝并现象明显，而 Concave 喷管是其中粒径分布最均匀且稳定性最强的喷管，雾化粒径随入口气动总压增加下降稳定，且保持在 1～5 μm 以下，是针对 $PM_{2.5}$ 级别粉尘的最好选择。

为此以下研究均针对 Concave 喷管，进一步研究其管内及雾化近场的三维空间雾滴特性分布规律。

4.3　维度转换超音速雾化三维数值模型

4.3.1　若干常见三维模型的适用性研究

4.3.1.1　三维数值模型建立的必要性

采用了二维轴对称的模型，虽然简化了计算的难度，计算速度快、模拟效率高，适合大工作量、多影响因素的研究。但如图 4-13 所示，对粒子场模拟结果进行三维化，处理结果并不理想。轴对称数据向三维转化时，数据集的后处理必须将粒子所在数据集以对称轴旋转，这样仅能旋转得到多组“三维圆环”，并不能实现对破碎粒子在三维空间中分布特性的研究。而按照可压缩流体管内跨音速流动方程的计算过程，研究分别适用了几种建模方法，但效果都不甚理想。因此需要采用特殊的方法建立变维度的可压缩气流跨音速流动中的液滴破碎雾化数值三维研究模型。

4.3.1.2　三维对称模型适用性研究

首先简单介绍本书为此进行的几种建模方法适用性研究。按照三维对

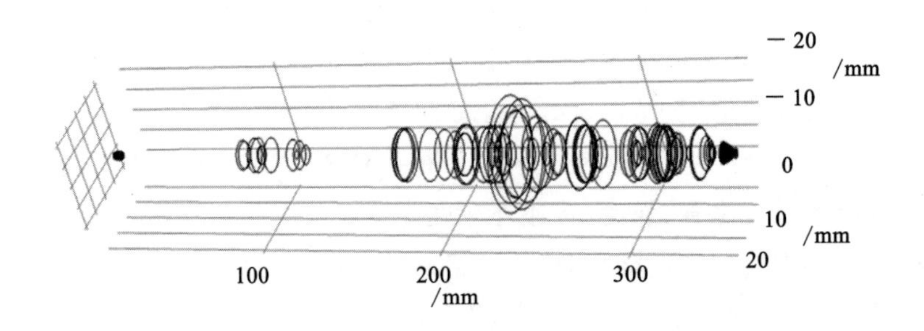

图 4-13　二维轴对称数据集旋转后处理粒子场

称[209]的边界设定，设定喷管整体以中心对称面呈的三维对称，建立三维对称几何模型和对称网格划分，该模型网格划分的细节及计算结果，如图 4-14 和图 4-15 所示。

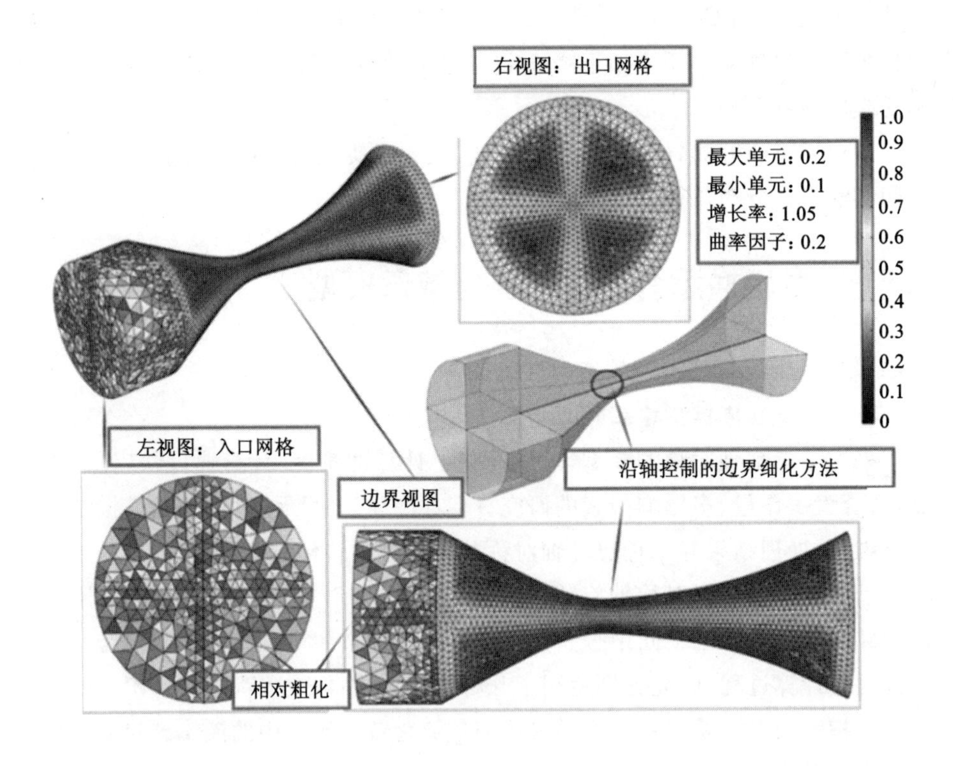

图 4-14　三维对称网格划分

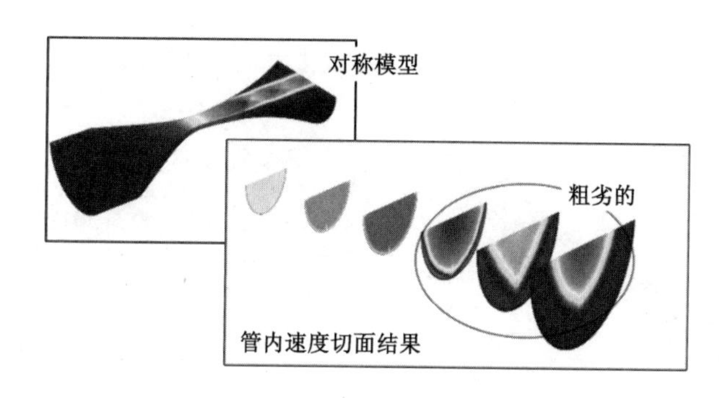

图 4-15　三维对称模型计算结果

利用对称边界的模拟方法，获得的计算结果如图 4-15 所示，在管内速度切面的结果上明显地出现了粗劣的计算结果，因此利用三维对称的模拟方法计算轴对称问题并不可行。

4.3.1.3　三维近似轴对称模型适用性研究

从对称模型计算结果分析来看，之所以在对称面上速度结果不够精细和连贯，主要原因是按照对称计算的网格无法准确描述轴对称问题。由此，尝试在三维空间中构建轴对称网格模型。

由于喷管的扩缩结构，实际上无法利用四面体网格将之完全模仿。仅能建立近似轴对称的网格模型，并沿着轴对称进行超细化的边界设定网格划分以捕捉超音速流动过程，所建立三维近似轴对称几何模型网格划分细节及模拟结果如图 4-16 和图 4-17 所示。

获得的计算结果如图 4-17 所示，不难看出，在管内速度切面的结果上明显地出现了粗劣的计算结果。这样的计算结果表明，由于近似轴对称的模型也无法完美地达到轴对称网格分布，使得利用三维近似对称的模拟方法计算轴对称问题也是不可行的。

至此，似乎所有可行的方法在三维空间中计算超音速破碎问题都完全不可行。证明了在无法建立三维的跨音速分布的流场的情况下，计算液滴破碎时因无法调用可靠的呈轴对称分布的流场数据，必然会导致模拟结果完全失真。

4.3.2　维度转换的三维模型建立

通过以上分析要实现三维空间中的可压缩气体跨音速过程中超音速段的液滴射流破碎雾化数值模拟，必须在三维空间基底下实现模拟过程中的轴对称跨音速流场数据调用。

由此本书提出了维度转换的可压缩气流跨音速流动中液滴的破碎雾化三

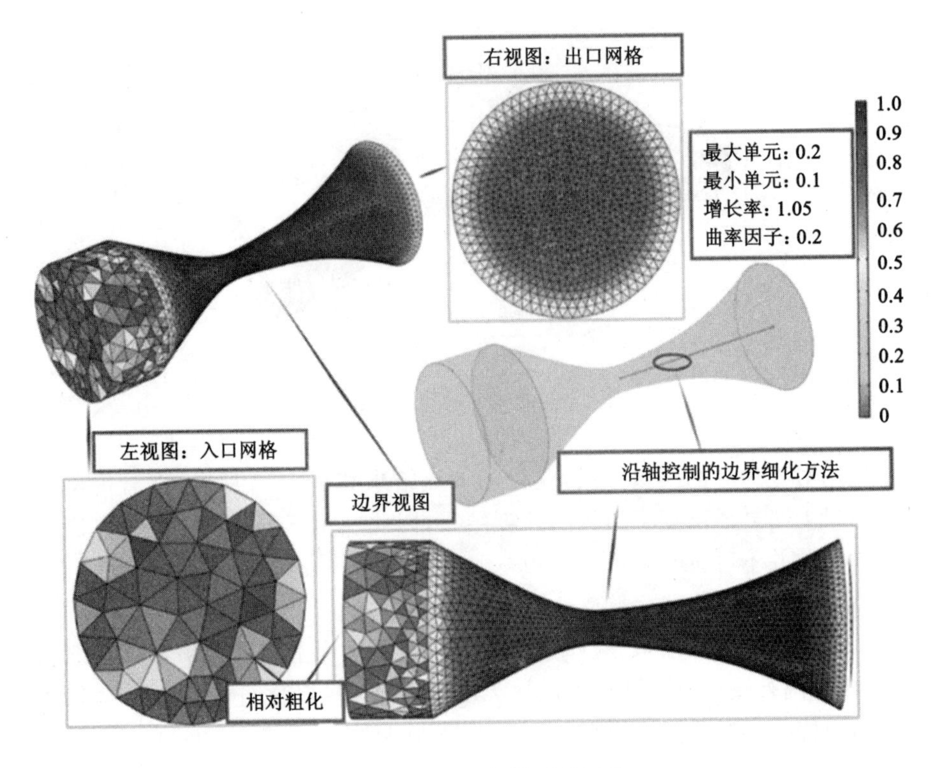

图 4-16　三维近似轴对称网格

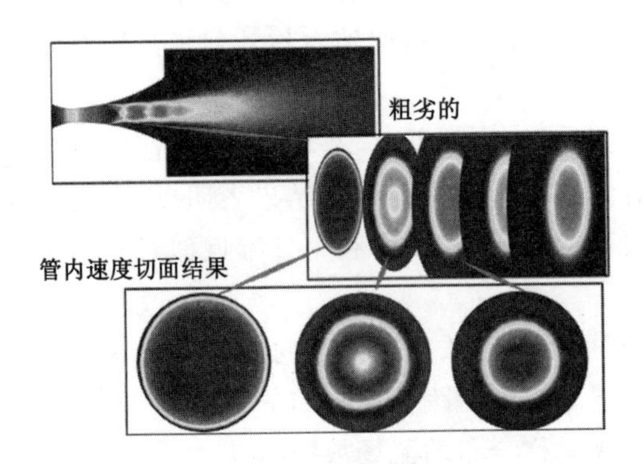

图 4-17　三维近似轴对称网格模型结果

维数值模型，首先，需在二维轴对称模型下计算获得气相的密度场、动力黏度场、矢量的速度场、压力场、温度场数据，将二维数据处理为三维数据，如图 4-18所示。其次，在计算流体流动破碎粒子追踪的三维空间模型框架内建立这些数据场的插值函数，形成基于插值函数群的流体流动场域。最后，在计算粒子破碎状态时，向粒子施加基于上述场数据的力，并将雾滴完全假定为离散元质点，忽略其对流体流动的影响，并且保证三维建模和二维轴对称几何模型完全一致，并确定合适的瞬态计算步长，最终建立维度转换的近似轴对称模型[210]。在空间中任意的矢量 $\boldsymbol{U}$ 可以被分解为基于二维轴对称空间基底 z、r 的 $\boldsymbol{V}_z$ 和 $\boldsymbol{V}_r$，而在三维空间基底中可以被分解为基于 x、y、z 的 $\boldsymbol{U}_x$、$\boldsymbol{U}_y$、$\boldsymbol{U}_z$。为保证向量的方

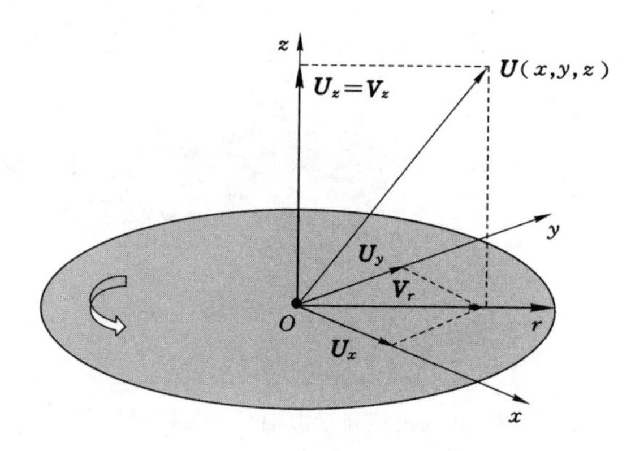

图 4-18　矢量 $\boldsymbol{U}$ 的维度变换关系

向性，分解可以用数学方式表示：

$$\begin{cases} \boldsymbol{U}_x = \boldsymbol{V}_r \cdot x\sqrt{x^2+y^2} \\ \boldsymbol{U}_y = \boldsymbol{V}_r \cdot y\sqrt{x^2+y^2} \\ \boldsymbol{U}_z = \boldsymbol{V}_z \end{cases} \tag{4-6}$$

软件中的实际变量设置可以用插值函数代替，以速度场为例矢量的变维度插值函数调用的转过程如下：

$$\begin{cases} \boldsymbol{U}_x = \boldsymbol{U}_x(x,y,z) = \boldsymbol{V}_r(x,y,z) \cdot x \cdot \sqrt{x^2+y^2}, x^2+y^2 \neq 0 \\ \boldsymbol{U}_y = \boldsymbol{U}_y(x,y,z) = \boldsymbol{V}_r(x,y,z) \cdot y \cdot \sqrt{x^2+y^2}, x^2+y^2 \neq 0 \\ \boldsymbol{U}_x = \boldsymbol{U}_x(x,y,z) = \boldsymbol{U}_y = \boldsymbol{U}_y(x,y,z) = 0, x^2+y^2 = 0 \\ \boldsymbol{U}_z = \boldsymbol{U}_z(x,y,z) = \boldsymbol{V}_z(x,y,z) \end{cases} \tag{4-7}$$

式中，$\boldsymbol{V}_r(x,y,z)$ 与 $\boldsymbol{V}_z(x,y,z)$ 为模型中建立的插值函数，分别由矢量 $\boldsymbol{U}$ 在二维轴对称空间模型模拟结果后处理中导出，依靠同样方法分别建立气相的密度场、动力黏度场、矢量的速度场、压力场、温度场数据，通过公式(4-7)嵌入计算模型。至此，建立了所需数学模型。

4.3.3　近似轴对称细化网格划分

几何模型与网格质量划分结果，如图 4-19 所示，喷管长度 20 mm，喉部尺寸

为 2 mm，气流入口尺寸为 10.2 mm，出口尺寸为 10 mm，大气区域为高 6 m、直径 4 m 的圆柱。

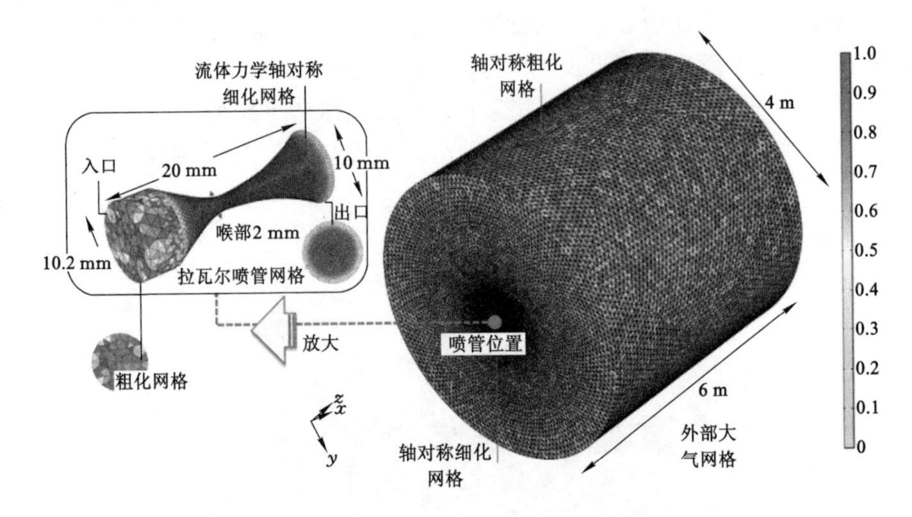

图 4-19　几何模型与近似轴对称细化网格划分

最小单元质量为 0.206 8，平均单元质量为 0.680 7，四面体网格数为 1 920 738，三角波数为 48 984，边单元数为 520，顶点单元数为 10。网格划分时，由于喷管表面形状不规则，本书采用了沿轴的边界网格控制划分的方法对四面体网格进行了细化处理，使喷管网格接近轴对称，并在三维模型计算中足够精细。喷管的边界采用条形网格划分，以保持边界光滑，并具有 6 层轴对称分布，细化因子为 2。

网格的细化是基于气流的马赫数，其数值约为 2，则速度约为 590 m/s，瞬态计算时间步长为 0.000 006 s，最小网格尺寸应小于两者的乘积 0.36 mm。根据有限元和 CFD 理论，网格需要捕捉计算点之间每个物理量的变化率，这意味着网格节点距离必须小于变化的规模。由于本书涉及跨音速过程的速度变化率特别大，经上述分析过程计算，最终确定了网格的最小单元为 0.1 mm，且进一步细化网格不会改变结果，其参数值设定如表 4-2 所列。

表 4-2　参数值设定

参数	设定值
初始质量流量 $m_p/(g\cdot s^{-1})$	1.11
初始速度 $v_0/(m\cdot s^{-1})$	0.88
初始粒径 d_0/mm	0.8

表 4-2(续)

参数	设定值
KH 常数 B_{KH}	5
液相表面张力 $\sigma_p/(N \cdot m^{-1})$	0.072 9
液相密度 $\rho_p/(kg \cdot m^{-3})$	1 000
液相动力黏度 $\mu_p/(Pa \cdot s)$	1.79×10^{-6}
相对容差	1.0×10^{-5}
绝对容差	1.0×10^{-6}
时间步/s	$0,1.36\times10^{-3},3\times10^{-3}$

根据计算报告，瞬态计算的绝对公差为 1.0×10^{-6}，相对误差为 1.0×10^{-5}。模拟时间为 5 067 s。计算引起的流场数据误差，其中分离组的误差估计为 0.000 87和 0.000 61；分离组的残差估计为 $50,4.9\times10^{3}$；分离 1(se1)的最大迭代次数为 1 000；分离步骤(ss1)的阻尼因子为 0.5，湍流变量的阻尼因子为 0.35，公差因子为 1。求解器 PARDISO 是一个线程安全的软件库，用于求解共享内存多核体系结构上的大型稀疏线性方程组。

4.4　超音速雾化管内及近场雾滴特性三维空间分布规律

通过建立维度转换的近似轴对称模型，模拟跨音速过程流动中对称粒子释放时，两种液相离散方式的瞬态雾化过程，研究雾滴粒径与速度的三维空间分布特性，包括速度和粒径随时间的变化规律，并通过速度与粒径的最后时刻统计数据进一步分析总结。

4.4.1　两种液相离散方式的雾化管内雾滴特性三维分布规律

通过采用雾化实验测试的雾滴粒径分布与相同边界条件下数值模拟所计算的雾滴分布结果对比分析，验证了该模型的有效性[210]。

流场数据来自 Concave 喷管入口气动总压为 0.6 MPa 时的结果导入，通过建立维度转换模型，计算了两种离散方式下三维模型的管内雾化雾滴分布，获得了 0～400 μs 的瞬态孔式/探针式液相离散方式的拉瓦尔喷管管内雾化破碎时，雾滴速度、雾滴粒径的三维分布结果，其中，孔式离散的瞬态雾滴速度模拟结果如图 4-20 所示。

当采用孔式离散时，对喷孔的距离较远，进入流场的液滴在喷射过程中来不及融合便被破碎和加速，在 20～40 μs 时间内，两侧孔所离散的液滴，受曳力作用，破碎的同时被加速，运动方向受到初速度方向影响，速度由

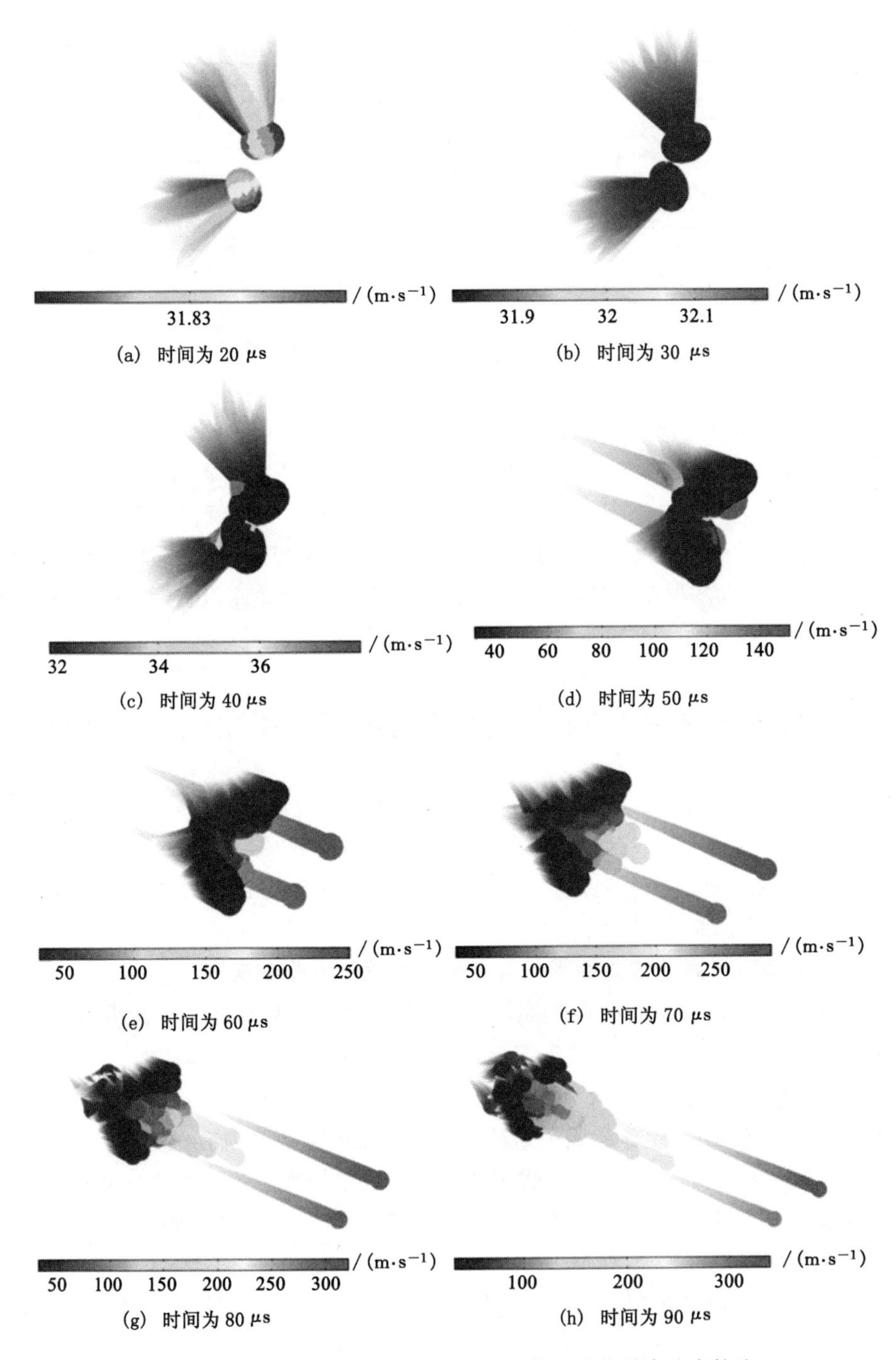

(a) 时间为 20 μs (b) 时间为 30 μs

(c) 时间为 40 μs (d) 时间为 50 μs

(e) 时间为 60 μs (f) 时间为 70 μs

(g) 时间为 80 μs (h) 时间为 90 μs

图 4-20 孔式液相离散方式的拉瓦尔喷管内雾化雾滴速度轨迹

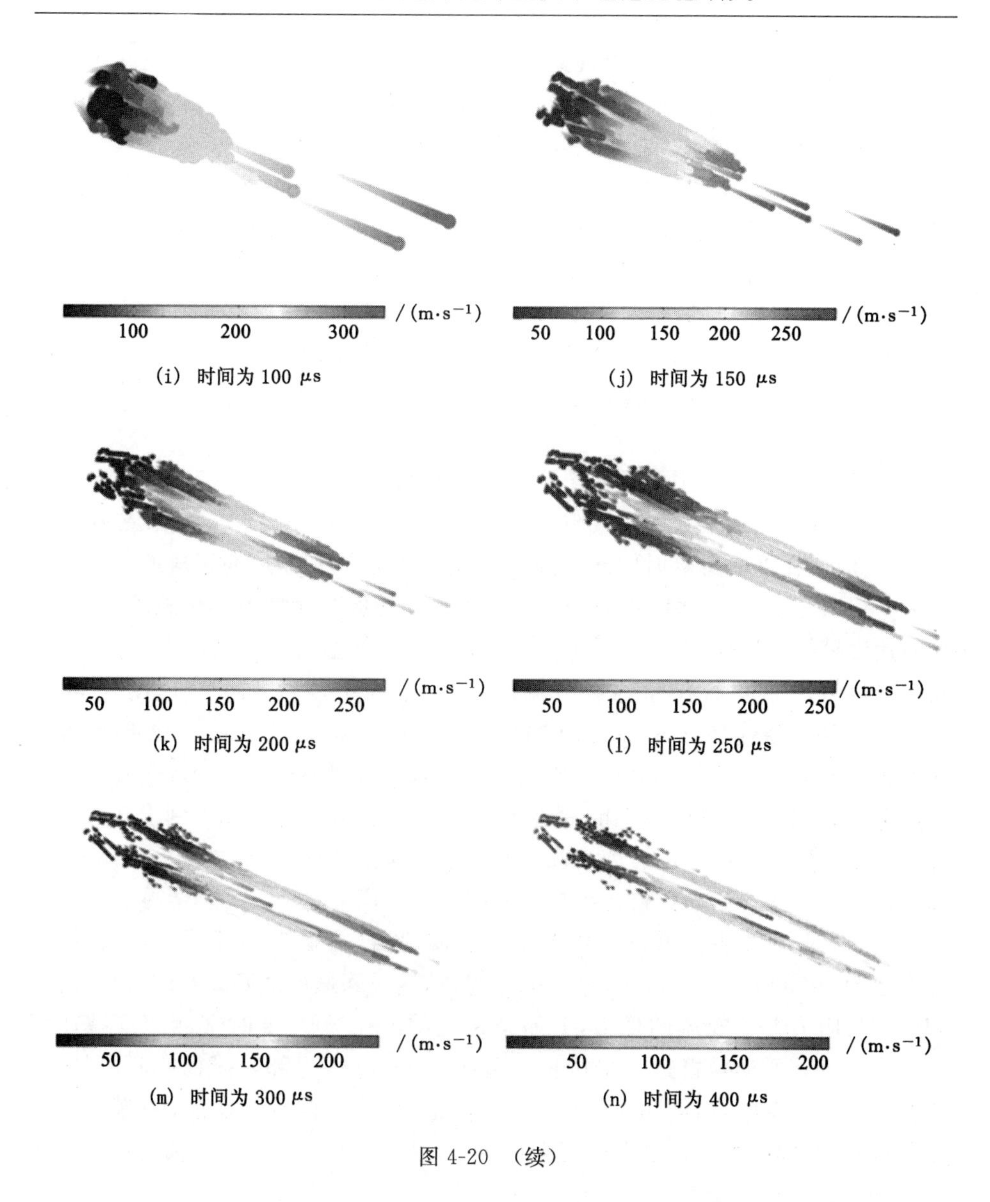

(i) 时间为 100 μs

(j) 时间为 150 μs

(k) 时间为 200 μs

(l) 时间为 250 μs

(m) 时间为 300 μs

(n) 时间为 400 μs

图 4-20 （续）

31.85 m/s缓慢增大至35～40 m/s。

在 50 μs 时，两侧液滴开始聚合，与内部超音速流带开始接触，速度呈阶梯式攀升。在 50 μs、60 μs、70 μs 时，部分雾滴的速度分别达到 140 m/s、200 m/s、250 m/s。但这部分雾滴仅为少量，大量雾滴迟滞于雾滴粒群的外后侧位置，速度仅有 50 m/s 左右，中间部分也仅有 100 m/s 左右。雾场中在轴向的雾滴加速现象明显，雾滴分布在 50～80 μs 内呈现菱形分布，两侧速度小前端速度大，但整体粒群除少部分高速雾滴外，无脱群现象，且轴向雾滴雾化加速运动，有脱离趋势。在90 μs后轴向中段雾滴持续加速逐渐与尾部脱离，而尾段低速雾滴在向轴向移动时随着破碎，速度开始增大，向中段雾滴转化。

在90～150 μs内，中段雾滴大量破碎，并且将雾场范围拉长，部分雾滴开始脱离后方粒群向前喷射，但在雾场外围存在大量低速液滴缓慢运移。200～400 μs时雾场开始分成左右两截，中间逐渐变空，低速雾滴在后方逐渐散开，前端雾滴开始形成粒群的“分叉”现象。雾滴速度下降明显，仅有120～130 m/s。400 μs后，雾场基本分为左右两部分，由轴向向两侧雾滴速度逐渐减小，由前端至后端雾滴速度相差较大，雾场随喷射的进行，逐渐变细，中段各速度粒子分布散乱。

上述现象的发生，主要是由于管内雾化时间短、未接触高速带，雾滴便喷射出管外，在管外受到很大的空气阻力，轴向雾滴分布较为稀薄，雾场仅在两侧分别加速雾化，在轴向融合时间晚，管内超音速雾化破碎不彻底而造成的。

0～400 μs的瞬态探针式液相离散方式的拉瓦尔喷管管内雾化破碎时，瞬态雾滴速度模拟结果如图4-21所示，对于探针式超音速管内雾化过程，10 μs时，相对释放的液滴开始在超音速气流的剪切/推动下破碎、加速，速度在35～55 m/s之间。随着加速和混合，在20 μs时，粒群前端粒子运动速度便达到100 m/s，破碎的雾滴运动开始范围增大。沿轴向呈加速分布状态，速度逐渐增加。雾滴粒群尾端速度较小，前端速度较大。50 μs时最大速度达到150 m/s高速雾滴开始脱离粒群。随着前端高速雾滴继续向前高速喷射，角度无明显变化，而尾部低速雾滴开始沿粒群边缘向液滴初速度的两侧运移。

90 μs时，尾端低速雾滴与中部中速雾滴脱离，前端雾场开始变宽，粒群速度介于50～200 m/s。当时间为200 μs时，前端雾滴速度达到250 m/s后，所受到的空气阻力大于气流的推力，开始减速运动。在300 μs时雾滴速度减速至200 m/s，并将雾滴粒群进一步拉长。直到400 μs时，尾部雾滴彻底脱离粒群，中部雾滴膨胀有限，而前端雾滴形成“子弹”形状，整体雾场沿对称轴在喷射面上呈对称分布，轴向雾滴速度向外逐渐由150 m/s减速至120 m/s，轴向速度分布由50 m/s以下增加至前端150 m/s左右。

进一步分析两种液相离散方式的管内雾滴粒径三维分布。孔式离散的雾滴粒径三维瞬态变化结果如图4-22所示。

因孔式方式模拟结果粒径跨度大，完全按照软件后处理生成绘图会使色谱区间过大，使得小粒径间关系难以区分，所以按照0～20 μm区间统一了孔式离散的粒径色谱条带，所以深色代表了20 μm以上雾滴，其实际值大概为100 μm以上。

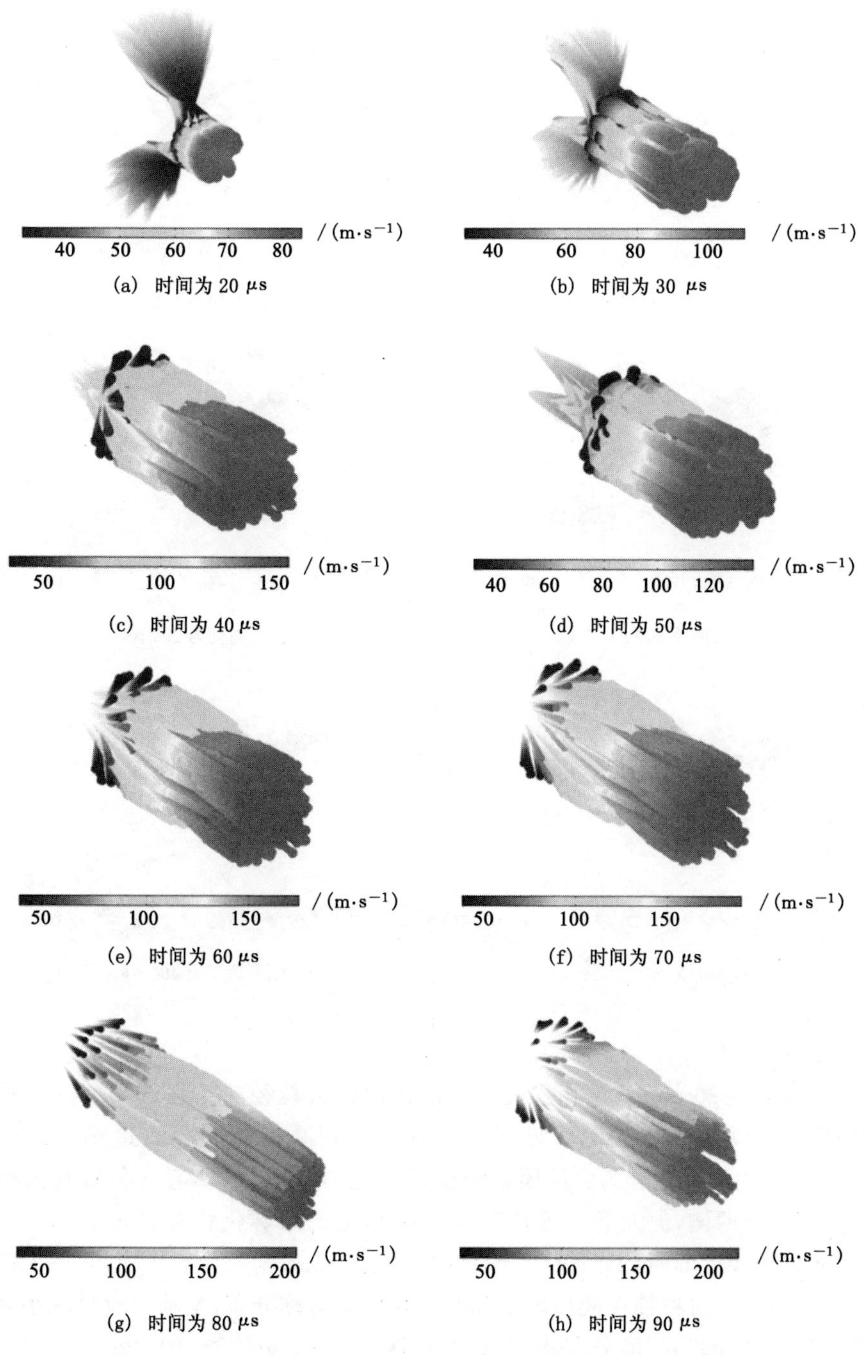

(a) 时间为 20 μs　(b) 时间为 30 μs

(c) 时间为 40 μs　(d) 时间为 50 μs

(e) 时间为 60 μs　(f) 时间为 70 μs

(g) 时间为 80 μs　(h) 时间为 90 μs

图 4-21　探针式液相离散方式的拉瓦尔喷管内雾化雾滴速度轨迹

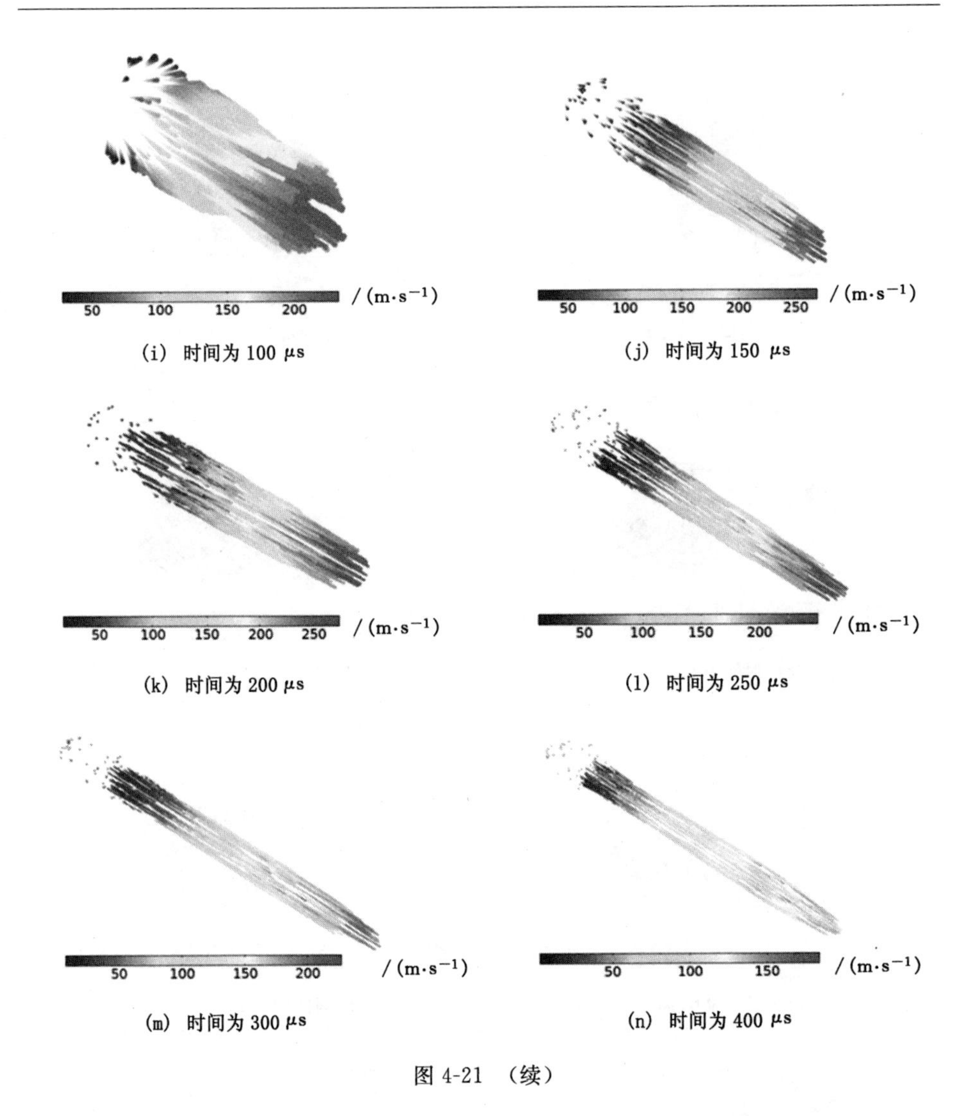

(i) 时间为 100 μs

(j) 时间为 150 μs

(k) 时间为 200 μs

(l) 时间为 250 μs

(m) 时间为 300 μs

(n) 时间为 400 μs

图 4-21 (续)

时间 20～30 μs 内，由孔式液相离散而出的大粒径液滴在流场外围低速区域向轴向运动雾滴粒径无明显变化，随时间增加，液滴间距离逐渐减小。在 40 μs时，液滴开始融合为大液团并初步雾化为 10 μm 左右，雾化位置在大液团尾部，于轴向两侧，但大部分还处于 20 μm 以上的未雾化状态。50 μs 时，随着大液滴移动接近轴向，受到轴向分布的超高速气流带剧烈剪切作用，开始大范围雾化，以轴向为对称轴在液相离散孔所在切面上对称分布，呈轴向粒径减小并沿法向粒径增大的“W”形分布状态，粒径依次为 1～5 μm、5～10 μm、10～20 μm 和 20 μm 以上。形成“预爆发”的雾滴—液滴共存基团。

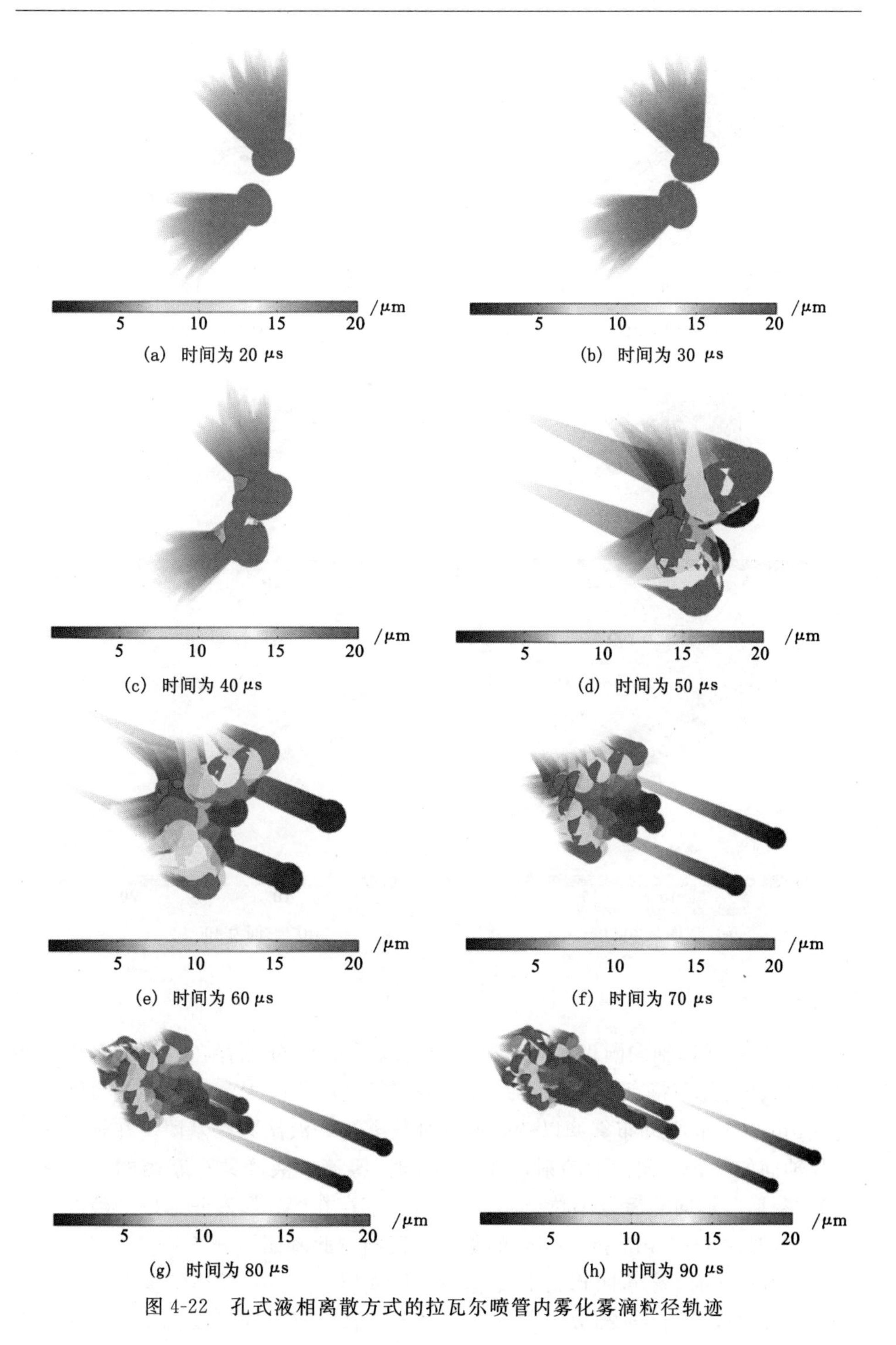

(a) 时间为 20 μs　(b) 时间为 30 μs

(c) 时间为 40 μs　(d) 时间为 50 μs

(e) 时间为 60 μs　(f) 时间为 70 μs

(g) 时间为 80 μs　(h) 时间为 90 μs

图 4-22　孔式液相离散方式的拉瓦尔喷管内雾化雾滴粒径轨迹

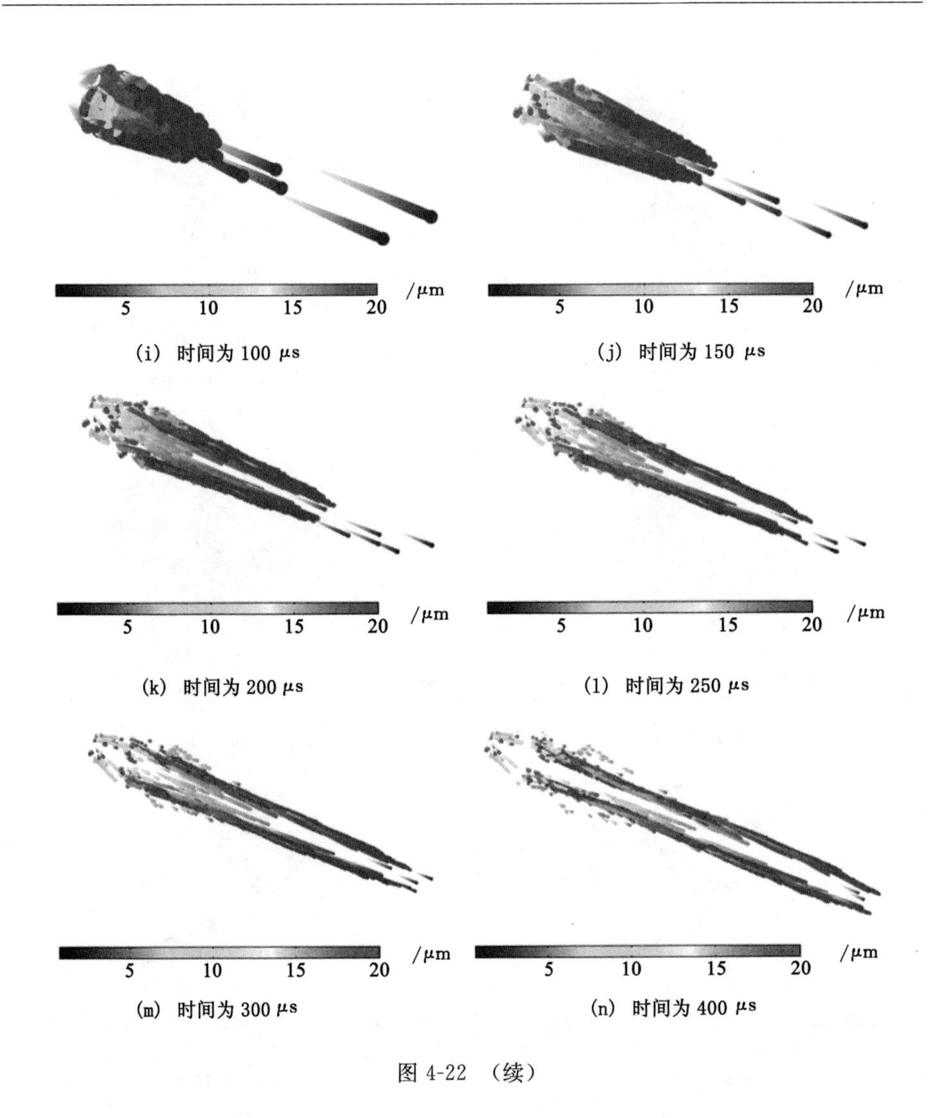

(i) 时间为 100 μs

(j) 时间为 150 μs

(k) 时间为 200 μs

(l) 时间为 250 μs

(m) 时间为 300 μs

(n) 时间为 400 μs

图 4-22 （续）

在 60 μs 时，轴向附近雾滴粒径开始大范围减小，外侧存在的液滴态也开始大部分破碎，分布特点与 50 μs 时一致，但粒径整体要减少 5 μm 左右。此时，轴向 5 μm 以下最细分布雾滴以较高速度脱离雾滴—液滴共存基团。在轴向两侧沿与轴向的平行方向向前喷射。在 70 μs 时，雾滴—液滴共存基团的形状逐渐变为“菱形”，轴向前后以小粒径为主，左右上下存在“V”形液滴形成的液线呈环状围绕，此时 1～5 μm 和 50 μm 的雾滴已逐渐将此基团甩开。

在 80 μs 时，雾滴团形态开始呈现“子弹”状，90 μs 时逐渐变长，在 70～90 μs过程中，外侧 5～20 μm 及 20 μm 以上雾滴位置与粒径变化不大。表明雾化已达到瓶颈，雾滴破碎速率开始下降。在 100 μs 时，可以明显地观察到，雾场内部的 1～10 μm 雾滴开始膨胀运移，方向朝初始射流的两侧，同时将大粒径基团彻底甩开。在 150 μs 时，这部分雾滴彻底分布在雾场两侧，中部产生空化现象，雾场整体开始分叉。雾滴的粒径分布为雾场尾端雾滴粒径大介于 15～20 μm及以上，中后侧雾滴粒径较小介于 5～10 μm，两侧及中间稀薄区域的雾滴粒径为 10 μm 左右，前侧的雾滴粒径在 5 μm 以下。

200 μs 时雾场轴向的空化现象更加明显，两侧雾滴彻底离开轴向，而中后侧雾滴速度低无法进一步填补中控区域。在 250 μs 时，中后侧轴向 10 μm 左右的雾滴也开始向两侧移动，同样后方大雾滴速度更低，无法追上，使得雾场后方轴向开始空化。

直到 400 μs 时，雾场彻底分为上下两部分，且大液滴与小雾滴在雾场中后侧呈大量驳杂混合分布，中部以 1～10 μm 范围内的雾滴混合为主，前侧以 5 μm 以下雾滴分布为主。整体粒径分布呈现中间空、两侧细、后方大、前方小的分布特点。下面对探针式离散的雾滴粒径三维瞬态变化结果进行分析。

在图 4-23 中可明显观察到，对于探针式离散的超音速雾化，时间为 20 μs 时，两侧的离散液滴已经完全融合，并于瞬间大量破碎和开始沿轴向向喷管外高速喷射，液滴粒径大部分处于 20 μm 以下，极少部分在 20 μm 以上。在 30 μs 时，雾滴—液滴共存基团以粒群态分布，除少部分粒径在 40 μm 左右绝大部分在 10 μm 以下，并呈现“加特林”状分布，粒群沿轴向初步拉长，在 40 μs 时，不仅在轴向粒群范围拉长，在法向雾滴分布范围开始扩展，雾滴粒径处于 1～12 μm 之间。

较大的粒径如 10～12 μm 部分处于粒群后方，沿轴对称环状分布。与离散点一致的方向雾滴较大其他侧较小，全雾场无 20 μm 以上雾滴存在，更无任何液滴存在。小粒径雾滴在轴向以大截面范围向喷管外方向高速运移，在 50 μs 时，雾滴粒群范围更大、轴向分布更长，但无空化现象，也无脱节现象，整体分布以喷管轴向为对称轴呈轴对称分布。雾滴粒径整体小于 5.5 μm，并开始出现粒径的差异性分布，沿轴向喷射方向粒径依次减小，幅度在 1 μm 以内。雾滴粒径沿轴向的法向向外依次增大，幅度在 0.5 μm 以内，形状类似“扫帚头”状。在 60～90 μs 时粒径变化幅度很小，主要为形态变化，在粒群后方 4～5.5 μm 的雾滴呈“烟花状”向前运移，雾场整体更宽更长。

在 100 μs 时，该部分雾滴开始跟前方雾滴粒群分离，雾场整体变得稀薄，但雾滴分散状态颇为均匀，随着两侧及中间雾滴向前喷射和扩展运动，在 150 μs 时，雾场已经呈“弹”状分布，外围雾滴受到空气阻力等作用速度逐渐下降后，开始凝并，雾滴粒径由 1～2 μm 向 2～4 μm 转化。

在 300 μs 时，前侧雾滴转化为 2～3 μm，中后侧转化为 3～4 μm，后侧则继续破碎减小至 5 μm 以下。在 400 μs 时，雾滴场的各位置粒径范围基本介于3～4 μm

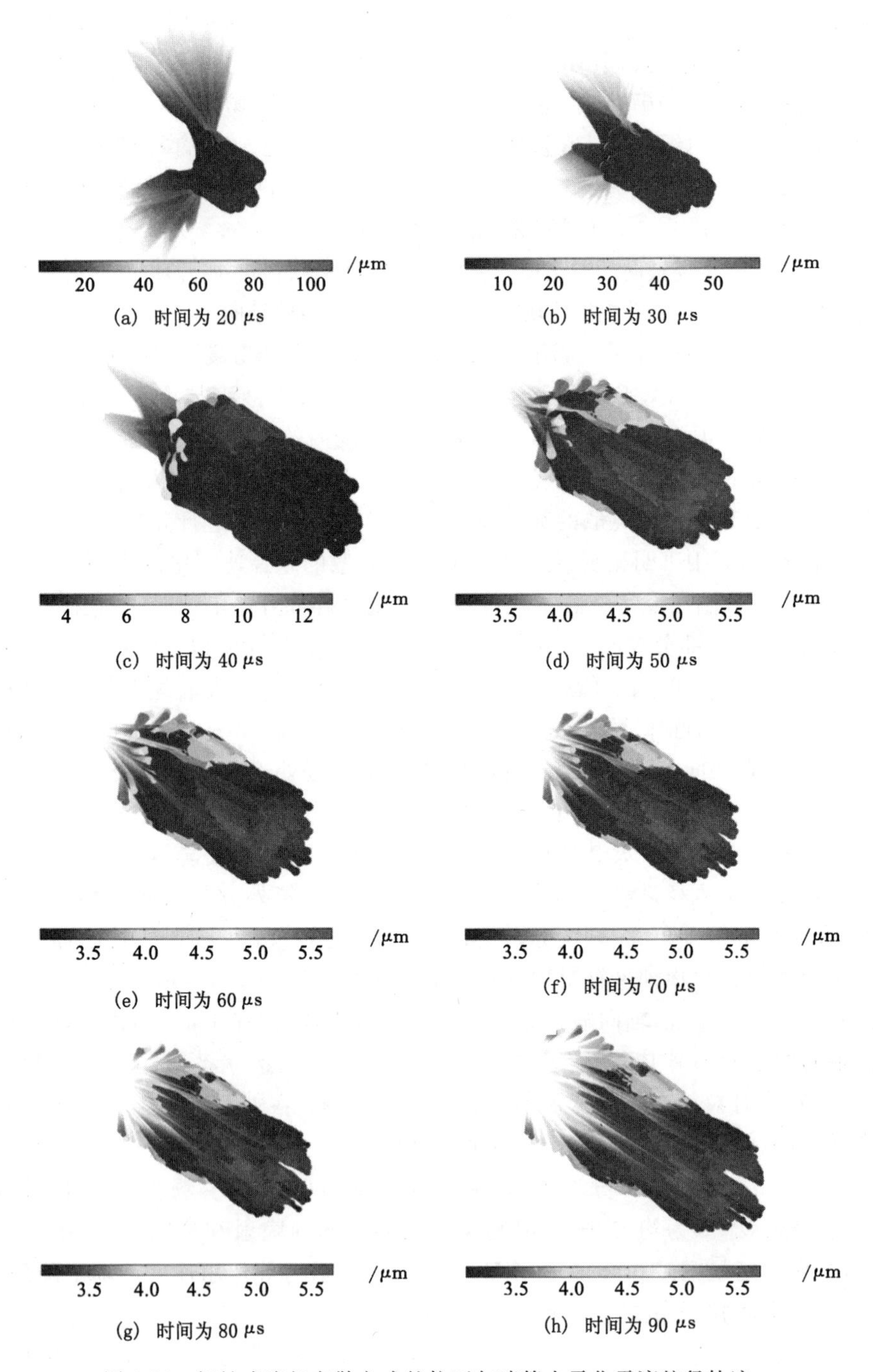

(a) 时间为 20 μs

(b) 时间为 30 μs

(c) 时间为 40 μs

(d) 时间为 50 μs

(e) 时间为 60 μs

(f) 时间为 70 μs

(g) 时间为 80 μs

(h) 时间为 90 μs

图 4-23 探针式液相离散方式的拉瓦尔喷管内雾化雾滴粒径轨迹

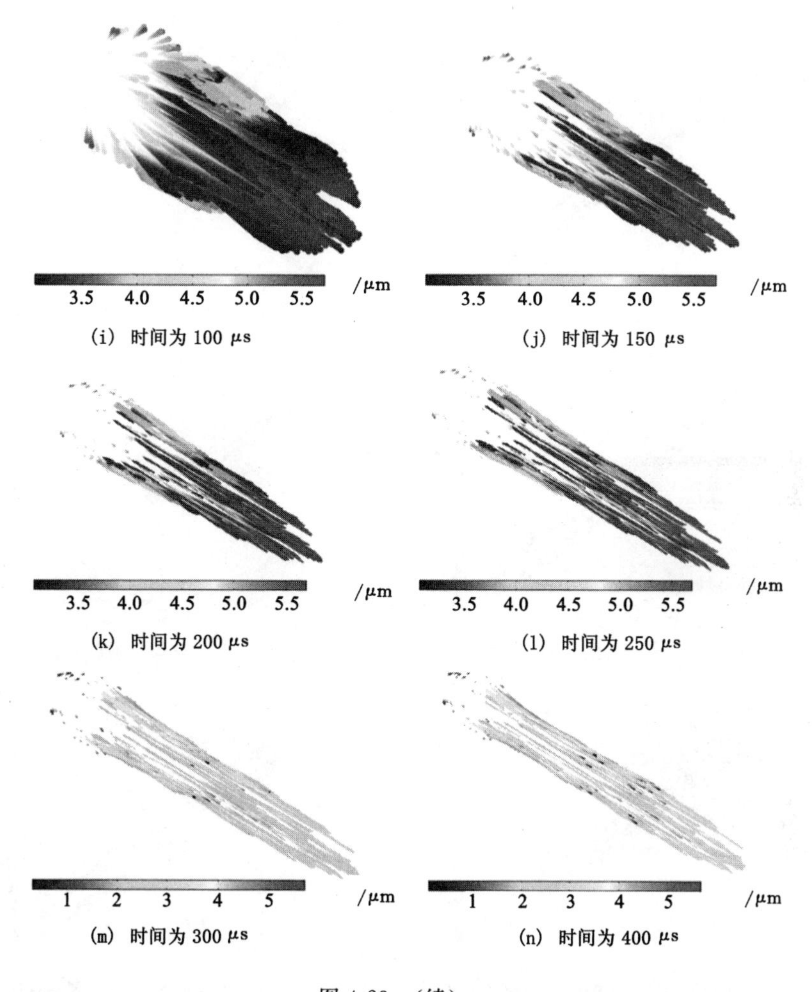

(i) 时间为 100 μs

(j) 时间为 150 μs

(k) 时间为 200 μs

(l) 时间为 250 μs

(m) 时间为 300 μs

(n) 时间为 400 μs

图 4-23 （续）

之间，雾滴表现出集中于轴向呈轴对称分布、粒度均匀、无空化、无脱节分叉现象。

4.4.2　两种液相离散方式的雾化近场雾滴特性三维分布规律

除管内雾滴破碎外，本书进一步建立了近场的数值模型，以 400 μs 时刻管内雾滴分布为基础，采用建立雾化数据矩阵的方法，将该时刻的雾滴分布数据建立为以表示雾滴位置的 x、y、z 轴坐标、表示雾滴运动速度的 x、y、z 方向分速度、雾滴粒径、雾滴粒子质量为核心的数据插值文件。

通过以 400 μs 时的雾滴分布为基本释放条件模拟近场 0～0.008 s 内的喷雾近场雾滴分布，模拟结果分析近场雾滴的粒径分布和雾滴速度分布的三维瞬态变化。其中孔式液相离散方式的超音速雾化近场雾滴特性分布如图 4-24 所示。

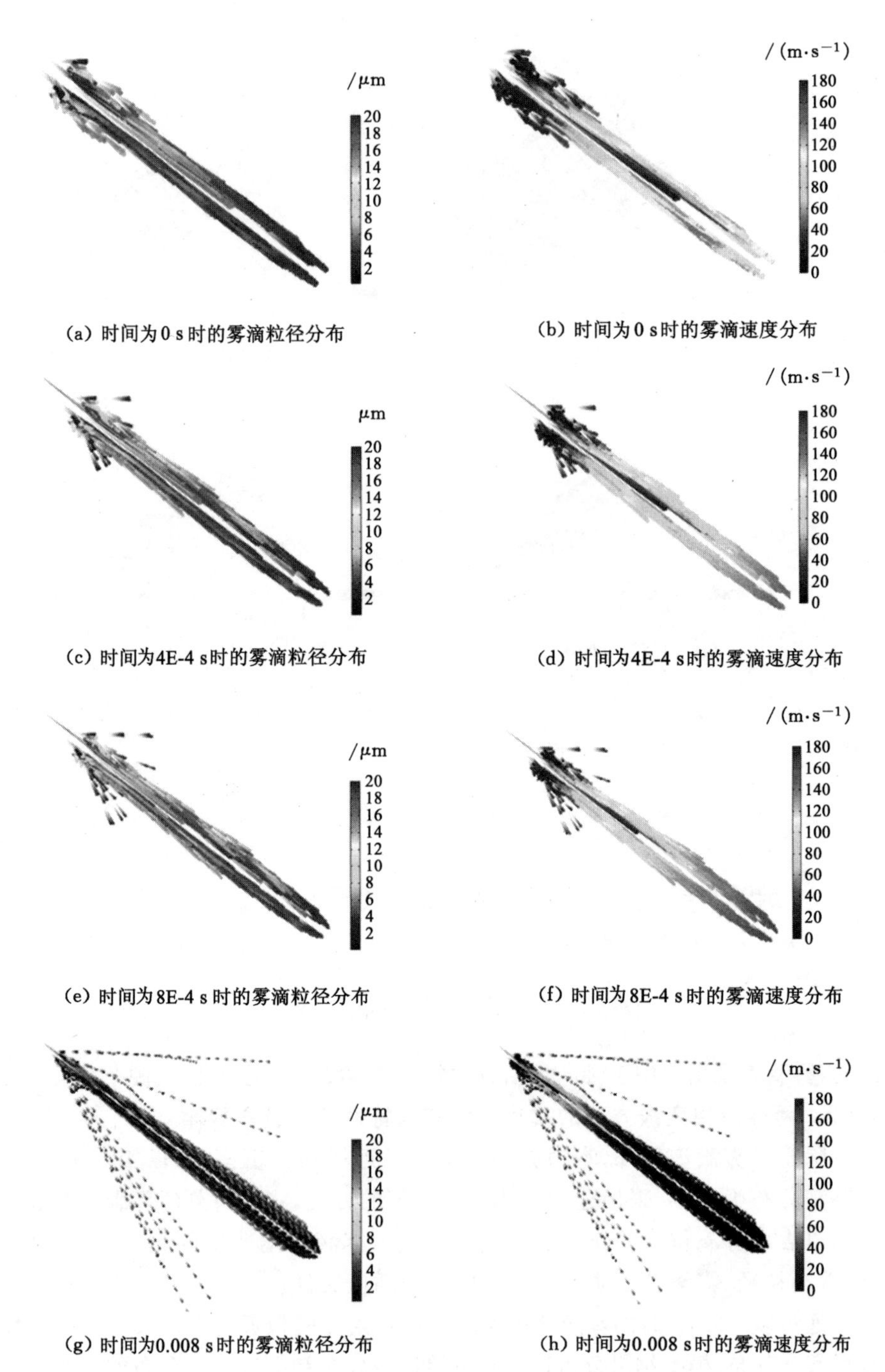

(a) 时间为0 s时的雾滴粒径分布　(b) 时间为0 s时的雾滴速度分布

(c) 时间为4E-4 s时的雾滴粒径分布　(d) 时间为4E-4 s时的雾滴速度分布

(e) 时间为8E-4 s时的雾滴粒径分布　(f) 时间为8E-4 s时的雾滴速度分布

(g) 时间为0.008 s时的雾滴粒径分布　(h) 时间为0.008 s时的雾滴速度分布

图 4-24　孔式液相离散方式的超音速雾化近场雾滴特性分布

通过横向对比可得相同时刻雾滴的速度和粒径分布规律，纵向对比可获得随时间推移雾滴粒径和速度的分布规律。近场中，0 μs 时，轴向雾滴速度介于 140～180 m/s，雾滴粒径介于 4～8 μm，两侧雾滴浓度大，雾滴速度在 100～120 m/s，雾滴粒径为 2～6 μm。随着雾滴喷射尾部粒径大速度低、前部粒径小速度大。

这部分雾滴运动速度快，受到空气阻力作用强，雾滴喷射中逐渐减速，雾滴速度由 180 m/s 减小至 40 m/s，雾滴粒径则先不断增大，由 4 μm 以下增大至 6～8 μm。雾场中 20 μm 以上大液滴则分布四周，并以 20 m/s 以下低速向外散射。

0～400 μs 内，雾滴速度分布随轴向先增大后减小，粒径分布随轴向先减小后增大，速度与粒径呈负相关，这是由于流场在近场外流动速度下降，雾滴受到的空气阻力大于受到喷管气流的推力。

而 400～800 μs 时速度分布依旧先增大后减小，800 μs 以后速度分布规律不变，但雾滴粒径轴向附近分布相对均匀，内部空化严重，雾场雾滴粒径整体呈内小外大、中空、大液滴大范围分散的三维非均匀性分布。

如图 4-25 所示，Concave 探针式液相离散方式的超音速雾化近场雾滴特性近场形态模拟结果与 J.C.Hermanson 等人在实验中获得超音速烃类燃料雾化近场形态结果吻合度较好[211]。

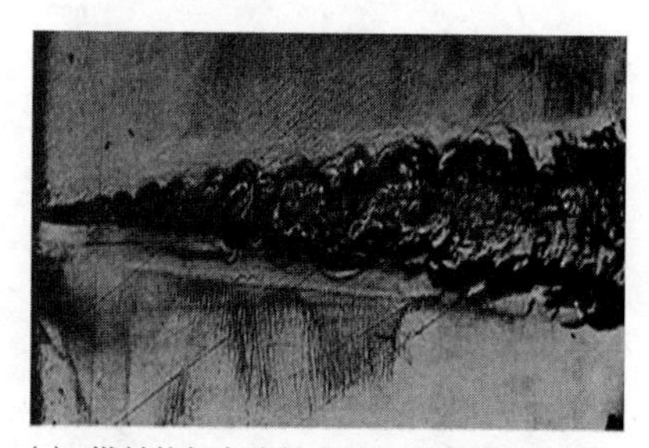

(a) 燃料的超音速射流雾化混合层纹影照片

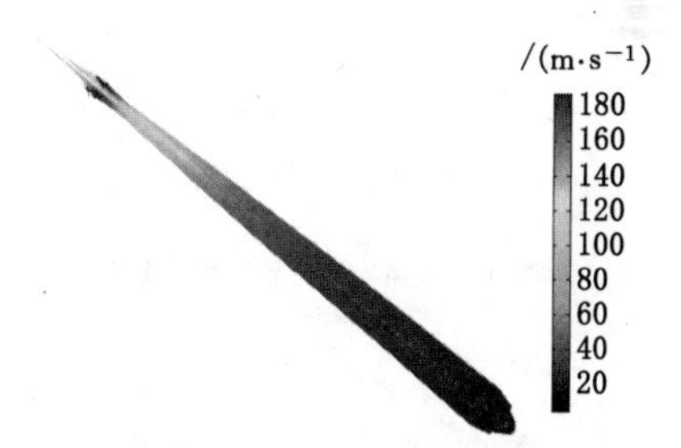

(b) Concave探针式喷管跨音速雾化近场雾滴分布

图 4-25　超音速射流雾化近场形态实验与模拟对比

模拟中追踪了 0～0.008 s 内，探针式液相离散方式的超音速雾化近场雾滴粒径和速度的三维分布状态。最大轴向喷射距离为 300 mm，法向扩散直径为 20 mm。由于坐标轴令雾场粒子分布图像清晰度大幅下降，图中截取了去坐标轴的近场形态如图 4-26 所示。

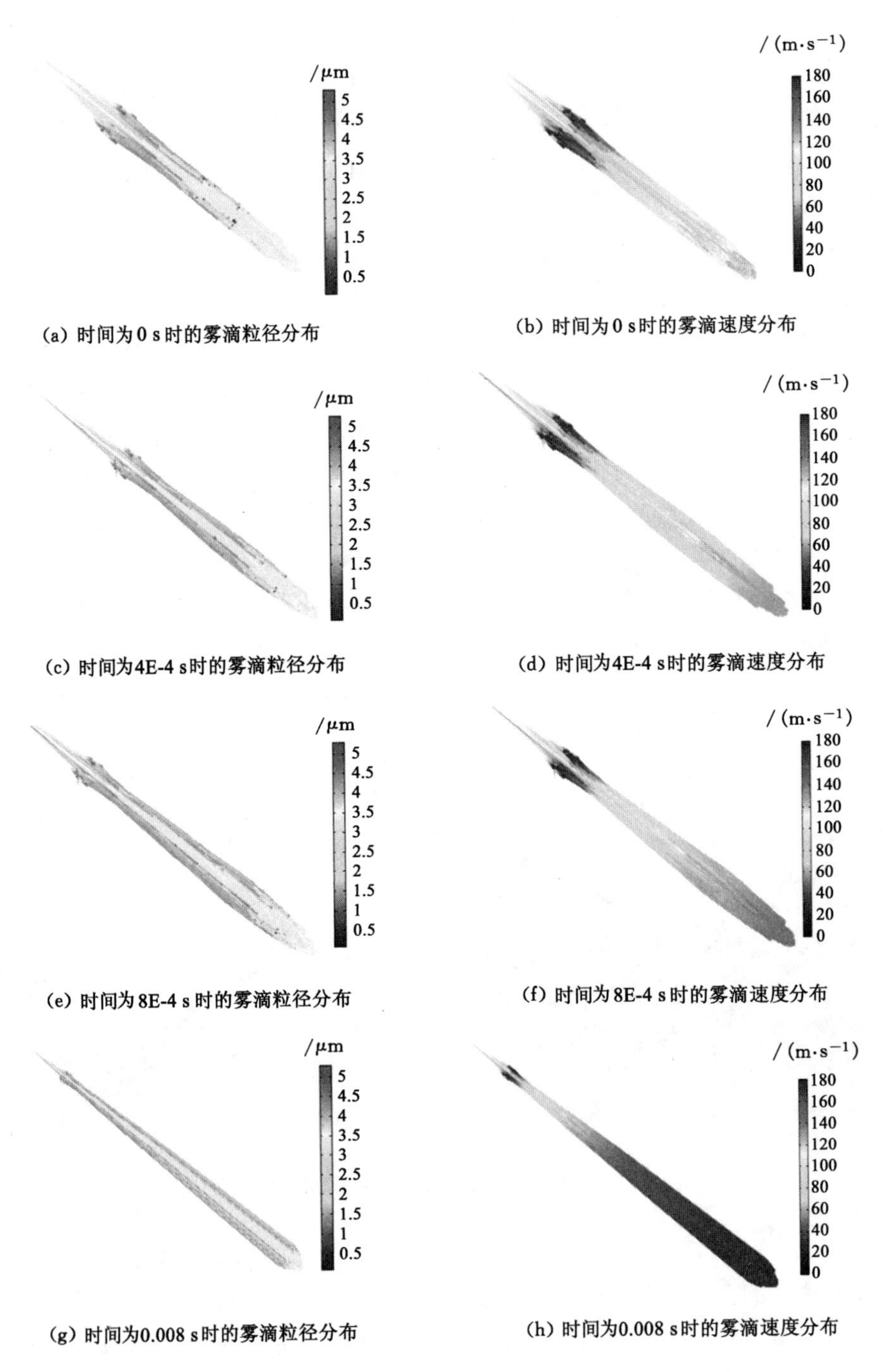

(a) 时间为0 s时的雾滴粒径分布

(b) 时间为0 s时的雾滴速度分布

(c) 时间为4E-4 s时的雾滴粒径分布

(d) 时间为4E-4 s时的雾滴速度分布

(e) 时间为8E-4 s时的雾滴粒径分布

(f) 时间为8E-4 s时的雾滴速度分布

(g) 时间为0.008 s时的雾滴粒径分布

(h) 时间为0.008 s时的雾滴速度分布

图 4-26　探针式液相离散方式的超音速雾化近场雾滴特性分布

与孔式液相离散方式相似，雾滴粒径大时速度小，粒径小的雾滴普遍具有更大的速度，喷雾近场中各时刻雾滴粒径在 5 μm 以下，随喷射雾滴粒径的变化不大。但雾滴速度在喷射出喷管之后受到不同程度的空气阻力，速度不断减小，由于雾场中雾滴均匀分布，外侧普遍被 5 μm 左右的雾滴包裹，内侧被 5 μm 以下的雾滴填充，与管内喷射出喷口后初始分布状态一致呈轴对称分布，雾场整体沿轴向向前，速度先增大后减小，整体粒径变化不大，无大液滴在喷管边缘的散落现象。雾滴粒径在离散口截面上以轴向为对称轴对称分布，沿法向速度逐渐降低、粒径逐渐增大。两种离散方式的超音速雾化过程，在瞬态时刻为 400 μs 时的雾滴速度数量浓度分布如图 4-27 所示。图中条形柱表示不同速度粒子占总数的比例，曲线表示雾滴浓度的累加值。

孔式离散方式雾滴速度百米上的占 40%，雾滴中位速度为 90 m/s，探针式雾滴速度百米上占 60%，中位速度为 110 m/s。探针式雾滴较孔式已喷射出的距离更远，喷射速度更大。在此喷射距离上受到的空气阻力更大、作用时间更长，却仍能保持优势速度，表明该方式能够充分利用超音速流场内部能量，充分雾化和加速，实现了优良的喷雾性能。

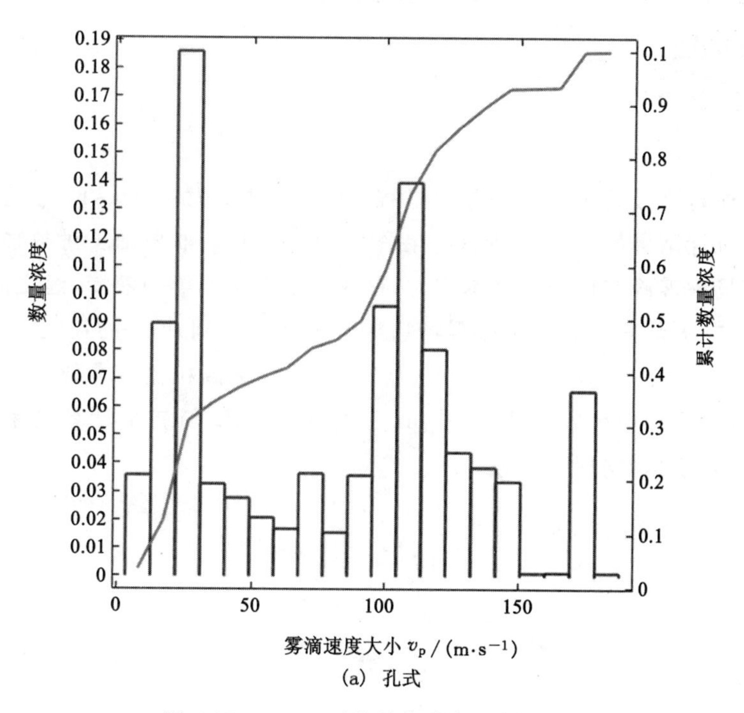

(a) 孔式

图 4-27　400 μs 时的雾化雾滴速度统计

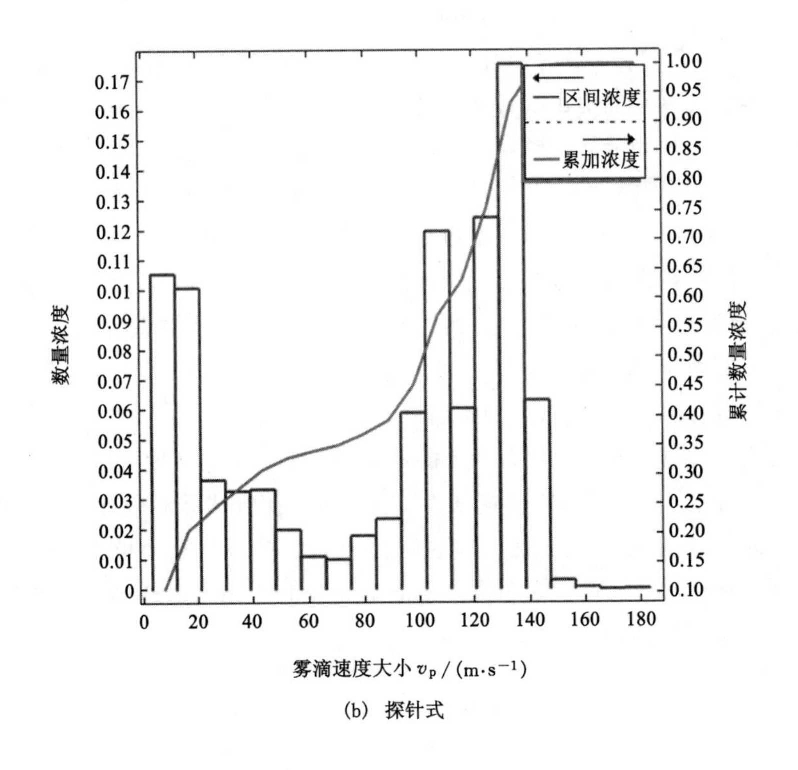

(b) 探针式

图 4-27 （续）

两种离散方式的超音速雾化过程，在瞬态时刻为 400 μs 时，雾滴粒径数量浓度统计结果如图 4-28 所示。在图 4-28(a)中，x 轴采用了对数轴，是由于孔式雾场中雾滴粒径分布基本均匀，存在大量大小不等的液滴，经之前三维分布图可知，大液滴主要分布在雾场边缘。由数量达到 90％的粒径 N_{90} 分析可知，孔式 N_{90} 为 10 μm，探针式 N_{90} 为 3.8 μm，且雾滴粒径基本分布在 5 μm 以下，孔式的雾滴粒径则在 1～25 μm 之间分布，该值与二维计算结果、后续实验结果(左上角)均保持一致。

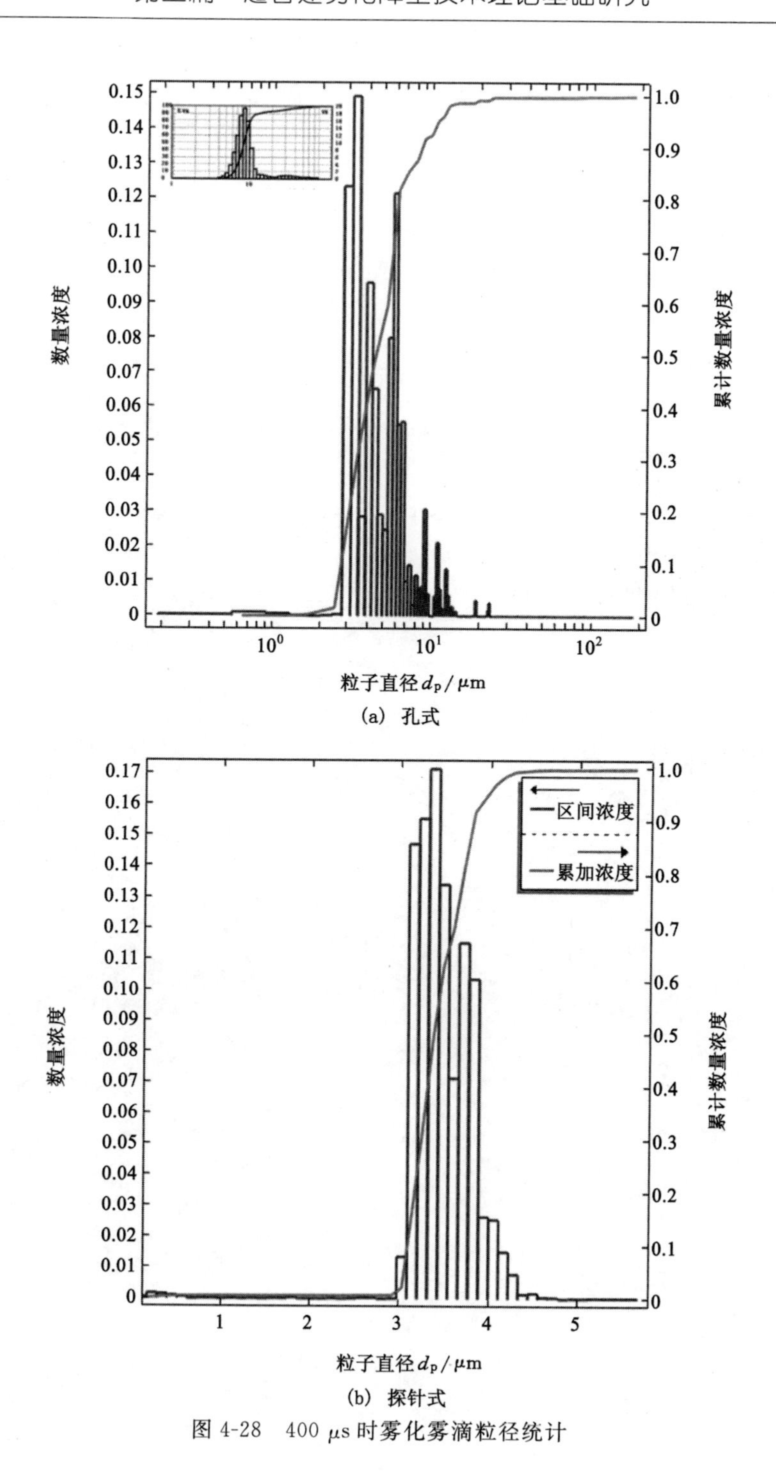

(a) 孔式

粒子直径d_p/μm

(b) 探针式

图 4-28　400 μs 时雾化雾滴粒径统计

第三篇　超音速雾化降尘技术应用基础研究

第5章　超音速汲水虹吸式气动雾化细观动力学特性

5.1　可压缩气流跨音速流动中的液滴破碎雾化特性

根据前几章研究成果，本节提出超音速汲水虹吸式气动雾化方式，通过实验手段验证探针式离散对超音速雾化过程的适用性。首先，对超声波干雾抑尘进行研究，总结其不足之处，并进行探针式离散的探针角度和探入深度的超音速雾化实验研究，根据雾化效果设定探针结构参数。其次，结合第3章对拉瓦尔喷管流场特性的研究，设计 Concave 探针式的超音速汲水虹吸式气动雾化喷头，并从粒度分布、射程、雾化角等方面量化研究其雾场特性分布规律。同时，研究气动总压力、出口锥角、探针出口距离、探针孔径等参数对雾化特性的影响。最后，研究其耗水量、耗气量等界定其能耗水平，并开展汲水、虹吸、防堵实验，测定其对水质的要求和稳定性指标。

5.1.1　孔式离散型超音速雾化低效致因分析

超声波干雾抑尘喷头内部喷管实际为孔式离散型的超音速雾化喷管，与纯依靠超音速雾化不同的是，其前端加设谐振腔产生超声波辅助二次雾化。目前，此类喷头是气—水两相雾化型喷头中雾化效果最好的类型，但实际降尘应用时效率并不高。

本节利用雾化测试实验平台测定超声波干雾抑尘喷头在气动低压条件下的雾化特性[212]，实验测定气动雾化压力范围为 0.3～0.8 MPa，水压范围为 0.1～0.2 MPa，雾化射程约 800～1 500 mm，雾化粒径范围为 20～100 μm。超声波干雾抑尘喷头的雾化气压为 0.4 MPa、水压为 0.12 MPa 时的喷雾效果如图 5-1 所示。

如图 5-1 所示，由于喷头喷管实际钻孔为环状分布，而与压力水泵链接的注水口仅有一个，那么便造成了环状分布的钻孔实际入水压力的分布不均，与压力水泵注水口较近的钻孔通常会获得更大的压力。因此，当气量相同时，在图 5-1(a)中超声波干雾抑尘喷头上侧水流量大，局部气水比例小，上侧雾化效果差但

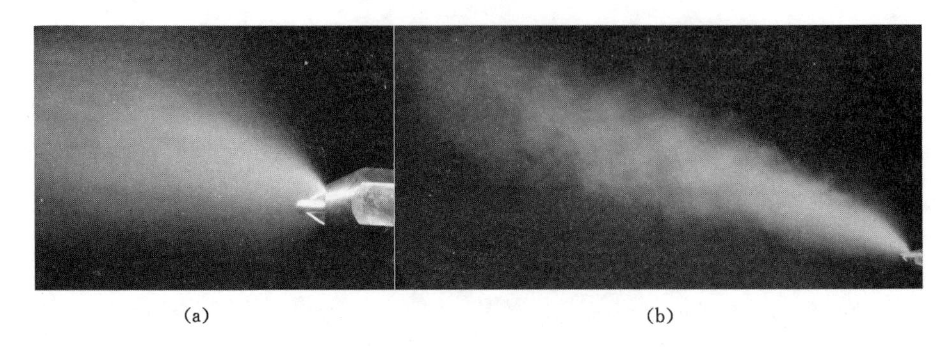

(a) (b)

图 5-1 超声波干雾抑尘喷头喷雾效果

雾量大，可以观察到“大量液线”；超声波干雾抑尘喷头下侧水流量小，局部气水比例大、无液线存在，下侧雾化效果好但雾量小。由此便产生了雾量、雾滴粒径等雾场特性分布的不均性。在实际应用中，这样的雾化不均衡会导致喷射后的雾场偏折，并且在其覆盖范围内粉尘存在逃逸路线。虽然增加水路压力和气路压力后效果有一定提升，但在近注水口一侧大粒度液滴离散在喷雾路径周围，对周围环境和喷射目标造成大范围的润湿和污染。在图 5-1(b)图中也可看出喷雾场上侧雾滴浓度大，下侧雾滴浓度小，上侧大粒径分布多，下侧小粒径分布多。从流场角度分析，超声波干雾抑尘气流流场分布如图 5-2 所示。

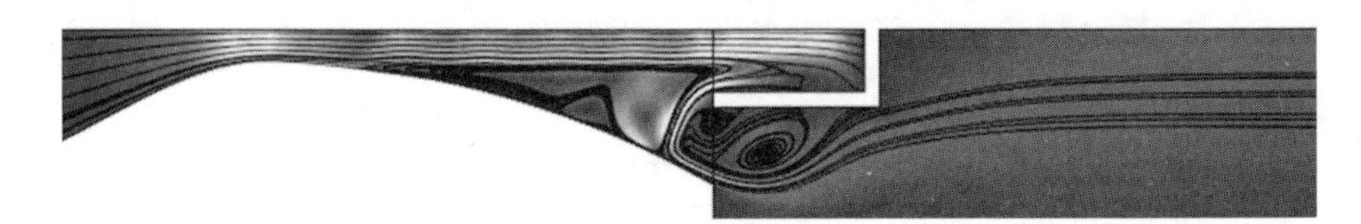

图 5-2 干雾抑尘气流流场分布图

由图 5-1 和图 5-2 的雾化实验、数值模拟结果分析得到，在雾滴喷射速度和距离上分析可得，干雾抑尘喷头尽管利用了前置振动腔的超声波振动作用对雾化有一定提升，但其内部本质为拉瓦尔结构，所产生的超音速过程并未得到有效利用，与第 4 章中孔式离散分析结果一致，实际孔式雾化效果并不理想。并且，虽然雾滴粒径大、惯性强，但在 0.4 MPa 压力时，喷射距离仅 1.5 m 左右，细雾柔软无力，无法达到最佳捕尘雾滴粒径的分散度分布，无法满足降尘需要。其原因为，出口外振动协腔体对气流喷射有很大阻碍，气流动能提供超声作用而对雾滴加速起到阻力作用，同时大量轴向高浓度细雾滴在其上团聚。

因此，超声波干雾抑尘方式从超音速雾化角度而言，不仅未充分利用超音速雾化流场特性，且振动腔产生阻碍作用，适得其反，并不是真正意义上的超音速雾化过程。下面分析验证探针式离散的超音速雾化效果。

5.1.2 探针式离散的超音速雾化

由第 4 章结论及上一节分析可知，是否能实现真正意义上的超音速流域内雾化，是由喷管内流场气流带状分区与液相离散方式共同决定的。以此为分析基础，液相的初始释放位置是影响雾化效果的关键，并且为保证雾滴分布的均匀性、喷射速度和雾化效果，在喷射路径上不宜增加振动协腔。

尽管得出采用探针式液相离散的必要性，但探针的设置位置仍需进一步研究。为此，实验研究了离散深度对超音速雾化的影响，进一步确定喷头设计时探针的位置，首先保证探针的轴线与喷管轴线成 45°夹角，按照腔内位置划分 8 个位置，并用分数形式表示不同的离散位置，如图 5-3 所示。

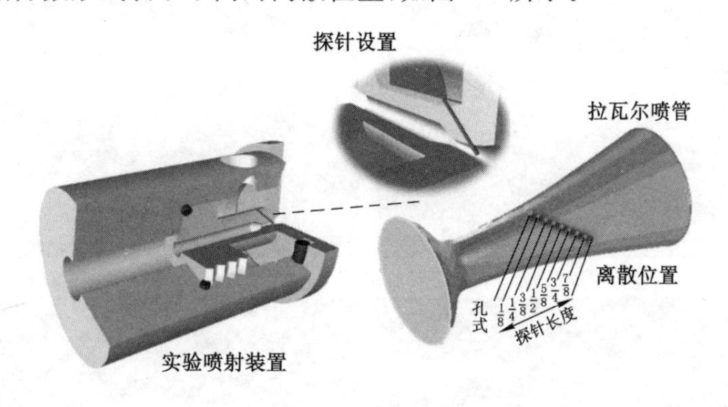

图 5-3 雾化实验离散位置设定图解

在离散深度对超音速雾化的影响实验研究中，雾化气压设定为 0.4 MPa，水压设定为 0.12 MPa，与之前对干雾抑尘拍摄效果图气动总压力保持一致，来对比雾化效果，实验结果如图 5-4 所示。可以明显得出，孔式离散与超声波干雾抑尘效果相似，在喷管出口上侧（靠近注水口处）存在大量未来得及破碎的液滴以较高速度喷射出管外，并在图中形成液线、液柱，与超声波干雾抑尘不同的是，没有了振动协腔的阻碍，喷射速度、距离得到大幅度提升，但雾化角有一定程度减小，但基本介于 30°～35°之间。

当探针深入 1/8 时，液柱消失，仅存在部分液线，表面雾化效果得到一定提高，但仍旧无法达到无液线全气雾的雾化程度，液线主要分布在上侧，喷射角度与气流喷射角度一致，雾化角增大到 45°左右，上侧雾气浓于下侧雾气。

当探针深度为 1/4 时，液柱完全消失，少部分液线集中在喷管轴向，向前喷射，表明雾化进一步提升，液滴受到的气流膨胀力逐渐减小，剪切作用逐渐增强，雾化角增大到接近 50°，但依然是上侧雾气较为浓密，下侧雾气较为稀薄。

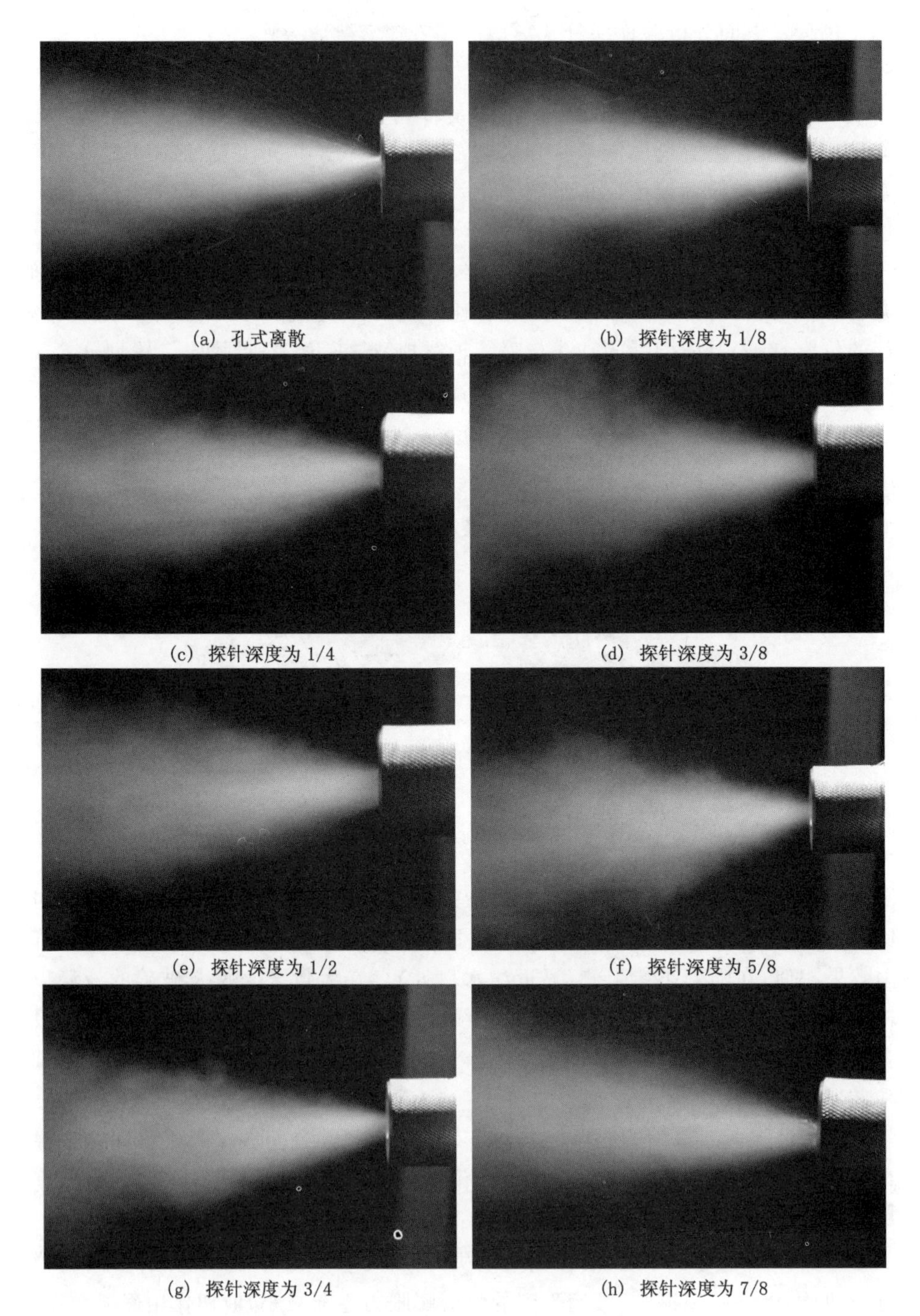

(a) 孔式离散　(b) 探针深度为 1/8　(c) 探针深度为 1/4　(d) 探针深度为 3/8　(e) 探针深度为 1/2　(f) 探针深度为 5/8　(g) 探针深度为 3/4　(h) 探针深度为 7/8

图 5-4　不同离散深度的超音速雾化效果

当探针深入到3/8处时,液线已几乎不可见,雾化效果达到较高水平,雾场基本由气雾组成,地面无液滴滴落,喷射距离大幅度增加,雾化角介于50°～55°之间。

当探针位置深入到1/2时,全雾场无任何大液滴存在,无液柱、液线并且雾化角度达到最大值60°,雾滴表现为轴向速度快,两侧速度慢,顺时针翻卷向前高速运移。

当探针深度为5/8时,上侧雾气浓度下降,下侧雾气浓度增加,并且喷雾角减小至50°,喷射距离下降,由于探针将轴向气流阻挡,雾场存在抖动现象雾气喷射角度向下偏折。

当探针深度为3/4时,喷雾角减小至40°以下,雾气下侧浓度增高,轴向出现液线。

当探针深度为7/8时,探针几乎喷到喷管下壁在喷管下壁产生大量液柱和液线向上飞溅雾化角在40°左右,雾气向上偏折但下侧浓上侧浅。

综上分析可得,当喷射气动总压条件不变时,随着探针深度的增加雾滴雾化程度逐渐增大,一开始存在的液线、液柱逐渐消失,雾化角增大,在探针深度达到1/2时效果最好,上下侧浓度达到平衡,雾化程度最高,雾化角最大,雾滴分布最均匀且无任何大液滴存在。当探针深度超过喷管的1/2时,轴向气流受到探针影响,雾场发生偏折,雾化浓度上下侧失去平衡,雾化角减小,开始有液线存在,当探针接近下壁时产生液柱,雾化效果最差。因此探针的深入范围应该保证在不影响轴向气流喷射的情况下尽量接近轴,保持上下侧雾滴浓度平衡后,达到最佳雾化效果、最大雾化角、最大喷射速度和最远喷射距离。表明气流喷射过程中存在气流对雾滴的膨胀做功和对液滴向壁面的推力挤压,形成液柱和液线。

5.2　超音速汲水虹吸式气动雾化特性研究

5.2.1　超音速汲水虹吸式气动雾化机理

如图5-5所示,结合前面几章以及上一节对探针式和孔式液相离散的超音速雾化实验结果的研究和分析。在拉瓦尔喷管的流场中,气流的速度、压力、密度等基本指标是沿轴线的法线方向成近似带状分层的分布状态,并且存在气流膨胀做功和对液滴向壁面的推力挤压。从微观角度看,当高密度分布的气体分子向壁面方向膨胀时,它们会受到壁面的阻碍。壁面附近的气流具有较高的密度和较高的压力,而对称轴附近的气流具有较低的密度和较低的压力[210,213,214]。

那么在液滴雾化的实验和模拟中,雾滴在超音速场中除了受到相对运动的空气阻力[215]外,还应受到根据密度分布对液滴粒子施加的气流膨胀力,当粒子

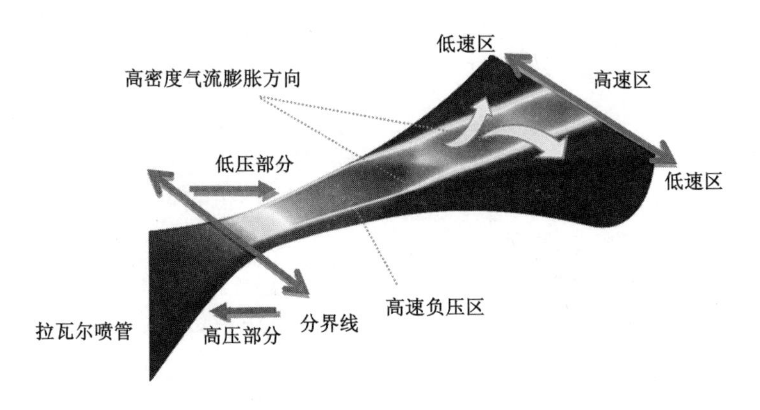

图 5-5　拉瓦尔喷管内部流动特性分布

本身的重力被忽略时，液滴上的总受力可表示为：

$$F_{tot}=F_1+F_e+F_g \tag{5-1}$$

式中　F_{tot}——液滴受到的总力，N；

F_1——射流惯性力，受到液滴的初速度 v_0 控制与入射压力有关，N；

F_e——可压缩气流在超音速过程中向壁面方向的膨胀力，并且主要取决于气流的密度而不是速度，N；

F_g——两种流体流动界面之间的曳力，该力受到斯托克斯的气流场速度差和两种流体的黏度决定，N。

假设流体可以通过汲水作用进入拉瓦尔喷管，那么 F_1 为汲水作用流体源点与喷头汲液孔汲水点间管路液流的自重，其值等于管路截面积、上述两点的高差、液体密度、万有引力常数的乘积与大气压力的差值。

则汲水作用发生的必要条件为，F_{tot} 在 F_1 的矢量方向上的分量大于 F_1 形成 F_{12} 且矢量方向朝向喷管内部。

汲液孔处的静压力 p_c 可表示为：

$$p_c=p_0-\rho_p gh-h_e-h_g-p-h_f \tag{5-2}$$

式中　p_0——外界大气压，Pa；

ρ_p——液体的密度，kg/m^3；

h——汲液虹吸高差，m；

h_e——膨胀力速压，Pa；

h_g——曳力速压，Pa；

p——该位置的静压力，Pa；

h_f——流动阻力，Pa；

g——重力加速度，N/kg。

则临界条件[212]：当 $p_c>0$ 时，说明喷管内部相对大气处于负压且能抵消虹吸距离上的液体重力和阻力，可实现汲水作用，当水源与喷雾器标高差为正时，实现超音速雾化的液相无压离散，产生虹吸现象，即连通器原理。

当 $p_0=0.1$ MPa 时，实现汲液和虹吸过程需要满足 $\rho_p gh+h_e+h_g+p+h_f<0.1$ MPa，因此需要考虑减小不等式左边的各项值，其中 $\rho_p gh$ 中颗粒考虑减小汲水距离和流体密度，h_f 项可以考虑减少管路长度、减小摩擦阻力系数和增大截面积等，p 项可以考虑根据可压缩流动跨音速过程增加入口气动总压和调节喷管结构尺寸的参数值。然而，对于 h_e+h_g 项而言，其实际速压值过大，远远超过 0.1 MPa，这也是传统超音速雾化喷头注水压力要求很高、水流量消耗很大，并且雾化效果很低的原因。

因此，试图通过降低射流的压力来节省能源，本书认为应该尽可能避免膨胀力和超高速的迎面速压，因此提出了探针式液相离散方法，并且要求探头具有正确的位置、深度和角度，保障 h_e+h_g 项趋于 0。

5.2.2　超音速汲水虹吸式气动雾化装置

按照 5.2.1 中的汲水虹吸理论分析过程，本书提出了采用汲水探针结构作为液相向超音速流场内离散的方式，兼具超音速流带内破碎点破碎雾化达到最大速度差和最大破碎效率以及汲水虹吸的节能、低压雾化特点。

具备该结构的超音速汲水虹吸型气动雾化喷头结构与雾化机理如图 5-6 所示。通过汲水虹吸探针（0.8 mm304 不锈钢微管）将水路探入超音速流场超音速流带内部，令汲水槽与超音速气流场直接相连，借助探针的金属刚性回避了超音速气流膨胀过程的风压，大大减少了雾化“注”水过程的压力需要，却保留了气流对探针切口附近的剪切作用，当水流由汲水槽经过探针进入超音速气流场内部时，液柱瞬间断裂成小型液滴，并在超音速剪切作用下破碎成低微米级（1～10 μm）雾滴，形成由高速气雾构成的雾场。

探针结构有效地利用了轴向超音速气流带产生的相对真空效应，在探针处于超音速流场内端衍生相对真空，与外界大气环境的相对压差令雾化过程能够达到克服水自重的汲水虹吸目的。由于此过程减少了气—液压力的非雾化需要的额外对冲，探针的存在起到了导流顺压的作用，因此，较低入口气动总压下该喷头雾化效果达到了较高水平。同时探针本身孔径为 0.8 mm，减小了液滴的初始粒径，在流场的局部区域内增大了气—液比例。

此方法将传统雾化方法的“以高压穿透高速的超音速气流注水雾化”转变为“利用超音速气流的流场特性形成相对真空克服水自重汲水雾化”的新型液相离散的超音速雾化方式。这样不仅减小了非雾化必要的能量损失而且结合的位置在超音速流带内，此时气—液速度差最大，液滴破碎程度达到最大。据此机理，

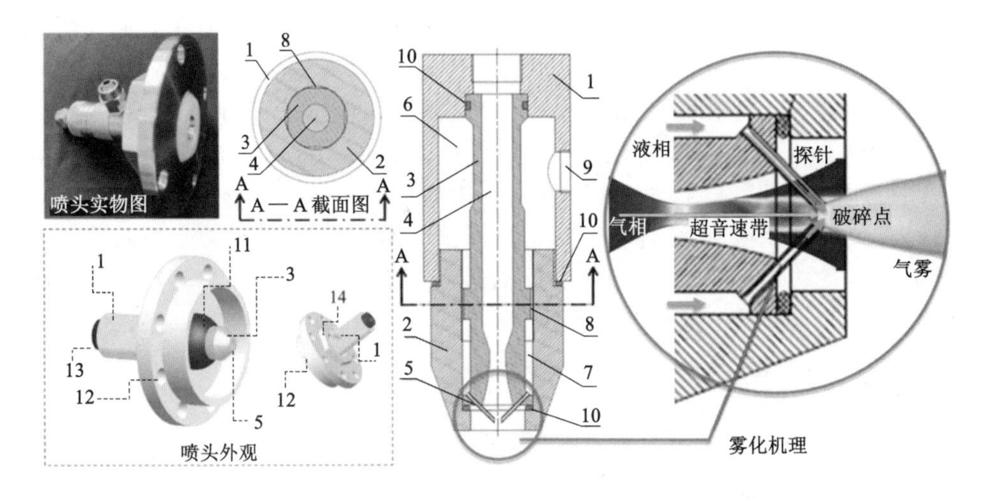

1—外壳；2—保护帽；3—内芯；4—拉瓦尔喷管；5—汲水虹吸探针；6—储水腔；7—汲水槽；8—联通槽；9—入水口；10—密封圈；11—万向球；12—法兰盘；13—入气口；14—紧固旋钮

图 5-6　超音速汲水虹吸型气动雾化喷头结构与雾化机理

合理利用超音速流动特性、流场内部能量，在超低气压时，耗费极低水量，实现了巨量雾化，达到节能省水、降本增益，减少对环境润湿度的目的，可实现低气动总压的条件下的高水平雾化效果，达到高效的呼吸性煤尘的降尘、隔尘效率。

5.2.3　超音速汲水虹吸式气动雾化粒径分布

根据超音速汲水虹吸式气动雾化喷头设计，采用 304 食品级不锈钢与铜芯结构，经机械加工制作了喷头实物，并搭建雾化观测实验台，进行雾化实验，获得了不同压力下该喷头雾场的分布特性。其中，在 0.4 MPa 的入口气动总压、无水压力条件下雾化效果如图 5-7 所示。

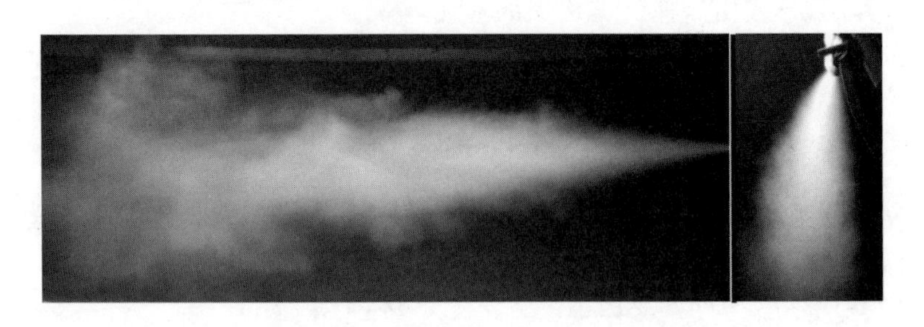

图 5-7　超音速汲水虹吸型气动雾化效果

雾场分布细腻均匀，雾滴浓度大、粒度小，射程远。在暗室内平行光下超音速汲水虹吸型气动雾化雾场整体呈“锥形云雾状”，雾滴动力强、喷射速度快、雾化粒度细;沿轴向雾滴分布浓度大、速度大,向边界雾滴分布逐渐稀薄;边界受到轴向高速负压影响,向中轴方向呈一定角度逐渐卷吸,如“浪状”顺时针向喷口方向翻卷。全雾化场无大粒度雾滴,经实测,可保证横向喷射时 3～5 m 内地面不沾湿。

(1) 雾化粒径分布测试实验平台

为深入研究装置的雾化特性,搭建雾化粒径分布测试实验平台,该平台由 Winner319 粒度分析仪、电脑、喷雾支架、供水桶、稳压阀、气泵等组成。其中,稳压阀的控压范围为 0.3～0.6 MPa,气泵输出压力为 0.8 MPa。供水桶与喷头高差约 0.5 m,横向距离约 1.5 m,气路、水路管径为 8 mm,喷头距离地面约 1.5 m。

实验选择了雾化粒径、雾化射程和雾化角作为衡量喷头雾化降尘性能的关键指标,其中雾化粒径与粉尘分散度的匹配关系主要影响雾滴捕尘的碰撞概率和润湿性能,雾滴过小会导致捕尘动量不足,雾滴过大会降低碰撞概率。雾化射程和雾化角决定了喷雾的降尘范围,一般射程远、角度大意味着雾幕的覆盖面积大,采用较少的喷头就可满足控尘需要的范围,射程远表明雾滴的运动速度快,与粉尘的相对速度大,相同能耗时具备较高效率。

为此,实验主要针对上述三项特性,除搭建雾化粒径分布测试实验平台外,还搭建了雾化特性测试实验平台,后者主要由各项仪表构成。测试项目包括雾化射程、雾化角、耗气量、耗水量、气动总压、汲水真空压力。

如图 5-8 所示,雾化粒径分布测试实验平台运行时,通过调节控压稳压阀门控制气动总压力值,水由水桶经管路被汲取入喷头内部。同时开启激光粒度分析仪,测量雾滴粒径分散度并由计算机记录测量数据,自动生成测试报告。测量位置、高度可由升降支架进行调节。所用测量仪器为夫琅和费激光衍射粒度分析仪[216],它的测试范围为 1～500 μm,测量误差为 1%,频道数为 72 道。对较近距离高速、高浓度雾滴测试误差大。

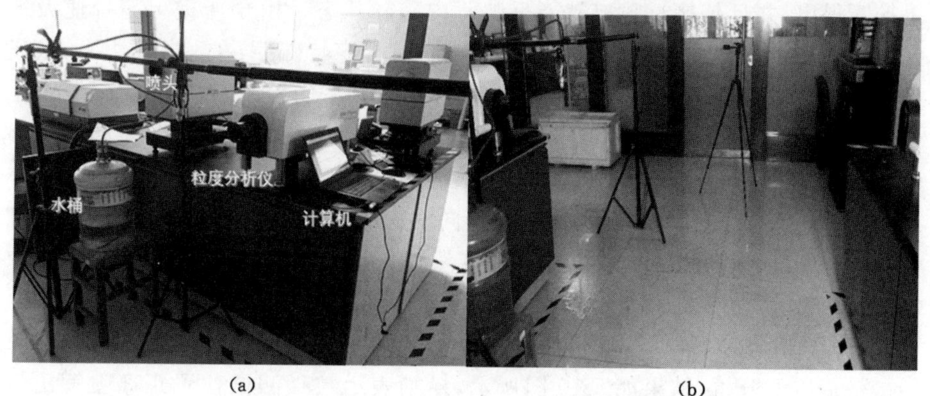

(a)　　　　(b)

图 5-8　雾化粒径分布测试实验平台

图 5-9 为以距离喷口不同位置为变量，其余条件相同时的喷雾雾化粒径测试过程，以仪器激光位置确定雾化粒径分布的测试位置。

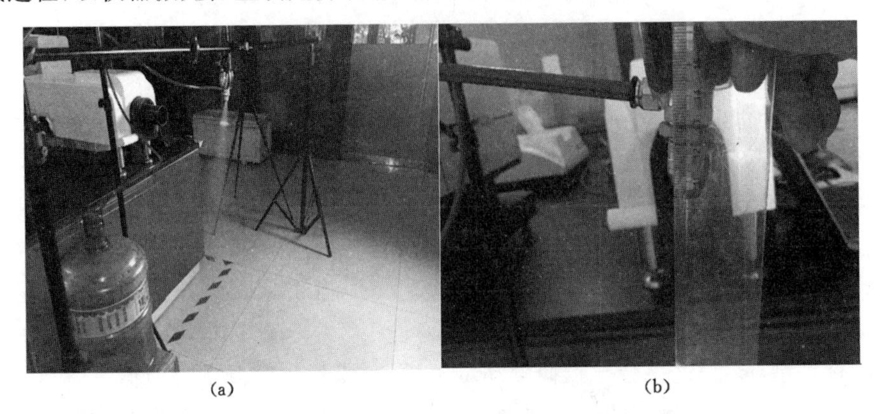

(a)　　(b)

图 5-9　不同距离雾化粒径分布测试

(2) 实验内容

对超音速积水虹吸式喷雾装置的雾化粒径分布测试内容包括：分别测试 0.4 MPa、0.5 MPa、0.6 MPa 气动总压下，距离喷头出口 30 cm、50 cm、80 cm 处的雾化粒径分布，获得 V_{10}、V_{50}、V_{90}、N_{10}、N_{50}、N_{90} 等数据，其中 V_{10} 表示累计体积浓度分数达到 10%时的粒径大小，N_{10} 表示累计数量浓度分数达到 10%的粒径大小，角标“50、90”代表体积浓度分数和数量浓度分数分别达到 50%、90%。

考虑到超音速雾化破碎的原理，“利用超音速气流剪切作用”，然而由于出口外气流速度衰减迅速，处于亚音速和普通流动，液相的主要破碎雾化发生在管内，然而现有国内外测试条件均无法实现喷头拉瓦尔管内破碎雾化粒径的分布测试，因此，管内粒径分布仅能由管外一定距离的测试结果结合数值模拟计算结果推断得出，并且越接近喷口越能反映管内破碎状态。由于所提出超音速汲水虹吸式气动雾化方式与传统气—水喷雾方式有一定特殊性：在不同压力下，水流量受到其流速影响，汲水量与气流压力呈一定正相关的关系，就意味着气—水比例能自调节，不同压力时，各型号喷头的雾场后半部分(80 cm 以上)雾滴粒径测试结果差别很小。另外，0～30 cm 内雾化雾滴浓度过大测试误差过大，30～80 cm处雾滴运动速度快，捕尘动量足，同时考虑到在实际应用中横向风流较大，在 0.8 m/s 横向风流中实际穿透深度约为 3.2 m，当横向风流速度增大，穿透深度相应减小，在 0.8～2.2 m/s 的横向风流中穿透深度为 3.2～1.5 m。

(3) 结果与分析

依据以上分析，结果如 5-10 图所示，横轴表示粒径测试位置距离喷管出口的距离，三组柱状图分别表示 30 cm、50 cm 和 80 cm 的距离。

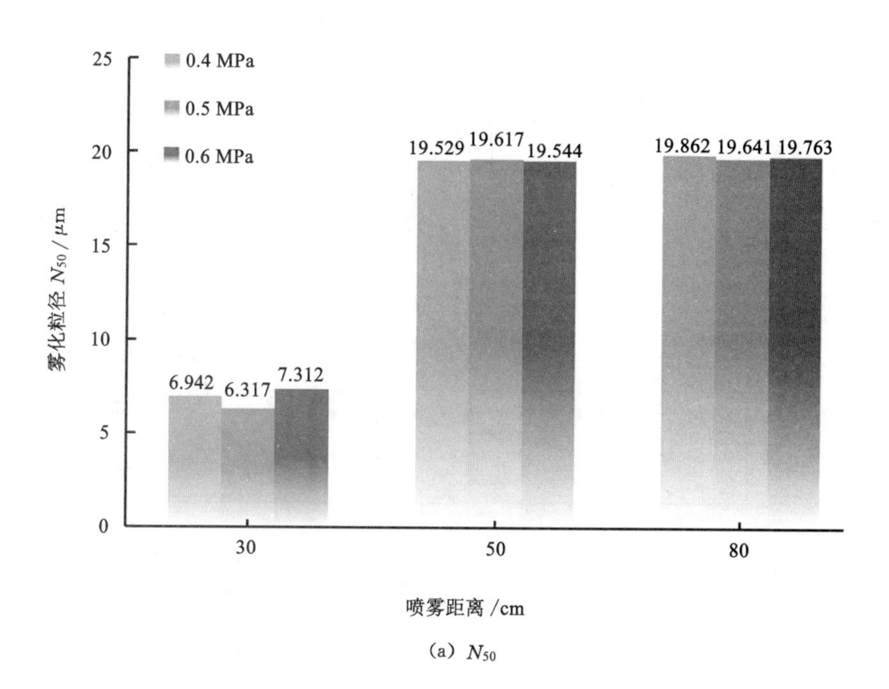

(a) N_{50}

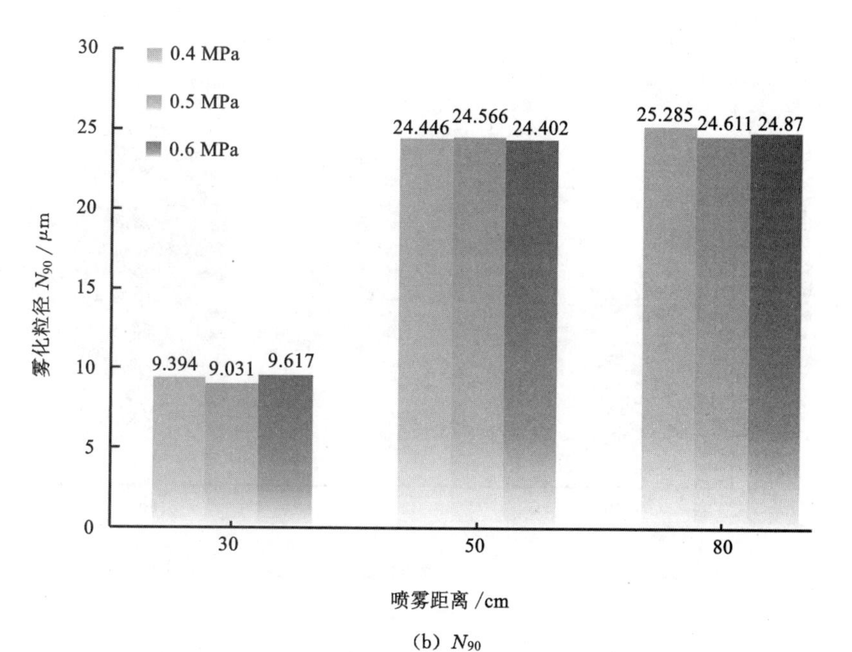

(b) N_{90}

图 5-10　雾化粒径分布测试结果图

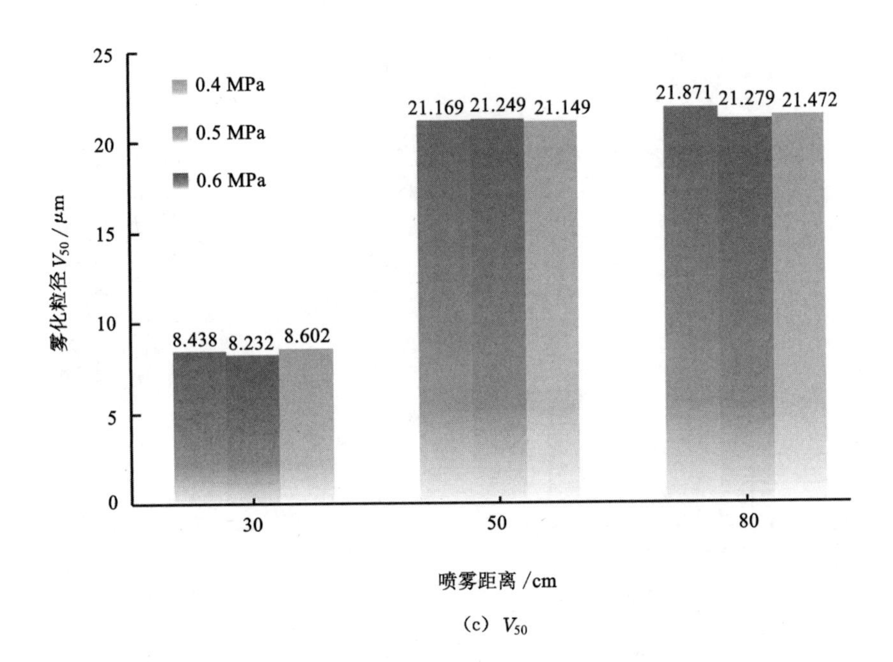

(c) V_{50}

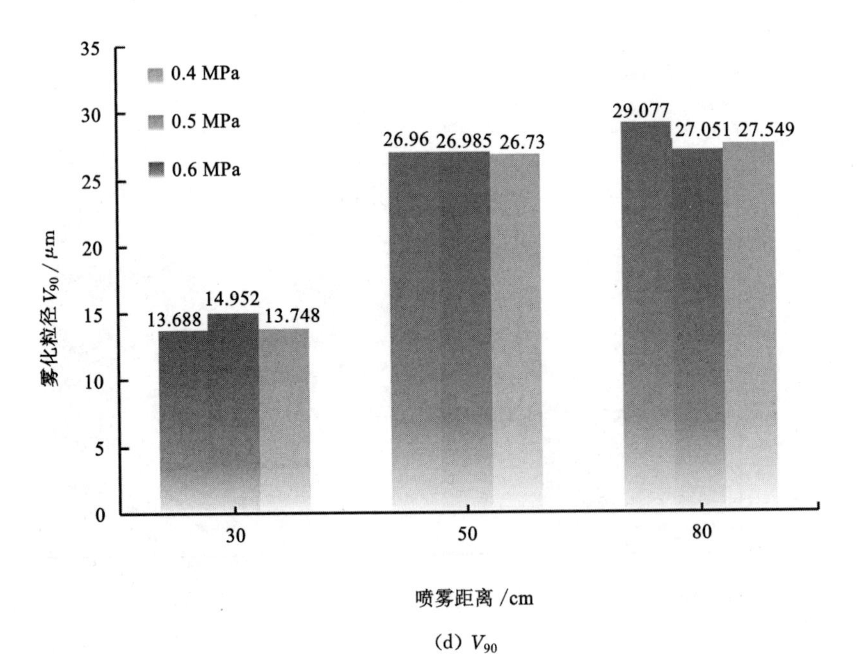

(d) V_{90}

图 5-10 （续）

由图 5-10 中的数据，随着远离喷管出口，雾化粒径由 30 cm 处的 8 μm 左右逐渐增大，距离超过 50 cm 后，测试雾化粒径增大至 19～30 μm 范围内，并趋于稳定。这表明，雾滴雾化主要发生在喷管内部，喷管外雾滴受到的破碎已经饱和，凝并作用大于蒸发和破碎。

随着喷雾喷射，雾场范围扩大，雾滴浓度分布渐渐稀薄，雾滴粒径变化不明显，是因为在周围干燥的空气中，雾滴所受到的气流剪切破碎作用极为微弱，相互之间的凝并与向环境中的蒸发作用相互平衡，雾滴在喷雾场后段形成了水蒸气饱和雾池。30 μm 以下的大量雾滴整体进入与喷射气流的松弛运动状态。每组中的 3 条柱形分别表示测试时的气动总压为 0.4 MPa、0.5 MPa 和 0.6 MPa，受压力影响，30 cm 和 80 cm 处的粒径先减小后增大，50 cm 处的粒径先增大后减小，波动数值在 1 μm 左右，影响相对微弱。

因此，雾化粒径的三维空间分布主要受到喷雾的距离影响，可推断随距离增加粒径增大，且增大趋势逐渐放缓，增大系数应是第一象限内以 1 为渐近线的双曲线函数。由雾化粒径 N_{50} 与 V_{50}、N_{90} 与 V_{90} 的关系角度分析，数量浓度的统计粒径小于体积浓度的统计粒径，相差 30%左右，表明实际小粒径数量远大于大粒径值，分布函数可推断为对数正态分布，且越接近管内破碎点，峰越向 y 轴接近，方差和平均值越小。

5.2.4　装置结构参数对雾化特性的影响

为深入探讨结构对喷雾雾化特性影响，揭示超音速汲水虹吸雾化机理，分析了不同出口锥度型号的超音速汲水虹吸式气动雾化喷头，以及在不同气动总压下的气流量、水流量、雾化射程与雾化角之间的关系。

(1) 雾化特性测试实验平台

该平台由储水烧杯、气压表、真空表、减压阀、水流量计、气流量计、支架和测试喷头构成，由胶管相连，其中与喷头连接的管路分别为气路和水路。水流量计量程为 1.6～16 L/h，气流量计量程为 2.5～25 m^3/h，如图 5-11 和图 5-12 所示。

对雾化特性测试的实验内容包括：① 雾化射程，采用激光测距仪测量不同型号喷头（出口锥度为 0°、15°、30°、45°、60°、120°）的雾滴最远运移距离，测试压力为 0.2～0.5 MPa；② 雾化角，采用高清摄影拍摄不同出口锥度的喷头雾化角，并用量角器测量，测试压力为 0.2～0.5 MPa。

(2) 出口锥度对雾化特性的影响

不同出口锥度喷头在不同入口气动总压条件下的雾化角测试结果如图 5-13所示。在 0.2～0.5 MPa 气动总压条件下，均能正常运行，且各型号喷头具有较强相似性，从实验照片看，扇面边缘雾滴浓度大，中间雾滴浓度小，整体分布均匀，各气动总压力、出口锥度喷雾效果无大粒度水滴逸散现象，效果均优于

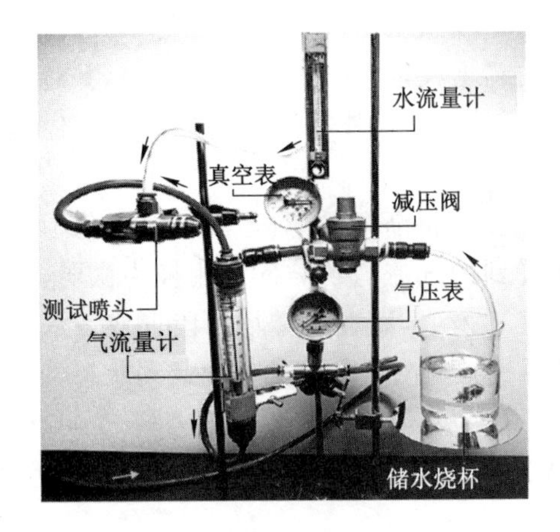

图 5-11　雾化特性测试实验平台

图 5-12　雾化射程测试过程

干雾抑尘喷头喷雾效果。雾滴具有极高速度和超细粒度的特点，各型号的最大扇面角度在 65°～95°范围内。各压力下，锥度为 120°喷头的雾化角均为最小，因从拍摄图片中，无法直观分辨出其余型号雾化角差异，因此采用软件对图片进行处理和统计，进一步精确测量结果被记录在表 5-1 中。

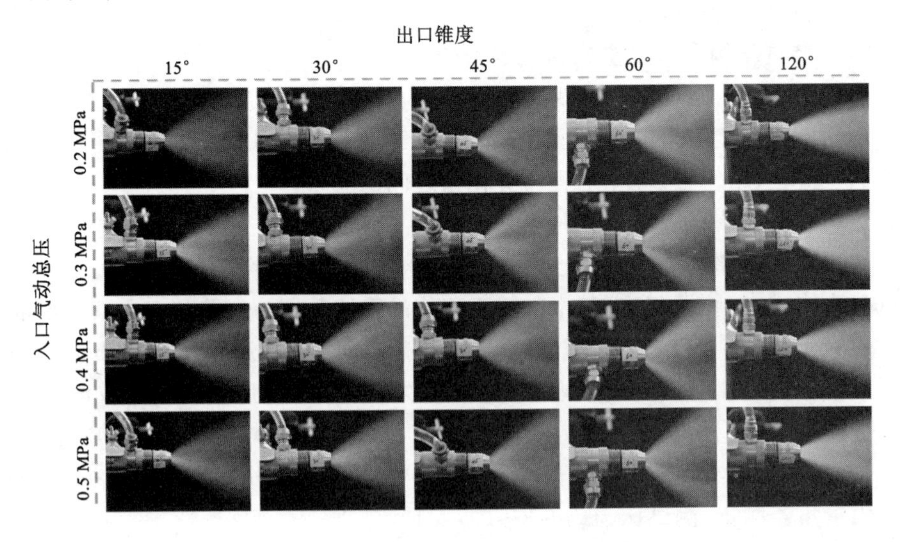

图 5-13　不同出口锥度喷头的雾化角

由表 5-1 可得，气流量、水流量、射程整体与气动总压呈正相关，不同型号喷头气流量、水流量与射程规律基本一致，其中 60°型号耗水量最小，从雾化机理上分析，是由于其内部气流产生斜激波引起了流场的轴向空化，气流向两侧流动，汲水的真空压力处于较低水平，难以将大量的水汲取进入喷管内部。尽管雾化角度、射程保持平均水平，能耗小，但实际能量损失大、浪费多，因此该型号喷头雾化效果远不及其余型号。

表 5-1　不同出口锥度喷头雾化特性

出口锥度 /(°)	横向射程 /m	压力 /MPa	气流量 /($m^3 \cdot h^{-1}$)	水流量 /($mL \cdot min^{-1}$)	雾化角 /(°)
0	5.6	0.2	3.5	126.7	70
15	3.0	0.2	3.7	78.4	80
30	3.6	0.2	3.1	86.7	85
45	2.7	0.2	3.0	90.0	95
60	2.9	0.2	3.0	75.0	90
120	4.8	0.2	3.5	126.7	80
0	6.7	0.3	4.0	140.0	65
15	3.1	0.3	3.6	82.0	85
30	3.8	0.3	3.8	100.0	85
45	3.0	0.3	3.5	105.0	95
60	2.9	0.3	4.0	85.0	90
120	6.0	0.3	4.0	140.0	75
0	7.0	0.4	4.5	146.7	65
15	3.3	0.4	4.1	89.0	90
30	3.8	0.4	4.2	93.3	85
45	3.4	0.4	4.0	120.0	90
60	3.4	0.4	4.3	90.0	90
120	6.8	0.4	4.3	136.7	70
0	8.0	0.5	5.2	148.3	60
15	3.5	0.5	4.4	103.5	95
30	4.0	0.5	4.8	106.7	85
45	3.6	0.5	4.2	133.3	90
60	3.7	0.5	4.5	158.3	90
120	7.5	0.5	5.0	173.3	65

相同入口气动总压下，随出口锥度增大，雾化角度逐渐增加，相同锥度型号的喷头，雾化角随入口气动总压变化增减幅度有限且范围在±5°左右。

因此，雾化角度主要受到出口锥度影响，由于雾化主要发生在喷管内部，锥度对管内气流速度等特性分布影响很小，而当气动压力增加时，耗气耗水同时增大，表面水流量可随气动压力“自调节”，气水比例在压力影响下变化有限，管内雾化破碎后雾滴尺寸变化小，那么根据质量守恒定律，雾滴的数量也就是浓度相应增大，因此相应的雾滴耗水量大时浓度也大。

在射程远时，相应的位置雾滴运动速率快，由此可见“射程远、耗水高”的超音速汲水虹吸喷头对应的“雾滴浓度大、速度快”，是该方式特性之一。

另外，相同型号喷头，在不同压力下雾化射程随压力增大幅度增加，其中锥度为0°和120°的喷头在0.5 MPa时分别达到了8 m和7.5 m，相同入口气动总压下，锥度由0°向120°增加时，射程先减小后增加，锥角45°、60°射程较小，但雾化角较大。此现象形成原因主要是入口气动总压增加后，喷管内部流场平均速度增大，形成较强推进力，在其内部破碎雾化后的雾滴，所具有的动量增大，使得喷射射程更远、雾幕覆盖范围更大。

综上所述，雾化角主要受到出口锥度影响，射程受到气动入口总压影响，相同压力时，二者呈负相关状态，即气动压能相对守恒，作用于向远推进或向更大范围铺展，气流量、水流量与入口气动总压呈正相关。

针对不同作业场所的降尘需要，可以在多种型号喷头中进行优选，对于液压支架架间喷雾、回风顺槽内喷雾，巷道断面较小，不同测点风流速度在0.6～4 m/s之间，可选择射程最远的出口锥度为0°的喷头，主要作用是在0.4～0.6 MPa压风供压时，有效抵抗横向风流影响，在超细雾化的细雾滴自身质量小，惯性差的情况下，横向喷射依旧能够覆盖全断面，可较大程度适应布置环境的不良影响。

除了向下的全断面喷雾，依赖该技术可设计非顶板悬挂式的随机电列车移动的全断面超细喷雾，喷头的汲水、细雾、高动量特性是实现上述技术效果的关键，避免了因巷道顶板变形、机电列车每天后撤带来的一系列问题。

另外，对于胶带转载点我们可以采用雾化角大、射程短的喷头，实现若干个喷头对转载点的全包围，选择出口锥度为60°的喷头，优点在于消耗的气、水流量小，当压力为0.4 MPa时，水流量仅需90 mL/min；雾化程度高，对胶带的润湿程度可以忽略不计，有效避免了以往因洒水降尘造成的胶带打滑问题，相对其他型号雾化角为90°时覆盖面积大，射程为3.4 m，其中高速雾幕射程也保持在1.5 m左右，这样既能封堵煤尘扩散，又避免了对胶带的直喷，也不会污染人行道，还能达到节能的目的。超细粒度和强劲动力表明雾滴能够有效润湿、主动捕捉呼吸性粉尘，流场的卷吸作用可增大二者的碰撞结合概率，远射程和80°左右的雾化角能保证喷头的覆盖作用范围。

(3) 探针孔径、出口间距对雾化特性的影响

根据气液两相流理论，雾化程度取决于气液相间的混合比例，结合超音速雾化特点，液滴在喷管内的初始粒径为探针孔径，当探针孔径越小雾化粒度越小，探针孔径越大雾化粒度越大，而在5.1.2节中，研究得到了探针深度对雾化的影响，雾化平衡是雾化雾场特性均匀性分布和较好雾化程度的保证，而设计喷头时，为保证雾化平衡设计了对喷离散式分布，即两枚探针分别与储水腔相连以喷管轴线为对称轴，对称分布，其出口之间的距离亦为此节研究内容之一，意在探究出口距离与雾化特性的关系。

经雾化实验粒径测试分析，探针孔径为0.6 mm、1.0 mm时，雾化粒径分布无明显变化，30 cm处均能达到10 μm以下，变化趋势与0.8 mm孔径探针一致，见表5-2内容。随着与喷口距离的增大，雾滴粒径分布先增大后几乎不变。随着探针孔径减小喷射距离有微弱增大，由于探针粗度降低对流场的阻碍减小，雾化粒径平均减小约20%，孔径为1.0 mm的探针喷射距离微弱降低，由于探针粗度增大对流场的阻碍增加，其耗水量与孔径呈线性关系。

表5-2　不同探针孔径喷头雾化特性

探针孔径 /mm	横向射程 /m	压力 /MPa	气流量 /($m^3 \cdot h^{-1}$)	水流量 /($mL \cdot min^{-1}$)	雾化角 /(°)
0.6	7.3	0.4	4.5	108.0	65
0.8	7.0	0.4	4.5	146.7	65
1.0	6.8	0.4	4.5	180.1	65

经测试，当探针出口距离增大时，从1 mm增大至2 mm，耗水量呈线性变化，耗水量增加一倍，而雾滴粒径变化不大，是由于尽管水量增大一倍，但轴向气量和气流速度也随着探针出口距离的增大而增加，速度快则剪切力大，雾化效果变化不大，但雾滴浓度增加，喷射距离增大，如表5-3所示。

表5-3　不同探针出口距离喷头雾化特性

探针出口距离 /mm	横向射程 /m	压力 /MPa	气流量 /($m^3 \cdot h^{-1}$)	水流量 /($mL \cdot min^{-1}$)	雾化角 /(°)
1	7.0	0.4	4.5	146.7	65
2	7.2	0.4	4.5	287.6	65

5.3 超音速汲水虹吸式气动雾化节能、防堵特性研究

雾化控尘技术在实际应用中除却优良的雾化特点，还应具备长期使用的经济、可靠性，为此，开展了节能、防堵性能实验，研究该技术的实用性和可靠性。

5.3.1 节能特性对比实验研究

实验的内容为，在进行降尘对比实验时，同时用气体流量计和电功率表记录好各时刻的气量和耗电量，实验结果如图 5-14 和图 5-15 所示。

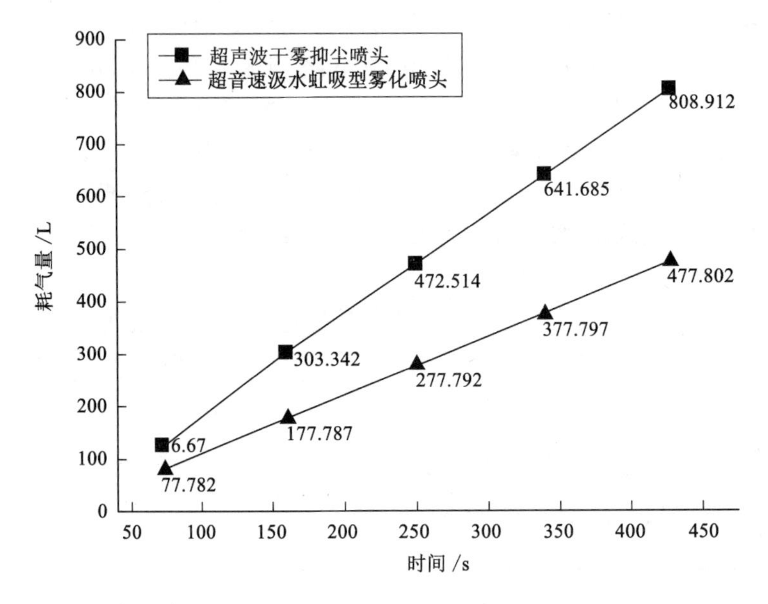

图 5-14　两种喷头累计耗气量对比折线图

从图 5-14 中可以看出，受到超音速喷管内部结构影响，添加探针结构后，气液相间无多余能量损失，超音速汲水虹吸型雾化喷头在几乎相同喉部孔径的前提下，以相同的入口气动总压、相同水量，实现了耗气量仅为超声波干雾抑尘喷头的一半，而雾化射程远超后者。

如图 5-15 所示，总能耗包括气泵、水泵的耗电量，由于超音速汲水虹吸型雾化方式对雾化压力要求低、节省气量，对空压机运行负荷小，充气频率下降，空压机能耗下降。且不需普通/高压水泵供水，该部分电量被完全节约，相比其他雾化方式（包括传统超音速雾化、高压雾化）的耗电量高、供压要求大，该方式节能效果更为突出。

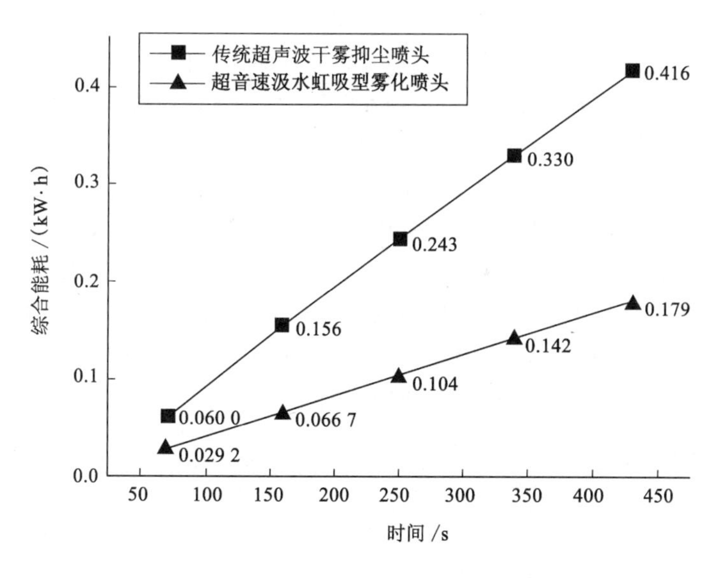

图 5-15　两种喷头总能耗对比折线图

5.3.2　防堵特性对比实验研究

喷头易堵塞是雾化降尘相关领域现场应用组普遍的问题，常规高压雾化方式喷头孔径小、耗水量大，管内水流流速快、压力大。当供水水质不佳或是易结垢时，大颗粒杂质不易在管路内沉积，进入喷头后易堵塞喷头微孔，对水质过滤软化要求高，而且堵塞后更换和维修极为复杂，维护费用高、维护过程困难。

为此，研究超音速汲水虹吸式气动雾化方式的防堵特性，过程如图 5-16 所示。

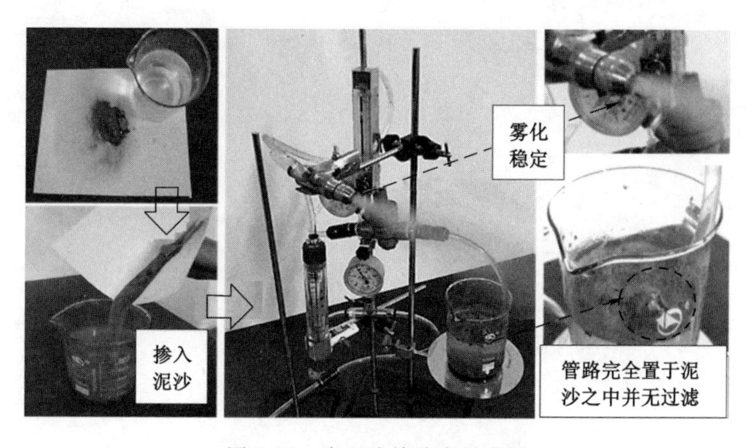

图 5-16　自吸防堵稳定性实验

测定超音速汲水虹吸型喷头防堵性能，在室外随机收取大量泥沙、石块，将之放入烧杯搅拌均匀(浊度约7500NTU)，将水路无任何过滤前置装置情况下直接插入充满泥沙、石块的烧杯中，开启入口气动总压，观察喷头是否堵塞失效，以评估其抗堵塞性能。

因喷头设计尺寸均为毫米级、且雾化过程产生汲水虹吸作用可将水流无液相来压情况下汲取入喷头内部，进而雾化，尽管将汲水管路插入充满泥沙、石块、大量悬浮物的烧杯中，大颗粒因自身重力相对汲水升力大，不会被吸入喷头管路内，小颗粒虽被汲取入喷头但因喷头设计孔径大，不会堵塞，并且雾化过程伴随超声振动，长期使用也能防止结垢沉积，在实验过程中能保障稳定雾化，实现了“小杂质堵不住，大杂质吸不上”的独特防堵机制。

第6章　超音速汲水虹吸式气动雾化捕尘细观动力学机理

6.1　超音速汲水虹吸式气动雾化降尘特性及机理

为研究超音速汲水虹吸型气动雾化技术的雾化降尘特性，并验证第2章对最佳捕尘雾滴特性的研究结论。本节以第5章中测试的喷雾装置为基础，进行降尘、隔尘对比实验，通过控制变量法[217]，将该技术与目前应用广泛、节水降尘效果突出的超声波干雾抑尘喷头[186]进行控尘性能对比，验证所提出技术的高效降尘特性。

6.1.1　实验平台与降尘实验

如图6-1所示，实验前首先搭建了气—液—尘三相耦合实验平台。并按照汲水虹吸和普通压力注水(水泵)划分水路，超音速汲水虹吸气动雾化采用前者自吸供水，超声波干雾抑尘方式需用水泵供压注水；所用仪器和设备包括隔尘(降尘)箱、矿用粉尘采样器、高压水泵、气泵、自制发尘器、烘干机、精密万分天平、显微镜、储水桶(盆)、测试喷头等。

粉尘浓度测量采用了最精确的粉尘采样-烘干-称量的方法[218]，用烘干机尾采样器滤膜烘干，防止喷雾和空气中水分影响粉尘质量的测量结果。测试位置为箱体几何中心处，以此位置的粉尘浓度代替箱体内平均粉尘浓度。实验煤质采用煤尘由辽宁阜新地区块状亮煤研磨而成，煤尘粒度的分布情况为2.5 μm占27.3%，2.5～10 μm占61.6%，10～109 μm占11.1%。

首先通过等质量煤尘与等体积空气在等时间段内均匀喷射，令降尘箱内达到相同初始浓度；开启超音速汲水虹吸雾化喷头或超声波干雾抑尘喷头，测量各时刻箱体内的粉尘平均浓度，并通过公式(6-1)计算单一类型喷头的降尘速率v_c，g/min：

$$v_c = \frac{st}{t_0} \tag{6-1}$$

式中　s——发尘强度，g/min，实验采用值160 g/min；

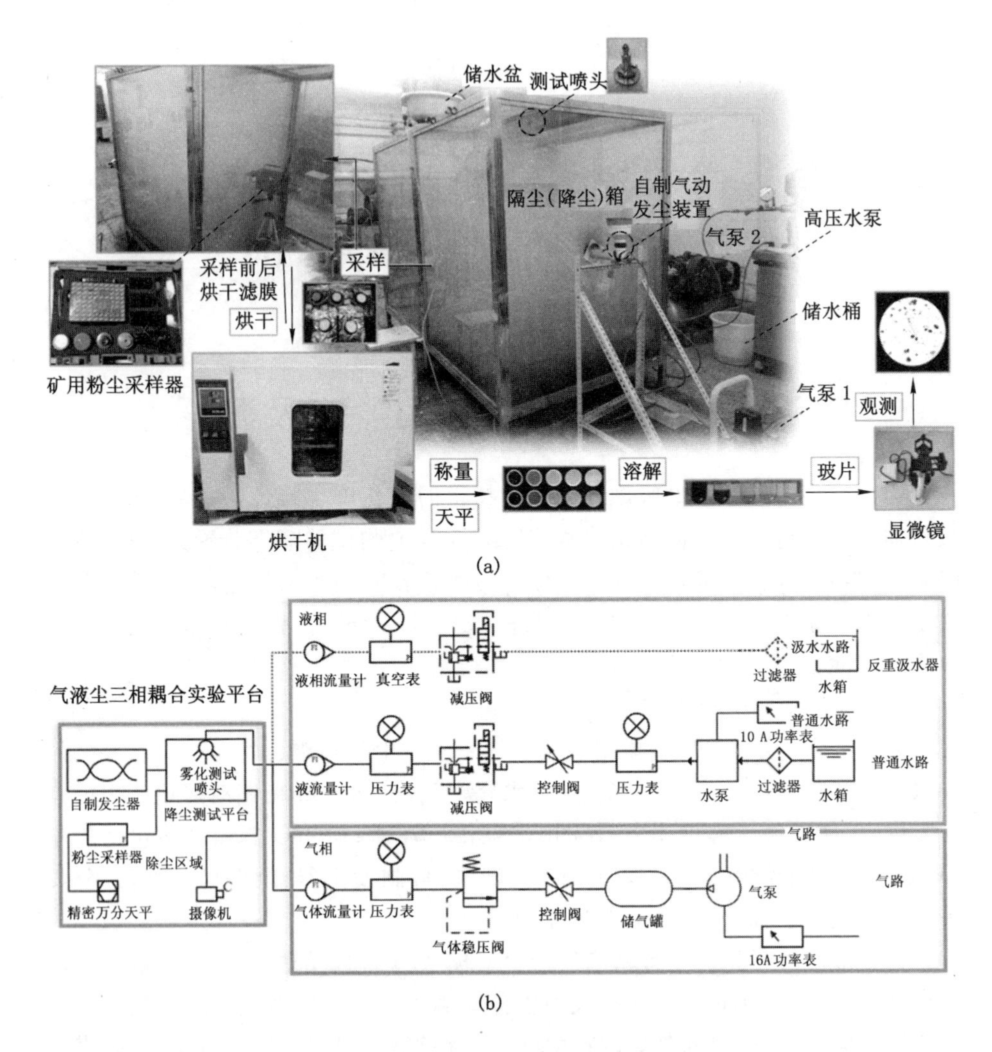

(a)

(b)

图 6-1　气—液—尘三相耦合实验平台

t——发尘总时间，min，实验取值 1 min；

t_0——粒径平均浓度降至《工业场所有害因素职业接触限值 第 1 部分：化学有害因素》(GBZ 2.1—2019)规定浓度的时间，min，总尘浓度为 4 mg/m^3，呼吸性粉尘浓度为 2.5 mg/m^3。

将降尘速率与耗水量、耗气量相结合，以降尘速率为分母可计算获得降尘单位毫克煤尘的耗气量、耗水量，即降尘耗水率 η_1，L/g；耗气率 η_2，L/g。

降尘耗水率 η_1 可计算如下：

$$\eta_1=\frac{Q_1}{v_c} \tag{6-2}$$

式中　Q_1——耗水流量，L/min。

降尘耗气率 η_2 计算如下：

$$\eta_2=\frac{Q_g}{v_c} \tag{6-3}$$

式中　Q_g——耗气流量，L/min。

上述两项指标由于结合了降尘速率，并非单纯考虑喷头的气动总压力状态，也同时兼顾了喷头的降尘性能，更能说明喷头降尘与节能的综合性能。

与超声波干雾抑尘喷头的雾化降尘对比实验研究的实验步骤如下。

① 称量好发尘器发尘总质量，调整其气动发尘压力，保障均匀发尘。发尘后测量箱体内初始浓度。

② 开启喷雾，并采样若干段时间段箱体内均匀分布的粉尘质量，烘干、称量计算时间段内平均降尘效率，用中位时刻代替该时间段，获得某时刻粉尘平均浓度。采样器气流量为 20 L/min，水流量为 80 mL/min，喷头气动总压为 0.4 MPa，图 6-2 为水流量、气压力调控结果。

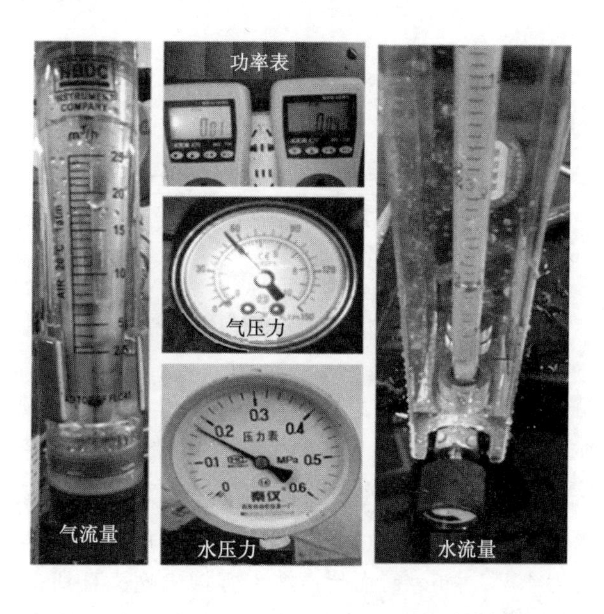

图 6-2　实验气动总压力条件及测试仪表

③ 将采样滤膜溶解，制成玻片，用显微镜观测器，并计算该时刻的粉尘分散度。

④ 降尘实验同时，用功率表测定空压机、水泵的耗电量。

⑤ 其中传统超音速雾化方式需开启水泵，并调整水流量、气动总压与新型雾化方式一致，以控制变量保持单一，使对比结果准确有效。

6.1.2 降尘实验结果与分析

(1) 总尘降尘实验结果与分析

超音速汲水虹吸雾化喷头与超声波干雾抑尘喷头运行时，相同时刻降尘箱内的瞬时总尘浓度对比结果，如图 6-3 所示。

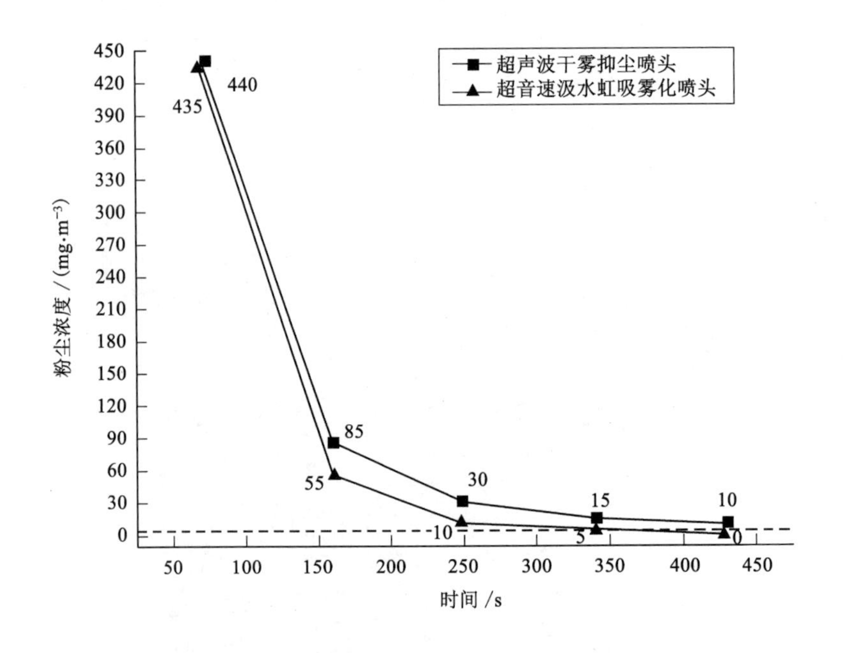

图 6-3 降尘箱内瞬时总尘浓度对比折线图

初始降尘箱体中粉尘浓度为 435～449 mg/m³，在 60～150 s 时，两条曲线斜率很大，表明降尘初始阶段两种类型喷头均具有较大的降尘速率，而随着降尘时间的增加，斜率减小，表明降尘速率逐渐下降。350 s 时应用超音速汲水虹吸雾化喷头所代表的折线与 4 mg/m³ 的基准线相交，由公式(6-1)可得该时刻该喷头的降尘速率为 457.14 mg/s，而超声波干雾抑尘喷头直到 420 s 仍未达到国标要求，且降尘速度逐渐趋于 0，这表明初始阶段降尘速率主要来自较大粒径粉尘的贡献。

而当箱体内粉尘粒径普遍保持在 10 μm 以下，甚至 2.5 μm 以下时，降尘效果很差，这是由于超声波干雾抑尘喷头仍沿袭传统的超音速雾化方式，尽管有超声波辅助作用,但雾化效率仍十分有限,雾滴粒径大且动力不足,对10 μm以下的粉尘难以形成有效捕捉。两种测试喷头瞬时降尘效率对比结果如图 6-4 所示。

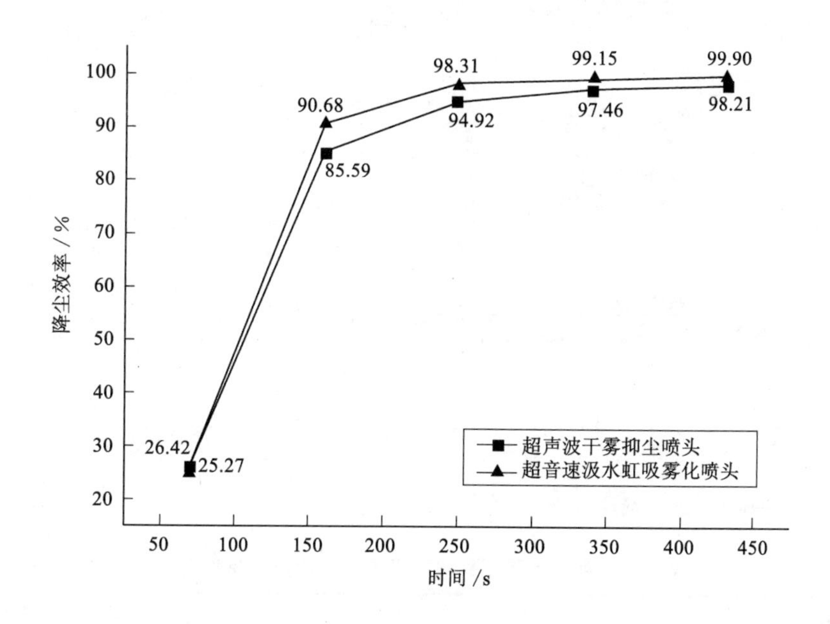

图 6-4　两种测试喷头瞬时降尘效率对比折线图

在图 6-4 中,降尘效率初期增长很快,从上述分析来看是由于这一阶段10 μm以上的粉尘降尘效果好。而随着时间推移,箱体内微尘比例、雾滴浓度均逐渐增加,两种喷头的降尘效率同时向 100%接近,但超声波干雾抑尘喷头增加明显更为缓慢且渐渐达到极限。因此,在相同条件下,超音速汲水虹吸型雾化方式降尘效率更快,对呼吸性粉尘捕集效率更高,性能更加优越。

(2) 呼吸性粉尘降尘实验结果与分析

由上一节分析,超音速汲水虹吸型雾化喷头对呼吸性粉尘降尘效率更高,为验证此结论,进行呼吸性粉尘降尘对比实验。

采样结果如图 6-5 所示,并通过乙酸丁酯溶解滤膜后,制成分散度测试玻片,在显微镜下观测不同时刻的粉尘分散度。

经称量统计后的数据见表 6-1,由表可得超声波干雾抑尘方式膜片上采集的呼吸性粉尘质量逐渐减小,瞬时浓度由 60 s 时的 57.56 mg/m^3 下降到416 s 时的3.16 mg/m^3。超音速汲水虹吸气动雾化方式膜片上采集的呼吸性粉尘质量减小更快,瞬时浓度由 60 s 时的 25.30 mg/m^3 下降到 330 s 时

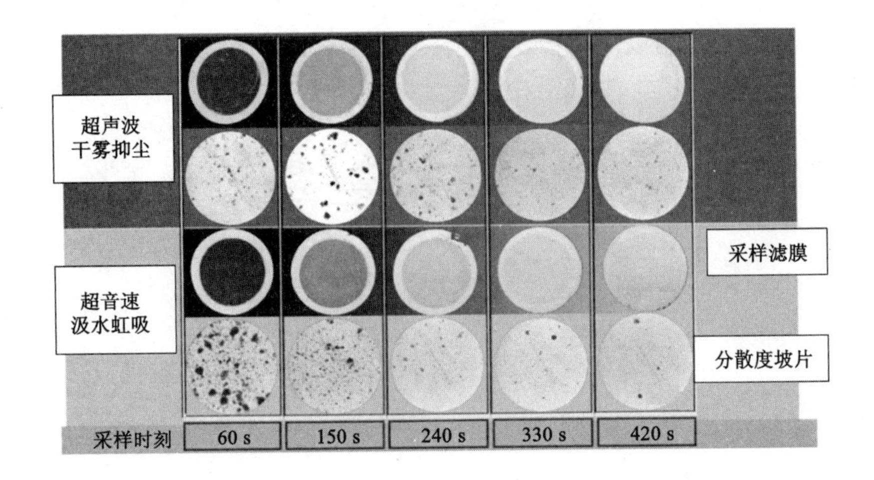

图 6-5　粉尘采样与分散度观测结果

的 1.56 mg/m³。

表 6-1　两种类型喷头对呼吸性粉尘的降尘特性对比

类别	时间 t/s	60	156	243	330	416
T1	呼吸性粉尘质量/mg	1.15	0.25	0.13	0.08	0.06
	瞬时浓度/(mg·m⁻³)	57.56	12.71	6.64	4.04	3.16
	瞬时降尘效率/%	52.00	89.40	94.40	96.60	97.30
T2	呼吸性粉尘质量/mg	0.51	0.17	0.09	0.03	0.00
	瞬时浓度/(mg·m⁻³)	25.30	8.27	4.68	1.56	0.00
	瞬时降尘效率/%	78.90	93.10	96.12	98.69	99.90

注:T1 为超声波干雾抑尘方式,T2 为超音速汲水虹吸气动雾化方式

在相同时刻 60 s 时,超音速汲水虹吸气动雾化方式相较超声波干雾抑尘方式瞬时降尘效率提高了 26.9%。两种方式分别在 243 s 与 330 s 时达到较为相同降尘效率,96.12%和 96.6%,超音速汲水虹吸所用时间缩短 1/3 左右。

330 s 时,超音速汲水虹吸降尘箱体内,呼吸性粉尘浓度已降至 2 mg/m³ 以下,而超声波干雾抑尘直到 416 s 还远未达到 2 mg/m³ 以下。

从宏观呼吸性粉尘浓度测试结果可以明显获得,超音速汲水虹吸气动雾化方式的降尘速率和效率优势,但其高效率深层次的原因还需经粉尘分散度的测试结果进一步了解,为此研究两种方式采集膜片上的粉尘分散度情况。

(3) 粉尘分散度特性实验结果与分析

经计数统计，超声波干雾抑尘方式分散度[219]特性统计结果与各粒径区间占比数据见表 6-2 所列，其中 r_p 为采样器所采粉尘粒径，各区所代表粒径范围，A 区为 $r_p \leqslant 2.5$ μm；B 区为 $2.5 < r_p \leqslant 10$ μm；C 区为 $10 < r_p \leqslant 20$ μm。经计数统计，超音速汲水虹吸气动雾化降尘分散度特性统计结果与各粒径区间的占比见表 6-3 所列。

表 6-2　超声波干雾抑尘分散度特性

时间 t/s	A 区数量、比例	B 区数量、比例	C 区数量、比例	呼吸性粉尘比例/%
60	78、38.6%	105、52%	19、9.4%	90.6
156	60、40.8%	75、51%	12、8.2%	91.8
243	137、47.6%	136、47.2%	15、5.2%	94.8
330	73、59.3%	45、36.6%	5、4.1%	95.9
416	162、66.1%	75、30.6%	8、3.3%	96.7

表 6-3　超音速汲水虹吸气动雾化降尘分散度特性

时间 t/s	A 区数量、比例	B 区数量、比例	C 区数量、比例	呼吸性粉尘比例/%
70	160、38%	176、41.8%	85、20.2%	79.8
160	145、47.1%	138、44.8%	25、8.1%	91.9
250	94、52.7%	75、40.6%	3、6.7%	93.3
340	78、65%	38、31.7%	4、3.3%	96.7
430	180、68.7%	80、30.5%	2、0.8%	99.2

由统计表 6-2 和表 6-3 内数据对比分析可得，分散度保持一种呼吸性粉尘比例和 A 区比例逐渐增加而 B 区和 C 区比例下降的规律，而因超音速汲水虹吸雾化方式雾化效率高、捕尘动力足，相比超声波干雾抑尘方式，对呼吸性粉尘的瞬时降尘效率平均提高了 2%～3%；在相同降尘效率时呼吸性粉尘比例和 A 区比例更小，这表明该方式产生雾滴所具有的特性对于 B 区和 C 区的煤尘更具有捕集的针对性，效果更为突出。

经公式(6-1)～公式(6-3)的计算可得两种雾化方式相同条件下降尘时的降尘耗气率和耗水率，以降尘量为单位变量更能对比出本书所提出技术的降尘特性优势，综合数据对比见表 6-4。

表 6-4　综合数据对比结果

类别	t_0/min	v_c/(g·min^{-1})	η_1/(L·g^{-1})	η_2/(L·g^{-1})	水压/MPa
T1	7	22.857	0.002 19	5.104	0.12
T2	4	40	0.001 25	1.667	−0.03

注：T1 为超声波干雾抑尘方式，T2 为超音速汲水虹吸气动雾化方式

6.1.3　超音速汲水虹吸式气动雾化降尘机理

根据第 2 章对单颗粒—雾滴碰撞数值研究结论、第 3 章～第 5 章的超音速雾化特性的研究结论以及本章前几节的降尘实验研究结果，结合前人相关研究成果，揭示超音速汲水虹吸式气动雾化降尘机理。

如图 6-6 所示，超音速汲水虹吸式气动雾化方式的雾滴纵向主要是由粒径为 10 μm 以下和 1～30 μm 两个区间分布，其中粒径为 10 μm 以下的雾滴主要分布在轴向周围并具有极高速度，而粒径为 1～30 μm 区间的雾滴速度相对较低，并向外翻转运移。

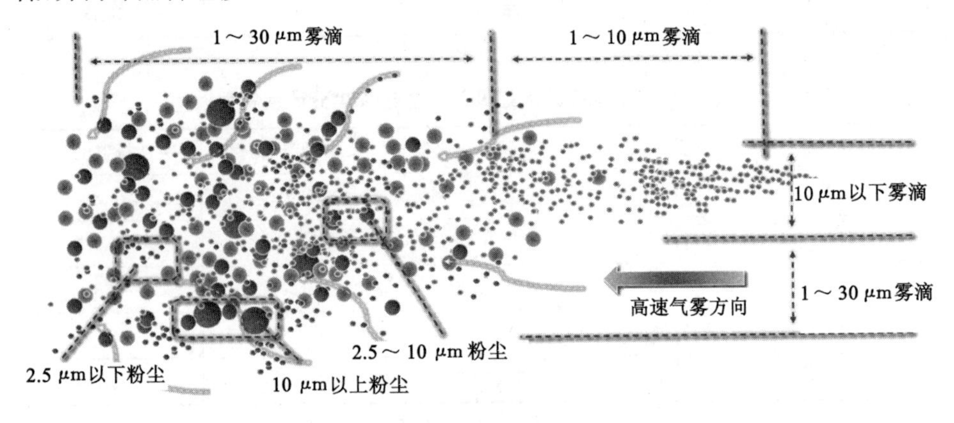

图 6-6　超音速汲水虹吸式气动雾化降尘机理总图

在横向可将雾滴分布区间划分为 1～30 μm 和 1～10 μm 两个区间，粒径为 1～10 μm 区间的雾滴位于整个雾场的上游，粒径为 1～30 μm 的雾滴位于雾场的下游。按照实验粒径分布将含尘气流中粉尘划分为，10 μm 以上、2.5～10 μm、2.5 μm 以下三个区间，并依据对粉尘分散度研究的实验结果，设定含尘气流中粉尘各区间数量关系呈对数正态分布，即粒径为 2.5 μm 以下的粉尘远远多于粒径为 10 μm 以上的粉尘。

雾场与含尘气流相互作用时，超音速汲水虹吸式气动雾化方式所喷射的高速气雾首先破坏含尘气流的原始流线，改变粉尘的原有运动轨迹，并将周围含尘

气流通过负压卷吸向雾场轴向牵引，使各粒度雾滴与粉尘在雾场中下游相互混合。

各粒度雾滴与粉尘的相互作用行为，如图6-7所示。在雾场中下游，雾滴与粉尘开始相互作用时，主要发生的是雾滴对粒径为10 μm以上粉尘的主动捕捉和该粒度区间粉尘的迅速重力沉降，此时降尘效率上升快，也是其他雾化方式效率的主要来源。而同时也发生着，雾滴对粒径为2.5～10 μm区间粉尘的多种作用，这些作用主要以主动捕捉和牵引碰撞为主，并包括截留碰撞和松弛润湿。这些现象的细观机理如图6-8所示。

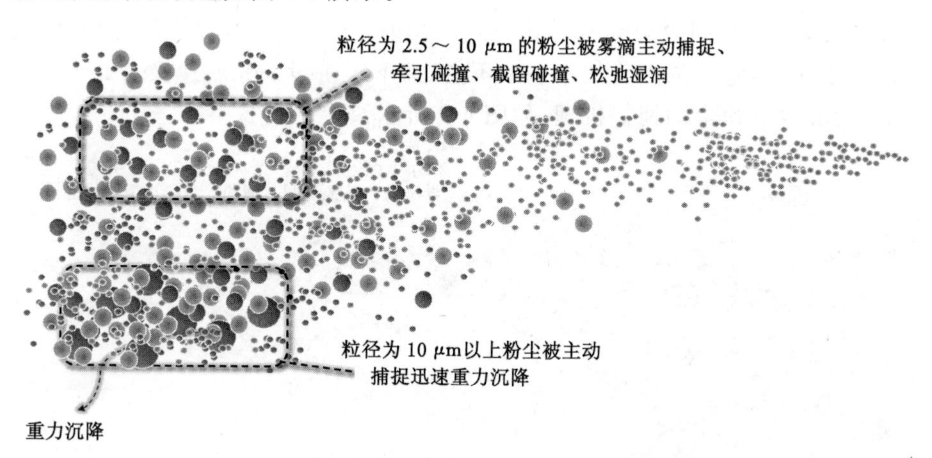

图6-7　超音速汲水虹吸式气动雾化降尘机理图1

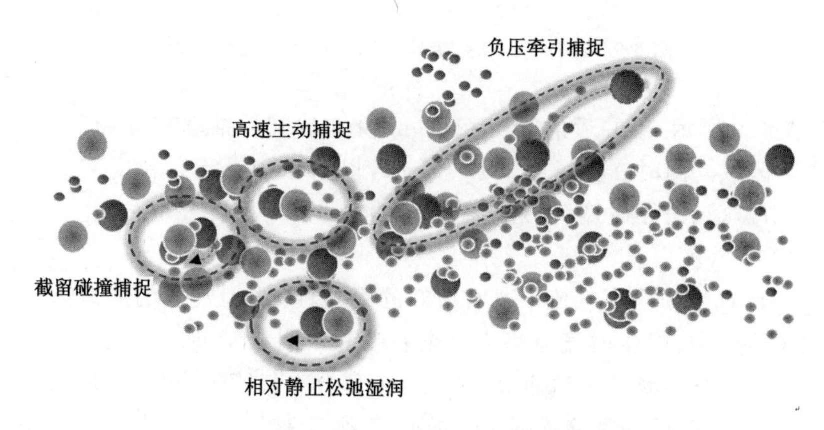

图6-8　超音速汲水虹吸式气动雾化降尘机理图2

在雾滴运动过程中，对粒径为2.5～10 μm的粉尘主要为高速主动捕捉，以正向或偏向碰撞为主，由于超音速汲水虹吸式气动雾化雾滴具有超高速度，其能够将粒径为 2.5～10 μm 区间雾滴周围空气膜有效突破,并以 5～30 μm 的最佳润湿粒径在松弛运动中不断润湿包裹粉尘促进气凝并和生长。高速雾滴运动时,周围流线呈向雾滴后侧集中分布,高速雾滴运移所产生的气流负压会将雾滴周围空气中细微粉尘向雾滴尾部牵引,粉尘惯性强、雾滴阻力大时,粉尘被牵引的过程中会与雾滴相互碰撞。当粉尘在大雾滴周围发生绕流时,在路径上会被周围其他雾滴截留发生截留碰撞。

随着粒径为 10 μm 以上粉尘的大量沉降和 2.5～10 μm 的粉尘被大量捕捉,雾场中 2.5 μm 以上的粉尘含量大幅度减少,超音速汲水雾化降尘效率小幅度增加,而干雾抑尘与高压雾化方式降尘时,基本不包含这部分作用,因此从此阶段初始,它们的雾化效率基本不变,而下一阶段为超音速汲水虹吸气雾对 2.5 μm 以下粉尘的捕捉机理,如图 6-9 所示。

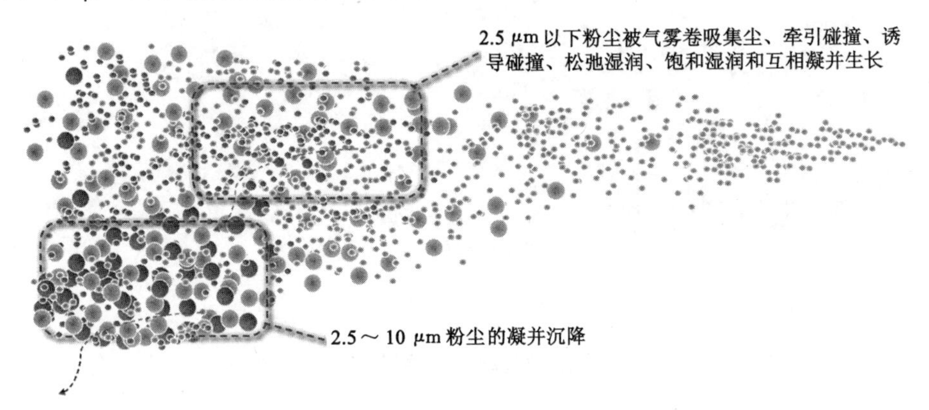

图 6-9　超音速汲水虹吸式气动雾化降尘机理图 3

如图 6-9 所示,凝并后的 2.5～10 μm 粉尘被气雾推动在雾场下游沉降,脱离气雾区域。同时在雾场中下游 2.5 μm 以下粉尘受到各粒度雾滴的卷吸集尘、牵引碰撞、诱导碰撞、松弛润湿、饱和润湿和互相凝并生长,它们的机理如图 6-10 所示。

2.5 μm 以下粉尘在气流中具有极好的跟随性,受到气雾的湍流内向翻卷和轴向负压牵引,降尘时气流将之完全卷吸和牵引至轴向附近,称卷吸集尘。在轴向高速微细雾滴的主动捕捉作用下,一部分空气膜被突破直接捕捉,一部分进入诱导状态,即因雾滴捕捉不到而向前、侧方推散。这部分粉尘绕流时被 5～30 μm大雾滴截留的可能性很小,但被 5 μm 左右高速雾滴碰撞润湿的概率很大,因此在绕流时易被后方的高速喷射雾滴“扫中”,称该部分粉尘被诱导碰撞。另外,逃过“卷吸”和“诱导”的部分粉尘在气雾的中末端形成的近饱和

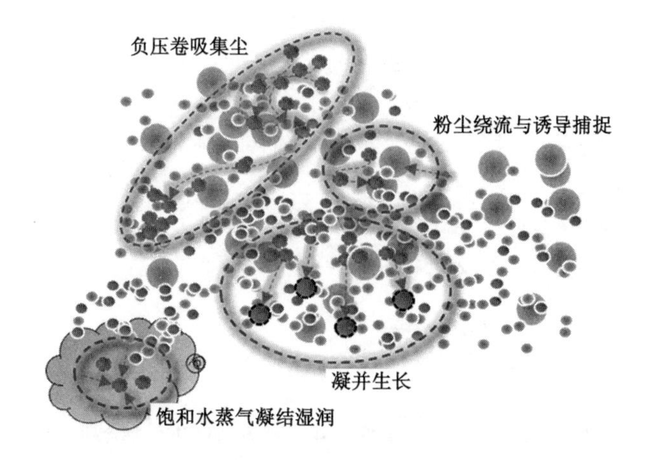

图 6-10　超音速汲水虹吸式气动雾化降尘机理图 4

水蒸气雾池中，因其相对干燥冰冷，在它们的表面水蒸气易于凝结和润湿，同样起到促进粉尘间生长的作用，称饱和润湿。被充分润湿的粒径为 2.5 μm 以下的粉尘，不同程度的相互凝并、生长是粒径为 2.5～10 μm之间的粉尘，进入下一阶段如图 6-11 所示。

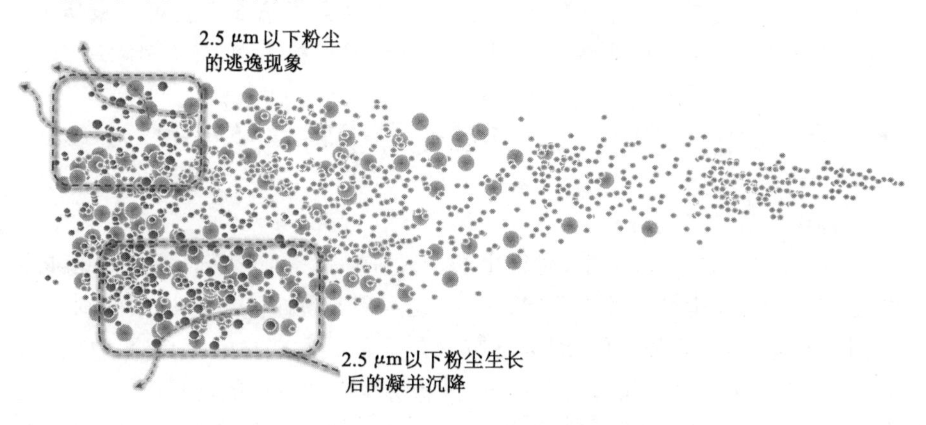

图 6-11　超音速汲水虹吸式气动雾化降尘机理图 5

如图 6-11 所示，凝并、生长为 2.5～10 μm 之间的粉尘，再次经历 2.5～10 μm的捕捉阶段，但此时已运移至下游，其中主动捕捉和截留碰撞作用已经减小，一部分凝并沉降，其余部分随气雾继续向前运移保持松弛润湿状态。更多的 2.5 μm 以下粉尘则在气雾下游于两侧尾端逃逸出气雾有效覆盖范围，并形成下一阶段，如图 6-12 所示。

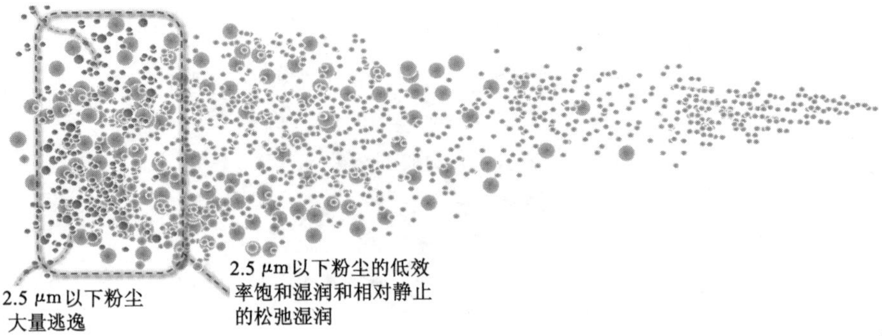

2.5 μm以下粉尘大量逃逸

2.5 μm以下粉尘的低效率饱和湿润和相对静止的松弛湿润

2.5 μm以下粉尘大量逃逸

图 6-12　超音速汲水虹吸式气动雾化降尘机理图 6

如图 6-12 所示，此时雾场中已无 10 μm 以上粉尘，含有极少 2.5～10 μm 的粉尘，大量 2.5 μm 以下粉尘与下游低速雾滴间保持相对静止的松弛运动，此间松弛润湿、饱和雾池润湿、粉尘间凝并作用低效且微弱，但这部分粉尘被气雾压制在一定范围内。在边缘处存在少量 2.5 μm 以下粉尘的逃逸，绝大部分在中部被控制，若在如实验中降尘箱的有限空间中，这部分粉尘可被完全沉降。至此，超音速汲水虹吸式气动雾化降尘机理的揭示，既结合了第 2 章至第 5 章研究结论，又与 6.1 和 6.2 节中降尘浓度、分散度测试结果保持吻合，符合实际现象。

6.2　超音速汲水虹吸式气动雾化隔尘特性及机理

6.2.1　隔尘实验结果与分析

在风洞或流动扬尘环境中，对粉尘的治理还包括对其隔绝封闭，因此，隔尘效果也是对喷雾控尘性能的重要指标。隔尘实验与降尘实验的最大区别在于，隔尘时，箱体空间需增加一倍，测尘点布置在雾幕后方空间的中心处，收集穿透雾幕的煤尘，并测量其质量和分散度，以分析雾幕对尘源的隔绝程度。实验测量了从喷尘开始后 120 s 内经雾幕阻隔后的总透尘状况。实验参数及实验结果，见表 6-5 中数据。

表 6-5　隔尘实验参数及结果

隔尘测量数据	超声波干雾抑尘	超音速汲水虹吸式气动雾化
滤膜称量质量/mg	37.37	44.94
采样后滤膜质量/mg	39.12	45.61

表 6-5(续)

隔尘测量数据	超声波干雾抑尘	超音速汲水虹吸式气动雾化
滤膜逃逸粉尘质量/mg	1.83	0.72
逃逸粉尘浓度/($mg \cdot m^{-3}$)	45.21	17.51
逃逸速率/($mg \cdot m^{-3} \cdot min^{-1}$)	22.51	8.75
采样器流量/($L \cdot min^{-1}$)	20	20
采样时间/min	2	2
发尘强度/($g \cdot min^{-1}$)	40	40
发尘区间/μm	≤109	≤109
初始浓度/($mg \cdot m^{-3}$)	147.51	147.52
总尘隔尘效率/%	84.75	94.07
粒度区(10～20 μm)/个	10	12
粒度区(2.5～10 μm)/个	51	60
粒度区(＜2.5 μm)/个	160	101
粒度区(＜10 μm)/个	211	161
分散度(10～20 μm)/%	4.53	6.94
分散度(2.5～10 μm)/%	23.08	34.68
分散度(＜2.5 μm)/%	72.40	58.38
分散度(＜10 μm)/%	95.48	93.06
滤膜呼吸性粉尘质量/mg	0.45	0.12
逃逸呼吸性粉尘浓度/($mg \cdot m^{-3}$)	22.32	6.07
初始呼吸性粉尘浓度/($mg \cdot m^{-3}$)	29.50	29.50
呼吸性粉尘隔尘效率/%	24.35	79.43
最低 $PM_{2.5}$ 的质量浓度效率/%	17.63	46.37

通过计算采样前后滤膜质量差与采样器采样流量的比值,获得测量过程的累计平均浓度。对比两种雾化喷头在相同气动总压、水流量和发尘强度的情况下,2 min 后雾幕后方箱体中累积的粉尘浓度,计算单位时间的粉尘逃逸量,即逃逸速率。并通过分散度测定两种降尘方式对不同粒径粉尘的捕集效率,从而结合实验观测现象分析获得超音速汲水虹吸式气动雾化隔尘的机理。

由表 6-5 中数据可得,相对于传统的超声波干雾抑尘方式(总尘隔尘效率为 84.75%),超音速汲水虹吸式气动雾化的总尘隔尘效率达到 94.07%,其中呼吸性粉尘占比减少 2%,说明两种方式对 20 μm 以上粉尘的隔尘效率差距不大。

但对比 2.5 μm 左右的粉尘占比，超音速汲水虹吸式气动雾化方式减少了 15%，并且是在 94.07%效率下的比例，换言之，两种雾化降尘方式相同降尘效率时，超音速汲水虹吸式气动雾化方式对 2.5 μm 左右的粉尘的捕集效率可以提升 30%，该值是通过半径比例 64 倍估算所得的质量浓度占比。由此可见超音速汲水虹吸式气动雾化对呼吸性粉尘，尤其是 2.5 μm 以下粉尘效率效果良好。

6.2.2 超音速汲水虹吸式雾幕隔尘机理

将喷头布置在箱体上方，将分箱旋转形成双倍箱体空间，在单独一个箱体内布置喷头和尘源，在另一分箱内测量粉尘穿透浓度，由于超音速汲水虹吸气雾隔尘效果良好，在粉尘浓度较低时难以观测到粉尘的穿透。上节所测量得到的穿透粉尘，基本由呼吸性粉尘构成，少部分粗粒径粉尘是经雾幕外边缘向后方测尘分箱运移，为此分析雾幕隔尘机理时采用如下方案。

令高速气雾喷射方向向下，在尘源前形成一道直径约 1.5 m 范围的降尘雾幕，开启气动尘源，经雾幕一侧向雾幕后方喷射高浓度粉尘气溶胶，其中粉尘由粒径为 0～109 μm 混合组成。同时用相机拍摄捕捉，根据所拍摄到的高浓度冲击性粉尘冲破隔尘雾幕瞬间的图像分析超音速汲水虹吸式雾幕隔尘机理，所拍摄的隔尘过程图像如图 6-13 所示。

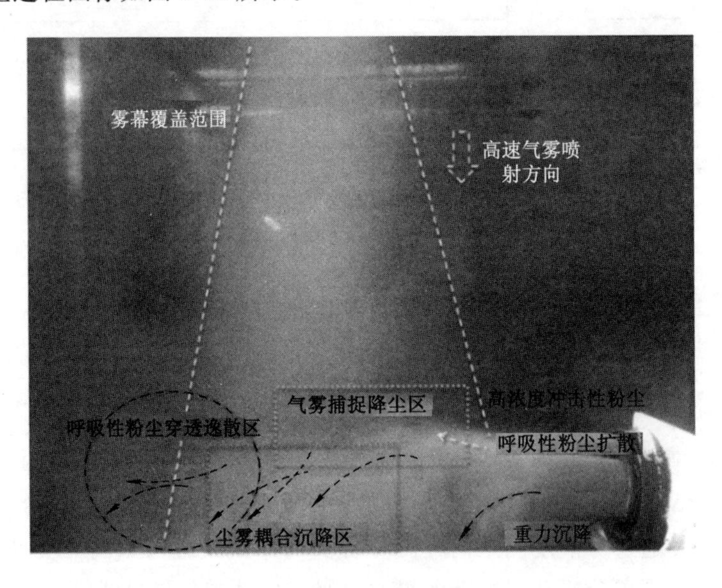

图 6-13 超音速汲水虹吸型雾幕隔尘实验与机理

由上图可知，图像中当冲击性煤尘喷射出去后，受到浮力和惯性力作用呼吸性粉尘向外扩散，大粒径粉尘向下沉降；当尘流初遇雾幕时，呼吸性粉尘扩散性被终止，受到高速、高浓度气雾冲击、截留、捕捉、凝并等作用后，尘流整体呈抛物状向前运移。尘雾作用大致分成 3 个区域。

① 气雾捕捉沉降区，此区域中粒径较大的粉尘受到重力作用预先沉降，运移轨迹成抛物线向下，快速脱离高浓度含尘气流；受到气动雾幕的“风墙”作用，阻隔一部分含有大量呼吸性粉尘的高速气—尘流向冲击面的周围呈“鱿鱼须状”扩散，并在运移过程中被动力强劲的高速气雾卷吸入雾幕内，高速细雾与呼吸性粉尘在此区域中初步润湿结合并向下一个区域运移。

② 尘雾耦合沉降区，被润湿的粉尘与其他粉尘间存在着复杂作用，聚合、凝并、沉降，受到超音速气雾推动向雾幕正下方快速沉降。

③ 呼吸性粉尘穿透逸散区，由于粉尘射流惯性大、浓度高，加之呼吸性粉尘粒度小，难以依靠少量细雾惯性捕捉，单个喷头构成的雾幕无法对其达到全部阻隔，一小部分呼吸性粉尘穿透雾幕在此区域中向雾幕另一侧逸散。

6.3　超音速汲水虹吸式气动雾化捕尘效率影响因素与规律

本节作为对 6.1 节的补充，采用实验室雾化降尘实验的方法，研究了不同工况、出口锥度结构参数的超音速汲水虹吸式雾化喷头的降尘性能，获得了降尘速率与入口气动总压力、喷头出口锥度、气流量、水流量的关系。

实验过程中，0.4 MPa 气动压力时降尘箱内的粉尘/雾滴分布，如图 6-14 所示。所用相机快门速度为 1/60 s，记录了发尘/喷雾后 0～4 min 的实验过程，以及停止喷雾后静止 0～5 min 内的箱体中尘雾耦合结果，并通过粉尘仪每分钟采样一次。

如图 6-14 所示，超音速汲水虹吸式气动雾化方式喷头布置在水盆下侧，在汲水完成后迅速形成虹吸现象，强劲的喷射雾滴将含粉尘高速冲击的气流瞬间打散，将之阻隔并沉降于箱底。在 1 min 内便将整个箱体充满，对外逸粉尘进行迅速沉降，2 min 后箱体中已被高浓度气雾覆盖，2.5 min 时箱体内灰色含尘部分已全部转化为白色雾气，3 min 时降除效率达到极优。停止喷雾后的 5 min 内，在封闭状态下的箱体内仍有大量气雾悬浮覆盖，但肉眼已观察不到高浓度粉尘的存在。

由表 6-6 可知，由于增加气动压力后喷管总动能增大使气流平均速度、汲水负压增大，射程、耗气量、耗水量随之增大；雾化过程主要发生在喷管内，气动压力相同时，因锥度对管内流场特性分布的影响较小，雾化效率相近，耗水量大则表明相近尺寸雾滴浓度大，射程远则表明雾滴速度快。雾滴浓度大、速度快时，与粉尘结合效率更高，因而耗水量大、射程远的类型喷头对应的降尘速率更快。

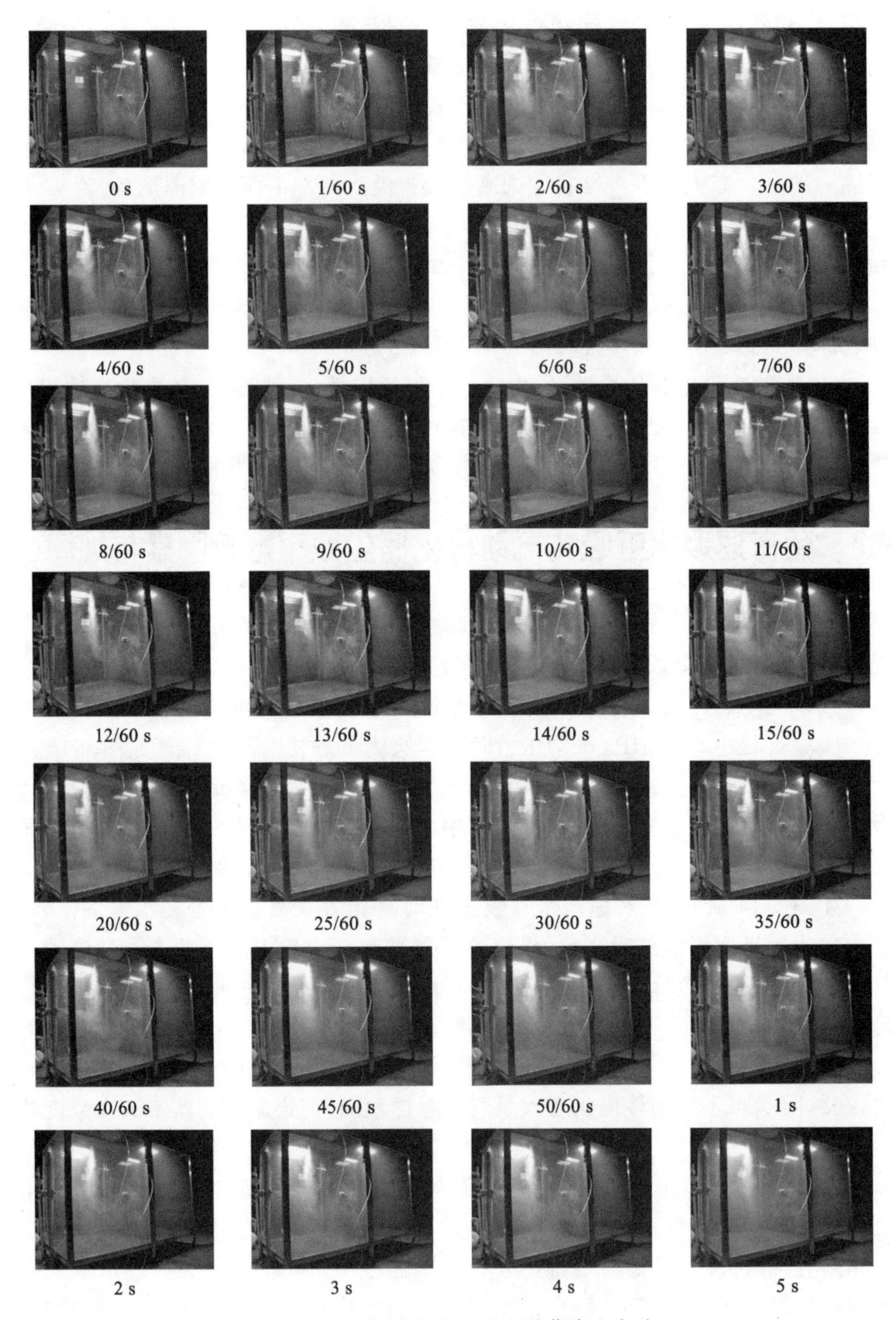

图 6-14　超音速汲水虹吸型雾幕降尘实验

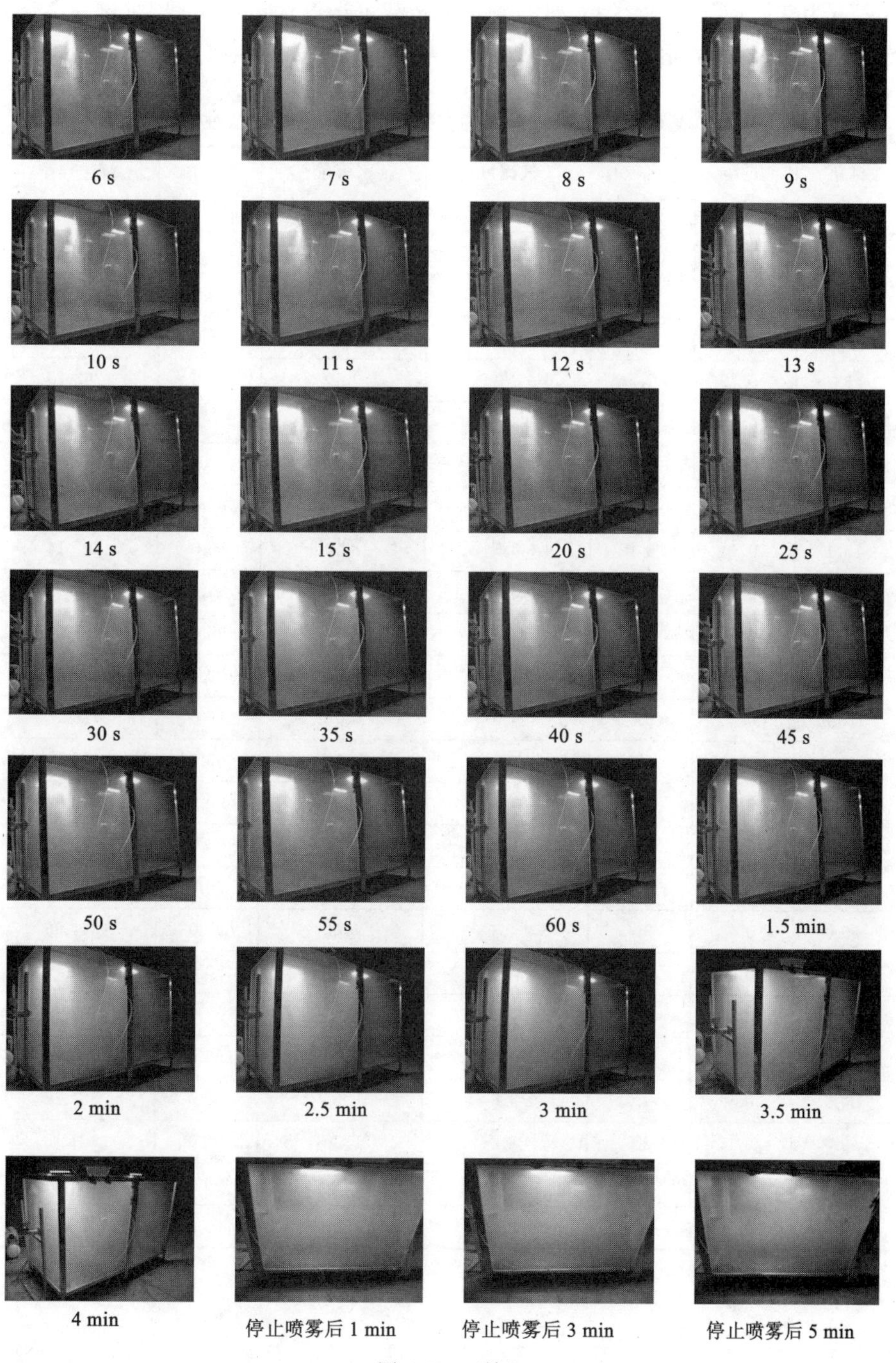
6 s
7 s
8 s
9 s
10 s
11 s
12 s
13 s
14 s
15 s
20 s
25 s
30 s
35 s
40 s
45 s
50 s
55 s
60 s
1.5 min
2 min
2.5 min
3 min
3.5 min
4 min
停止喷雾后 1 min
停止喷雾后 3 min
停止喷雾后 5 min

图 6-14　（续）

该表可为实际应用提供参考，如煤矿井下转载可选低水量广角型，对煤的燃烧发热量影响小又覆盖面积大。如落煤塔可选择布置适合远距离降尘的喷头类型。

表 6-6　不同工况、结构参数喷头的雾化降尘特性

锥角 /(°)	压力 /MPa	射程 /m	气流量 /($m^3 \cdot h^{-1}$)	水流量 /($mL \cdot min^{-1}$)	雾化角 /(°)	降尘速率 /($mg \cdot s^{-1}$)
0.0	0.2	5.6	3.5	126.7	70.0	432.14
15.0	0.2	3.0	3.7	78.4	80.0	276.58
30.0	0.2	3.6	3.1	86.7	85.0	283.84
45.0	0.2	2.7	3.0	90.0	95.0	262.10
60.0	0.2	2.9	3.0	75.0	90.0	275.87
120.0	0.2	4.8	3.5	126.7	80.0	411.29
0.0	0.3	6.7	4.0	140.0	65.0	443.85
15.0	0.3	3.1	3.6	82.0	85.0	297.14
30.0	0.3	3.8	3.8	100.0	85.0	379.27
45.0	0.3	3.0	3.5	105.0	95.0	285.31
60.0	0.3	2.9	4.0	85.0	90.0	266.03
120.0	0.3	6.0	4.0	140.0	75.0	418.26
0.0	0.4	7.0	4.5	146.7	65.0	457.14
15.0	0.4	3.3	4.1	89.0	90.0	330.01
30.0	0.4	3.8	4.2	93.3	85.0	373.09
45.0	0.4	3.4	4.0	120.0	90.0	392.78
60.0	0.4	3.4	4.3	90.0	90.0	344.95
120.0	0.4	6.8	4.3	136.7	70.0	426.71
0.0	0.5	8.0	5.2	148.3	60.0	522.34
15.0	0.5	3.5	4.4	103.5	95.0	349.17
30.0	0.5	4.0	4.8	106.7	85.0	384.26
45.0	0.5	3.6	4.2	133.3	90.0	401.15
60.0	0.5	3.7	4.5	158.3	90.0	459.17
120.0	0.5	7.5	5.0	173.3	65.0	572.83

第四篇　超音速雾化降尘技术工业应用基础研究

第7章　应用场所粉尘运移扩散特性

7.1　巷转载点粉尘运移扩散规律研究

7.1.1　内蒙古某矿转载点粉尘污染扩散运移规律数值模型建立

(1) 内蒙古某矿转载点三维数值模型的建立

COMSOL Multiphysics 是基于有限元的多场耦合计算软件，基础模块理论完善，可附加专业求解模块求解。本研究采用 k-ε 湍流模型、颗粒运动粒子追踪和流体—颗粒相互作用多物理场建立内蒙古某矿 2 号转载点粉尘浓度三维数值计算模型(图 7-1)。按照内蒙古某矿实际参数设定巷道风速大小、胶带速度、胶带表面粗糙度、堆积高度。获得逆风转载风速和压力的三维分布，采用不同截取位置、断面的风速数据，获得随高度、距离等变化的风速、压力、粉尘分布规律。

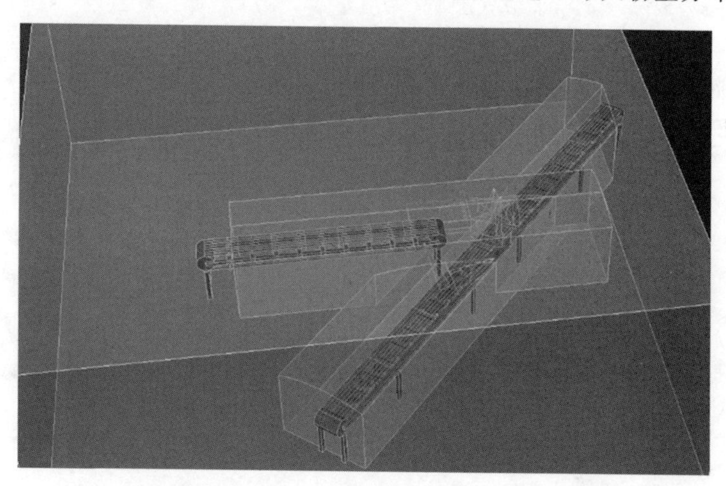

图 7-1　内蒙古某矿采煤工作面转载点巷道及胶带空间分布图

(2) 假设与控制方程

利用 CFD 计算流体连续相的流场数据，利用 DEM 计算颗粒系统受力，二者通过颗粒—流体相互作用的多物理场求解连续相和离散相的动量、能力等的传递。

假设流体符合动量、质量、能量守恒方程。

① 动量守恒方程，由牛顿第二定律得[91]：

$$\frac{\partial(\rho u_x)}{\partial t}+\nabla\cdot(\rho u_x\boldsymbol{u})=-\frac{\partial p}{\partial x}+\frac{\partial\tau_{xx}}{\partial x}+\frac{\partial\tau_{yx}}{\partial y}+\frac{\partial\tau_{zx}}{\partial z}+\rho f_x$$

$$\frac{\partial(\rho u_y)}{\partial t}+\nabla\cdot(\rho u_y\boldsymbol{u})=-\frac{\partial p}{\partial y}+\frac{\partial\tau_{xy}}{\partial x}+\frac{\partial\tau_{yy}}{\partial y}+\frac{\partial y}{\partial z}+\rho f_y$$

$$\frac{\partial(\rho u_z)}{\partial t}+\nabla\cdot(\rho u_z\boldsymbol{u})=-\frac{\partial p}{\partial x}+\frac{\partial\tau_{xz}}{\partial x}+\frac{\partial\tau_{yz}}{\partial y}+\frac{\partial\tau_{zz}}{\partial z}+\rho f_z \tag{7-1}$$

式中 t——时间，s；

u_x、u_y、u_z——速度分量，m/s；

$\boldsymbol{u}$——速度，m/s；

ρ——流体密度，kg/m^3；

p——表面压强，Pa；

τ_{xx}、τ_{xy}、τ_{xz}——黏性应力，N；

f_x、f_y、f_z——单位质量力，m/s^2。

② 质量守恒方程[92]

$$\frac{\partial\rho}{\partial t}+\frac{\partial\rho(u_x)}{\partial x}+\frac{\partial\rho(u_y)}{\partial y}+\frac{\partial\rho(u_z)}{\partial z}=0 \tag{7-2}$$

③ 能量方程，由热力学第一定律得[93]：

$$\frac{\partial(\rho E)}{\partial t}+\nabla\cdot[\boldsymbol{u}(\rho E+p)]=\nabla\cdot\left[k_{\mathrm{eff}}\nabla T-\sum_j h_j J_j+(\tau_{\mathrm{eff}\cdot\mathrm{u}})\right]+S_{\mathrm{h}} \tag{7-3}$$

式中 E——内能、动能和势能之和的总能，J/kg，$E=gz+p/\rho+\boldsymbol{u}^2$；

z——高度差，m；

h_j——组分 j 的焓，J/kg；

k_{eff}——有效热传导系数，W/(m·k)、$k_{\mathrm{eff}}=k+k_j$；

T——流体的温度，K；

J_j——组分 j 的扩散通量；

S_{h}——体积热源项。

假设粉尘颗粒主要受重力、浮力、曳力和升力作用。粉尘颗粒动力学运动方程[94]：

$$m_{\mathrm{p}}=\frac{\mathrm{d}\boldsymbol{u}_{\mathrm{p}}}{\mathrm{d}t}=\boldsymbol{F}_{\mathrm{g}}+\boldsymbol{F}_{\mathrm{f}}+\boldsymbol{F}_{\mathrm{d}}+\boldsymbol{F}_x \tag{7-4}$$

式中　m_p——固体颗粒的质量，mg；

$\boldsymbol{u}_p$——固体颗粒的运动速度，m/s；

$\boldsymbol{F}_g$——颗粒自身重力，N；

$\boldsymbol{F}_f$——颗粒所受到的气流浮力，N；

$\boldsymbol{F}_d$——颗粒所受阻力，N；

$\boldsymbol{F}_x$——其他作用在颗粒上的力，N。

④ 重力

粉尘颗粒在重力场中受力的计算公式为：

$$\boldsymbol{F}_g = m_p g = \frac{\pi}{6} d_p^3 \rho_p g \tag{7-5}$$

式中　d_p——粉尘的粒径，m；

ρ_p——粉尘的密度，kg/m³。

⑤ 浮力

气相流场中粉尘颗粒受到气流作用对它的浮力，其计算公式为：

$$\boldsymbol{F}_f = m_g g = \frac{\pi}{6} d_p^3 \rho_p g \tag{7-6}$$

式中　ρ_g——气体的密度，kg/m³；

m_g——气流场中颗粒排出的空气质量，kg。

⑥ Stoke 曳力

颗粒在流体中运动时，流体作用在颗粒上的力 F_d 的表达式为：

$$\boldsymbol{F}_d = \frac{1}{8} \pi C_D \rho_p d_p^2 \mid \boldsymbol{U}_g - \boldsymbol{U}_p \mid \mid (\boldsymbol{U}_g - \boldsymbol{U}_p) \mid \tag{7-7}$$

$$Re = \frac{\rho d_p \mid \boldsymbol{U}_g - \boldsymbol{U}_p \mid}{\mu} \tag{7-8}$$

$$C_D = \frac{24}{Re} f(Re) \tag{7-9}$$

式中　$\boldsymbol{U}_g$——气体速度，m/s；

$\boldsymbol{U}_p$——颗粒速度，m/s；

μ——流体动力黏度，Pa·s；

Re——雷诺数。

⑦ 升力

粉尘颗粒在压力梯度的流场中运动时，受到压力梯度引起的作用力：

$$\boldsymbol{F}_p = -\frac{1}{6} \pi d_p^3 \frac{\mathrm{d}p}{\mathrm{d}x} \tag{7-10}$$

式中　p——表示颗粒表面由压力梯度而引起的压力分布。

假设湍流模型符合湍流动能方程(k 方程):

$$\frac{\partial(\rho k)}{\partial t}+\frac{\partial(\rho k u_i)}{\partial x_i}=\frac{\partial}{\partial x_i}\left[\left(\mu+\frac{\mu_i}{\sigma_k}\frac{\partial(k)}{\partial x_j}\right)\right]+G_k-\rho\varepsilon \tag{7-11}$$

湍流能量耗散率方程(ε):

$$\frac{\partial(\rho\varepsilon)}{\partial t}+\frac{\partial(\rho\varepsilon u_i)}{\partial x_i}=\frac{\partial}{\partial x_i}\left[\left(\mu+\frac{\mu_i}{\sigma_\varepsilon}\frac{\partial(\varepsilon)}{\partial x_j}\right)\right]+\rho X_1 E\varepsilon-\rho C_2\frac{\varepsilon^2}{k+\sqrt{v\varepsilon}} \tag{7-12}$$

式中,$C_1=\max[0.46,\eta/(\eta+5)]$,$\eta=Ek/\varepsilon$;$C_2$ 为常数;$E=\sqrt{2E_{ij}+E_{ij}}$;G_k 紊流动能生成,$G_k=\mu_i E^2$,μ_t 为黏性系数;σ_k,σ_ε 分别为 k 方程和 ε 方程的流场中紊流普朗特系数,计算中取经验值 C_2 为 1.9,$\sigma_k=1.0$,$\sigma_\varepsilon=1.2$。

转载点粉尘粒径主要分布在 5~10 μm,但往往与较大粒径颗粒混合,因此假设离散项粒子粒径分布符合对数正态分布方程。小直径的尘粒偏多,分布曲线不对称。在这种情况下,采用对数分布函数比较适宜:

$$f(\ln D)=\frac{1}{\ln\sigma_g\sqrt{2\pi}}\exp\left[-\frac{(D-\overline{D})^2}{2\ln^2\sigma_g}\right] \tag{7-13}$$

$$U(\ln D)=\int_{D\min}^{D}\frac{1}{\ln\sigma_g\sqrt{2\pi}}\exp\left[-\frac{(D-\overline{D})^2}{2\ln^2\sigma_g}\right]d(\ln D) \tag{7-14}$$

(3) 内蒙古某矿转载点几何模型的建立

该转载点空间分布如图 7-2 所示。

图 7-2 内蒙古某矿采煤工作面 2 号转载点

根据生产系统图在 COMSOL 软件内建模如图 7-3 所示，用简单几何代替带式输送机、控制箱等，忽略压风管路、线缆和壁面粗糙度。

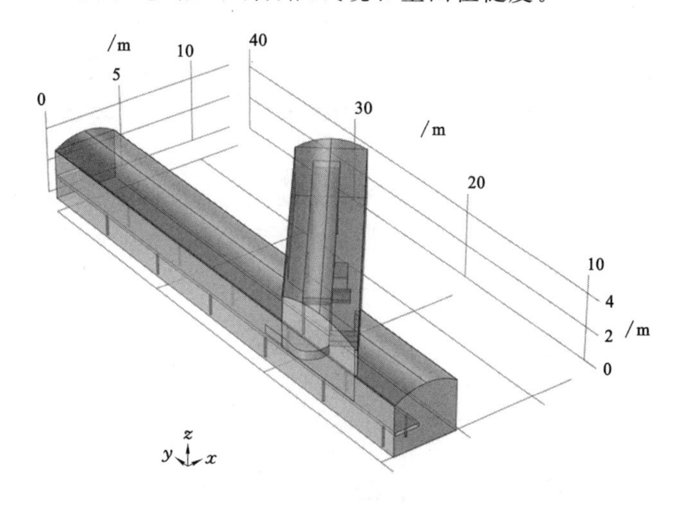

图 7-3　转载点三维几何模型

(4) 网格划分

图 7-4 为该几何模型的网格划分。网格采用四面体网格流体力学较细化自由填充，单元总数为 6 559 164，平均元质量为 0.675 2，当网格质量集中在 0.4～1.0 范围时，网格分布稳定，计算较为准确。

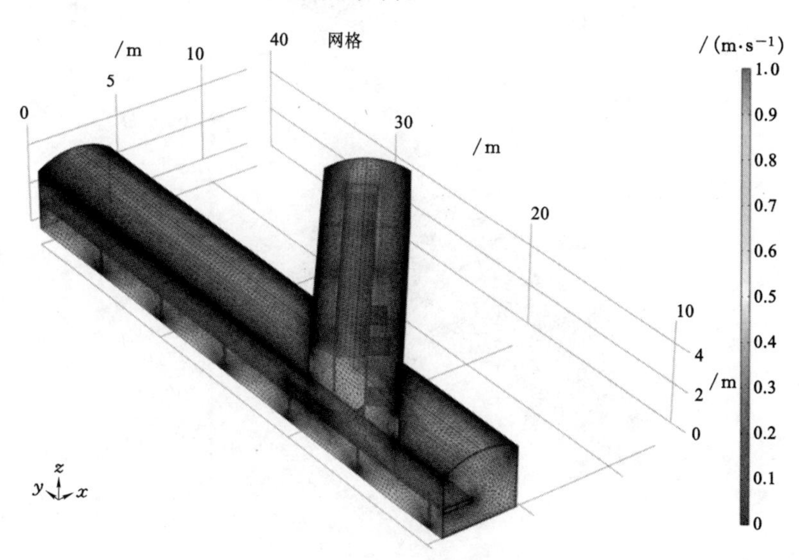

图 7-4　几何模型网格划分

7.1.2 顺风输煤转载点风流场计算结果与分析

边界条件设定依据来自现场实验测试，下部胶带(东郊)运输巷测风点风速为 0.2 m/s，上部胶带联络巷测风点风速为 0.15 m/s，空气密度设定为 1.25 kg/m^6，出口设定为自由出口，参考压力为 1 atm，胶带运行速度取最大值 4 m/s。胶带位置边界采用广义粗糙壁设定，按照实际煤体堆积高度设定为 100 mm，粗糙度系数为 0.24。参考温度为 294.15 K。

如图 7-5～图 7-8 所示，为 2 号转载点模拟风速的计算结果图。其中，图 7-5 为转载点风速三维分布图，图 7-6～图 7-8 分别为 zy、xy、zx 的截面分布图。绘制图 7-5～图 7-8 的目的是为了从三维空间角度分析该转载点的煤尘污染机理，进一步确定治理方案。

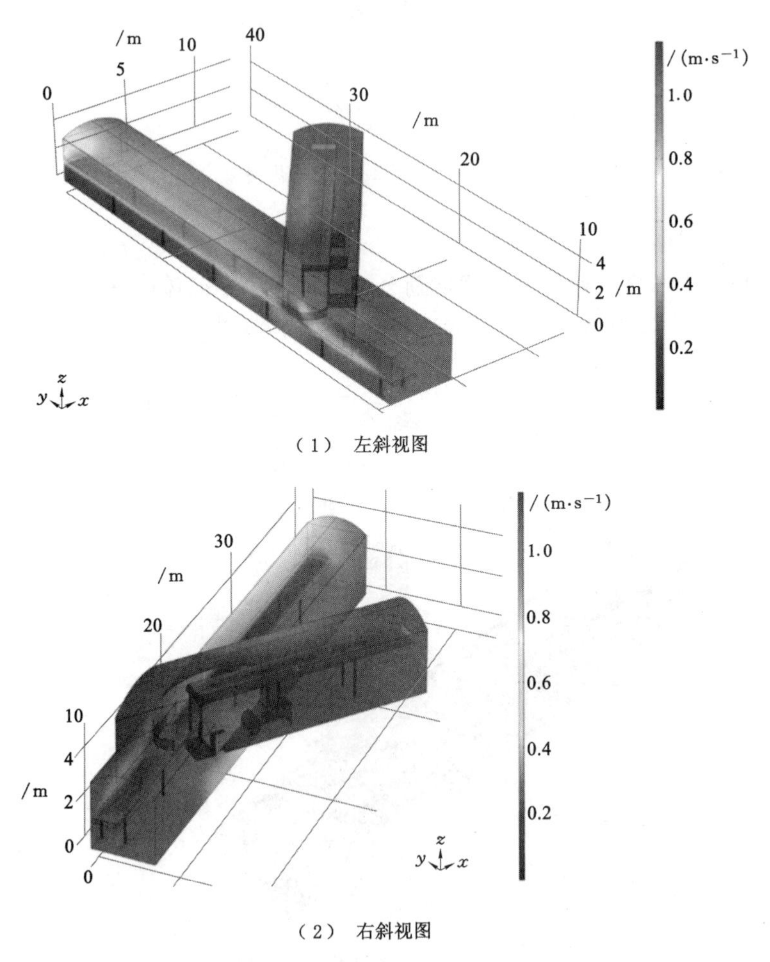

(1) 左斜视图

(2) 右斜视图

图 7-5 巷道顺风输煤转载点风速三维分布图

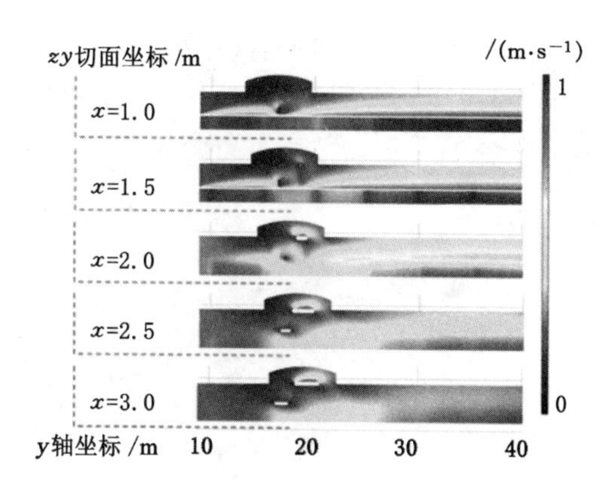

图 7-6　巷道顺风输煤转载点风速 zy 截面分布图

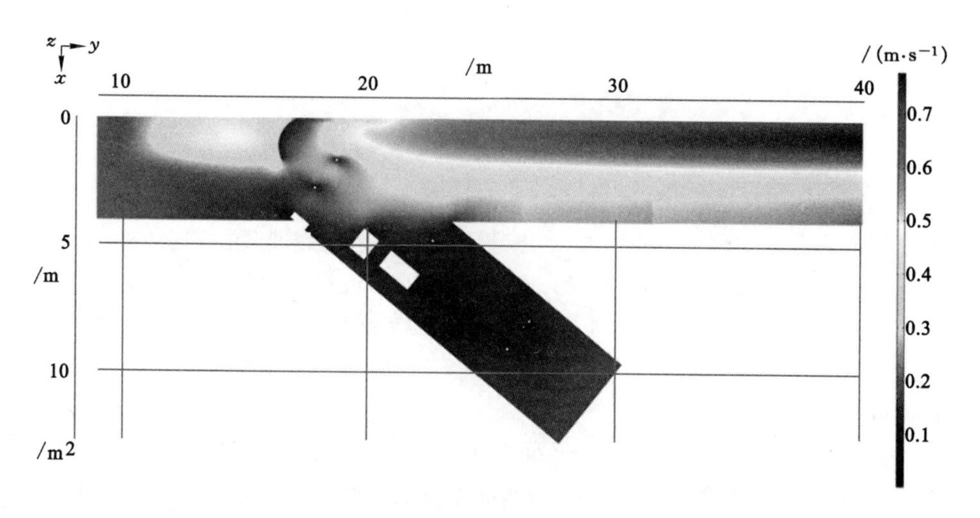

图 7-7　巷道顺风输煤转载点风速 $z=2$ m 处 xy 截面分布图

如图 7-5 所示，运煤时东郊运输巷道风速分布：胶带附近风速较快为 0.8～1 m/s，距离胶带越远，风速越小，但在转载点附近风流紊乱，远离胶带处风速出现增长。主要由于运煤时，胶带速度快，对风流有牵引作用，使得胶带面附近风速较快，但接近转载点时，由于上部联络巷风流的混入和挡板的阻挡，导致胶带附近风流速度降低，并向巷道壁面方向流动，呈现出中间速度小周围速度大的分布。为深入分析风流分布规律，沿 x 方向从 $x=1$ m 处开始截取 zy 方向的 5 个截面至 $x=6$ m 外终止。

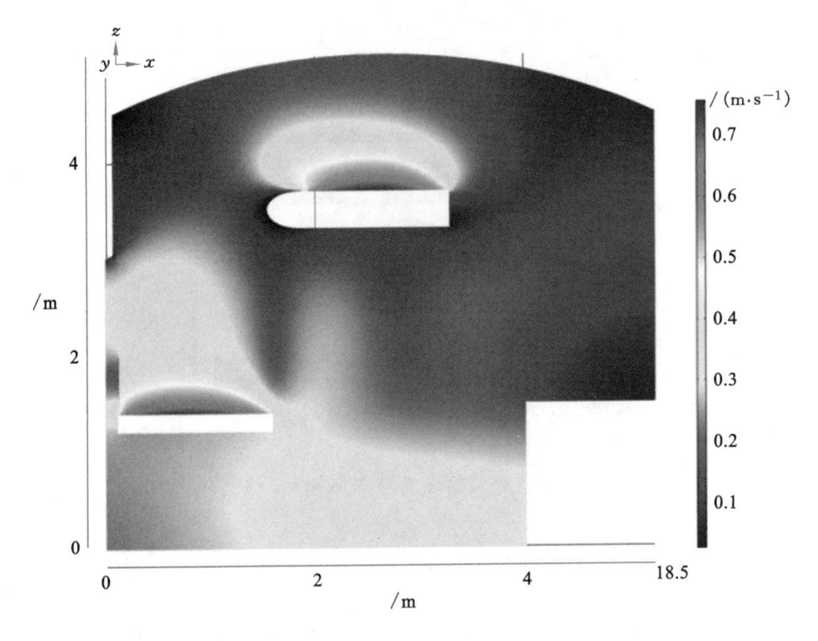

图 7-8 巷道顺风输煤转载点风速 $y=16.5$ 处 zx 截面分布图

如图 7-6 所示,带式输送机截面上风速最大,向巷道顶部风速逐渐减小,挡板上侧成磁化螺旋状态,在 x 方向上越远离胶带风速越小,并且因上部巷道风流混合涡流半径先增大后减小,在 $x=2$ m 附近接近最大达到 2 m/s 左右,并且地面风速可达 0.4 m/s,造成了该区域粉尘在转载点处大量积聚,难以排出,地面的二次扬尘现象严重。为深入研究 $z=2$ m 处转载点涡流形成原因,在该位置截取 xy 方向的截面。

如图 7-7 所示,巷道涡流在 xy 面上主要分布在挡板、带式输送机控制箱、电机、变压器等构成的半包围区域,此分布状态造成了区域内涡流和转载点下风侧的风流相对速度较大。转载点处粉尘因紊乱涡流大量飞扬,并且在 0.3~0.6 m/s 风速的风流作用下向周围大量扩散,因此实际测量中此区域粉尘浓度相对较大。

如图 7-8 所示,在 $y=16.5$ 处下部胶带、上部胶带、巷道壁面和控制箱组成的空间区域内形成了环形涡流,上部胶带运行和物料运动造成了气流沿巷道壁面向下方弧形流动,并于下部胶带牵引风流汇合,两巷道的风压风流在下部运输巷底板汇聚,并被电控箱阻碍沿底板加速,导致了 zx 平面的环状涡流扬尘和沿底板的二次扬尘。使得实际粉尘在下部胶带近壁侧积聚,覆盖面约有 10 cm 宽。

7.1.3　逆风输煤转载点风流场计算结果与分析

实际胶带运行方向与风流方向相反，此为逆风输煤转载，为探究该转载方式风流分布及粉尘分布粒度和速度的三维分布规律，按照内蒙古某矿实际参数设定巷道风速大小、胶带速度、胶带表面粗糙度、堆积高度。获得逆风转载风速、压力的三维分布，采用截取不同位置、断面的风速数据，获得随高度、距离等变化的风速、压力、粉尘分布规律。

图 7-9 为上部巷道顶部，风速成中间大两边小的分布，随距离远离转载点，速度逐渐减小，在转载点附近由于与下部巷道风流混合和巷道纵断面的减小，速度增加，并在 $x=0\sim4$ m 处，形成涡流，受到高差和巷道间角度的影响，在 $x=0$ m，$y=15$ m 处达到最大速度 0.5 m/s。

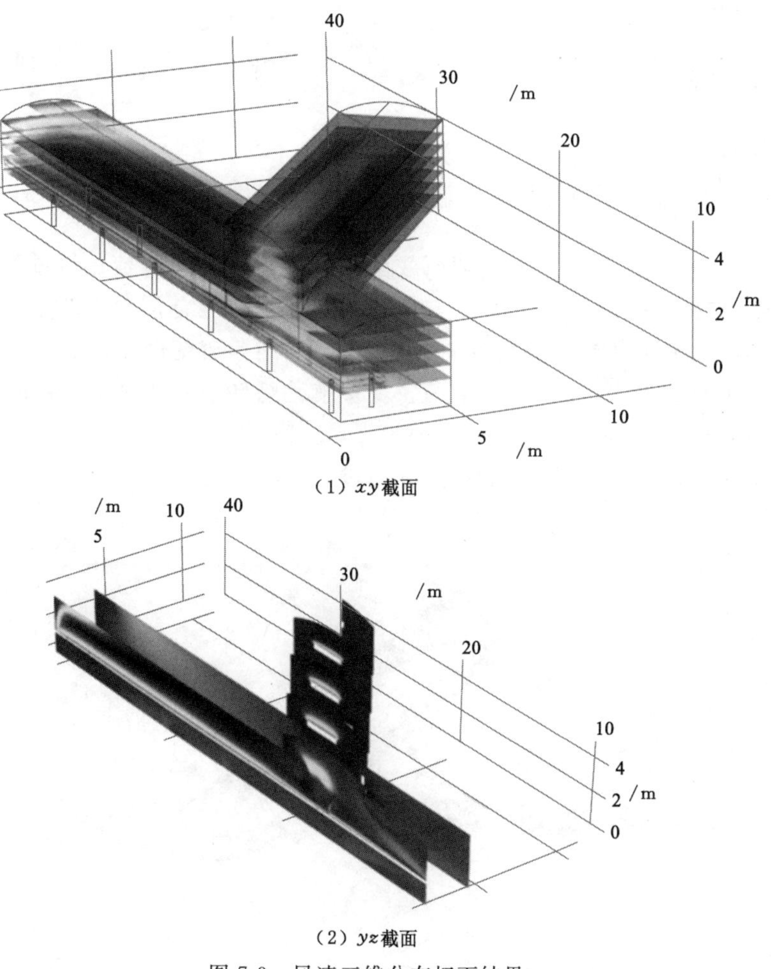

（1）*xy*截面

（2）*yz*截面

图 7-9　风速三维分布切面结果

如图 7-10 在 $z=4$ m 的 xy 截面风速分布切面图中，随着远离巷道顶部，越接近胶带，风流速度越大越接近带式输送机机头，风速增加到最大值 1.2 m/s，但由于断面扩大，风速在下部巷道内逐渐衰减，冲击到巷道壁面向 y 轴负方向运移，并向来流方向迁移形成回流磁化螺旋。

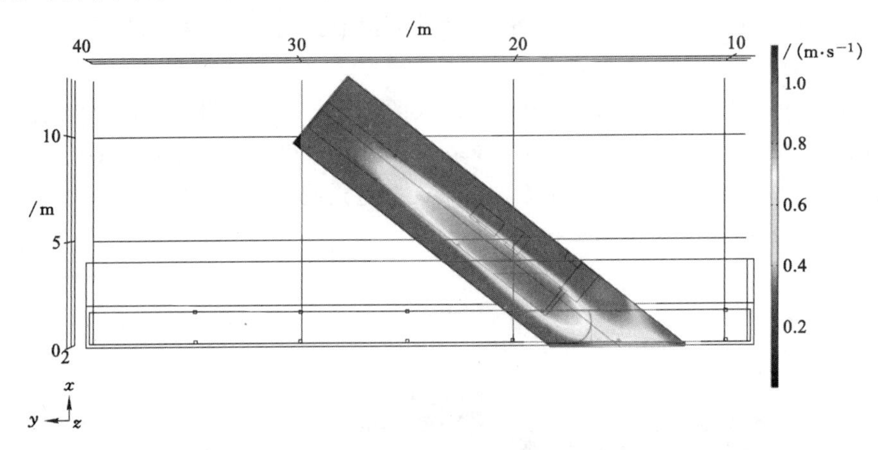

图 7-10 xy 截面风速分布切面图($z=4$ m)

如图 7-11 在 $z=3.5$ m 处切面截在胶带面上，在胶带煤流运行过程中，煤流由于牵引、挤压携带了诱导气流，与煤流和巷道风流混合涌向下部巷道内，并与下部巷道风流混合向 y 轴负方向运移，在与下部巷道壁面接近后向下运移，诱导气流风速约为 1.3 m/s。此数值主要影响落煤转载扬尘强度，诱导气流量越大扬尘强度越大，含尘气流扩散能力越强，尤其在封闭、受限巷道空间，低粒度粉尘极易从煤流剥离，在巷道内悬浮，并通过人体呼吸道进入肺部，危害人体健康。

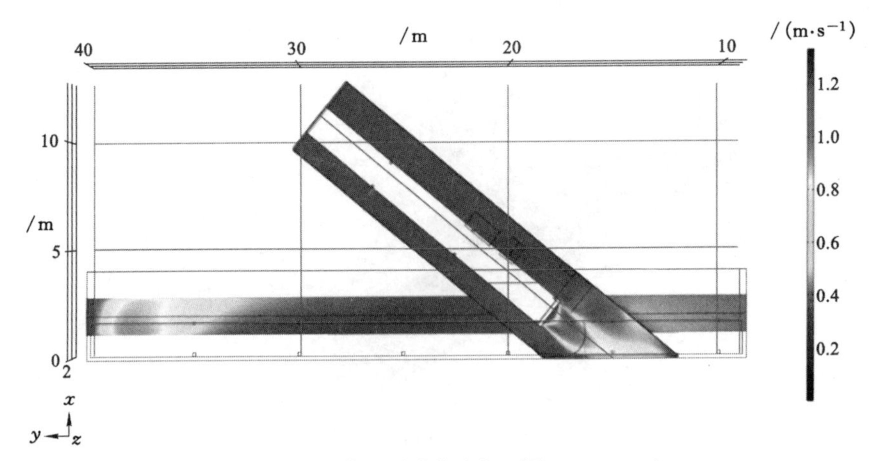

图 7-11 xy 截面风速分布切面图($z=3.5$ m)

如图 7-12 在 $x=3$ m，$y=15$ m 处高速风流带由上部巷道汇入风流引起，其风流分布主要集中在 0.8～0.9 m/s。转载点其他位置风流速度在 0.4 m/s 以下，此风速不利于粉尘污染物的排放，主要在转载点下部巷道前后 10 m 范围内积聚。在 $x=0$ m，$y=39$ m 处，风速延壁面加速达到 1.2 m/s，是由于胶带高速运转与巷道风流速度相反，从转载点到此位置，由于胶带上煤堆积高度与转载点之前胶带堆积高度不同，对风流的牵引作用增大，与迎面风流形成相对运动，挤压风流向顶部及人行道壁面方向加速运移。

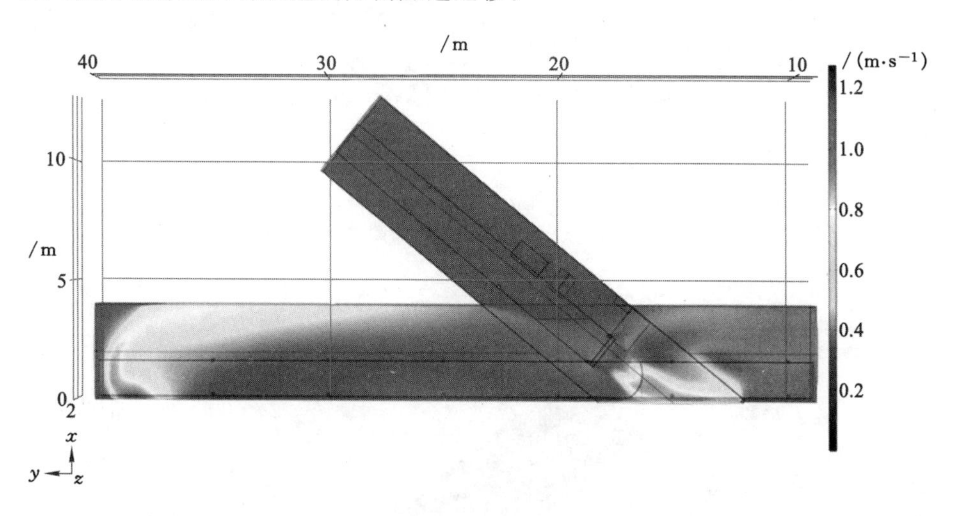

图 7-12　xy 截面风速分布切面图（$z=3$ m）

如图 7-13 在 $z=2.5$ m 的 xy 截面上，由于落煤转载挡板对风流和诱导气流的阻碍作用，挡板的巷道风流来流方向风速大小在 0.4 m/s 以下，胶带无煤一侧风速在 0.8～0.9 m/s 之间，因此会造成下风侧排尘浓度大，另一侧积聚浓度大，转载点整体粉尘浓度处于较高水平。以挡板为分割边界，整体计算结果呈现两个大磁化螺旋。

如图 7-14 在 $z=2$ m 处，xy 截面风速切面湍流强度明显增大，在下部巷道风流受到上部带式输送机机头和挡板的阻碍，以及转载点其他构筑物的阻碍，风流方向在 $y=40$ m、$y=30$ m、$y=20$ m、$y=15$ m、$y=10$ m，$x=2$ m、$x=3$ m、$x=4$ m、$x=5$ m 等位置变化幅度较大，造成粉尘随机扩散。

如图 7-15 在 $z=1.5$ m 处，xy 截面风速分布主要受到巷道内胶带运输的影响，在转载点胶带堆积高度由空载变为满载，对风流的迁移效果增大，风流速度达到 1.6 m/s，并随巷道延伸逐渐增大，在逆风运输的条件下，巷道内风流将胶带上煤流内细颗粒粉尘大量剥离，并在转载点处大量积聚，难以从转载点排出。

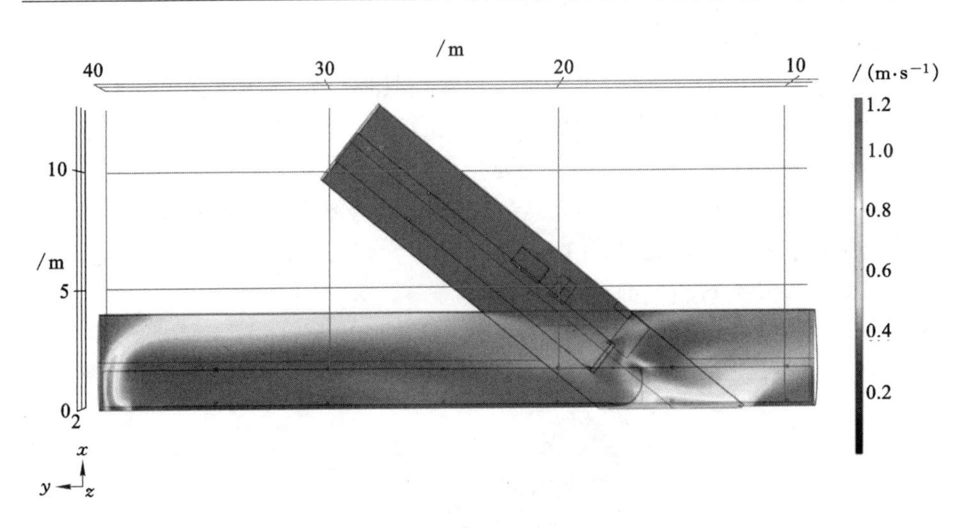

图 7-13　xy 截面风速分布切面图(z=2.5 m)

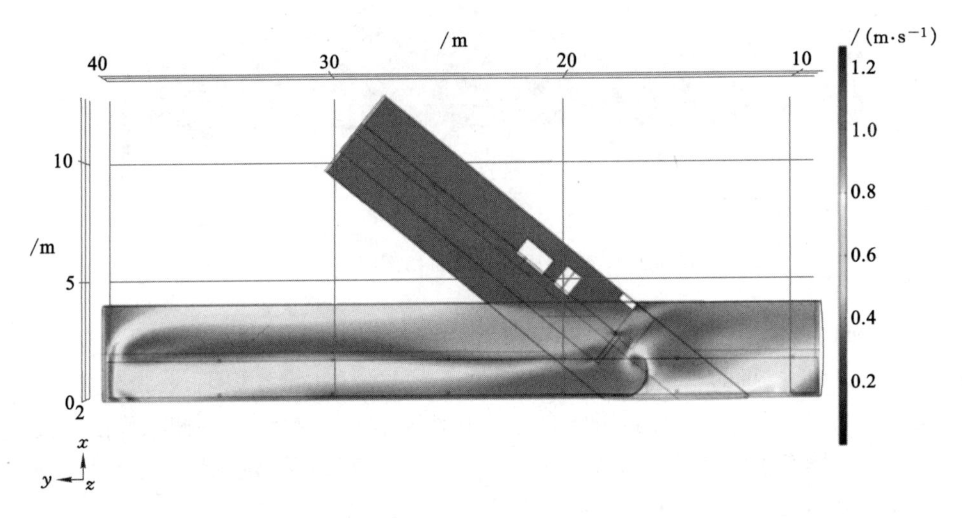

图 7-14　xy 截面风速分布切面图(z=2 m)

因此可以选择在此高度采用螺旋气动雾幕将转载点覆盖,并延风流方向捕捉随机扩散的微米级煤尘,将煤尘控制在转载点内。

风流流动的三维空间方向、大小可通过制作风流流线矢量图获得,通过箭头方向确定三维空间中的速度矢量方向,相比速度切面截面图可以分析矢量方向,同时根据箭头颜色色谱,分析该方向速度的大小。

如图 7-16 所示,风流在上部巷道汇入下部巷道时,在巷道壁面附近形成涡流,由逆风输煤胶带牵引、高差、断面突变引起,尤其是转载点上风侧胶带满载煤

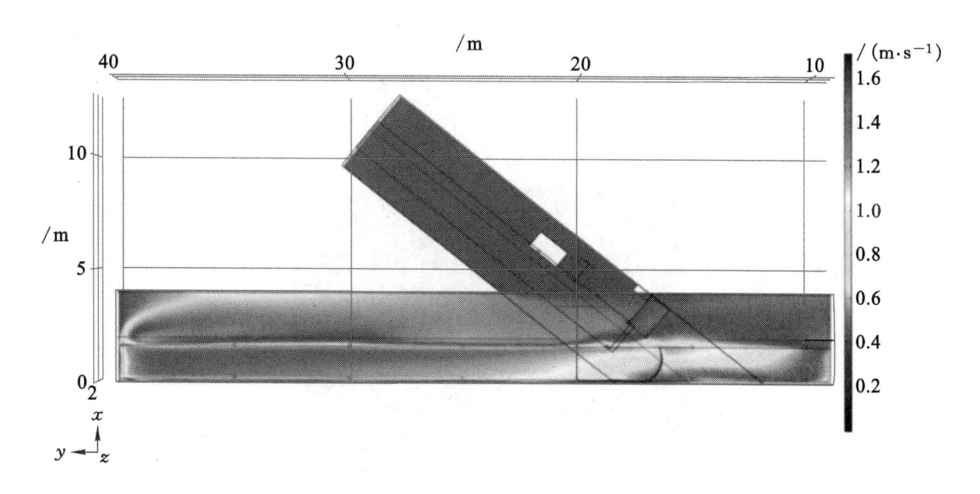

图 7-15 xy 截面风速分布切面图(z=1.5 m)

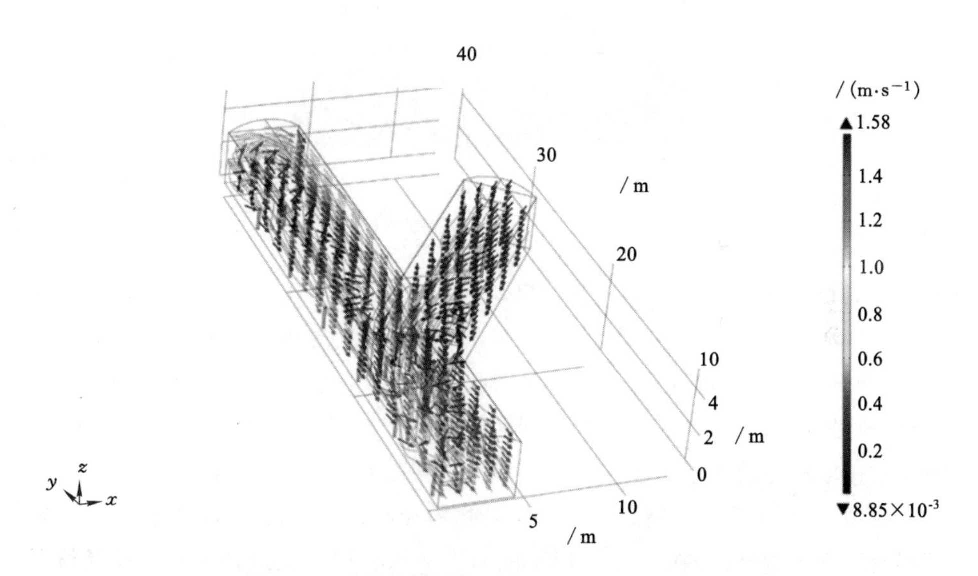

图 7-16 逆风输煤转载风速三维分布矢量流线图

流牵引的强度较下风侧胶带满载煤流牵引的强度大，因此在上风侧风流分层严重，并以胶带位界大致可分为胶带中层逆风流动方向，两侧壁面顺风流动方向，下风侧风流主要在转载点附近磁化螺旋，风流分层模糊，气流方向较为混乱。上部巷道主要延胶带面风流速度大，切面在汇入下部巷道时速度衰减快。下部巷道胶带面速度快，壁面风流受到中层逆风风流挤压，延壁面风速相对中层速度大。

如图 7-17 所示，在转载点下部胶带巷上风侧布置粉尘浓度测点，总粉尘浓度达 70 mg/m^3。如图所示，在风流中能见度较差、悬浮粉尘量大，大粒度粉尘随风飞舞，污染井下环境，对井下安全生产造成巨大威胁。

图 7-17　下部运输(东郊)巷道粉尘污染图

7.1.4　转载点粉尘运移规律计算结果与分析

通过实验室收集现场转载点煤尘样品，测试后发现粒径越小的粒子分布越多，符合对数分布规律，因此在软件中，对入口边界条件设定，粒子按照对数分布释放，粒径分布在 5～50 μm。为实现假定的连续性，释放时间与计算时间一致。粒子初速度按照胶带运行速度设定。图中色谱表示粉尘粒径(m)。

模拟结果如图 7-18 所示，在 t=8 s 时，粒径在 5 μm 左右的粉尘已经运移到下部巷道下风侧，粒径在 20 μm 以下的粉尘随风流扩散能力强于较大粒径粉尘的随风流扩散能力，在 t=10 s 时运移到上述相同位置。20～35 μm 粒径范围的粉尘扩散范围主要在转载点附近，35～50 μm 粒径范围的粉尘主要在胶带附近运移。可以分析得到，随时间从 1 s 开始，大粒径粉尘随风流运动迁移较慢，粒径越小扩散速度越快，扩散范围越大，扩散方向随磁化螺旋风流向壁面方向游走，主要由于落料过程中细微粒径的粉尘逐渐从落料诱导气流中脱离，并易跟随风流流线运动和扩散。风流对大粒径粉尘的作用力较弱，受重力作用向竖直方向沿抛物线运动沉降。

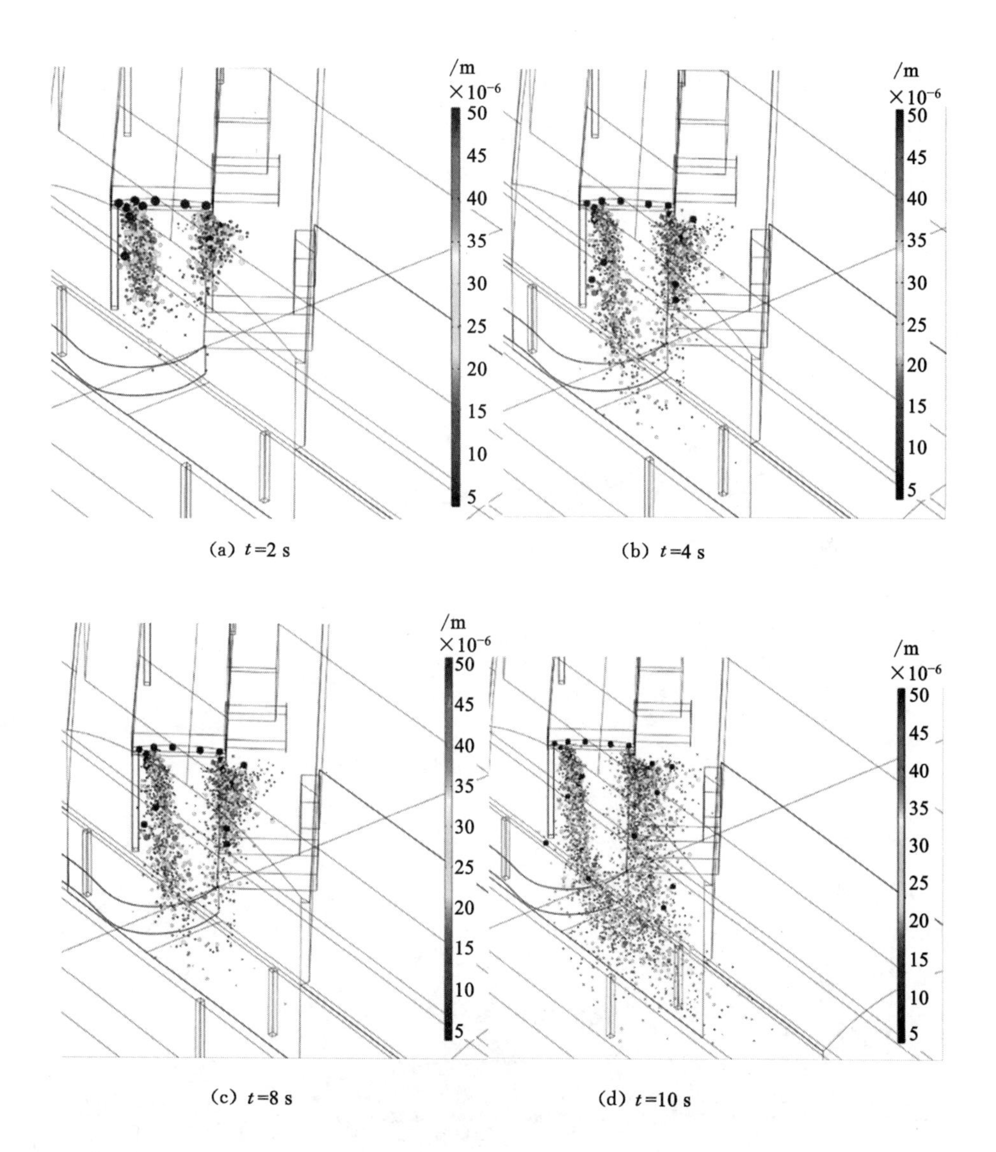

(a) t=2 s　　(b) t=4 s

(c) t=8 s　　(d) t=10 s

图 7-18　转载点粉尘扩散三维分布图

图 7-19～图 7-21 为三个观测角度的转载点煤尘速度、粒度离散三维分布,图中显示了不同粒度煤尘的速度扩散三维分布,从图中可以观测到细颗粒运移速度在 0.4 m/s 左右,在转载过程中从煤流中剥离,在巷道中悬浮运移,难以沉降。带式输送机机头落煤过程中,下落速度较大,各粒度粉尘混杂速度分布在0.6～1 m/s。粒径为 30～50 μm 的煤尘在转载点周围 10 m 范围内运

移，并向巷道底板沉降，沉降后黏附在巷道壁面、胶带料槽、落煤挡板上，其中较大粒度在胶带面附近反弹沉降，在胶带面周围 0.5 m 范围内运移。部分粒度子10 μm以下的粉尘逆风运移至巷道上风侧 20 余米，扩散速度从胶带面竖直向上逐渐减小。

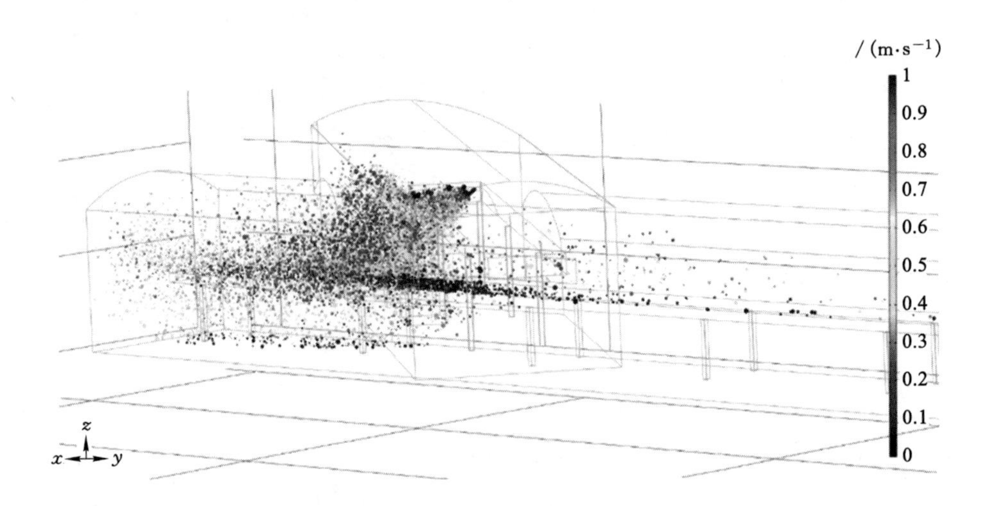

图 7-19　煤尘速度、粒度离散三维分布(1)

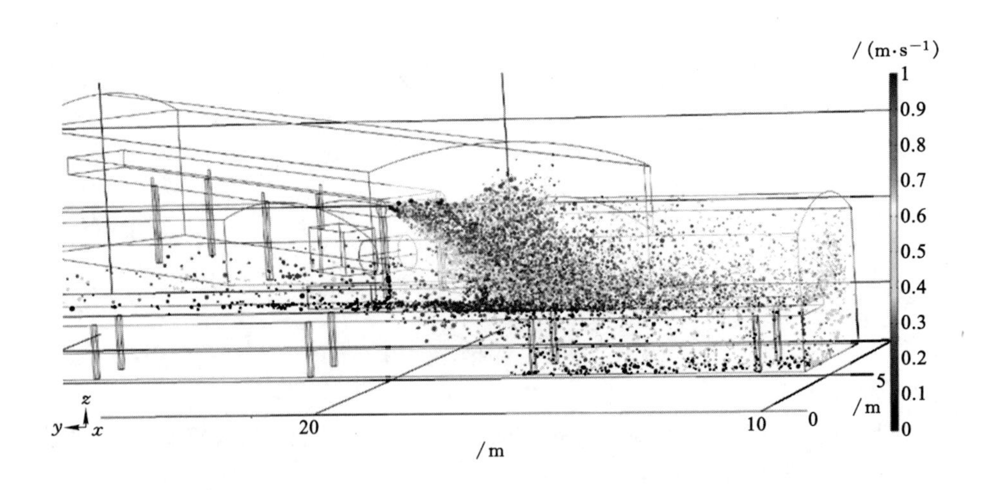

图 7-20　煤尘速度、粒度离散三维分布(2)

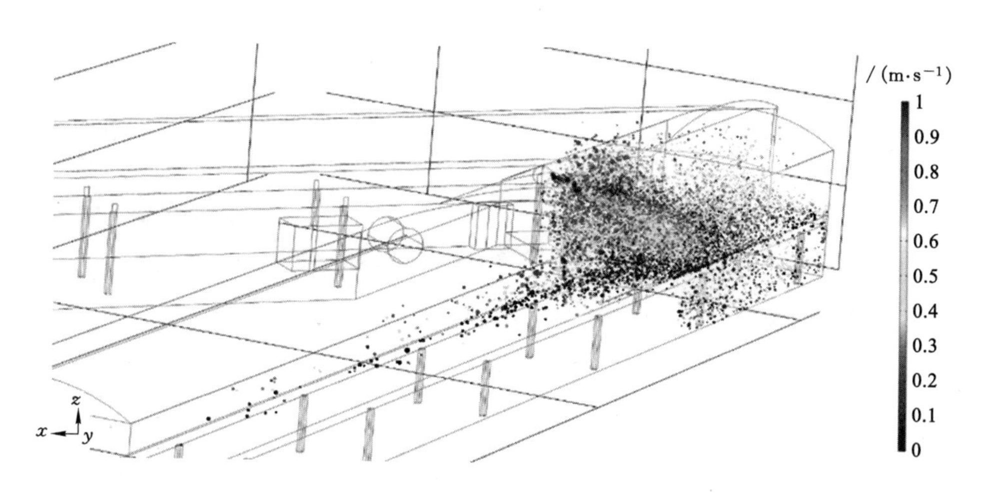

图 7-21　煤尘速度、粒度离散三维分布(3)

7.2　回风巷粉尘运移扩散规律研究

7.2.1　回风巷粉尘运移数值模型建立

(1) 数值模型建立

采用 COMSOL 内置几何建模程序，建立了回风顺槽几何模型，巷道总长度为 150 m，巷道绞车房处断面为 5.3 m×4 m，顺槽断面为 4.8 m×3.2 m，长度分别为 70 m、80 m，高差 20 m，绞车房中设定若干构筑物，在斜坡上设置雾幕断面横柱。用简单几何代替构筑物，巷道断面过渡位置用放样方法过渡平滑处理。

(2) 计算网格划分

网格划分采用四面体网格自由划分处理，在断面过渡处和高差角度变化处采用细化处理(图 7-22)，网格数共 2 387 349 个，网格平均质量为 0.21。

7.2.2　回风顺槽风流分布计算结果与验证

(1) 计算结果

采用 k-ε 湍流计算模型，内置 RANS 模型，获得回风巷顺槽风流分布体图，如图 7-23 所示，下部低标高巷道内风流速度相比高标高的巷道风流速度大，风流速度介于 0.3～0.8 m/s 之间，在斜坡前底板减速运动，顶板位置加速运动，斜坡地板上速度约为 0.5 m/s，顶板略低，当由小断面过渡到大断面后，速度骤降，近壁侧风流速度约为 0.1 m/s，受到绞车房等诸多构筑物影响，部分位置局部加速运动，由于近壁侧附壁沿程阻力大，巷道中部速度较大，周围速度较小。

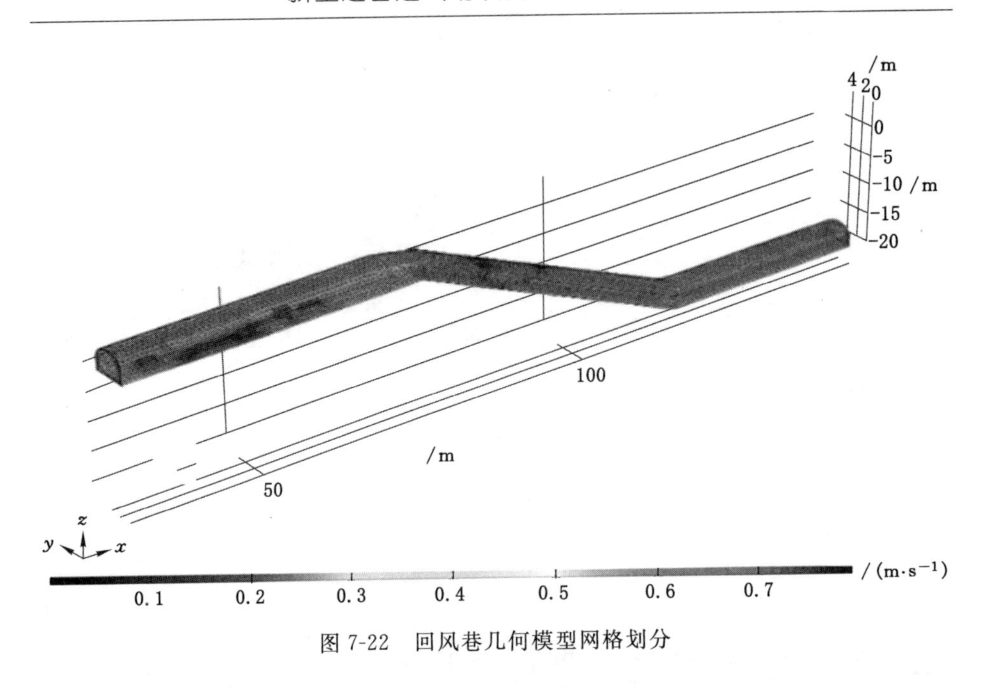

图 7-22　回风巷几何模型网格划分

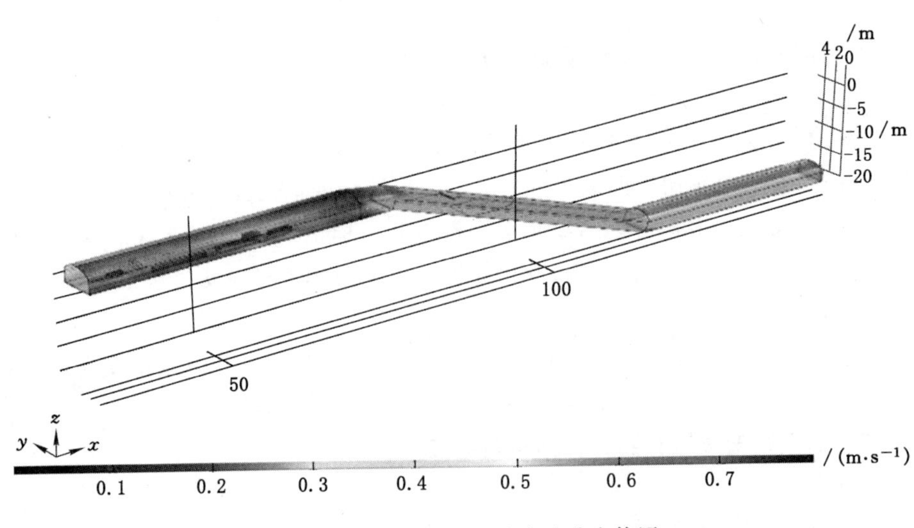

图 7-23　回风巷风流速度大小分布体图

由回风顺槽多切面图 7-24 可得，平巷风速相对斜坡速度要小些，并且构筑物下风侧速度极低，巷道中部风流速度约为 0.5 m/s，风流经过过渡段，速度由 1 m/s 向上分层递减，在底板侧处于最大值。分层变化受到巷道断面的过渡，不可压缩(弱可压缩)气流平均速度下降，但受到惯性力作用，底板侧气流速度偏大，顶板速度略小。

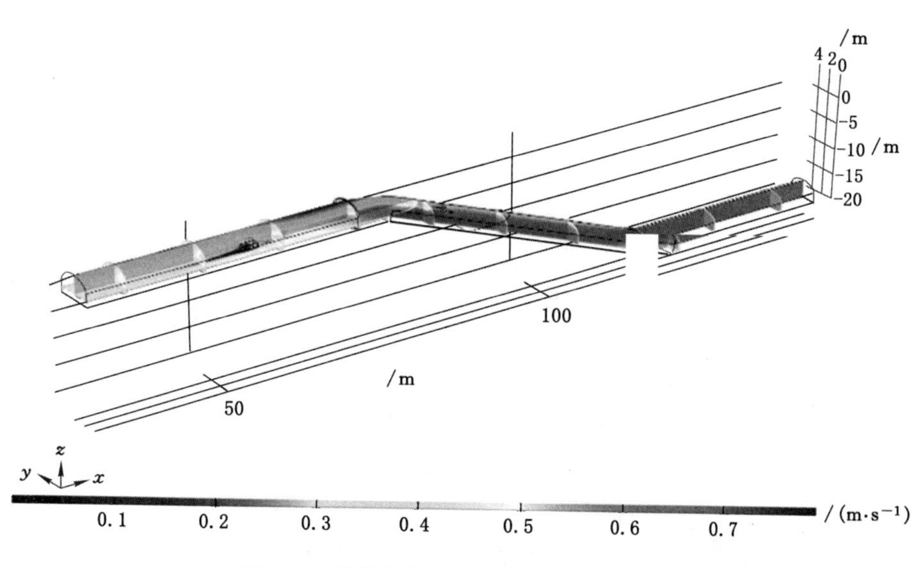

图 7-24　回风巷风流速度大小分布多切面图

(2) 风流分布结果与现场测试验证对比

经过测风仪现场测风，验证人行道 1.5 m 处风流大小分布，截取了风速模拟数据为 30 m 处的红线，如图 7-25 所示，绘制图 7-26 线图与散点图的现场测试数据进行对比，以验证模拟的正确性，图中各测点风流速度大小对比吻合较好，足以证明模拟的正确性。

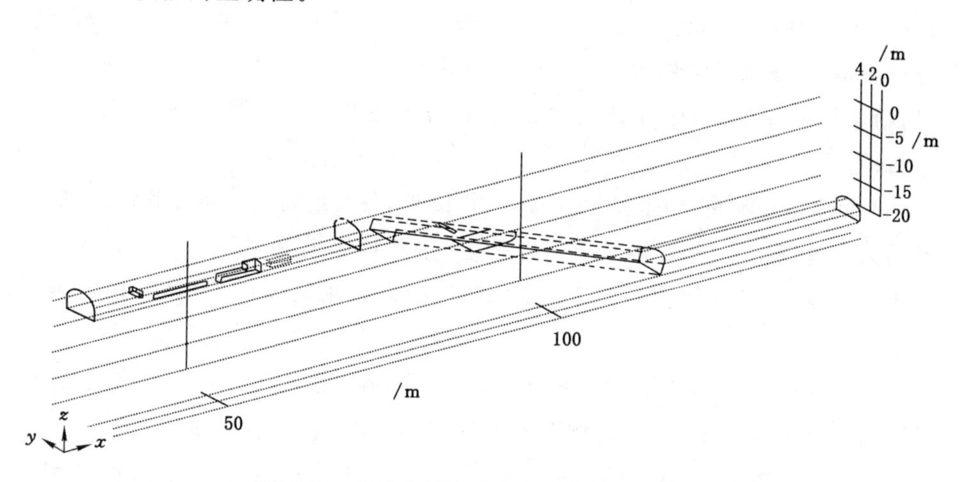

图 7-25　回风巷风流速度大小数据截线位置

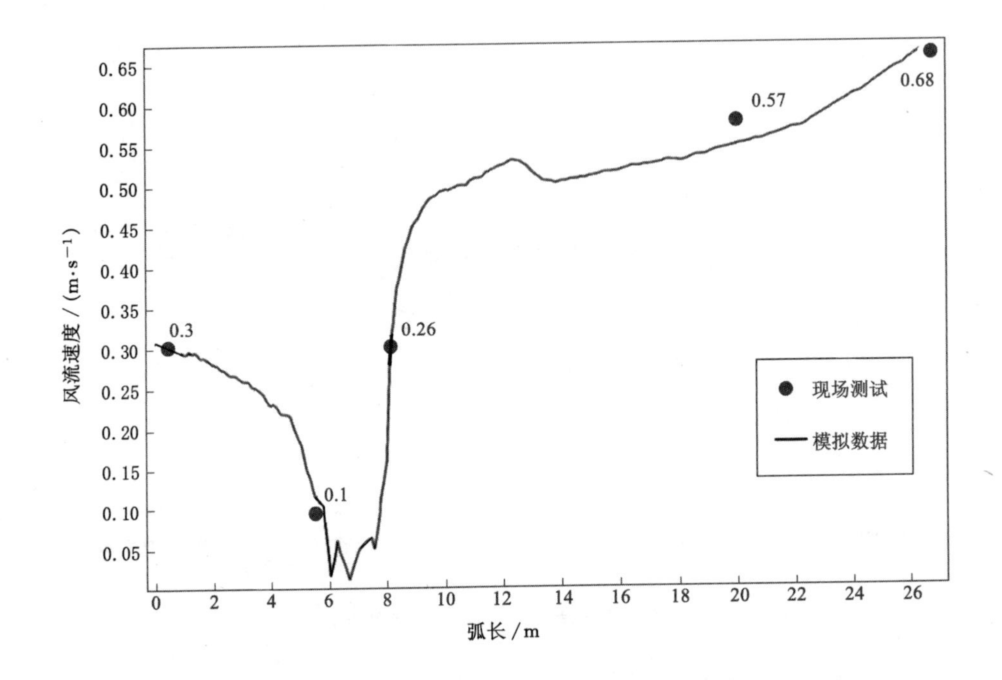

图 7-26　回风巷风流速度大小数据截线线图

7.2.3　回风顺槽风流—煤尘分布规律与影响因素分析

通过入口随机的粉尘粒子离散释放，每次释放了 1～20 μm 的粉尘粒径 1 000个，每秒计算一次，共计算 200 s 的模拟结果，所释放粉尘粒径由现场采样分析获得，现场采样结果的回风巷粉尘分级粒度分布为呼吸性粉尘，时间为 50 s 时，粉尘扩散分布在 30 m 处，各粒度粉尘分布在巷道内悬浮，并随风流延流线分布(图 7-27)。

时间为 100 s 时，粉尘扩散分布在 70 m 处，各粒度粉尘分布在巷道内悬浮，并随风流延流线分布，在斜坡上不断附着，于斜坡底板凝聚(图 7-28)。大粒度粉尘惯性较大，易在风流流线变化时，受惯性力作用脱离风流流线，在斜坡上冻结。

时间为 150 s 时，粉尘扩散分布在 80 m 处，各粒度粉尘分布在巷道内悬浮，并随风流延流线分布，在构筑物上不断附着，于构筑物底板凝聚(图 7-29)。大粒度粉尘惯性较大，易在风流流线变化时，受惯性力作用脱离风流流线，在构筑物上冻结。在各构筑物下风侧低速区域不断滞留。

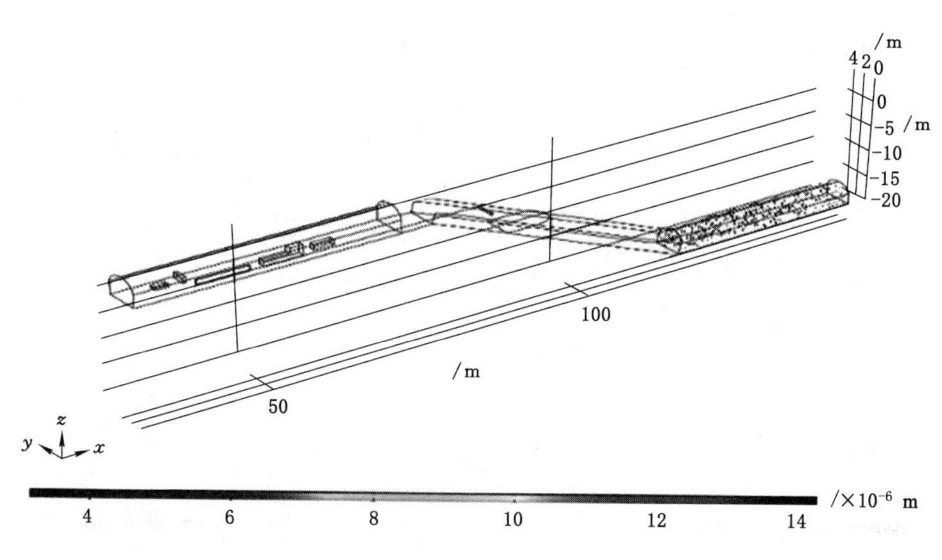

图 7-27　50 s 时回风顺槽风流—煤尘分布规律

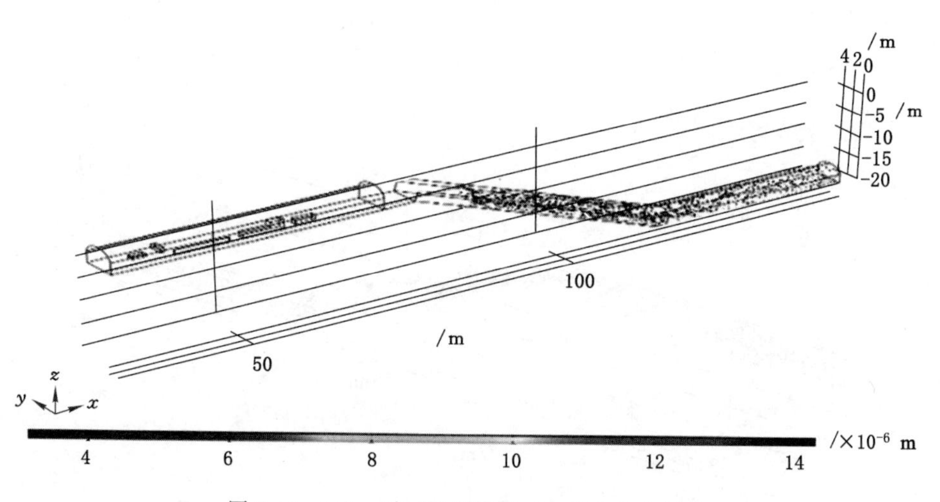

图 7-28　100 s 时回风顺槽风流—煤尘分布规律

时间为 200 s 时，粉尘扩散运移至 150 m 处，各粒度粉尘分布在巷道内悬浮，并随风流延流线分布，在构筑物上不断附着，于构筑物底板凝聚，在构筑物两侧及夹缝高风速处运移，大粒度粉尘惯性较大，易在风流流线变化时，受惯性力作用脱离风流流线，在构筑物表明冻结，并在各构筑物下风侧风流的低速区域不断滞留旋动(图 7-30)。

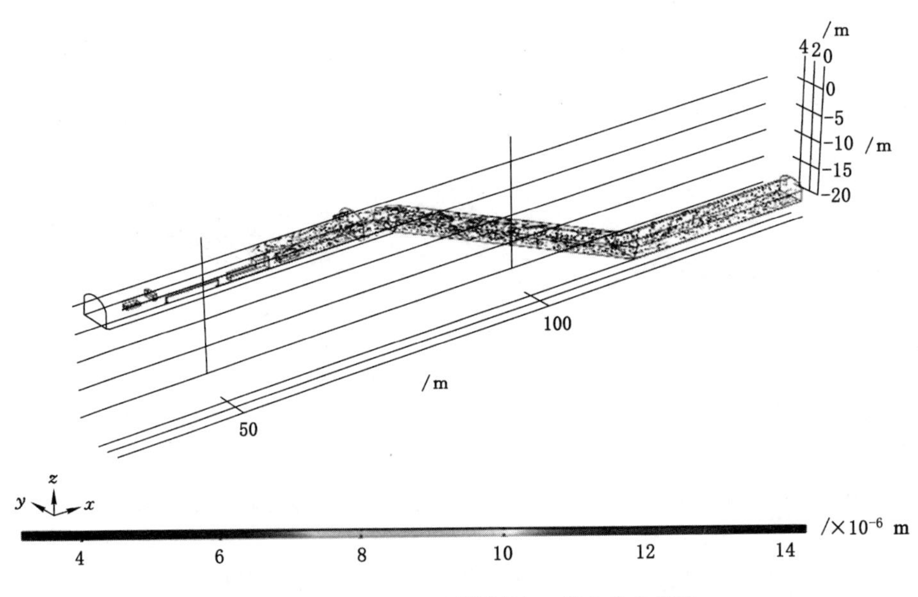

图 7-29　150 s 时回风顺槽风流—煤尘分布规律

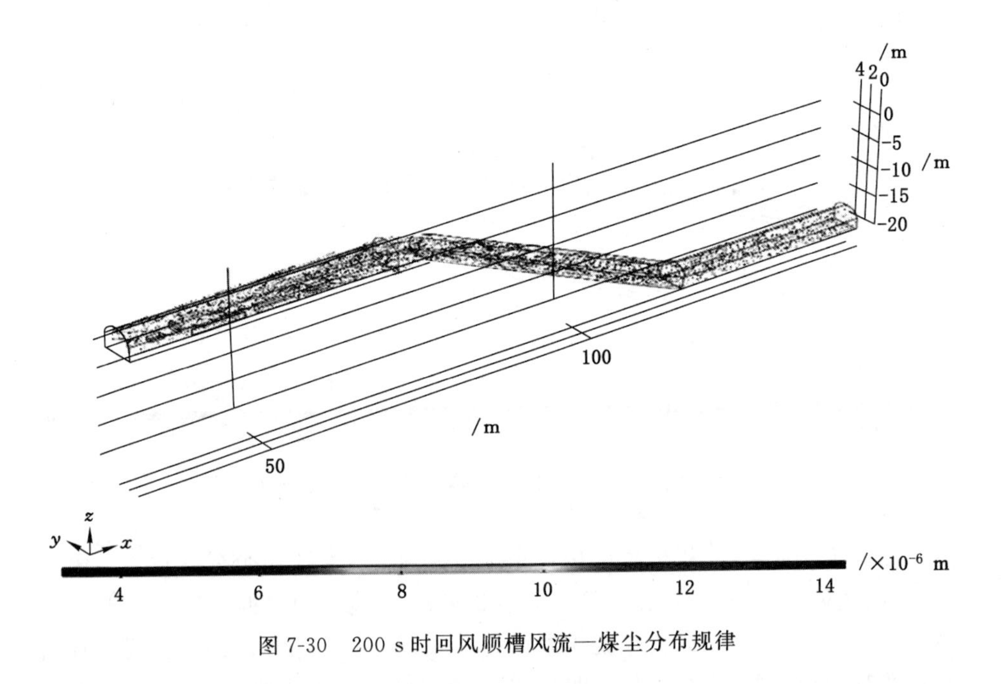

图 7-30　200 s 时回风顺槽风流—煤尘分布规律

时间为 200 s 时，粉尘速度与风流速度基本保持一致。绞车房内粉尘速度在 0.3～0.6 m/s，低标高巷道内粉尘速度大小介于 0.5～0.8 m/s(图 7-31)。在构筑物夹缝和断面变化处速度发生变化，夹缝处速度增加，断面扩展，粉尘速度一开始受惯性作用，保持不变，但由于周围气流速度骤降，这些粉尘受到空气摩擦力影响，相对速度增加阻力增大，速度逐渐减小，并在其中不断积聚。

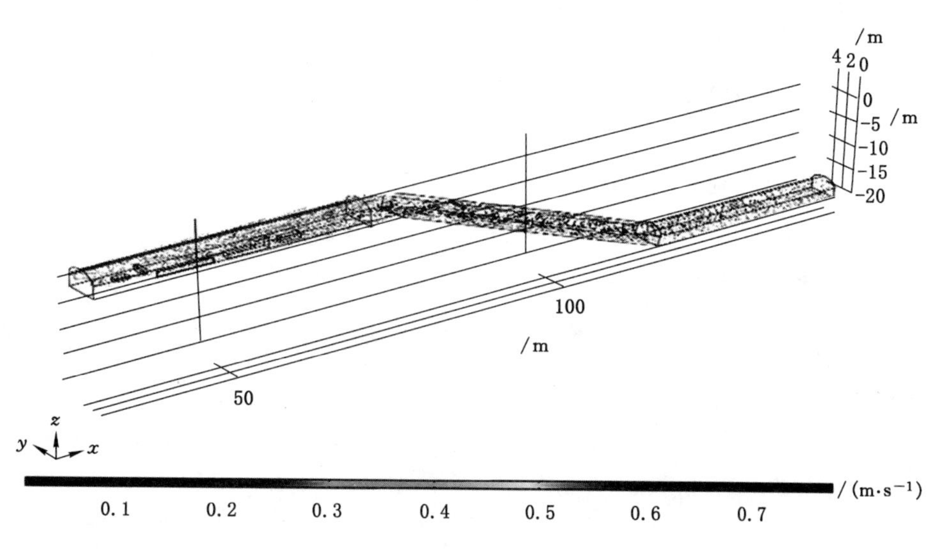

图 7-31　回风顺槽风流—煤尘速度分布

7.3　选煤厂粉尘运移扩散规律研究

7.3.1　选煤厂粉尘运移扩散数值模型建立

(1) 数值计算模型的建立

经过现场测试研究和煤尘污染影响因素分析，本书选择了煤尘污染机理最复杂、浓度最大的筛分准备车间一楼作为选煤厂超音速汲水虹吸雾幕控尘现场应用研究试点位置，并依靠 COMSOL 软件及 CFD-DEM 方法[221]，流体流动粒子追踪与湍流流动模块进行多物理场耦合的数值建模，开展数值模拟研究。

根据计算流体动力学 CFD 与离散元 DEM 的原理，依据背景风流稳态计算与颗粒粒子追踪的方法，在 COMSOL 软件中采用湍流与颗粒运动模块进行建模和模拟。

根据气—固两相流理论，按照牛顿第二定律展开对粉尘进行系统的受理分析，建立选煤厂准备车间粉尘颗粒动力学运动[222-223]：

$$m_{\mathrm{p}}\frac{\mathrm{d}\boldsymbol{u}_{\mathrm{p}}}{\mathrm{d}t}=\boldsymbol{F}_{\mathrm{g}}+\boldsymbol{F}_{\mathrm{f}}+\boldsymbol{F}_{\mathrm{d}}+\boldsymbol{F}_{x} \tag{7-15}$$

式中 m_{p}——粉尘的质量,mg;

$\boldsymbol{u}_{\mathrm{p}}$——粉尘速度,m/s;

$\boldsymbol{F}_{\mathrm{d}}$——粉尘受到的曳力,N;

$\boldsymbol{F}_{\mathrm{g}}$——粉尘重力,N;

$\boldsymbol{F}_{\mathrm{f}}$——粉尘在空气中的浮力,N;

$\boldsymbol{F}_{x}$——其他作用力,N。

① 重力

粉尘重力可由下式确定:

$$\boldsymbol{F}_{\mathrm{g}}=m_{\mathrm{p}}g=\frac{\pi}{6}d_{\mathrm{p}}^{3}\rho_{\mathrm{p}}g \tag{7-16}$$

式中 d_{p}——粉尘的空气动力学直径,m;

ρ_{p}——粉尘的密度,$\mathrm{kg/m^3}$,拟定粉尘为具有一定湿度的煤尘,设定粒子密度为 1.63 $\mathrm{kg/m^3}$。

② 浮力

风流中粉尘受到空气对它的浮力,其计算公式为:

$$\boldsymbol{F}_{\mathrm{f}}=m_{\mathrm{g}}g=\frac{\pi}{6}d_{\mathrm{p}}^{3}\rho_{\mathrm{g}}g \tag{7-17}$$

式中 ρ_{g} 为空气密度,$\mathrm{kg/m^3}$。

③ Stoke 曳力

粉尘在气流中运动时,由气流流动特性对粉尘的作用力,曳力 $\boldsymbol{F}_{d}$ 为:

$$\boldsymbol{F}_{\mathrm{d}}=\frac{1}{8}\pi C_{\mathrm{D}}\rho_{\mathrm{p}}d_{\mathrm{p}}^{2}\left|\boldsymbol{U}_{\mathbf{g}}-\boldsymbol{U}_{\mathbf{p}}\right|(\boldsymbol{U}_{\mathbf{g}}-\boldsymbol{U}_{\mathbf{p}}) \tag{7-18}$$

$$Re=\frac{\rho d_{\mathrm{p}}\left|\boldsymbol{U}_{\mathbf{g}}-\boldsymbol{U}_{\mathbf{p}}\right|}{\mu} \tag{7-19}$$

$$C_{\mathrm{D}}=\frac{24}{Re(Re)} \tag{7-20}$$

式中 $\boldsymbol{U}_{\mathbf{g}}$ 为气体速度,m/s;

$\boldsymbol{U}_{\mathbf{p}}$——颗粒速度,m/s;

μ——流体动力黏度,Pa·s;

Re——雷诺数。

④ 压力梯度力

流场压力梯度引起的粉尘作用力，计算公式为：

$$\boldsymbol{F}_{\mathrm{p}}=-\frac{1}{6}\pi d_{\mathrm{p}}^{3}\frac{\mathrm{d}p}{\mathrm{d}x} \tag{7-21}$$

式中，p——颗粒表面由压力梯度而引起的压力分布。

⑤ Magnus（马格努斯）升力

在低雷诺数流体中粉尘会自旋运动，并引发周围流体的跟随，流体的速度差会导致压强发生变化，对粉尘的这种由于颗粒旋转产生的垂直于相对速度方向的横向局部压力，称为 Magnus 升力。由 Kutta-Joukowski 库塔-儒可夫斯定理，Magnus 升力可表示为[224]：

$$\boldsymbol{F}_{\mathrm{M}}=\rho(-\boldsymbol{U}_{\mathbf{p}})\Gamma \tag{7-22}$$

式中　$\boldsymbol{U}_{\mathbf{p}}$——粉尘的速度，m/s；

Γ——沿粉尘表面的速度环量。

气相湍流场中粉尘速度表示为：

$$\boldsymbol{v}_{is}=r\omega+(\boldsymbol{U}_{\mathbf{g}}-\boldsymbol{U}_{\mathbf{p}})\sin\theta \tag{7-23}$$

此时，绕粉尘环量 Γ 为：

$$\Gamma=2l\cdot\int_{0}^{2\pi}[r\omega+(\boldsymbol{U}_{\mathbf{g}}-\boldsymbol{U}_{\mathbf{p}})\sin\theta]r\,\mathrm{d}\,\theta=4\pi r^{2}l\omega \tag{7-24}$$

式中　r——旋转半径，m；

ω——角速度大小，m/s；

l——移动距离，m；

θ——粉尘与气流方向的夹角，(°)。

故粉尘受到的 Magnus 升力为：

$$\boldsymbol{F}_{\mathrm{M}}=\frac{1}{8}\pi d_{\mathrm{p}}^{3}\rho_{\mathrm{g}}(\boldsymbol{U}_{\mathbf{g}}-\boldsymbol{U}_{\mathbf{p}})\omega \tag{7-25}$$

⑥ Saffman（萨夫曼）力

粉尘在有横向速度的流场中受到流场的速度梯度力，称 Saffman 力。

$$\boldsymbol{F}_{\mathrm{s}}=1.62d_{\mathrm{p}}^{2}(\rho_{\mathrm{g}}\mu)^{0.5}(\boldsymbol{U}_{\mathbf{g}}-\boldsymbol{U}_{\mathbf{p}})\sqrt{\left|\frac{\mathrm{d}\,\boldsymbol{U}_{\mathbf{g}}}{\mathrm{d}\,y}\right|} \tag{7-26}$$

稳定流体中的变化很小，通常可以忽略 Saffman 力的影响。

⑦ Basset（巴塞特）力

对于流体与粉尘间存在相对加速度时，由于粉尘表面形成附面，当粉尘在流体中运动时，因附面层不稳定导致粉尘受到的流体作用力，称 Basset 力：

$$\boldsymbol{F}_{\mathrm{b}}=\frac{3}{2}d_{\mathrm{p}}^{3}\sqrt{\pi\rho_{\mathrm{g}}\mu}\int_{t0}^{t}\frac{\frac{\mathrm{d}}{\mathrm{d}\,t}(\boldsymbol{U}_{\mathrm{g}}-\boldsymbol{U}_{\mathrm{p}})}{\sqrt{t-\tau}}\mathrm{d}\,\tau \tag{7-27}$$

式中　τ——时间，s。

⑧ 附加质量力

流体加速时，粉尘受其推动而引起的附加作用力，超越粉尘本身惯性力的部分为附加质量力：

$$\boldsymbol{F}_{x}=\frac{1}{2}\frac{\rho_{\mathrm{g}}}{\rho_{\mathrm{p}}}\frac{\mathrm{d}}{\mathrm{d}\,t}(\boldsymbol{U}_{\mathrm{g}}-\boldsymbol{U}_{\mathrm{p}}) \tag{7-28}$$

通常 k-ε 湍流模型是一种收敛较好和精度较高的湍流模型，其控制方程分为：

湍流动能方程（k 方程）：

$$\frac{\partial(\rho k)}{\partial t}+\frac{\partial(\rho k u_{i})}{\partial x_{i}}=\frac{\partial}{\partial x_{i}}\left[\left(\mu+\frac{\mu_{i}}{\sigma_{\mathrm{k}}}\right)\frac{\partial(k)}{\partial x_{j}}\right]+G_{\mathrm{k}}-\rho\varepsilon \tag{7-29}$$

式中　ρ——流体密度，kg/m^3；

k——湍流脉动动能，J；

t——时间，s；

u_i——i 方向上的速度，m/s；

x_i，x_j——i，j 方向上的位移，m；

G_{k}——紊流功能生成项，$G_k=\mu_t S^2$，μ_t 为黏性系数，$S=\sqrt{2S_{ij}S_{ji}}$ 为湍流应变率；

σ_{k}——k 方程中流场紊流普朗特系数，$\sigma_{\mathrm{k}}=1$；

ε——湍流能量耗效率，%。

湍流能量耗散率方程（ε）：

$$\frac{\partial(\rho\varepsilon)}{\partial t}+\frac{\partial(\rho\varepsilon u_{i})}{\partial x_{i}}=\frac{\partial}{\partial x_{i}}\left[\left(\mu+\frac{\mu_{i}}{\sigma_{\varepsilon}}\right)\frac{\partial(\varepsilon)}{\partial x_{j}}\right]+\rho C_{1}S-\rho C_{2}\frac{\varepsilon^{2}}{k+\sqrt{v\varepsilon}} \tag{7-30}$$

式中　v——湍流速度，m/s；

$C_1=\mathrm{Max}[0.43,\eta/(\eta+5)]$，$\eta=Sk/\varepsilon$；

C_2——常数，取经验值为 1.9；

σ_{ε}——ε 方程中流场紊流普朗特系数，$\sigma_{\varepsilon}=1.2$。

选择曳力模型 Schiller-Naumann（希勒—瑙曼）模型进行计算，其中粉尘所受曳力为：

$$\boldsymbol{F}_{\mathbf{d}}=\frac{1}{\tau_{\mathrm{p}}}m_{\mathrm{p}}(U_{\mathrm{g}}-U\mathrm{p}) \tag{7-31}$$

$$\tau_{\mathrm{p}}=\frac{4\rho_{\mathrm{p}}d_{\mathrm{p}}^{2}}{3\mu C_{\mathrm{D}}Re_{\mathrm{p}}} \tag{7-32}$$

式中，C_{D} 为粉尘所受曳力的系数，表示为：

$$C_{\mathrm{D}}=\frac{24}{Re_{\mathrm{p}}}(1+0.15Re_{\mathrm{r}}^{0.687}) \tag{7-33}$$

Re_{p} 为颗粒的雷诺数：

$$Re_{\mathrm{p}}=\frac{\rho\mid U_{\mathrm{g}}-U\mathrm{p}\mid d_{\mathrm{p}}}{\mu} \tag{7-34}$$

当颗粒和壁面发生碰撞的时候，阻尼力和弹性力共同施加在颗粒运动的法向上，计算法向上受力为[225]：

$$\boldsymbol{F}_{\mathrm{nw},ij}=-(\boldsymbol{\kappa}_{\mathrm{nw},i}\cdot\delta_{\mathrm{n},ij})n_{i}-\eta_{\mathrm{nw},i}(\boldsymbol{U}_{\boldsymbol{ij}}\cdot n_{i})n_{i} \tag{7-35}$$

式中　$\delta_{\mathrm{n},ij}$——法向相对位移，m；

$\kappa_{\mathrm{nw},i}$——壁法向弹性系数；

$\eta_{\mathrm{nw},i}$——阻尼系数；

n_{i}——粉尘 i 向的矢量；

$\boldsymbol{U}_{ij}$——粉尘 j 和 i 的相对速度矢量。

在粉尘与壁面碰撞时，壁面静止不动，粉尘相对速度为：

$$\boldsymbol{U}_{ij}=\boldsymbol{U}_{i} \tag{7-36}$$

法向相对位移 δ_{n} 为：

$$\delta_{\mathrm{n}}=R_{i}-|(xyz_{i}-xyz_{w})\cdot n| \tag{7-37}$$

式中　R_{i}——粉尘等效粒径，m；

z_{i}，z_{w}——粉尘在 z 轴运动 i 和 w 时刻的坐标。

与壁面碰撞的切向力 $\boldsymbol{F}_{\mathrm{tw},ij}$ 为：

$$\boldsymbol{F}_{\mathrm{tw},ij}=-\kappa_{\mathrm{tw},ij}\delta_{\mathrm{tw},ij}-\eta_{\mathrm{tw},i}\boldsymbol{U}_{\mathbf{tw},\boldsymbol{ij}} \tag{7-38}$$

式中　$\kappa_{\mathrm{tw},ij}$——切向弹性系数；

$\eta_{\mathrm{tw},i}$——切向阻尼系数；

$\delta_{\mathrm{tw},ij}$——切向相对位移，m；

$\boldsymbol{U}_{\mathbf{tw},\boldsymbol{ij}}$——粉尘的切向相对速度，m/s。

碰撞点处粉尘滑移速度为：

$$\boldsymbol{v}_{\mathbf{tw},\boldsymbol{ij}}=\boldsymbol{U}_{\boldsymbol{ij}}-(\boldsymbol{U}_{\boldsymbol{ij}}\cdot n)n+L_{i}\omega_{i}\times n \tag{7-39}$$

法向弹性系数为：

$$K_{\mathrm{n}}=\frac{4\sqrt{2R_i}}{\sqrt{\dfrac{1+\sigma_{\mathrm{s}}^2}{E_{\mathrm{s}}}+\dfrac{1-\sigma_{\mathrm{w}}^2}{E_{\mathrm{w}}}}}\tag{7-40}$$

切向弹性系数为：

$$K_1=\frac{8\sqrt{R_i}E_{\mathrm{s}}}{2(2-\sigma_{\mathrm{s}})(1+\sigma_{\mathrm{s}})}\delta_{\mathrm{n}}^{\frac{1}{2}}\tag{7-41}$$

阻尼系数为：

$$\eta=a_{\mathrm{n}}(mk_{\mathrm{n}})^{\frac{1}{2}}\delta_{\mathrm{n}}^{\frac{1}{4}}\tag{7-42}$$

(2) 筛分车间风流—粉尘污染数值研究几何模型与网格划分

选煤厂车间一楼准备在冬季时风流沿带式输送机走廊经连接处向车间内灌入，在车间生产时，风流由人行走廊门口、吊装口及门窗漏风排出。因此，模拟实际背景为受限空间，当入口风速稳定时，粉尘在稳定风流状态下扩散运移。同时由楼上向下落料将二楼少部分气流诱导至一楼与环境风流混合，共同组成背景风流场。

所建立的几何模型由两条胶带、五个落料口、带式输送机走廊、带式输送机密封槽、机尾、墙壁，带式输送机走廊连接处挡尘帘、左侧大型构筑物构成。3001 和 3002 带式输送机共用一条带式输送机走廊，走廊及走廊内胶带与水平面呈一定角度，经测量为 20°左右。带式输送机走廊内 3001 胶带部分长约 33 m，3002 部分长约 22 m，带式输送机走廊部分初始与水平面有 5 m 左右的水平段，呈角度段设定长约 5 m。车间高为 3.8 m，带式输送机密封槽上沿距地面约 2 m，其他几何建模细节均按照现场实际测量绘制，不再赘述。主要设备及构筑物相互之间的空间位置如图 7-32 所示。

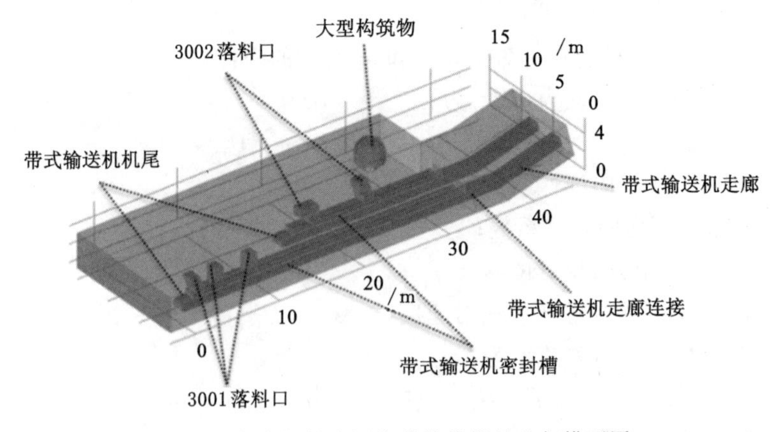

图 7-32　准备车间粉尘污染数值模拟的几何模型图

(3) 计算网格划分

网格划分既要考虑到计算精度也要考虑运算效率，网格过细或过粗都会给计算带来困难，通常在流体特性变化速率快的区域网格会被细化，变化速率慢的区域网格可以被粗化。因此，在两条胶带附近及走廊内采用了流体力学细化自由四面体划分，划分细节为：最大单元为 0.492；最小单元为 0.0928；最大单元增长率为 1.13；曲率因子为 0.5；狭窄区域分辨率为 0.8。其他区域采用流体力学较粗自由四面体划分，划分细节为：最大单元为 1.21；最小单元为 0.371；最大单元增长率为 1.25；曲率因子为 0.8；狭窄区域分辨率为 0.5。角细化，边界最小夹角为 240°，单元大小比例因子为 0.35。边界层数为 5，边界层拉伸因子为 1.2，厚度调节因子为2.5。划分结果如图 7-33 所示，网格粗细连续且分布层次清晰，与计算耦合较好。

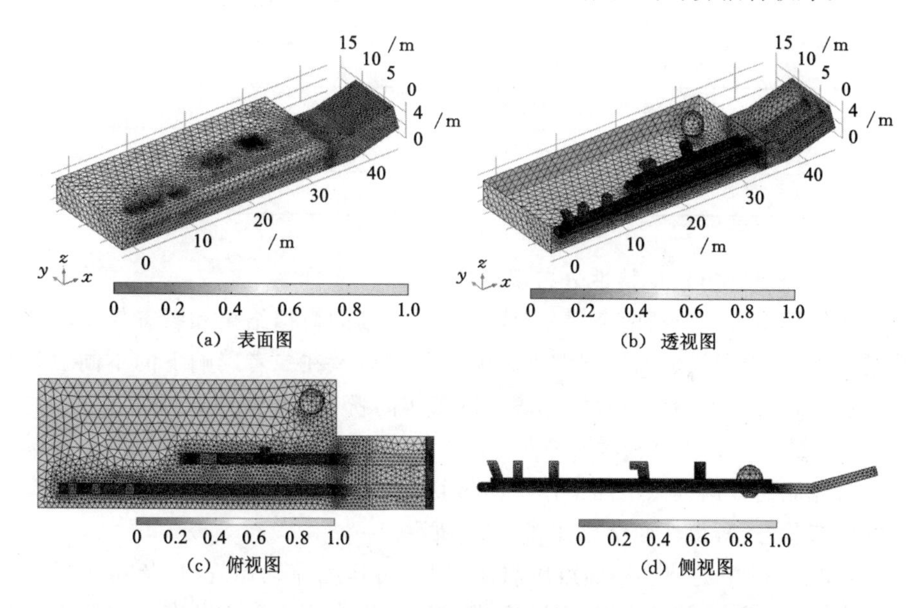

图 7-33　准备车间煤尘污染规律数值模拟各部分网格划分

如图 7-33 所示，两条胶带附近为致密网格，其他靠近墙壁处较粗，3001、3002 带式输送机落料口与带式输送机密封槽周围网格连接平滑无任何次网格划分细节，带式输送机密封槽与胶带面之间软连接处划分良好，带式输送机机尾弧度保留完好，带式输送机走廊连接处漏风口与带式输送机密封槽出口附近无反转网格，层次清晰。

四面体数为 957 463，金字塔为 18 916，棱柱为 71 822，三角形为 77 927，边单元为 6 229，顶点为 169，总单元数为 948 201，平均单元质量为 0.657 1，单元总体积为 2 311 m^3。

网格质量统计信息，包括弯曲单元质量偏度、单元质量增长率、单元质量最大角度，如图 7-34 所示。

由图 7-34 可知单元质量增长率、弯曲单元质量偏度、单元质量最大角度均位于 0.4～1 之间，表明所设定网格质量良好，满足计算要求[173]，其边界设定条件如表 7-1 所列。

表 7-1　边界条件设定

边界条件	设定值
落料诱导气流速度/(m·s^{-1})	0.58
粗糙度系数	0.26
煤流高度/mm	100
胶带运行速度/(m·s^{-1})	3.27
煤尘密度/(kg·m^{-3})	1.63
空气密度/(kg·m^{-3})	1.27
动力黏度/(Pa·s)	1.814×10^{-5}

7.3.2　风流场数值模拟特性分布规律分析

数值模拟结果包括两个部分，分别为风流场的模拟结果和瞬态粒子场的追踪结果，本节根据风流的速度大小和流线分布以及在二者影响下的不同粒径粒子的运移状态和范围分析总结选煤厂准备车间粉尘运移规律。

(1) 风流场数值模拟结果分析

将风流场数据按照不同工作平面做切面图，可得到不同切面上风流速度大小的分布状态，所得切面结果如图 7-35 所示。

从图 7-35 中的速度表面可以看出，因不可压缩流动原理，风流由带式输送机走廊内向车间内部灌入时，风流在带式输送机走廊靠近准备车间内侧至带式输送机机尾的胶带面及地面处加速，风流速度最大介于 0～2.5 m/s 之间，由于 1.8～2.5 m/s风流仅在走廊连接处地面局部区域，为将大部分区域风流速度细化研究，将色谱条带范围设定成 0～1.8 m/s 范围。其他区域风流速度较小，且由带式输送机走廊漏风口向内风流速度逐渐减小。

由 zy 多切面详图 7-36 可得，在场中存在多个涡旋流面 $x=5$ m、$x=10$ m、$x=15$ m、$x=20$ m，两条胶带间风流加速运动。由 $x=30$ m 向 $x=10$ m，带式输送机走廊内风流逐渐沿胶带两侧扩散向车间内其他区域，并与落料诱导气流混合在 $x=20$ m 处，落料口与两条胶带周围形成小范围涡旋速度介于 0.4～0.8 m/s 之间。

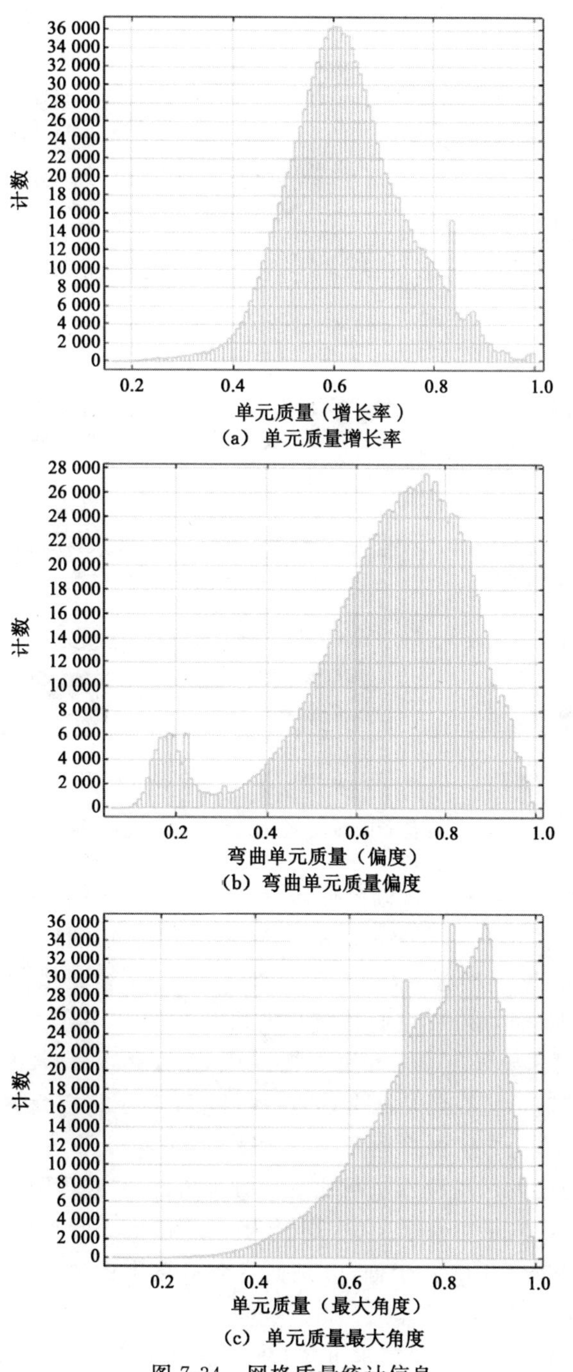

图 7-34　网格质量统计信息

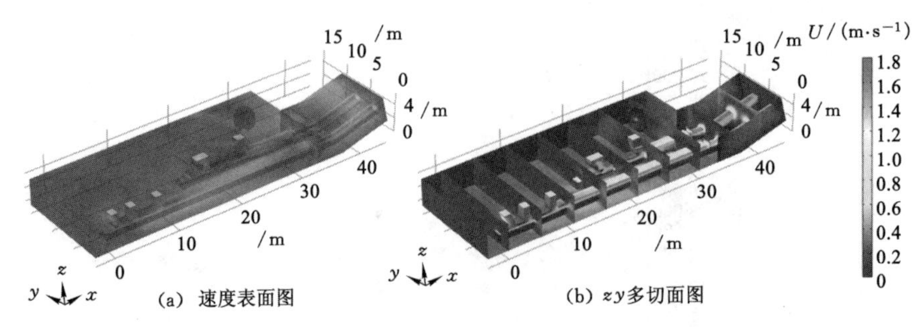

图 7-35　准备车间流场速度大小分布表面及 zy 空间平面切面图

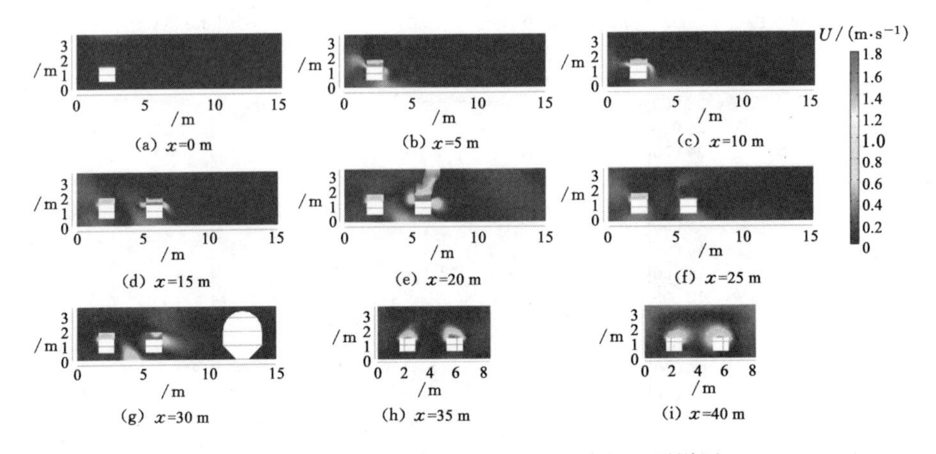

图 7-36　准备车间流场速度大小 zy 多切面图详图

由走廊向车间内的速度逐渐降低，$x=30$ m 时涡旋动力来自诱导气流流出和走廊灌风的合作用力。$x=25$ m 处来自 3002 落料口漏风，$x=20$ m 处来自 3001 落料口和 3002 料槽漏风，$x=15$ m 处来自 3001 密封槽漏风及 3002 机尾甩动，$x=10$ m 处来自 3001 密封槽漏风与环境风流作用合力，$x=5$ m 处来自 3001 落料口落料诱导气流冲击和密封槽漏风，尤其是 x。$=20$ m处，可以明显见到落料诱导气流冲击在胶带面上，并在落料口下侧密封槽缝隙漏风，在带式输送机两侧形成左右分布的圆形漏风区域速度约 0.6 m/s。

不同水平高度的风流场数据可由 xy 切面图得到，楼顶距离地面 3.8 m，将 z 轴方向按照每 0.5 m 切一个平面，划分为 $z=0.5$ m、$z=1$ m、$z=1.5$ m、$z=2$ m、$z=2.5$ m 和 $z=3$ m 六个面，分别研究各高度上的风流速度分布规律，结果如图 7-37 所示。

由不同 z 坐标的 xy 切面结果可知，在 $z=0.5$ m 时风流面在带式输送机胶带下方以及 3001 带式输送机和 3002 带式输送机机尾处，两条胶带之间风速在

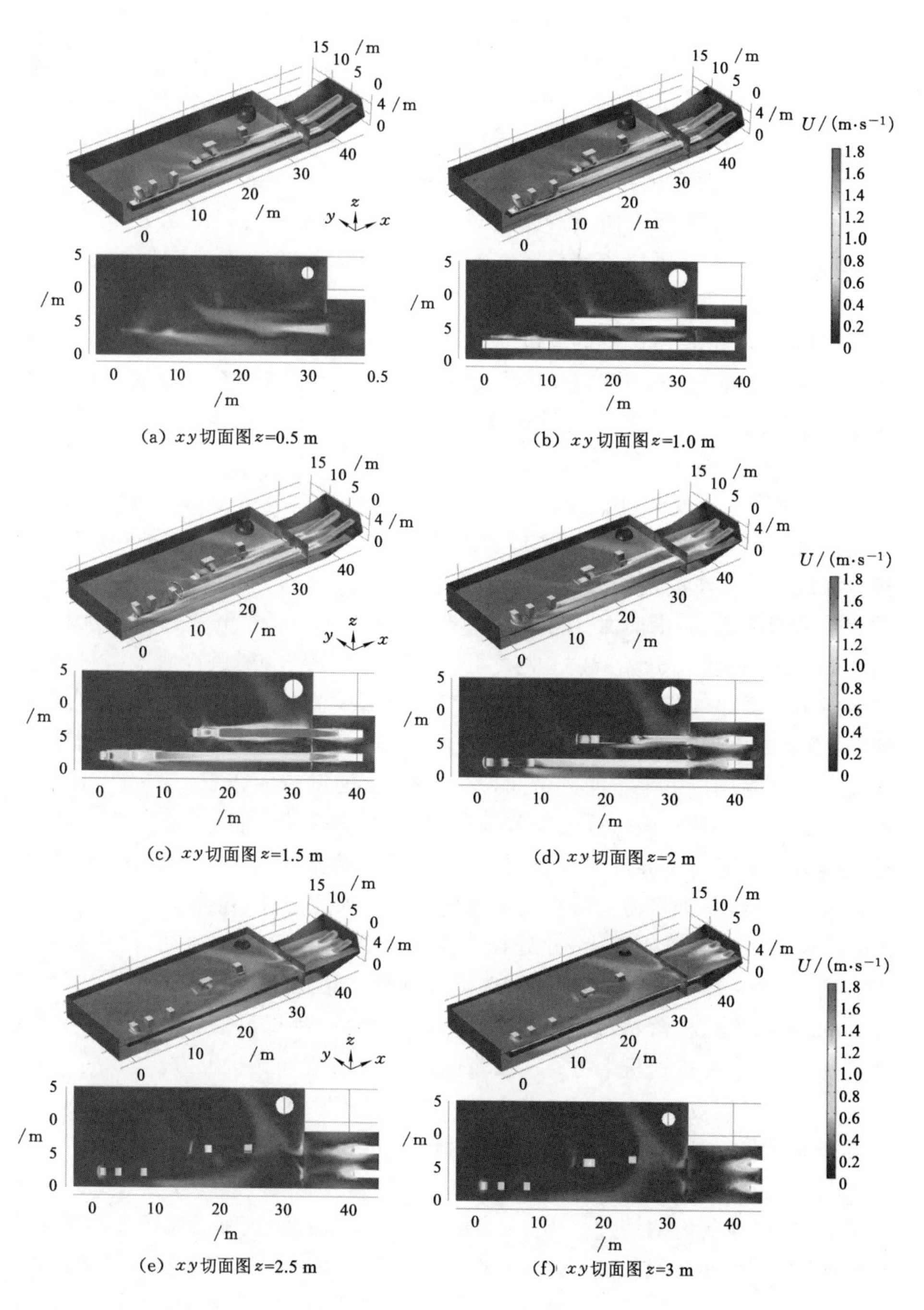

(a) xy切面图z=0.5 m

(b) xy切面图z=1.0 m

(c) xy切面图z=1.5 m

(d) xy切面图z=2 m

(e) xy切面图z=2.5 m

(f) xy切面图z=3 m

图 7-37　准备车间流场速度大小分布表面及 xy 空间平面切面图

0.4～0.8 m/s。3001带式输送机机尾扩散面要比其他二者宽。z＝1 m时，两条胶带间风流速度明显比z＝0.5 m时增加不少，速度约为0.6～0.8 m/s，在x＝30 m处开始一直延伸到x＝15 m处。风流速度在3002带式输送机走廊两侧分布较大介于0.4～0.6 m/s之间，3001带式输送机与右侧墙壁间风流很小在0.2 m/s以下，主要在机尾左侧风速达到0.6 m/s。当z＝1.5 m时，为人体呼吸带高度，在1.5 m平面上两条胶带间风流涡旋高速带呈“飘带”状分布，从x＝33 m向x＝15 m处风流速度分布在0.4 m/s以上，经3002落料口时，与诱导气流混合后速度增加至0.6 m/s，在x＝15 m处于机尾气流混合并与机尾左侧气流共同将3002带式输送机机尾包围，形成内外旋流。带式输送机密封槽内诱导气流流动速度在1.8 m/s以上，其受到胶带运动的牵引从落料口开始不断加速，在经过走廊后减速，在3001带式输送机与右侧墙壁之间，经漏风量混合后，速度约为0.5 m/s左右。

在z＝2 m高度时，该平面与带式输送机密封槽上沿平齐，切面很好地将带式输送机走廊与车间衔接处漏风口切入结果中，在该图中由带式输送机走廊衔接处漏风口灌入车间内的风流被分成三个部分，第一部分经胶带左侧向车间内贴胶带沿槽外运移，由前面分析可知该部分风流在z＝1.5 m平面上速度较快，而在z＝2 m平面上开始减弱。与之相反，第二部分是由漏风口灌入密封槽内，与密封槽内诱导气流混合，与胶带表面摩擦牵引风流共同形成复杂的槽内分层流动，由密封槽与胶带间软连接漏尘缝隙向车间内离散。第三部分为两胶带间，风流经三个漏风口汇聚于两胶带间，产生的风流速度较大介于1.2～1.6 m/s之间，与前两部分不同，该部分运移范围广，几乎贯穿半个车间，并在3001带式输送机落料口附近与诱导气流混合，其高速运移在两条胶带之间和机尾附近形成负压抽吸区域，易于将粉尘从料流中剥离出来。除此之外，在漏风口处距离粉尘2 m的位置粉尘剥离作用大，此处风流会将飞扬的粉尘向上抽动，向更高面运移。当z＝2.5 m时，此处为带式输送机密封槽上部，风流运移范围缩小，漏风口至3002带式输送机落料口间风流运动形成层状，产生低风速缝隙，此处的风流速度为3001带式输送机上方＞两胶带间＞3002带式输送机上方。

而此时可以发现，由漏风口灌入车间中的风流存在第四部分，向密封槽上方沿其顶部运移。是由于灌风量大而密封槽空间有限，此处风流速度介于0.6～0.8 m/s之间，并在上方局部加速，又在x＝30 m后减速，该过程主要受到落料口阻碍，风流在其内侧绕过。当z＝3 m时，3001带式输送机漏风口处已无高速风流通过，仅在3001带式输送机漏风口上方有0.2 m/s以下速度风流运移，并且，风流运移范围由胶带间扩展到两条胶带中部上方，与右侧墙壁相碰撞，形成巨大涡旋，速度在0.3 m/s以下，在3001落料口前向左侧空间流动。

综上，在 xy 运移切面中不难看出，准备车间内存在 xy 面的两个大涡旋，主要分为胶带间与胶带上，近 3001 带式输送机与近 3002 带式输送机两个，风流涡旋动因来自落料口诱导风流与带式输送机走廊漏风口大风量灌风的混合运动作用，主要作用于 3002 带式输送机密封槽出口、落料口、机尾。在胶带经过落料口后，受到胶带的持续牵引，胶带面上形成高速风流的负压抽吸区域，可以解释细雾在煤流上悬浮相对静止运动现象。车间内以 $z=1.5$ m 为界，下侧风流向下湍动，上侧风流向上湍动，3001 带式输送机密封槽出口、落料口左侧、机尾左侧为风流密集湍流流动区域，位于车间大漩涡边缘。

为进一步分析车间内风流流动规律，沿 y 轴正方向将结果切为由 $y=0.5$ m 至 $y=8$ m，切面间隔 0.5 m 共 16 个切面，做 zx 切面，如图 7-38 所示。

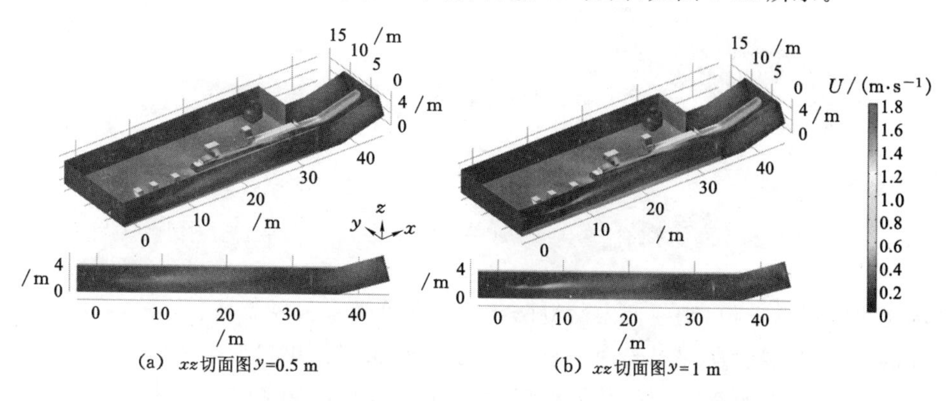

(a) xz 切面图 y=0.5 m　　(b) xz 切面图 y=1 m

图 7-38　准备车间流场速度大小分布表面及 xz 空间平面切面图(1)

大致可划分为几个部分，首先第一部分 $y=0.5\sim1$ m 处，表示 3001 带式输送机靠近墙壁侧，即带式输送机右侧，在图 7-38 中可以看出，截面 $y=0.5$ m 处带式输送机走廊向该截面上漏风很小 0.2 m/s 以下，在走廊连接处有 0.6 m/s 左右风流向上运移，接触顶板后又向下流动，主要分布在密封槽上方，速度也在 0.5 m/s 左右。而 $y=1$ m 处上方风流影响范围扩大，可以明显见到，在 3001 带式输送机落料口处有 0.6 m/s 速度的漏风，呈条带向顶板漂移，向机尾方向速度减小。

如图 7-39 所示，第二部分 $y=1.5\sim2.5$ m，这部分风流代表 3001 带式输送机密封槽、落料管的边缘及内部、机尾周围风流分布，右图中可以明显得到，沿密封槽与胶带边缘存在一条线状风流高速带，由胶带牵引与诱导气流冲击泄露共同组成。在 3001 带式输送机落料口附近速度明显增加且范围分布更广，在经过最后一个落料口后，条带影响范围减小。

而大量风流由胶带走廊连接处向密封槽及落料管周围运移，由于 3001 带式

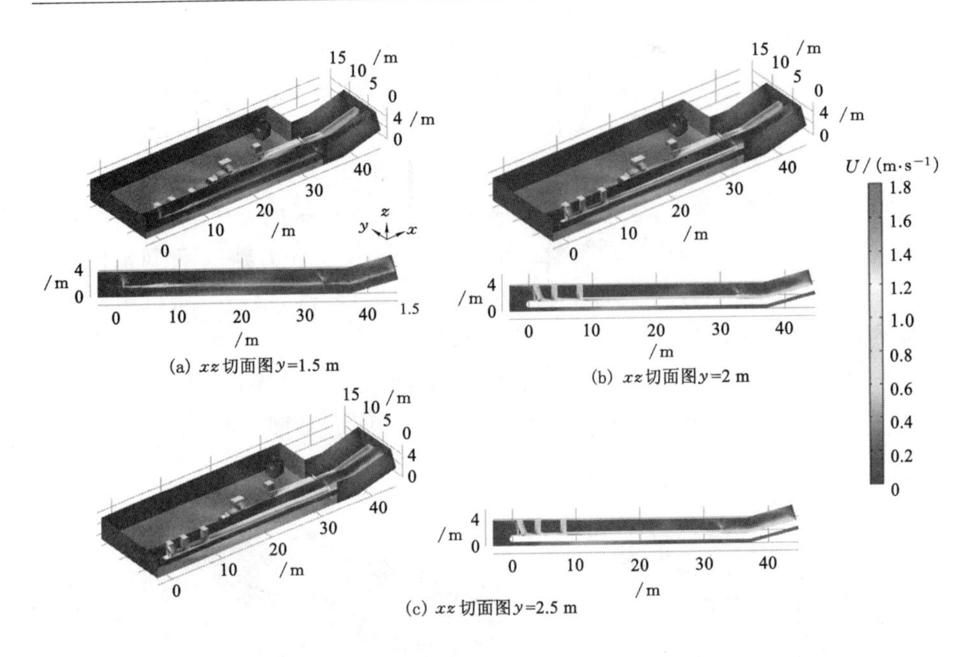

图 7-39 准备车间流场速度大小分布表面及 xz 空间平面切面图(2)

输送机密封槽较长，密封槽内落料诱导气流和胶带牵引风流高速运移，对灌风造成巨大阻力，尽管所灌入车间内风量很大，但在密封槽出口处不足以大量进入槽内，在落料口上侧被挤压向顶板运移，速度介于 0.8～1 m/s 之间，速度随运移不断减小。

3001 带式输送机内落料诱导气流在与胶带接触时先减速后加速，随着几个落料口诱导气流在受限空间内的混合内部压力增大较快，气流少部分由胶带与密封槽间漏风点漏出，大部分受到胶带的牵引沿胶带面向带式输送机走廊连接处运移。

第三部分为 $y=3\sim5$ m 处，风流 xz 切面的结果如图 7-40 所示。

该部分位于两条胶带之间，沿 3001 带式输送机左侧边缘，在 3001 带式输送机车间部分中部速度最大，该部分风流由三方混合而成。首先是 3001 带式输送机与 3002 带式输送机之间的漏风口风流冲击于地面并向上运移，在该位置达到带式输送机高度以上，另一部分来自 3002 带式输送机上方气流，它来自 3002 带式输送机走廊漏风口上运移风流部分，最后一部分来自两侧密封槽漏风，汇聚点在 $x=15\sim25$ m 范围内，汇聚高度为 $z=1\sim2.5$ m，恰好包含人体呼吸带。在 $y=3$ m 处带式输送机走廊与 3001 落料口附近风速很大，在 0.6～0.8 m/s 范围同时向两条胶带间 $x=20$ m 周围汇聚，并形成涡旋和低速区域。

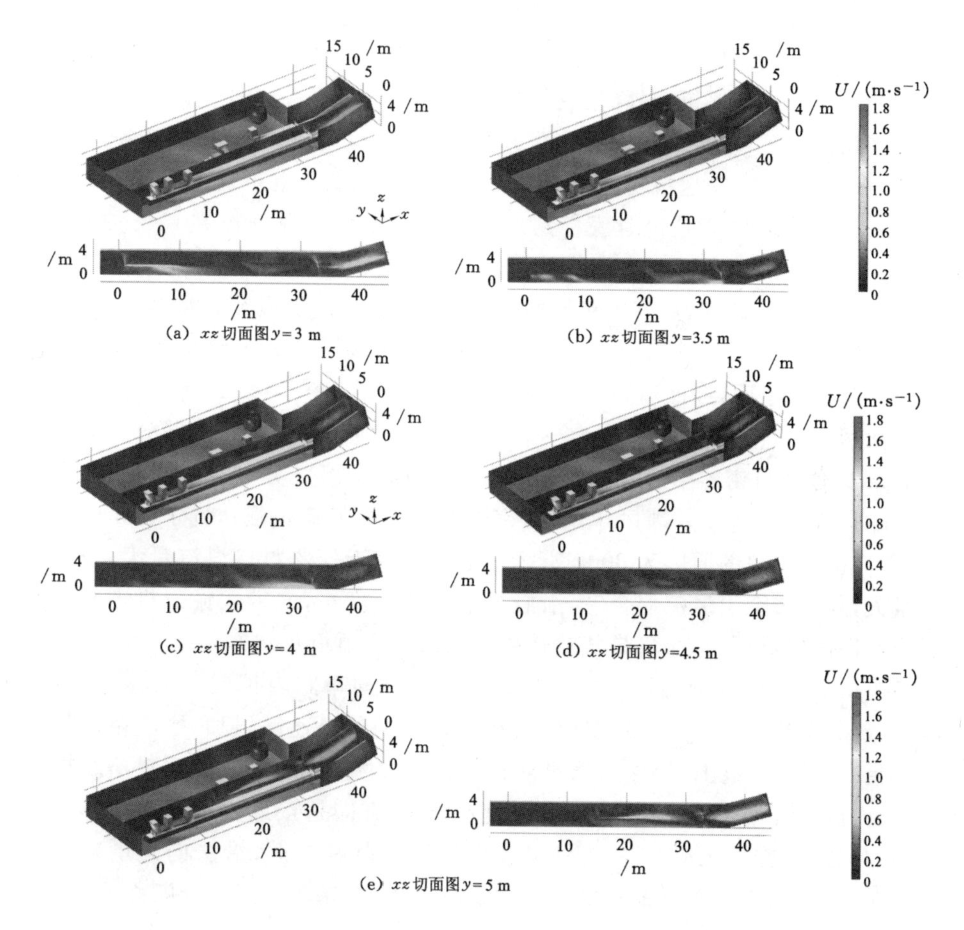

图 7-40　准备车间流场速度大小分布表面及 xz 空间平面切面图(3)

在 $y=3.5$ m 处可以明显得到上述分析来源，在 3002 带式输送机走廊漏风口向上有多股气流冲击在顶板位置，并向下沿“S”形甩动流动，在该截面形成了完整的涡流流动，高速湍流密集积聚流动范围包含了两条胶带的三个落料口和一个机尾，影响范围由地面直达顶板，风速在 0.6 m/s 左右。冲击在地面的部分又与车间内风流汇聚呈“S”形向 3002 带式输送机机尾湍动，是由于在 $y=3$ m 处带式输送机附近受到胶带牵引和诱导气流在密封槽内流动的同时作用，由带式输送机走廊灌入的气流被牵引和剥离了一部分，并受到流动阻力影响。

而在 $y=3.5$ m 切面上，上述作用力小，在负压作用有效的影响范围之外，其他部分灌入的风流以较快速度沿带式输送机之间的中心区域向车间内部运移。随着切面切至 $y=4$ m 处，这部分气流的涡旋范围扩大、速度明显增加，影响范围蔓延整个 3002 带式输送机右侧，切面高速气流分布高度提高至 $z=1.5$ m，部分达到顶板，由入口侧开始，风流影响范围由窄变宽，开始运移至 3001 带式输送机中间落料口，并降至最低速度。

当切面切至 $y=4.5$ m 时可以发现，气流流动摆动更加剧烈，近走廊侧范围变窄，在 3001 带式输送机机尾处开始出现分层，演变为上下流动，在 $x=20$ m 至 $x=15$ m 范围内形成蔓延底板到顶板间的巨大涡旋，其速度在 0.4～0.6 m/s 之间。在 $y=5$ m 后，受到 3002 带式输送机机尾、落料、胶带牵引等阻碍后，灌风气流影响范围缩小至 3002 密封槽出口附近，切面主要风流速度分布在 3002 落料口周围，速度介于 0.8～1.4 m/s 之间，流动范围沿 x 轴逐渐增加，由于越接近带式输送机走廊，迎面风阻越大，速度先增大后减小。

如图 7-41 所示，第四部分为 $y=5.5$～6 m 切面速度分布，此部分风流包括 3002 带式输送机密封槽、落料口及机尾处。与第二部分类似又不同，同样由于带式输送机走廊连接处灌风作用，在密封槽出口处气流很强达到了 1.8 m/s 以上，气流速度过快的原因为 3002 带式输送机机尾近处落料口煤流量大，诱导气流量大，与胶带牵引风流混合时，沿胶带面运移速度快，向带式输送机走廊方向形成的迎面风流压力大，将带式输送机走廊来风向顶板及侧方大范围挤压，在密封槽出口上方形成高速涡旋流动，在密封槽上方向车间内扩展。尤其 $y=6$ m 时，该部分风流绕过 3002 带式输送机靠近走廊的料口速度增加，影响范围扩大至 $x=22$～33 m 范围。另外，通过对比槽内气流流动可发现，受到料槽摩擦阻力，槽内混合气流中部流速大，边缘流速小，z 轴方向越接近胶带面速度越大在 1.8 m/s 以上，在进入带式输送机走廊后气流大范围扩散，沿法向速度减小至 1.2～1.4 m/s 范围，蔓延高度在 2.5～3.5 m 范围内，基本包括整个断面。

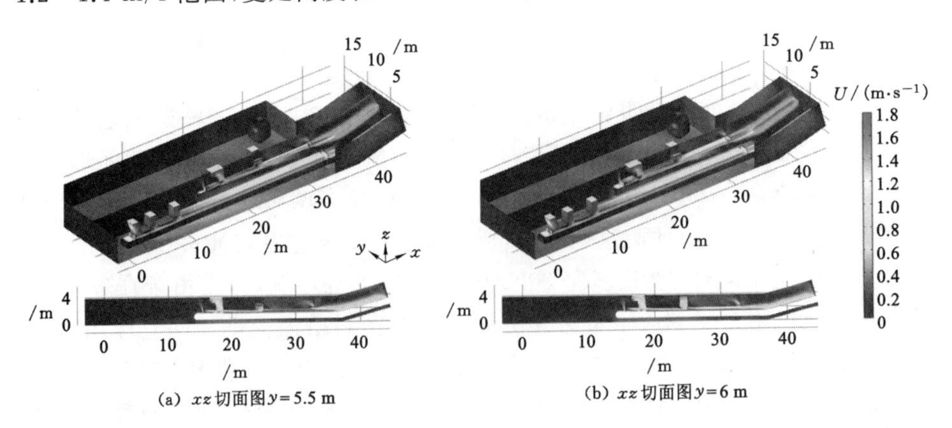

(a) xz 切面图 $y=5.5$ m (b) xz 切面图 $y=6$ m

图 7-41 准备车间流场速度大小分布表面及 xz 空间平面切面图(4)

如图 7-42 所示，第四部分为 $y=6.5\sim8$ m 切面风流分布。该部分在两条带式输送机下风侧，$y=6.5$ m 时切在了 3002 带式输送机边缘可以看到，在带式输送机机尾由于机尾甩动和落料口落料以及环境风流和走廊灌风风流的混合、汇聚，形成了以机尾为中心的局部涡旋，速度在 0.4 m/s 左右。

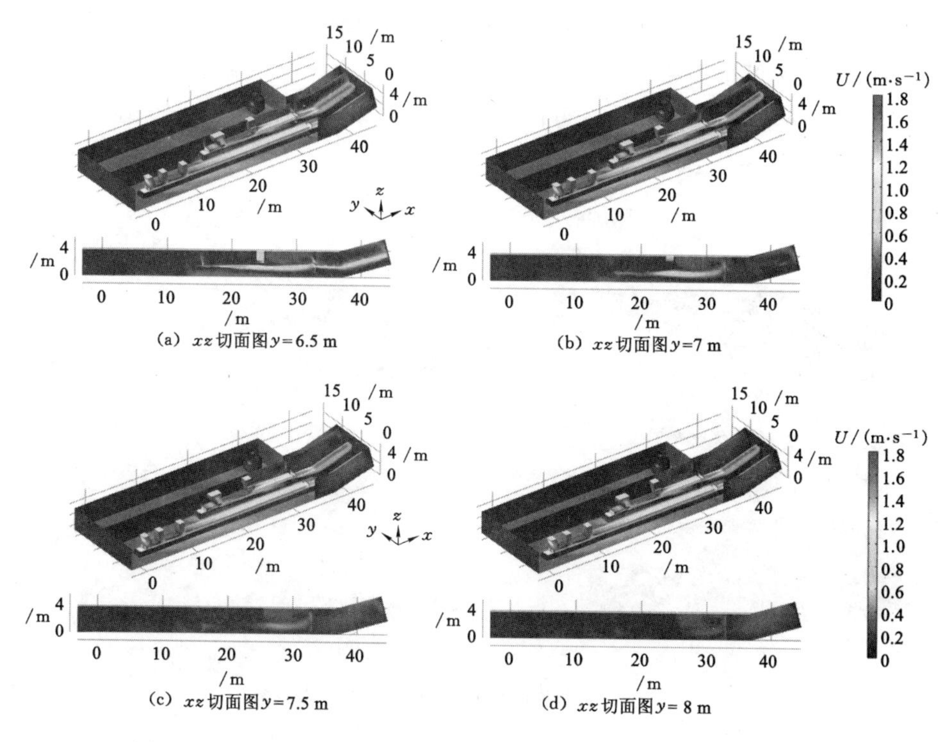

图 7-42　准备车间流场速度大小分布表面及 xz 空间平面切面图(5)

另外，与两条胶带间不同，由于 $y=6.5$ m 处切面位置 3002 带式输送机密封槽与胶带接触面沿线，无大量的来自带式输送机走廊的高速风流运移，沿接处线有高速气流牵引、漏风区域，气流速度介于 1.2～1.4 m/s。由带式输送机机尾开始向运移方向扩展并加速至 $x=25$ m 处后，速度降低，并扩展至 1.5～2 m 范围，与上方由走廊灌风形成的涡旋呈分层流动。切面 $y=7$ m 时，这两部分气流开始在接触面上混合流动，并受到走廊连接处墙壁的阻挡，不能进入走廊内部，相比 $y=6$ m 时，密封槽与胶带间沿线的混合流动动力减弱，速度下降但走廊附近涡流因掺杂了这部分动力，涡流虽已逐渐减弱，但依然能保持在落料口与走廊间的大范围流动速度在 0.5 m/s 左右。

如图 7-43 所示，此位置 3001 带式输送机机尾至 3002 带式输送机机尾之间的气流湍动已经基本消失，但在3002落料口与走廊间的涡流流动流依然存在，而持续到 $y=8$ m处还未消失，但在8 m处已无其他气流的混合推动，涡流效果减弱不少。经分析发现，准备车间中存在位于不同截面、高度、范围的大小不一的涡状风流，为直观展现风流的流动状态，判断涡流分布特性和它们之间相互的演变关系，研究其动力来源和形成机理，根据处理后的过程将风流大小的流线矢量结果绘制呈色谱流线，通过流线之间的关系、分布角度、颜色变化以及与速度表面图的关系可以满足分析要求，并截取了流场压力分布图，如图7-43～图7-45所示。

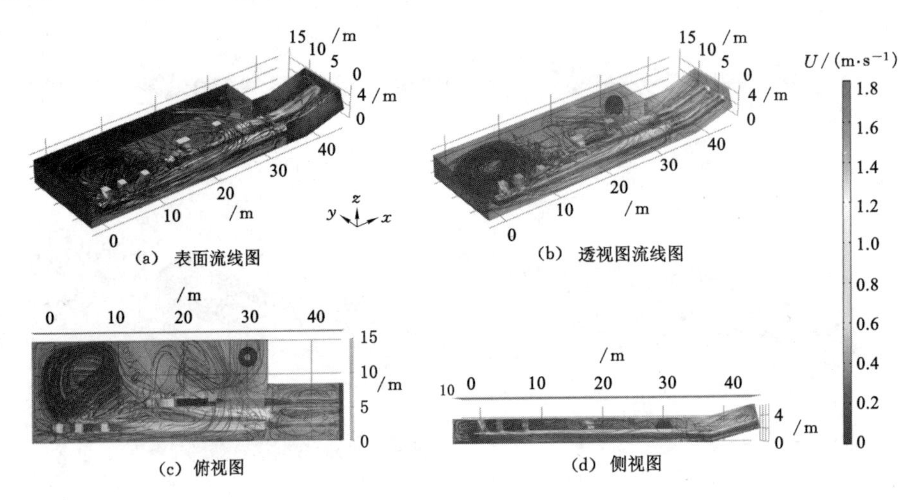

图7-43　准备车间流场速度大小流线分布图

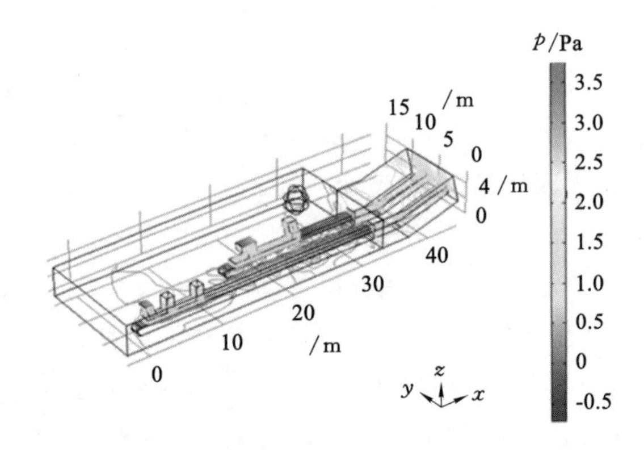

图7-44　准备车间流场压力分布图

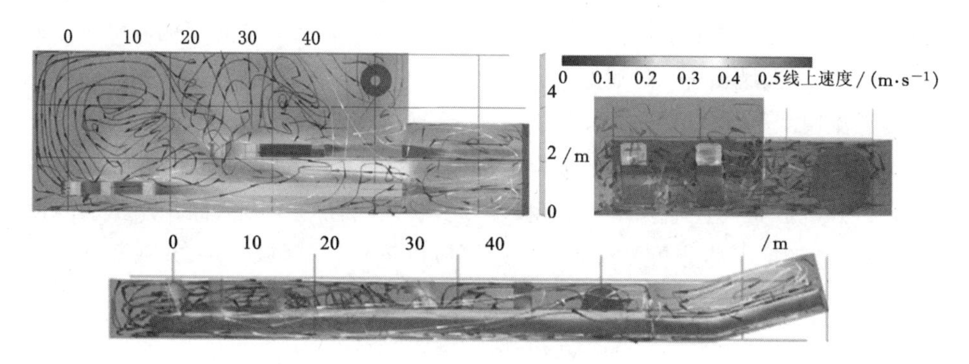

图 7-45 准备车间流场速度大小矢量流线图

在图 7-43 中流线分布复杂，本书按照流线分布状态将其大致分为五个区域，首先第一个区域是带式输送机走廊内，尽管受到胶带的牵引和左侧漏风，但在走廊内风流流线均匀，向漏风口汇聚。上方形成“气动高压喷射”状态，走廊内风流量大、风速低、压力大，风向向车间内部，而胶带面附近风流被压在胶带面上方流向走廊内，流速快负压大。

第二区域为带式输送机走廊漏风口车间内侧至 3002 带式输送机右侧首个落料口，即$x=25\sim30$ m 范围内，此范围流线流动速大，分布复杂，其构成包括 3001、3002 带式输送机上方走廊漏风口漏风，胶带间人行通道下侧漏风、胶带输煤时煤体的牵引风流，落料诱导气流以及环境自然风。从俯视图和侧视图来看，该区域风流主要在两条胶带之间以 x 轴为中心受顶板和地面挤压。当走廊内灌风风流向密封槽内部流动时，阻力大，风流由槽口如水流般向四周溢出，形成上下高速湍动扰流和左右低速涡旋“溢流”的分布状态。这部分气流向 3002 带式输送机左侧运移少，向胶带间和车间右侧墙壁运移较多。

第三个区域为$x=10\sim25$ m 范围，包括了 3001 带式输送机中部、3002 带式输送机机尾、落料口及两胶带之间区域，该部分流线呈大弧形分布速度由快减慢，由上至下又在 3001 最右侧落料口前向上方卷动形成“螺旋状”，并向 3001 带式输送机机尾与落料口之间缝隙运移。速度分布沿线由漏风口处的 0.3～0.4 m/s，在 3001 带式输送机中部减弱至 0.2～0.3 m/s，在 3002 带式输送机机尾与 3001 带式输送机落料口间减至 0.2 m/s 以下，并与第四区域相连，该位置包含了第三区域大螺旋经漏风口携带的煤尘，也包括两胶带间漏尘风流，还将 3001 带式输送机机尾附近即第四区域的煤尘牵引，因此该位置容易沉积煤尘。

第四个区域位于$x=0\sim10$ m 范围内，该范围包括了 3001 带式输送机机尾和落料口的部分流线，主要由 3001 带式输送机机尾甩动，落料口诱导气流经密封槽与胶带交界处正压漏风，并混合有带式输送机走廊来流，在墙壁附近形成以 3001

带式输送机机尾为中心的涡流，但风流速度较小，在 0.2 m/s 左右外侧向机尾左侧移动并与第五区域相连。最后第五区域为整个厂区的大涡旋中心区，虽覆盖面积大，但涡流速度小，在 0.1 m/s 以下，中心位于 3001 带式输送机机尾左侧较远处。

至此，已基本掌握内蒙古某选煤厂准备车间一楼受带式输送机走廊环境风流内向灌风、胶带高速输煤牵引、落料诱导及机尾甩动等因素共同作用下的风流分布规律。依据上述分析可推测扬尘范围应以第二、三区域为主，并在其交界处煤尘浓度最大，而经实际现场测量中，两区域浓度高、沉积量最厚，也验证了模拟的可靠性，接下来分析煤尘瞬态分布规律。

7.3.3　煤尘污染粒子场数值模拟结果分析

研究截取了 10～100 s、150 s、200 s 的煤尘粒度分布图，如图 7-46 所示，统计了粒径在 50 μm 以下煤尘的分布，结合前一节风流分布规律对其进行分析，可获得各粒度煤尘的运移轨迹和各煤尘积聚位置的煤尘来源，揭示准备车间一楼煤尘的扩散污染机制。

如图 7-46 所示，当 $t=10$ s 时，煤流下落受到落料过程诱导气流的剥离作用向胶带面上扩散，并在胶带煤流牵引中随胶带面上方密封槽内的气流向前运动，料槽周围缝隙少部分向外漏尘，但在料槽出口和带式输送机走廊灌风引起的向上流动风流的作用下，一部分附着在走廊墙壁周围，一部分随下层胶带牵引风流进入带式输送机走廊内，粒径分布在 35 μm 以下的煤尘运动较快，35～50 μm 的煤尘运移较慢。

当 $t=20$ s 时，机尾周围开始存在甩动扬尘的情况，扬尘粒径在 5～20 μm 之间，大量煤尘在落料口周围料槽缝隙向车间内泄露，与之混合，此时已有部分粒径为 10～20 μm的煤尘运移至 3002 带式输送机走廊坡上，而 3001 带式输送机较长煤尘刚运移至密封槽出口，且这部分煤尘粒径在 20 μm 以下。粒径为 20 μm以上的煤尘在 $x=10$～20 m 范围内，还有一部分从 3001 带式输送机靠墙壁侧向壁面方向漏尘。

当 $t=30$ s 时，这部分煤尘运移至车间中部，两条带式输送机密封槽出口开始有煤尘大量集聚，粒径在 20 μm 以下和 20～50 μm 的煤尘在胶带面上运移至 $x=20$ m 左右，3002 带式输送机机尾煤尘向车间左侧扩散，3001 机尾煤尘向机尾两侧扩散，煤尘粒径越小扩散距离越远。

从 50 s 开始煤尘达到一定的扩散范围后，扩散速度开始减慢，与之相反扩散范围内煤尘浓度开始升高，部分位置煤尘大量积聚，主要积聚位置为 3001 带式输送机机尾右侧与墙壁间，$x=5$～30 m 范围内粒度主要分布在

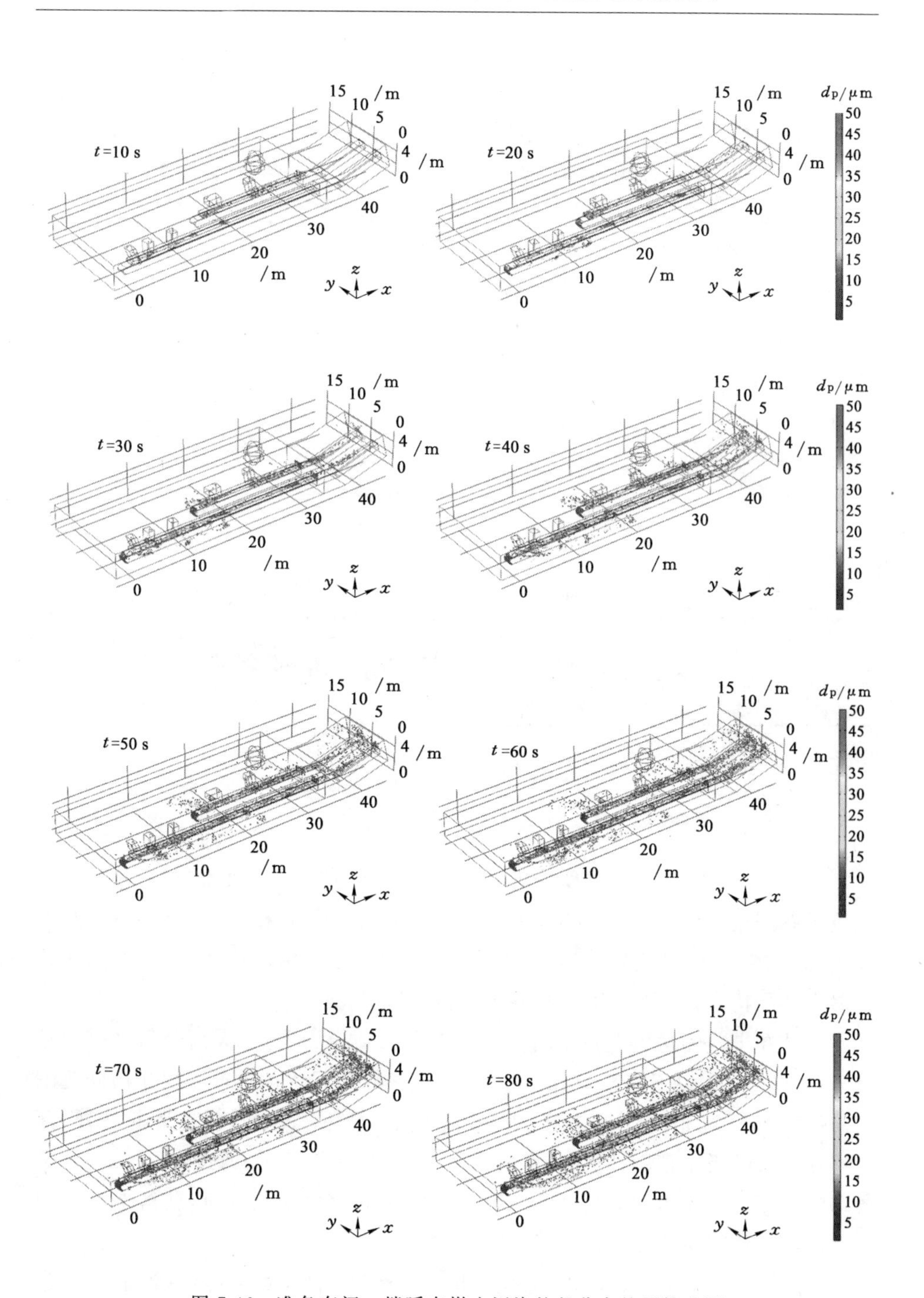

图 7-46　准备车间一楼瞬态煤尘污染粒径分布粒子轨迹图

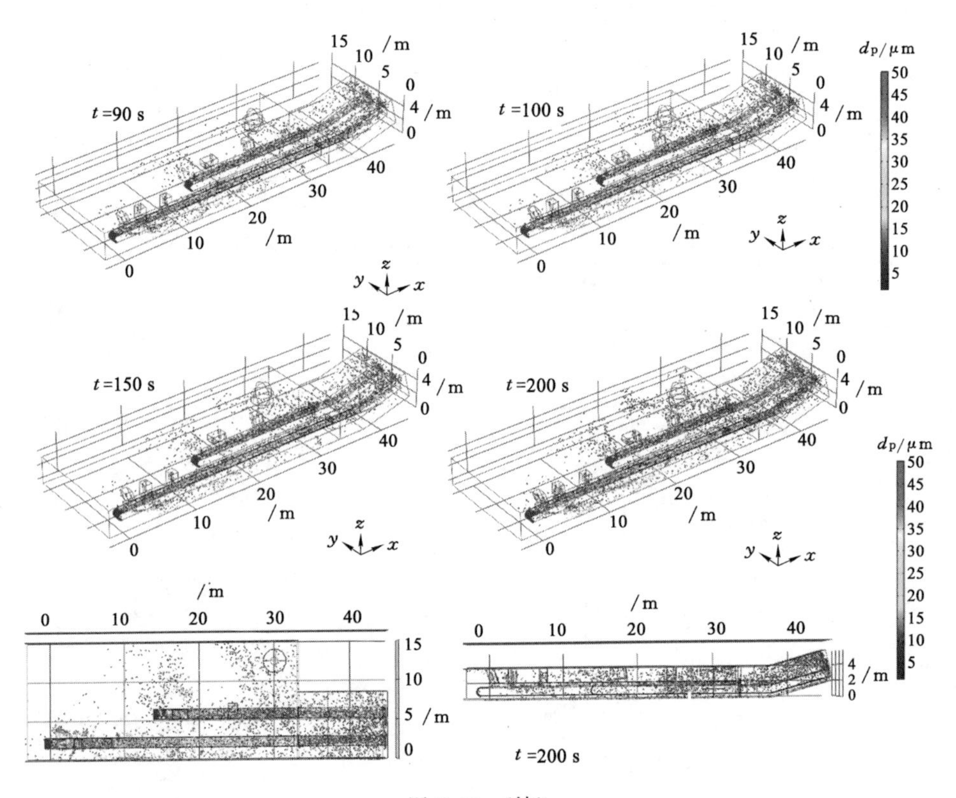

图 7-46 (续)

20～30 μm之间。

当 t=80～100 s 时，重要的汇聚路径在两带式输送机间和 3002 带式输送机机尾右侧至走廊衔接处，是煤尘扩散的重要路径，煤尘来源由两条胶带密封槽漏尘、3002 带式输送机机尾甩尘、3002 带式输送机落料口漏尘、3001 左侧落料口漏尘共同构成，并向 3002 机尾左侧扩散运移。

另外在带式输送机走廊车间衔接处煤尘污染最为严重，大部分污染煤尘粒径分布在 20 μm 以下甚至 10 μm 以下，对人体伤害最大的这部分煤尘污染范围为 x=10 m～45 m，几乎覆盖了大半个车间和整个带式输送机走廊起坡处，并悬浮在工人呼吸带范围，对人体危害极大。如图 7-47 所示，通过对 200 s 时，准备车间一楼瞬态煤尘污染粒径—速度分布粒子轨迹的对比分析，获得准备车间一楼煤尘运移污染规律。

如图 7-47 所示，准备车间一楼煤尘积聚位置包括四个部分：第一部分 3001 带式输送机机尾与右侧壁面间，煤尘来自其机尾甩动和落料口漏尘，粒径分布在

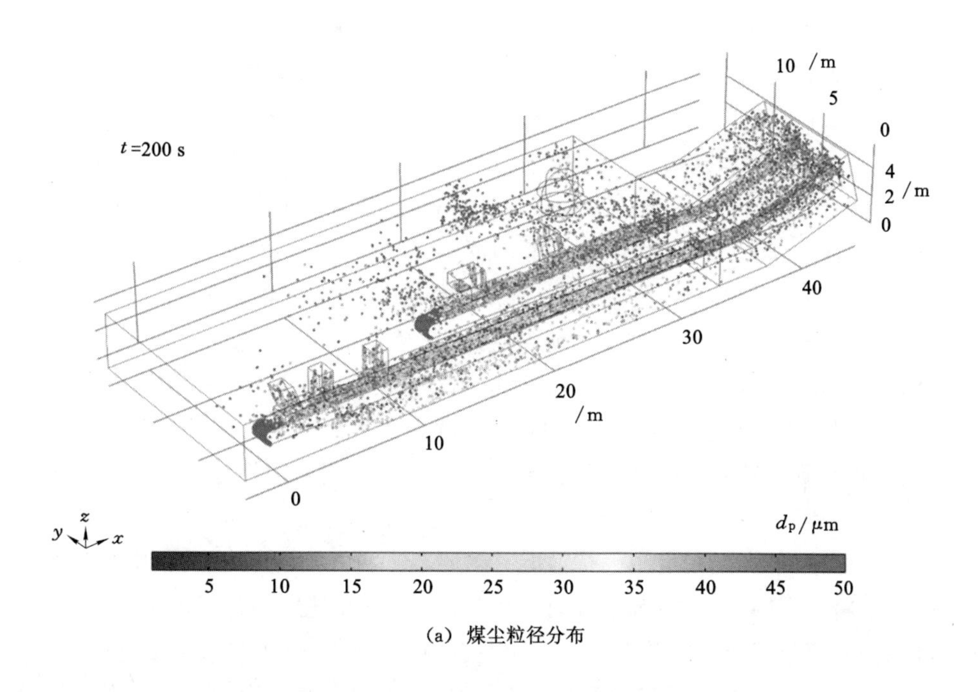

(a) 煤尘粒径分布

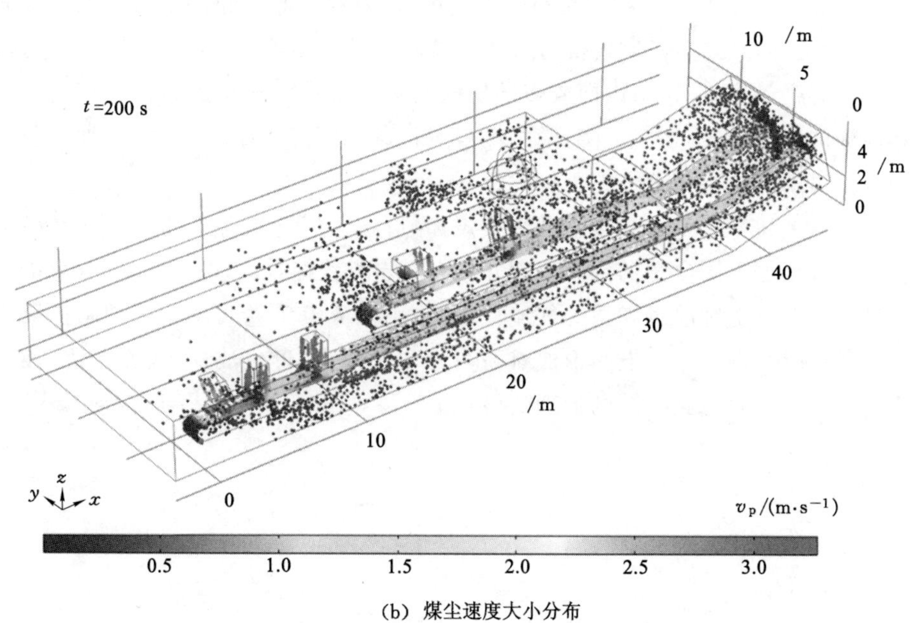

(b) 煤尘速度大小分布

图 7-47　200 s时准备车间一楼瞬态煤尘污染粒径—速度分布粒子轨迹图

1～35 μm；第二部分在两条胶带中间，煤尘来源为3001落料口漏尘、3002机尾甩尘、两条带式输送机密封槽沿线漏尘、带式输送机带走廊连接处漏风扬尘，粒径分布在20 μm以下；第三部分为带式输送机走廊连接处与连接处至3002带式输送机落料口左侧，大型构筑物右侧围成的区域，煤尘来自走廊灌风、胶带牵引，落料口诱导气流冲击扬尘，粒径分布在10 μm以下；第四部分为3002带式输送机机尾左侧，煤尘来自带式输送机机尾扬尘和落料口漏尘，粒径分布在1～30 μm。

从速度角度共同分析，3002密封槽内煤尘运移速度快，速度在2～3 m/s。因此，较大粒径煤尘可运移较远距离，粉尘粒径分布在1～35 μm范围，3001带式输送机密封槽较长内部气流运移速度相对较慢在1～2 m/s，大粒度煤尘运移距离有限分布在x=10 m～30 m内，带式输送机机尾面上煤尘与胶带运行速度相同，但受到甩动脱离胶带后并受到空气阻力速度下降很快，小粒径煤尘可运移出较远距离。

总体来讲，煤尘粒度越大扩散能力越弱，30 μm以上煤尘主要集中在两条胶带的落料口周围，向胶带牵引方向以0.5 m/s以下的速度向前下侧运移，扩散高度在密封槽与胶带面缝隙上下0.5 m左右；粒径越小，煤尘扩散能力越强，粒径为20 μm以下的煤尘可扩散至整个车间区域，悬浮分布在车间中部。在胶带面上，煤尘运移速度快，车间内部分大于带式输送机走廊内，主要由于带式输送机走廊内无密封槽，在走廊内向胶带外扩散并受到带式输送机走廊内向车间内运移风流的摩擦干扰，速度下降，随之煤尘运移速度下降为1 m/s左右，被从胶带面上剥离的煤尘主要分布在顶板附近。

针对上述车间一楼煤尘扩散污染规律，可建立以下治理思路：首先，在粉尘扩散源头根据不同尘源的污染机理开展点对点覆盖综合治理；其次，在煤尘扩散关键路径针对走廊灌风和诱导气流冲击，采用顺流负压卷吸和正压抑制扩散两种方式；最后，在独立各点间形成对粉尘的联合治理，形成成套、成面系统，加入适合的控制方案达到高效的治理效果。

第8章　超音速雾化控尘系统工程应用

8.1　选煤厂现场工程应用研究

雾滴与粉尘之间耦合时需要具有合适的粒径比、较大的相对速度、较好的润湿性来促进其耦合效果。经第3章对喷管内部流场和第4章对超音速雾化机理的研究，第5章提出了超音速汲水虹吸式气动雾化方式，第6章揭示了其降尘机理。实现了雾化器从理论到实际的研发制造、批量生产，进行了实验室的研究，获得了不同结构参数和气动总压力下超音速汲水虹吸式气动雾化的雾滴场、降尘、隔尘特性。但实际工程应用效果仍需现场检验，为此本节以选煤厂粉尘污染治理为研究背景，结合前文所得的不同结构参数、工况条件下的超音速汲水虹吸式雾化控尘细观动力学特性，开展系统现场工程适用性研究。

8.1.1　粉尘浓度分布现场测试

内蒙古某煤矿位于内蒙古准格尔煤田西南部，是神华亿利能源有限责任公司4×200MW煤矸石电厂的配套煤矿。其选煤厂原煤接自厂区东南侧内蒙古某外运主斜井，矿井原煤通过胶带运输至原煤仓储存，仓内原煤经胶带运送至准备车间进行分级破碎，准备后的块、末原煤经胶带分别运送至准备车间分选；分选后的产品运至工业广场西侧的五个产品仓，按照不同的品种储存，经胶带输送至快速装车站装车外运；压滤煤泥及矸石经胶带运至位于工业广场的北侧，矸石进入两个矸石仓缓存，经汽车外运至哈尔乌素露天矿排矸场(图8-1)。煤泥落地晾干后地产销售。浓缩车间就近布置在准备车间南侧。

从原煤仓过来的两条胶带一一对应进入准备车间的两套筛分系统，原煤首先进入25 mm分级筛，筛上物料再进入200 mm固定筛分级，固定筛筛上物料通过手选除杂后，再给入破碎机破碎到200 mm以下，与筛分下落的物料(25～200 mm)一起作为块煤入洗，筛下末煤小于25 mm的经胶带运输进入准备车间分选。

由于内蒙古某选煤厂粉尘尘源多、类型广，其工艺流程易产生微细粉尘，与原煤携带部分混合污染，粒径多在呼吸性粉尘区间范围内，使得选煤厂呼吸性粉尘污染严重、工人长期接尘，危害极大[220]，与本书针对呼吸性粉尘治理的研究

图 8-1 内蒙古某煤矿选煤厂筛分厂房(准备车间)与带式输送机走廊外景

内容贴合。

在内蒙古某选煤厂选煤过程中,在准备车间内一至七楼中原煤运输胶带、卸煤转载点、手选车间、振动筛分车间、筛分一楼等区域煤尘污染严重。经现场粉尘采样器采样测量,获得了各尘源点呼吸性粉尘的污染浓度分布。

其中准备车间一楼包括三条带式输送机分别为 3001、3002 和 3003,其中 3003 输送末煤,3001 与 3002 输送块煤。其重要测点的呼吸性粉尘浓度测量结果见表 8-1,筛分准备车间一楼主要尘源点有带式输送机机尾、落料口、带式输送机上密封槽下端与输送机固定架间软连接处的漏尘点、带式输送机走廊挡尘帘周围、带式输送机走廊挡尘帘走廊侧。

表 8-1 准备车间一楼煤尘污染测定

采样测点位置	采样类型	煤尘浓度/(mg·m^{-3})	是否符合国家标注
3001 带式输送机机尾	呼吸性粉尘	24.1	否
3001 带式输送机走廊	呼吸性粉尘	32.2	否
3001 带式输送机中部	呼吸性粉尘	13.4	否
3001 落料点 1	呼吸性粉尘	27.3	否
3001 落料点 2	呼吸性粉尘	35.8	否
3001 落料点 3	呼吸性粉尘	38.6	否
3002 带式输送机机尾	呼吸性粉尘	41.7	否
3002 带式输送机走廊	呼吸性粉尘	57.3	否
3002 落料点 1	呼吸性粉尘	37.4	否
3002 胶带中部	呼吸性粉尘	51.9	否
3003 带式输送机机尾	呼吸性粉尘	13.1	否

表 8-1(续)

采样测点位置	采样类型	煤尘浓度/(mg·m⁻³)	是否符合国家标注
3003 落料点 1	呼吸性粉尘	12.6	否
3003 落料点 2	呼吸性粉尘	13.3	否
3003 落料点 3	呼吸性粉尘	16.9	否
3003 带式输送机中部	呼吸性粉尘	14.1	否
3003 带式输送机走廊	呼吸性粉尘	18.7	否

其中 3002 带式输送机机尾处于 3001 带式输送机中部，该位置左右两侧煤尘浓度测量值介于 41.7～57.3 mg/m^3 之间，主要有三方面影响因素：首先，该位置为多个尘源点耦合扩散区域；其次，生产时带式输送机走廊向车间内灌风严重，并与落料及胶带牵引诱导气流共同作用形成风流紊流区域；最后，呼吸性粉尘因粒径小易跟随气载风流流动，在紊流区域悬浮积聚。

准备车间四楼分级筛周围煤尘污染浓度测定结果，见表 8-2，四楼分级筛周围煤尘污染来源主要来自设备表面浮尘和带式输送机上密封槽下端与输送机固定架间软连接处的漏尘处的正压气流漏尘及其他扬尘方式，测定结果相对一楼的煤尘污染测定结果小约 80%，主要由于振动筛配备冲激式抽尘降尘器，无煤流运输裸漏区域，且车间及时清扫。其中 212 与 213 测点位于车间中部，211 与 212 测点位于走廊附近，受到自然风排尘作用，测定结果 211 与 214 测点较 213 与 211 测点增加约 30%～50%。

表 8-2　准备车间四楼煤尘污染测定

采样测点位置	采样类型	煤尘浓度/(mg·m⁻³)	是否符合国家标注
211 分级筛	呼吸性粉尘	13.5	否
212 分级筛	呼吸性粉尘	24.6	否
213 分级筛	呼吸性粉尘	22.3	否
214 分级筛	呼吸性粉尘	15.1	否

准备车间七楼为原煤运输胶带转载点，转载点落料口口径大，距离长，诱导气流向下灌入阻力小，并且该位置煤块表面煤尘附着量少，受到诱导气流影响向外逸尘现象并不明显，其测定结果，见表 8-3，两条胶带转载点附近煤尘浓度为12.7 mg/m^3与 15.2 mg/m^3。主要来自原煤运输剥离和诱导气流向外正压逸散的共同作用。

表 8-3 准备车间七楼煤尘污染测定

采样测点位置	采样类型	煤尘浓度/(mg·m^{-3})	是否符合国家标注
201 转载点	呼吸性粉尘	12.7	否
202 转载点	呼吸性粉尘	15.2	否

由此可见该准备车间煤尘污染严重，测尘点浓度均超过国家标准，尤其是一楼煤尘浓度大、聚集点多、尘源多、类型也各不相同，发尘机理与治理方式差异性较大，整体复杂、常规方法治理难度大。

8.1.2 准备车间超音速汲水虹吸雾幕控尘系统

(1) 系统概况

经过全面的数值模拟和现场实验研究确定了喷雾系统的布置方案。图 8-2 为准备车间一楼超音速汲水虹吸雾幕现场应用前后雾化效果。

(a) 喷雾前　　(b) 喷雾后

图 8-2 准备车间超音速汲水虹吸雾幕控尘系统前后效果

内蒙古某煤矿选煤厂准备车间超音速汲水虹吸式气动雾化控尘系统，主要包括四个子系统，即落料口漏尘超音速气雾降尘子系统、带式输送机机尾超音速气雾降尘子系统、带式输送机走廊超音速气雾降尘子系统、人行楼梯两侧气雾降尘子系统。其中，供压方面，由气、水管路分别与空压机、储气压力罐及供水方面相连；供水方面包括前置低流量增压供水泵、磁化器和过滤器；控制方面，全系统受到人工手动和粉尘浓度传感器自动的双重控制。

如图 8-3 所示，针对呼吸性粉尘难治理的特点，上述系统的四部分分别对落料口的漏尘，采用超音速汲水虹吸高速气雾进行卷吸集尘降尘治理；对带式输送机机尾甩尘，主要采用远距离对机尾四周进行气雾覆盖治理；对带式输送机走廊入口处，胶带无密封槽保护，挡尘帘存在破损，利用高速气雾形成双层断面正压冲击抑尘、降尘治理；对人行楼梯两侧采用超音速汲水虹吸高速气雾隔尘降尘，保护工人通行健康。

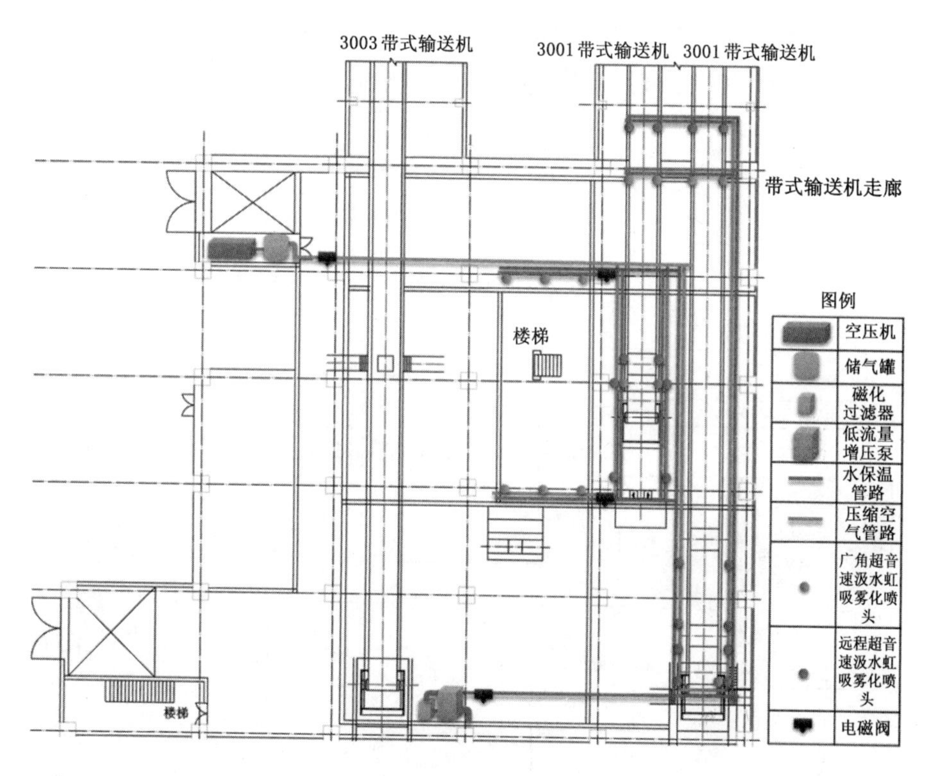

图 8-3 准备车间超音速汲水虹吸雾幕控尘系统布置图

采用上述分区治理的思路，实现了对准备车间内煤尘污染的综合治理。根据各区域扬尘特点、污染机理，单独确定治理方案、独立源头研究、独立控制的综合治理策略，达到高效抑尘、隔尘、降尘的治理效果。在总系统总水路布置前置磁化过滤水处理装置，以及低流量增压离心水泵。目的是对水进行一定的磁化改性，减小其接触角，使其对煤尘有较好的润湿性，利于喷雾雾滴与煤尘的相互作用促进 PM10 以下煤尘间的凝并生长。过滤器保证了降尘用水的精度，提高系统可靠程度。喷头具有远距离汲水虹吸作用，日常喷射治理无须开启增压水泵，靠自来消防水供压及管道内虹吸作用即可保障正常运行，当自来消防水供压不足时，可开启低流量增压水泵辅助供水，气水流量与气压呈自调节关系。下面分别介绍各区域的系统布置方案和参数气动总压力设定。

(2) 系统控制与运行

选煤厂超音速汲水虹吸控尘系统控制部分与粉尘监测系统结合，形成对准备车间一楼煤尘的监测和控制。通过检测现场粉尘浓度，将粉尘浓度信息远程传输到监控室，可在监控室主机上进行现场监测数据的显示、报警、存储、查询等，并根据粉尘浓度开启喷雾控尘系统、根据烟雾传感器报警信息自动控制，实现全天候实时有效预警和生产环节的喷雾降尘，控制系统架构如图 8-4 所示。

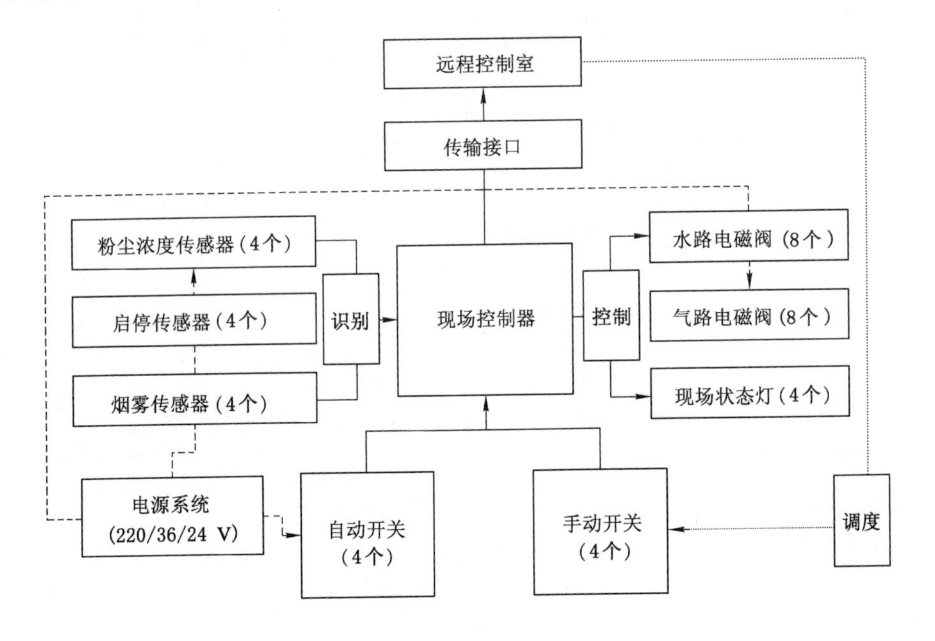

图 8-4　内蒙古煤矿选煤厂超音速汲水虹吸降尘控制系统组织架构

启停传感器用于监测现场设备是否运行，当现场设备启动运行后才开始进行粉尘监测。当监测到粉尘浓度超标时，自动开启气水两路电磁阀，进行喷雾降尘。同时，为能够在现场进行手动操作，系统提供了手动/自动切换模式，需要现场人工手动操作控制时，开启手动功能，然后可以通过手动开关进行喷雾控制。同时，通过现场状态灯对手动/自动模型进行指示。

正常工作时，粉尘浓度传感器测得现场的粉尘浓度并上传给控制箱，控制箱首先判断现场的粉尘浓度是否达到或超过预先设定好的喷雾降尘点，如果比预先设定的值小，不执行任何动作，如果满足条件，将给继电器一个高电平信号[226]，使常开型的继电器闭合，从而打开电磁阀，使水路与气路畅通，开始喷雾；随着喷雾的进行，粉尘浓度不断降低，当粉尘浓度降低至预先设定的停喷点时，输出低电平信号[226]，使继电器恢复常开状态，从而关闭电磁阀，切断水路与气路，停止喷雾。系统硬件连接如图 8-5 所示。

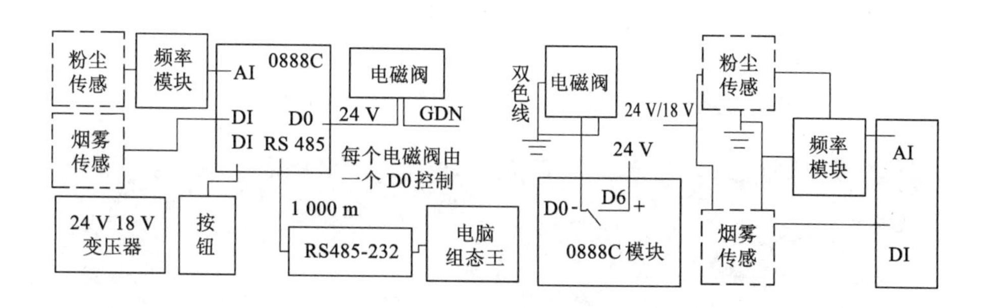

图 8-5　内蒙古某煤矿选煤厂超音速汲水虹吸降尘控制系统硬件及通信连接图

粉尘浓度传感器[227]布设于 3001 与 3002 带式输送机之间，具体位置位于 3001 带式输送机中部左侧、3002 带式输送机机尾右侧，该位置为两条胶带所在区域中心，也是煤尘扩散积聚路线，实测生产时，不论两条胶带是否全部输煤该位置浓度煤尘值均较大，因此该位置可称为准备车间一楼煤尘状况指示点。

通过传感器对粉尘浓度、烟雾的传感数据进行采集，并将传感器采集数据输出的 200～1 000 Hz 频率信号由频率模块转换为模拟量，然后送入控制器模块进行识别。判断粉尘浓度是否超过设定的限值，以及有无高浓度烟雾产生。信号的传输方式采用了 RS485 有线传输，经控制器模块处理后，现场采集到的数据由连接至调度监控室内的信号线，进行远程传输，在调度监控室内总系统进行数据的接收，并通过监控软件将数据信息显示出来。

8.1.3　落料口漏尘污染治理子系统布置方案与煤尘治理效果

筛分准备车间一楼 3001、3002 两条带式输送机与二楼刮板输送机由若干落料口相连，如图 8-6 所示。其中，3001 带式输送机机尾附近存在三个落料口，当系统生产时，块煤由七楼原煤转载、五楼手选、四楼振动筛分和二楼刮板输送后经该口落入带式输送机胶带上。在原煤筛分过程中，受到撞击、摩擦、粉碎产生大量次生煤尘，与块煤煤流在重力作用下诱导周围空气，并进入 3001 带式输送机内，于胶带面上形成高强度冲击气流。正压的冲击气流在密封槽于带式输送机软连接漏点处向密封槽外逸尘，由于冲击力大，正压气流在相对尺寸较小的漏尘点处加速射流，向环境内喷射煤尘。经实验测量，该部分煤尘粒度主要分布在 10 μm 以下，为呼吸性粉尘，且聚集高度在距地面 0.8～2.2 m 范围内，对周围工人危害极大。

漏尘点位置相对分散且并不固定，却又主要集中在落煤口附近。主要发尘动力来源为诱导气流冲击[228]，漏尘初始动能较大，而胶带往往因湿式降尘而打滑。同时，为减少湿式降尘对块煤热值的影响，需要避免大流量直喷。

为此，采用以顺胶带运移方向包围牵引呼吸性煤尘为核心的落料口漏尘超音速汲水虹吸高速气雾幕治理方案。现场环境、布置方案如图 8-6 所示。

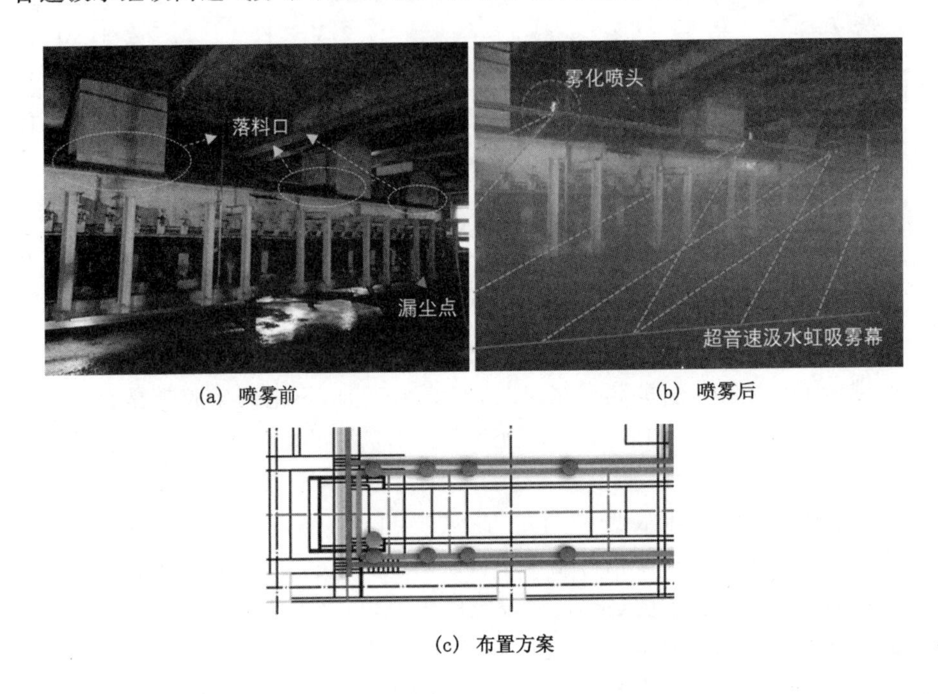

(a) 喷雾前

(b) 喷雾后

(c) 布置方案

图 8-6 落料口超音速汲水虹吸雾幕降尘治理方案

如图 8-6 所示，具体布置方案为，沿 3001 带式输送机密封槽两侧平行布置两排共 8 个超音速汲水虹吸式气动雾化喷头，高度略高于密封槽顶端，距离地面 2.3 m，角度与管路夹角为 45°，喷射方向为顺向带式输送机煤流输送方向。喷头压力依据第 5 章、第 6 章研究结论设定为 120°锥角 0.5～0.6 MPa，单喷头水流量为 173～185 mL/min，耗气量为 5～6 m^3/h。系统喷射雾幕几乎完全避开带式输送机，对胶带及煤流润湿几乎为零，有效地防止胶带打滑和对煤热值的影响，并且方便检修维护。目的为，在开启降尘喷雾系统后，在 3001、3002 带式输送机机尾、落料口周围形成高速气雾幕，对机尾及落料口漏尘点进行全覆盖包围利用雾幕雾滴动力足和雾滴运动速度快的特点，达到对煤尘的高效、低湿捕集效果。

如图 8-7 所示，系统基本实现预计效果，对机尾及落料口漏尘点达到高速气雾的全覆盖。优势包括两个方面，首先是喷雾距离远覆盖面积大，相同耗水量、耗气量和相同布置位置、布置角度的喷头能够达到更高的效率；其次是雾滴细微，根据质量守恒定律，相同的水流量喷雾时，水流量不变则水的质量流率不变，那么单位时间雾化粒度越细，那么雾化时所产生的雾滴数量就越大，因此耗水量相同时，雾滴越细，经过该类型喷头雾化后的雾滴与煤尘碰撞捕集的概率就越大。

(a) 喷雾前　　(b) 喷雾后

图 8-7　落料口超音速汲水虹吸式降尘雾幕开启前后效果

雾滴动量越大对环境风流和诱导风流正压喷射的抵抗能力就越强，越能够在与雾滴碰撞时将雾滴润湿，进而对其施加一个脱离气载流线的动量，大量的雾滴高速喷射就如同形成密集的“枪林弹雨”令细微的煤尘“无处可逃”。

同时，高速雾滴在移动过程中会形成局部负压将周围空气向尾部带动，受到前置磁化器水处理作用可一定程度地减小其表面张力更易发生二次破碎，并且以一定程度的磁力吸引煤尘向其运移改变原有的运移角度，增大其沉积的可能性。子系统总耗水量为 1 384～1 480 mL/min，总耗气量为 40～48 m^3/h。表 8-4 给出了落料漏尘治理前后呼吸性粉尘浓度的对比数据。

表 8-4　落料漏尘治理前后呼吸性粉尘浓度对比

采样测点位置	采样类型	治理前粉尘浓度 /($mg \cdot m^{-3}$)	治理后粉尘浓度 /($mg \cdot m^{-3}$)	降尘效率/%
3001 落料点 1	呼吸性粉尘	27.3	3.2	88.28
3001 落料点 2	呼吸性粉尘	35.8	2.6	92.74
3001 落料点 3	呼吸性粉尘	38.6	4.7	87.82
3002 落料点 1	呼吸性粉尘	37.4	1.3	96.52

由表 8-4 内数据可得出，针对呼吸性粉尘测试的综合降尘效率达到了

87.82%以上，但除3002落料点1处的粉尘浓度降至2 mg/m³以下，其余测点浓度仍高于国家标准，是因选择测点时，选择了粉尘集聚点，也是重点治理位置，如"3001落料点3""3001落料点1"等位于治理区域内部，粉尘恰好在该区域被润湿、捕捉，因此测定结果包括了被润湿和凝并沉降过程中的粉尘部分，测量值比实际漏尘量偏大，不能完全代表雾幕的降尘效率。但3002落料点1在隔尘雾幕外侧，因粉尘被限制在雾幕内侧，雾幕具有隔尘降尘等作用，该测点喷雾后的粉尘测量浓度大幅降低。

尤其，经分散度测试后，对人的伤害最大的粒径小于2.5μm的粉尘占63%～85%，粒径为2.5～10 μm的粉尘占10%～35%，粒径为10～20 μm的粉尘占1%～4%，粒径大于20 μm的粉尘占0～1%，虽然$PM_{2.5}$占比大，但基数小，而$PM_{2.5}$～PM_{10}的测试结果与实验室测量结果保持一致的大幅降低，说明该治理技术不仅综合降尘效率高，而且对$PM_{2.5}$～PM_{10}粒径区间的粉尘具有良好效果，对$PM_{2.5}$以下的粉尘有一定治理效果。

尽管喷雾时雾量大，图片中雾幕周围能见度较差，但停止喷雾系统后气雾在1～2 min便可散净，不影响应急检修和维护，并且喷头气水端可通过控制阀实时调节雾量和开闭。

8.1.4 带式输送机机尾煤尘污染治理子系统布置方案与煤尘治理效果

带式输送机在运行时，微细煤尘颗粒于胶带上表面黏附沉积，3001、3002带式输送机落料口转载点到机尾段虽然为非载煤胶带段，但黏附在其表面的煤尘受到落料和机尾甩动离心力的共同作用，黏附在胶带表面的细微煤尘颗粒在带式输送机电机运转时，又受到振动抖动和重力作用脱离胶带，并随牵引风流与冲击气流的合流动气流运移，在滚筒离心力作用下向切向方向发生飞扬[229]。

为防止胶带打滑和电机腐蚀，显然对机尾进行湿式降尘喷雾直喷是不合理的，因此机尾落料、甩尘机理及超音速汲水虹吸雾幕喷头布置如图8-8所示。方案采用了高速气流形成轴向负压卷吸集尘、正面正压破坏诱导气流原始风流流线以及全覆盖包围式隔绝的综合降尘方案。3002带式输送机机尾超音速汲水虹吸气雾幕治理系统共有6个喷头组成，分别位于机尾左、右、前三侧，每侧各两枚，与现场条件相适应。

左右两喷头上下布置，一个覆盖朝向气流合方向，起到覆盖隔尘、降尘作用，另一个喷头与胶带输送方向呈约45°牵引周围漏尘，在左右两侧形成雾幕将机尾左右覆盖，前侧采用与机尾保持一定距离的正压雾幕覆盖式布置方案，依据第5章、第6章研究结论设定恰当喷射强度，达到适当射程，并且使气流正向动压可以中和气流合方向气流作用力，减少煤尘运移初速度，同时润湿捕集机尾甩动作用扬尘，将煤尘控制在尘源附近进行处理。

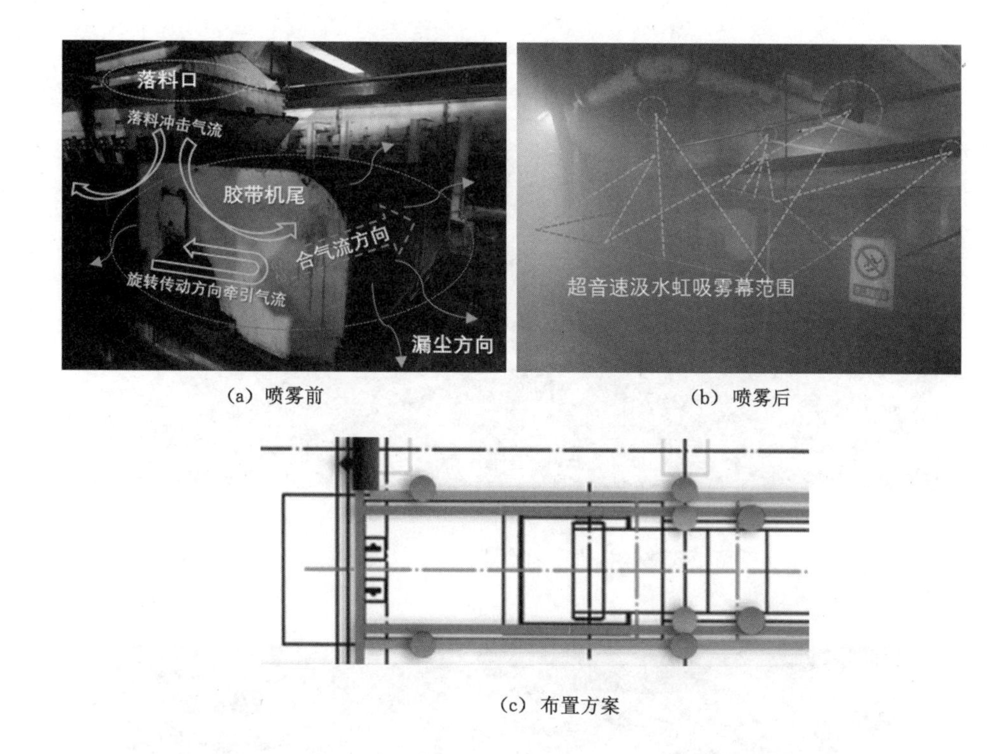

(a) 喷雾前　　(b) 喷雾后

(c) 布置方案

图 8-8　带式输送机机尾超音速汲水虹吸雾幕降尘治理方案

3001 带式输送机机尾部分子系统的喷雾效果如图 8-9 所示。在 3001 机尾的前侧,喷雾雾幕喷头选择了 0°锥角的超音速汲水虹吸雾化喷头,雾化压力设定为0.6～0.7 MPa。选择该型号和工况的原因为,经实验室测定,此气动总压下,该类型喷头的射程介于 8～10 m 范围。此射程范围足够跨越约 3 m 的喷射距离,在雾滴达到机尾处时,仍旧保持高动能的雾滴喷射效果。经测量,其耗气量为5.5 m^3/h,耗水量为 168 mL/min。

在 3001 带式输送机机尾的左右两侧且距离机尾前落料点较近处,系统所布置喷头的型号选择为 15°锥角。经第 5 章的实验测定,该类型喷头在气动总压为0.4 MPa 时,喷雾射程为 3.3 m,耗气量为 4.1 m^3/h,耗水量为 89 mL/min。而实际需要的射程范围是 1.5～1.8 m,足以覆盖该射程区域。按照布置数量和类型计算后,该子系统的总耗水量为 429 mL/min,总耗气量为 27.4 m^3/h。

3001 带式输送机机尾治理效果如图 8-10 所示,因 3001 带式输送机相对 3002 带式输送机长 10 m 左右,导致 3002 带式输送机机尾位置位于 3001 带式输送机准备车间部分长度的中部,此位置为多尘源煤尘聚集,治理难度较大。

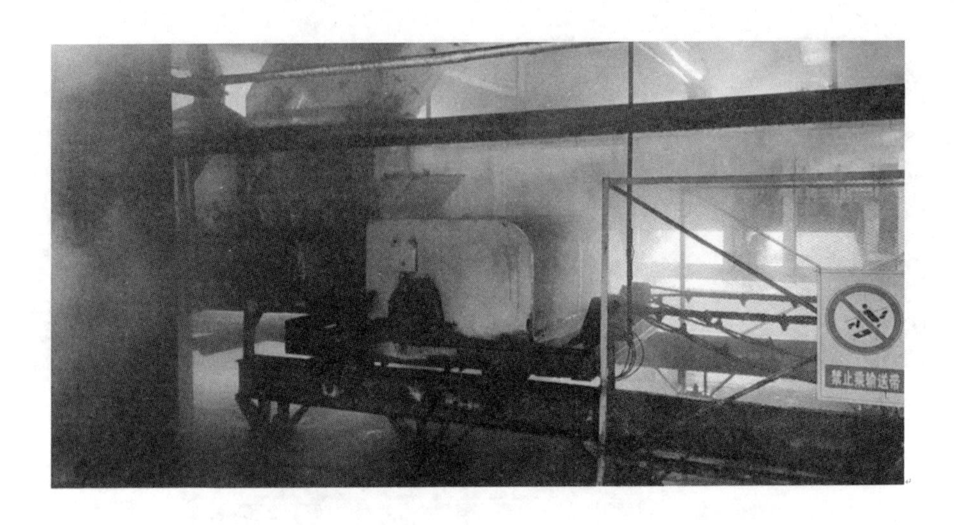

图 8-9　3002 带式输送机机尾超音速汲水虹吸雾幕降尘治理后效果

(a) 机尾上　　(b) 机尾侧

图 8-10　3001 带式输送机机尾超音速汲水虹吸雾幕开启后效果

而 3001 机尾污染现状与此情况不同，右侧与前侧为墙壁，并无其他尘源扩散路径。为此，布置时确定了左前侧高动压牵引和压尘，靠右前侧布置了两个喷头，一个牵引，一个压制。与落料口治理子系统相连，形成整体覆盖的降尘雾幕，因该位置射程覆盖约 1.5 m，且角度朝向机尾喷射，不宜水流量过大。所以，喷头型号选择 30°锥角喷头，气动总压为 0.4 MPa，耗水量为 93 mL/min，耗气量为 4.2 m^3/h，射程为3.8 m，则子系统总耗气量为 12.6 m^3/h，总耗水量为 279 mL/min。子系统运行降尘前后效果测定的对比结果见表 8-5。

表 8-5　带式输送机机尾处治理前后呼吸性粉尘浓度对比

采样测点位置	采样类型	治理前煤尘浓度/($mg \cdot m^{-3}$)	治理后煤尘浓度/($mg \cdot m^{-3}$)	降尘效率/%
3001 带式输送机机尾	呼吸性粉尘	24.1	1.4	94.19
3001 带式输送机中部	呼吸性粉尘	13.4	1.3	90.30
3002 带式输送机机尾	呼吸性粉尘	41.7	3.7	91.13
3002 带式输送机中部	呼吸性粉尘	51.9	1.4	97.30

3001 与 3002 带式输送机机尾超音速汲水虹吸降尘雾幕的实际治理效果为，雾化喷射雾幕沿机尾罩边缘向机尾两侧喷射，并将周围区域全部覆盖。正压喷射喷雾将机尾甩动扬尘路径覆盖，破坏了机尾甩动扬尘与诱导气流的合动能，将剥离出的煤尘负压牵引至喷雾流场内与气雾耦合，此间过程中，微细煤尘与高速气雾内雾滴的相对速度大，润湿性良好，在气雾后端形成饱和雾池，充分润湿未被气雾捕捉的微细颗粒。

系统降尘效率在 90.30%以上，最大测定降尘效率值达到 97.30%，说明系统改善机尾附近煤尘污染的效果良好，实现了对原有机尾附近煤尘集聚点、运移路径“破坏”，对扩散源头治理效果达到预期目标。各测点浓度降至 2 mg/m^3 以下。其中“3002 带式输送机机尾”处于治理路径中，属于气雾捕尘耦合阶段内部测点，测定值高于标准要求。

8.1.5　带式输送机走廊连接处煤尘污染治理子系统布置方案与煤尘治理效果

原煤经准备车间七楼至一楼筛分后，块煤在一楼由 3001 带式输送机与 3002 带式输送机经同一带式输送机走廊向主厂房运输，带式输送机走廊与准备车间之间由挡尘帘间隔，冬季时生产启车后，风流沿挡尘帘缝隙灌入准备车间内，如图 8-11 所示挡尘帘向带式输送机密封槽内侧偏移，因此在二者间隔处环境风流与诱导气流共同作用形成局部乱流，因此实际现场勘测时 3002 带式输送机走廊处呼吸性粉尘浓度高达 57.3 mg/m^3，在密封槽上表面以及走廊桥架上积灰厚达 4～5 cm。为此治理方案主要针对此处，根据现场情况确定带式输送机走廊入口处超音速汲水虹吸雾幕降尘方案如图 8-11 所示。

在带式输送机走廊内侧布置 4 个锥角为 60°的广角超音速汲水虹吸喷头，两条胶带上各 2 个，确定其气动总压力为 0.4 MPa，射程为 3.4 m，耗气量为 4.3 m^3/h，耗水量为 90 mL/min，雾化角约 90°。此设定是由于布置位置距离胶带仅 1～1.5 m左右，且喷射方向垂直向下直喷胶带，为避免对煤和胶带造成大面积润湿，采用了低压雾化，此时水流量小、润湿度小。带式输送机走廊外侧布置 4 个 0°锥角喷头，该喷头射程远、动力足，采用正压抑制诱导气流及顺流环境风流，不

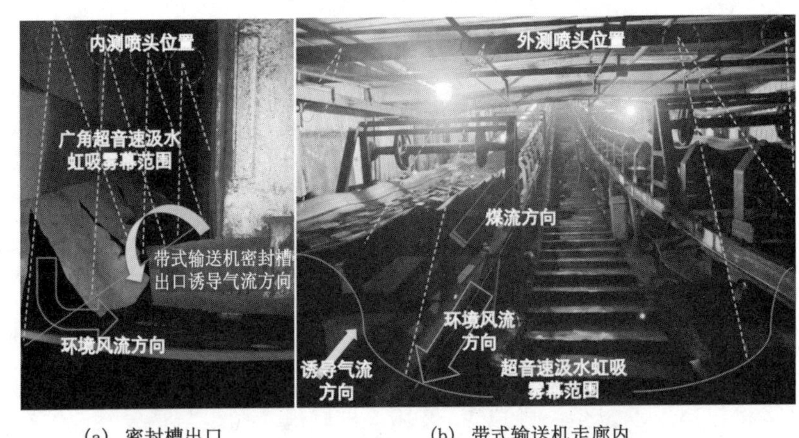

(a) 密封槽出口　　(b) 带式输送机走廊内

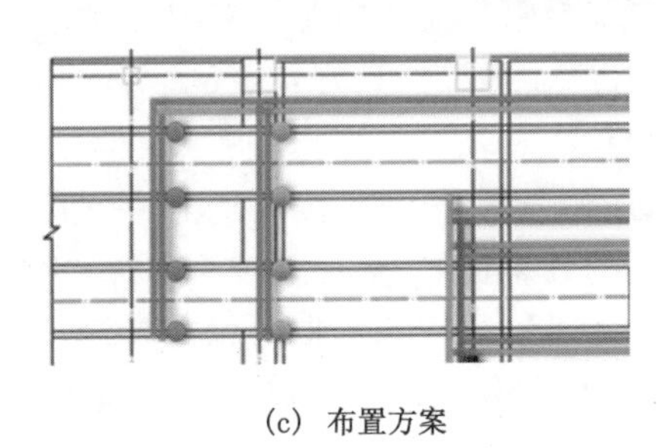

(c) 布置方案

图 8-11　带式输送机走廊入口处超音速汲水虹吸雾幕开启前效果

仅能够调和气流紊乱，而且能起到空气加湿作用，将此处气流紊流的剥离扬尘作用抑制到最低。其气动总压力确定为 0.6 MPa，耗气量为 5.5 m^3/h，耗水量为 168 mL/min。子系统总耗气量为 39.2 m^3/h，总耗水量为 1 032 mL/min。

如图 8-12 所示，在不开启增压水泵的情况下，仅 8 个喷头实现了对两条带式输送机密封槽出口、带式输送机走廊断面和走廊内近百米煤流的全覆盖，并且走廊附近地面无任何积水，表明雾化效果极好，云雾状的超音速汲水虹吸气雾在走廊煤流上缥渺如云。

在带式输送机运行时，受到胶带面上煤流的运动负压牵引的影响，带式输送机走廊前后断面雾幕、筛分车间内带式输送机周围的全覆盖喷头所产生的低微米级气雾被负压牵引风流吸引，从筛分车间内经密封槽缝隙与带式输送机走廊连接处，被吸入带式输送机走廊内，于煤流上方周围空间对煤流进行“被状”全覆盖，形成与煤流同方向的相对静止的运动状态。高效地抑制了煤流运移过程中，煤体表面煤尘受风流剥离作用从而产生的飞扬现象。

(a) 车间内侧效果

(b) 胶带煤流上方效果

(c) 走廊内正压喷射效果

图 8-12　带式输送机走廊入口处超音速汲水虹吸雾幕开启后效果

表 8-6 为走廊入口连接处内外侧治理前后呼吸性粉尘浓度的对比数据，由该表可以得出，由于车间落料漏尘和机尾扬尘源头得到有效控制，加之在带式输送机走廊连接处的内外断面布置了广角及远距离正压强射流超音速汲水虹吸喷雾雾幕，实现了对诱导气流及环境风流合动力扬尘的动力“破坏”。

表 8-6　带式输送机走廊入口处治理前后呼吸性粉尘浓度对比

采样测点位置	采样类型	治理前煤尘浓度/(mg·m^{-3})	治理后煤尘浓度/(mg·m^{-3})	降尘效率/%
3001 带式输送机走廊内侧	呼吸性粉尘	32.2	1.4	95.65
3002 带式输送机走廊内侧	呼吸性粉尘	57.3	1.3	97.77
3001 带式输送机走廊外侧	呼吸性粉尘	11.5	0.4	96.52
3002 带式输送机走廊外侧	呼吸性粉尘	16.2	0.9	94.44

并对煤流周围实现了全覆盖相对静止的气雾“被膜”，将煤流与环境风流隔开，形成以气雾“被膜”为交界的分层流动。首先减少了积聚，其次抑制了煤尘的剥离飞扬，最后全覆盖运移保护。使得带式输送机走廊内外侧呼吸性粉尘浓度大幅度降低，效率达到 94.44%以上，满足了预期降尘效果。

8.1.6 烟雾预警及应急减灾喷雾

人行楼梯两侧位置的喷头主要针对应急时防火和降温，喷雾的目的是将胶带或其他构筑物着火时所释放的有毒有害气体、高温烟气吸收并降温，因此选择水流量、气流量、雾化角大些的型号，覆盖面积更大减少烟气穿透，在短时间内为应急逃生开辟出适合的通道布置方案，布置方案和效果如图 8-13 所示。

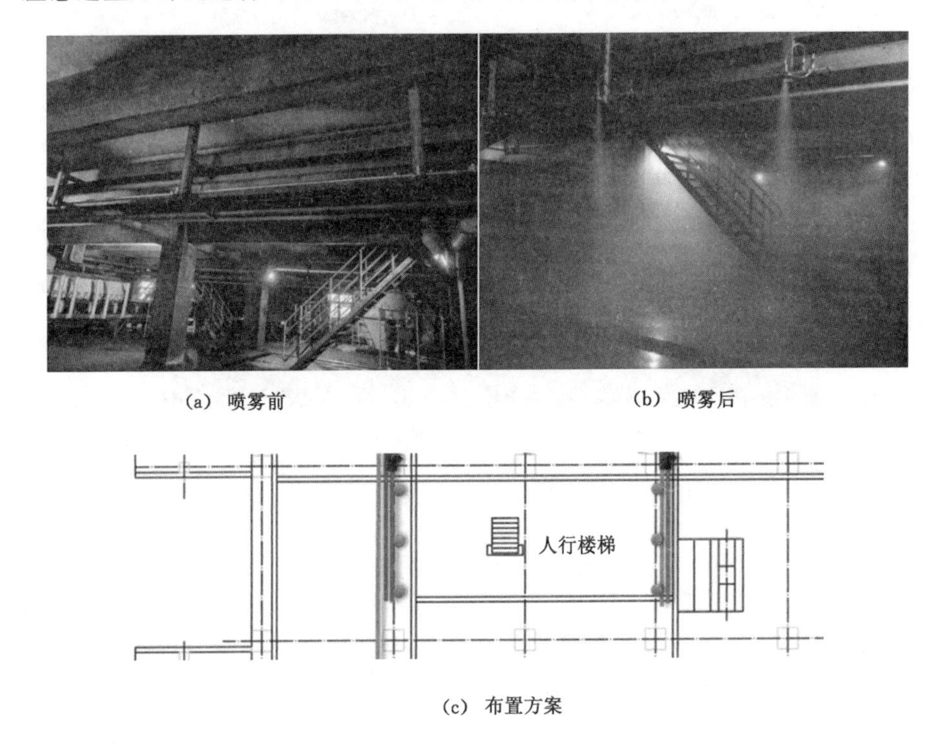

(a) 喷雾前　(b) 喷雾后

(c) 布置方案

图 8-13　人行楼梯两侧处超音速汲水虹吸雾幕开启后效果

在人行楼梯两侧，采用出口锥度为 45°和 60°的广角超音速汲水虹吸喷头，其中出口锥度为 60°的喷头确定其气动总压力为 0.5 MPa，射程为 3.7 m，耗气量为 4.5 m^3/h，水流量为 158.3 mL/min，雾化角约 90°，设定依据是布置位置到地面距离为3.3 m。

雾幕可在 0.8～1.2 m/s 的环境风流影响下直达地面，并迅速覆盖楼梯两侧，由于平时其他子系统工作后，车间内煤尘浓度已明显降低，环境得到很大改善，且启车时该楼梯无人员经常性走动，为此两侧分别布置3个受烟雾传感器控制的应急喷头，仅在火灾状态下开启，子系统总耗气量为27 m^3/h，耗水量为949.8 mL/min。

综上所述，全系统以极低的水流量(4.07～4.17 L/min)、气流量(1 606 L/min)(换算0.8 MPa密度压缩空气)、低润湿度和高效的雾化降尘效果，达到了对带式输送机落料口漏尘、机尾甩尘、走廊内外剥离扬尘的全覆盖分区高效综合治理，实现了选煤厂煤尘综合治理的节能和环保的联动增益示范。

8.2　煤矿井下现场工程应用研究

8.2.1　煤矿井下带式输送机转载点煤尘污染工程应用研究

(1) 煤矿井下带式输送机转载点煤尘污染工程应用研究概述

① 技术原理

磁化螺旋气动雾幕降尘技术使降尘用水通过磁化作用降低了其自身表面张力，更易破碎，再通过与之匹配的超音速螺旋喷头形成与呼吸性粉尘粒径匹配的超音速活性水雾，可以迅速冲破呼吸性粉尘周围的气膜，达到快速浸润、凝聚、沉降的目的；受超音速螺旋喷头安装方向及其雾滴路径的影响，形成被雾滴封锁的受限空间，防止粉尘逸散并加速被浸润粉尘沉降的沉降速度；对于偶尔逃逸出封闭空间的粉尘，因超音速螺旋喷头所形成的二次负压作用，使得小粒径粉尘被捕捉回降尘封闭空间，受到有效的水雾包络作用，增加了已沉降在物料表面粉尘的表面吸引力，使其与运输物料紧密结合而不会造成二次飞扬。

② 技术方案

在转载点安装磁化螺旋气动雾幕降尘设备，第一组2个喷头安装于2号转载点机头侧面人员平台栏杆上方；第二组2个喷头安装于机头对面金属挡板上方；第三组2个喷头安装于东胶联络巷与东胶大巷断面交界处。在触控自动喷雾装置控制下自动喷雾降尘，当胶带运转并且有煤时，三处喷雾实现联动。

(2) 主要胶带巷转载点粉尘控制地点选择及环境概况

从采煤工作面顺槽，煤经过两个转载点转运至东胶胶带巷，由东胶胶带运向井下煤仓。其中与东胶相连转载处下方西侧巷道段内粉尘污染十分严重，如图8-14所示。

此处转载点在内蒙古某矿通风系统图中标号为81，后简称2号转载点。此转载点带式输送机机头窝风处总尘浓度为50.57 mg/m^3，呼吸性粉尘浓度为14.27 mg/m^3。尤其是位于下方的东胶胶带巷道内，总尘浓度高达56.3 mg/m^3，呼吸性粉尘浓度达到16.26 mg/m^3。指标远超国家有关标准，因此判定该位置具有

图 8-14　机头位置现场图

一定代表性，进而选择此处为试点，现实性较强。

经调研，2 号转载点西侧东胶巷道粉尘严重污染的原因主要有以下几点：

① 该转载点负荷较大，每日平均转载煤质量万余吨。

② 无机头罩、喷雾等有效降尘措施，无降尘措施导致转载点完全沦为“发尘器”。图 8-15 中机头正在进行煤的转运工作，通过射光柱可看到大量的颗粒物暴露于空气中，无任何防治措施。

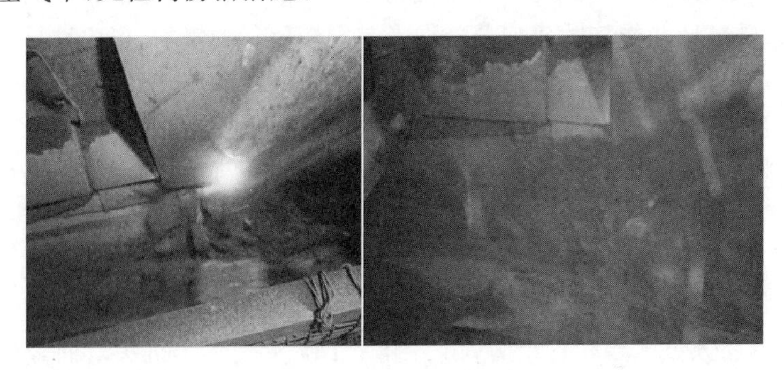

图 8-15　挡板内侧现场图

③ 机头位置设置金属挡板对通风排尘和粉尘扩散不利。转载时，机头位置金属挡板内产生旋风，粉尘在旋风作用下四处扩散、喷涌，污染十分严重且阻碍东胶巷道风流运行。在图 8-15 中，大量煤尘在挡板内侧堆积，在煤块与金属挡板、胶带面碰撞过程中，颗粒物四散飘飞污染情况十分恶劣。

④ 该转载点附近风阻极大，附近巷道角度约为 39°，在转载处易形成局部涡流且两巷道断面内部设备、设施众多，分布极为复杂，导致了局部阻力极大，风流分布紊乱。作业时，风排粉尘量可忽略不计。

⑤ 东胶巷道 2 号转载点位置风量过小。东胶巷道内，风站所测风速仅为

0.2 m/s。该巷道在 2 号转载点下方处，局部风速远远小于此值。空气难以流通，风排粉尘量小，导致大量粉尘堆积在转载点附近巷道内。

装置要求综述：矿方供水供气管路接口为 KJ16 矿用快速接头。具有磁化水过滤功能（采用强磁过滤器实现）。联动识别带式输送机运行情况并实现联动控制（采用触控雾化降尘控制箱、触控传感器、电动球阀实现）。实现对水压和气压的调节和显示（采用气、水减压阀并配置压力表）。整个主要控制设备集成到一个 1 m×0.5 m×1.2 m（长×宽×高）的箱体内。配置 3 组喷雾装置，每组配置 2 个喷嘴，喷嘴配置万向节，能够根据使用情况调节喷雾方向，装置配置清单见表 8-7。

表 8-7　单套设备配置清单

序号	设备名称	设备参数/功能	数量	备注
1	气水供应箱	为系统提供磁化过滤水并调节供给气压，进气、进水管接口皆为 KJ16 矿用快速接头，并且风水压都不超过 1.0 MPa	1 个	
1.1	气水供应箱体	尺寸 1 m×0.5 m×1.2 m（长×宽×高）	1 个	
1.2	强磁过滤器	强磁过滤器，对矿方供水进行磁化过滤	1 个	采用 3QCG 型强磁过滤器
1.3	水路减压阀	DN15 减压阀，降低水箱内进水水压	1 个	
1.4	自动补水阀	DN15 浮球阀，实现水箱水位保持不变	1 个	
1.5	自动吸水管	PU8-1000，导出水箱内的磁化水	7 根	
1.6	吸水连接头	SPM-8，与吸水管和供水管路连接	7 件	
1.7	电动球阀	DN15 隔爆电动球阀，通过控制供气管路的开关实现对喷雾开关控制	1 个	
1.8	气路减压阀	QTY-15 减压阀，通过对气压的调节控制喷雾效果	1 个	
1.9	气路分流路器	将一路进气分成 7 路出气	1 个	
1.10	气路连接接头	SPC8-02，给气路供气	7 个	需配置 7 个丝堵保证不使用的气路不漏气，不干扰其他气路。
1.11	气水进口转换装置	将矿上引入的 KJ16 阳端转换成其他连接形式	2 个	
1.12	雾化降尘控制箱	通过触控传感器实现与带式输送机联动控制喷雾	1 个	

表 8-7(续)

序号	设备名称	设备参数/功能	数量	备注
1.13	触控传感器	实现感知胶带运行状态,并反馈给雾化降尘控制箱	1 个	
2.	喷嘴管路及支架	支撑固定喷雾喷嘴	1 套	
2.1	雾化喷头	SSA-12 型,形成微雾	6 个	

(3) 设备布置参数

① 布置位置与管路连接

三组喷头布置于东郊联络巷与东郊联络大巷转载点处,具体布置位置为:

第一组,2 号转载点机头侧面人员平台栏杆上方 2 个喷头,一个位于防护栏拐点处,另一个在其内侧 1.3 m 处(图 8-16);

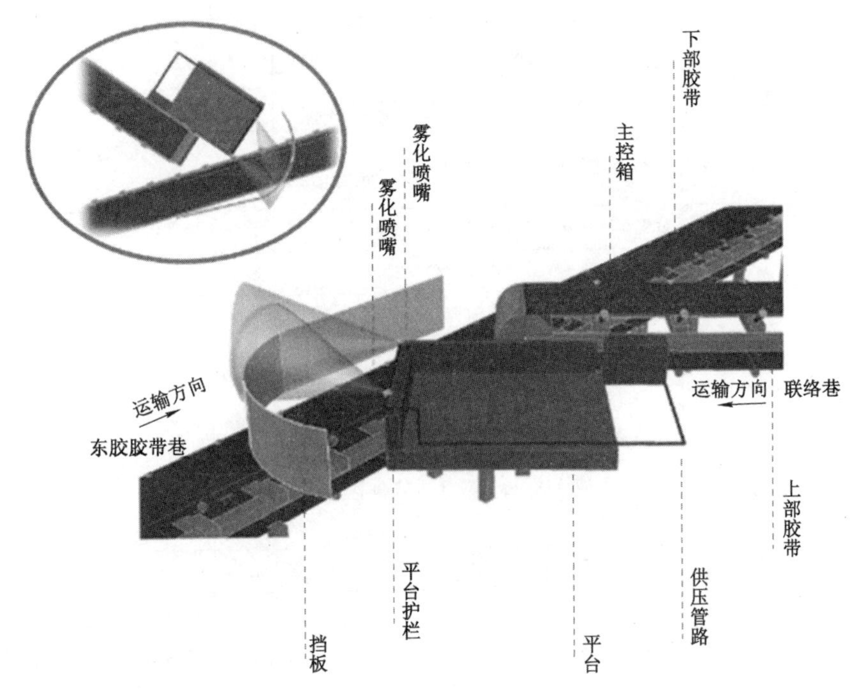

图 8-16　第一组雾化喷头布置图

第二组,机头对面金属挡板上方 2 个,一个喷头为螺旋气流发生喷头,距挡板水平距离 1.3 m 处,另一个与螺旋气流发生喷头距 1.3 m,两喷头与护栏平行(图 8-17);

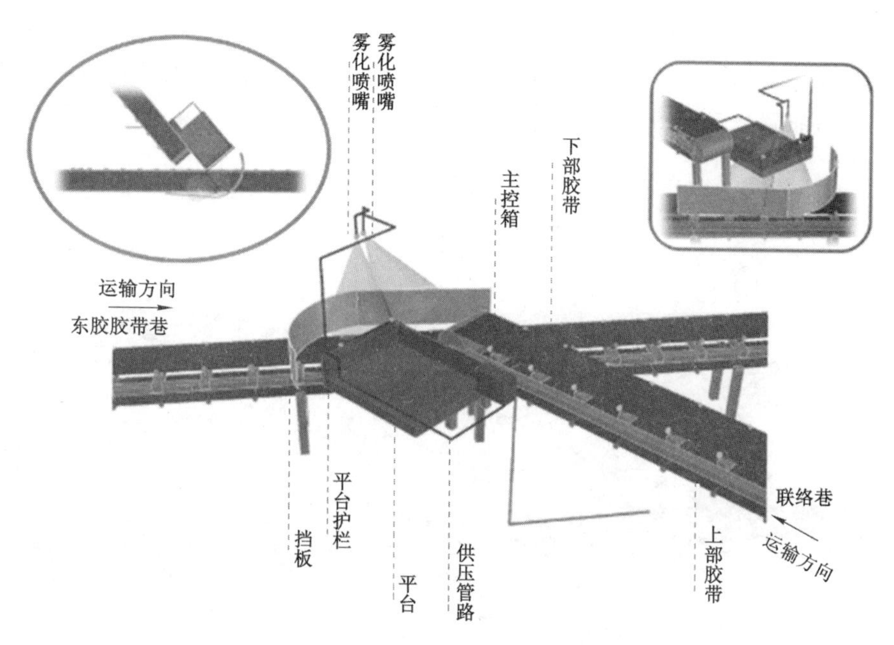

图 8-17　第二组雾化喷头布置图

第三组，东胶联络巷与东胶大巷断面交界处 2 个喷头，分别位于相交断面左交界点与右交界点(图 8-18)。

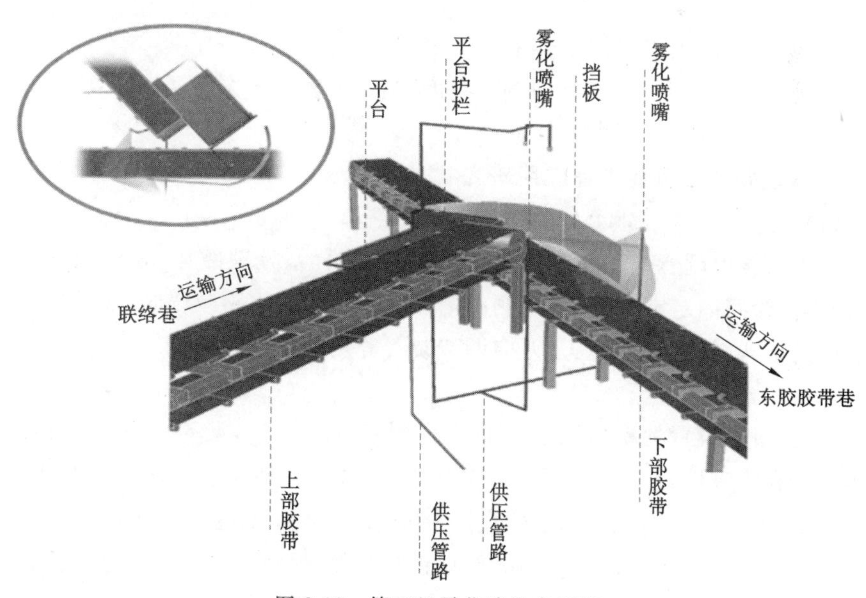

图 8-18　第三组雾化喷头布置图

② 磁雾装置的布置位置要求

磁雾装置的布置位置与所设计喷头的布置位置竖直高度差保持在 1.5 m 以内。装置布置位置如图 8-19 所示。

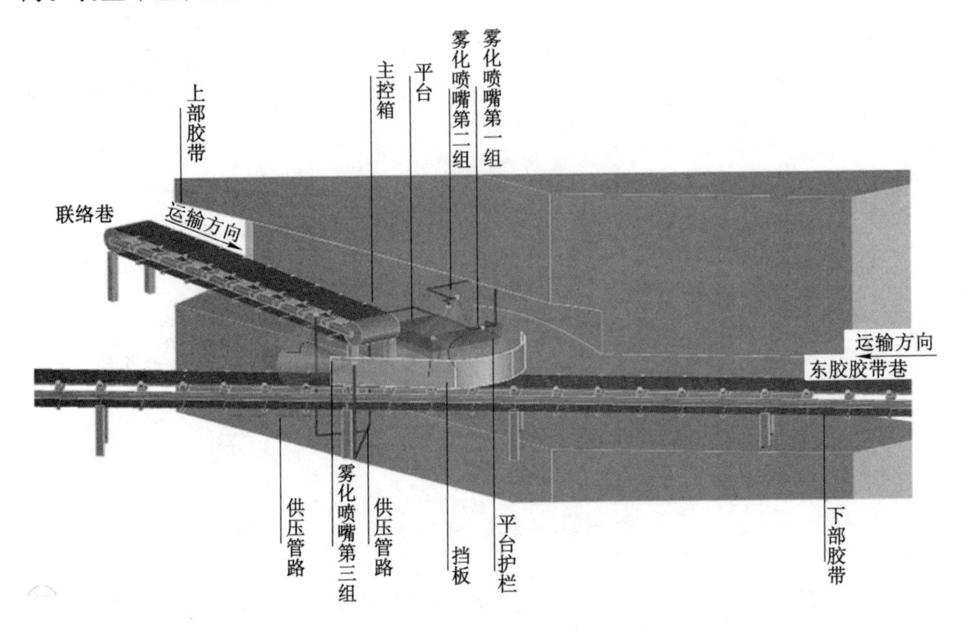

图 8-19　螺旋磁雾雾化喷头布置总览图

a. 布置方式：顶板或侧壁金属支撑支架悬挂。

b. 调节方式：通过连接万向调节角度，强度由磁化装置上调压旋钮调节。

c. 运行参数：供气压力为 0.3～0.6 MPa。

8.2.2　煤矿井下回风巷工程应用研究

(1) 控尘系统装置构成

控尘系统由超音速磁化螺旋系统控制箱、前置水处理磁化、软化箱、平包塑气水套管、管路固定卡串、气水控制阀门、气路稳压阀、水路减压阀、显示仪表、镀锌板曲折框架、螺旋磁雾喷头、万向调节装置等构成(图 8-20)。

(2) 现场安装

首先，对该位置的粉尘浓度分布进行测定(图 8-21)，测定结果显示该位置粉尘粒度在呼吸性粉尘区间内占比 90%以上，并且一般生产时呼吸性粉尘浓度在 15～30 mg/m^3，因此常规湿式降尘难以对该位置粉尘进行有效捕集。

控制箱主体结构均采用 4 mm 厚白钢板制作，保障煤矿井下经久耐用，控制箱设置全并联喷头单独供压控制，保证每个喷头的雾化效果。

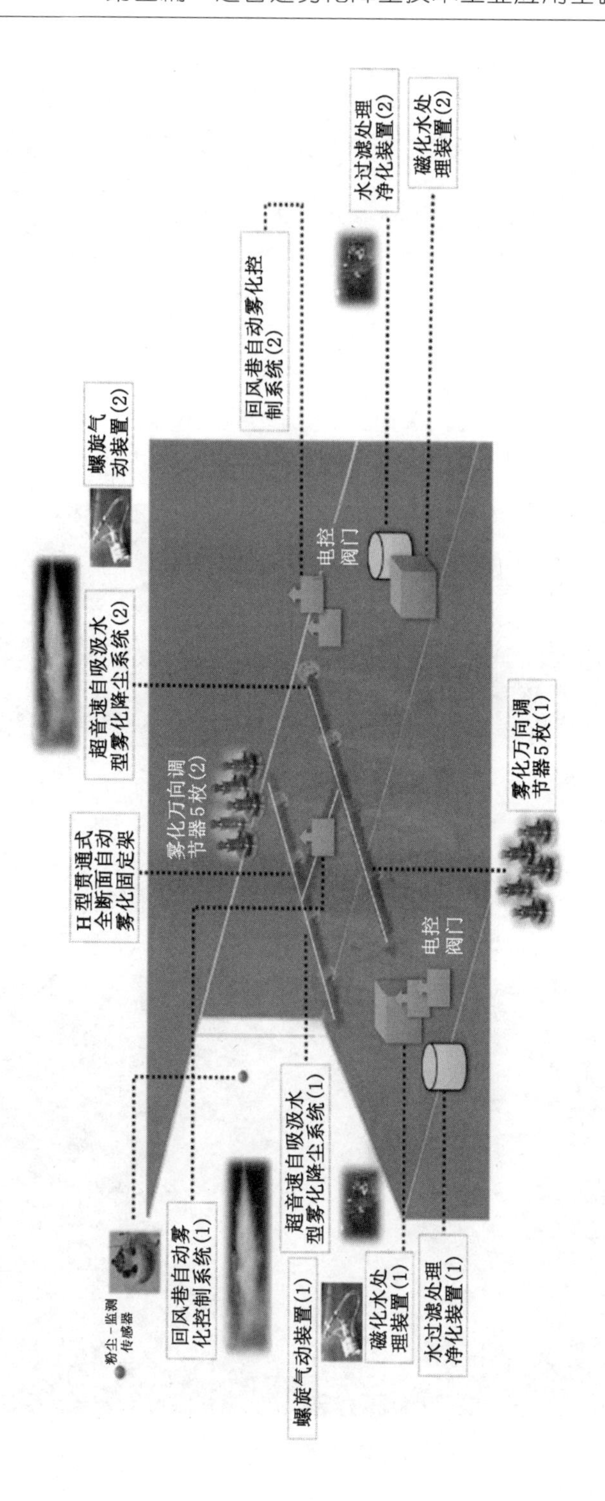

图 8-20　超音速螺旋磁雾化装置构成图

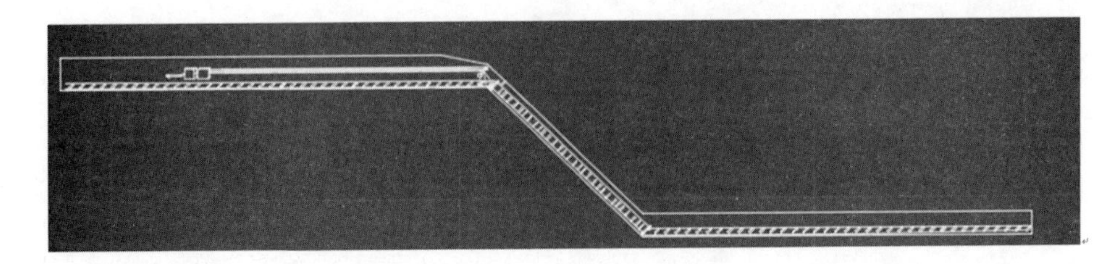

图 8-21　控尘系统布置位置

控制系统实现定时、触控、光控等多种自动控制功能。光控传感器布置在断面降尘雾幕前后 10 m 处，保证行人关闭，无人开启，防止雾幕影响工人正常行走（图 8-22）。

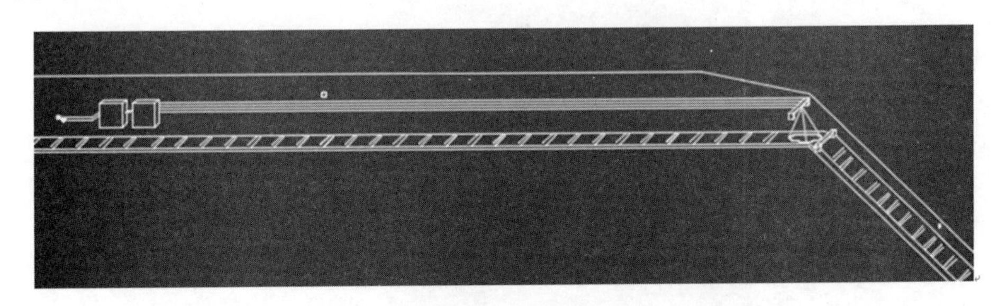

图 8-22　控尘系统线路、传感器、喷头布置位置

实际现场安装、调试工作已全部进行完毕，所有管路均按照相关标准铺设，且软管外用阻燃平包塑管嵌套，用阻燃挂钩排挂在巷道侧壁。喷雾支架采用 2.5 mm 厚镀锌板，系统布置及螺旋气动磁雾效果如图 8-23 所示。

图 8-23　系统控制箱现场布置、调试实物图

回风顺槽全断面，系统共设计安装 7 个喷头，实际调试后 4 个喷头可覆盖全断面，行人侧将雾幕流量调小，防止对行人侧地面环境造成污染，雾幕在横向风流 0.8 m/s 的干扰作用下，逆风喷射穿透距离超过 3.2 m，全断面降尘雾化效果如图 8-24 所示。

图 8-24　全断面降尘雾化效果

通过粉尘采样器采样收集雾幕前后位置的粉尘浓度，确定了回风顺槽内雾幕前后段的粉尘浓度分布，获得了应用全断面降尘雾幕后各测点治理后的粉尘浓度对比结果，如表 8-8。

表 8-8　全断面超音速磁化螺旋气动雾幕应用前后粉尘浓度对比

编号	测点名称	治理前煤尘浓度 /(mg·m^{-3})	治理后煤尘浓度 /(mg·m^{-3})	测点类型	降尘效率/%
1	回风顺槽绞车轨道行人侧呼吸带 1	15.67	1.32	呼吸性粉尘	91.58
2	回风顺槽绞车轨道行人侧呼吸带 2	20.14	1.9	呼吸性粉尘	90.57
3	回风顺槽绞车轨道行人侧呼吸带 3	22.35	2.08	呼吸性粉尘	90.69
4	回风顺槽绞车轨道行人侧呼吸带 4	16.13	2.03	呼吸性粉尘	86.80
5	全断面降尘雾幕后行人呼吸带 1	17.26	1.81	呼吸性粉尘	90.60
6	全断面降尘雾幕前车闸行人呼吸带 1	20.17	/	呼吸性粉尘	/
7	全断面降尘雾幕前坡中行人呼吸带 1	15.65	/	呼吸性粉尘	/
8	全断面降尘雾幕前坡下行人呼吸带 1	23.57	/	呼吸性粉尘	/

粉尘治理水平得到有效提高，测试结果显示呼吸性粉尘的降尘效率各点均达到 85%以上。

8.2.3 回风顺槽随变电列车移动式超音速全断面螺旋气动控尘雾幕工程应用研究

(1) 系统现场布置环境

如图 8-25 所示，为回风顺槽内现场布置环境，该顺槽因煤层含水量大，软煤岩结构，巷道顶板、地板、侧壁变形严重，巷道空间狭窄，巷道截面变化大，列车上机电设备所占巷道截面空间大，还存在空车、满车等复杂风流运移环境，由此便造成了巷道内风流运动速度大、运动过程紊乱现象，最大风流速度可达 2 m/s 以上，最小处在 0.1 m/s 以下，分布极不均匀。因此对上节全断面磁化螺旋雾幕系统进行优化，得到随变电列车移动式全断面螺旋气动控尘雾幕。

图 8-25　回风顺槽变电列车处巷道环境

(2) 系统构成及参数设定

经过系统的分析论证，在试点的实际应用环境条件下，并且能够满足矿方要求，协同高效降尘达到技术效果，首先不可能在巷道壁面任何位置悬挂，其次系统必须布置在列车上，并且将供气、水管路延伸至前后接头，按照现场条件水源可从列车上取得，取水位置如图 8-26 所示。压风则配备 30 m 长管路，保证每隔 50 m 的压风接头情况下，可取得气路供给。

另外，现场布置为达到全断面且适应巷道变化，系统整体构成采用交错式贯穿喷雾，用雾场中后半部分交错在三维空间中形成厚度为 2 m 左右的断面雾幕。

系统由交错形式固定支架、螺旋气动喷头、控制器、气水分配多功能控制箱、光控传感器、不锈钢分体箱等部分构成(图 8-27)，各部分功能如下。

① 交错形式固定支架：将其他部件固定支撑在变电列车平板车上，随着车辆后撤移动。

图 8-26 变电列车上循环水净化器

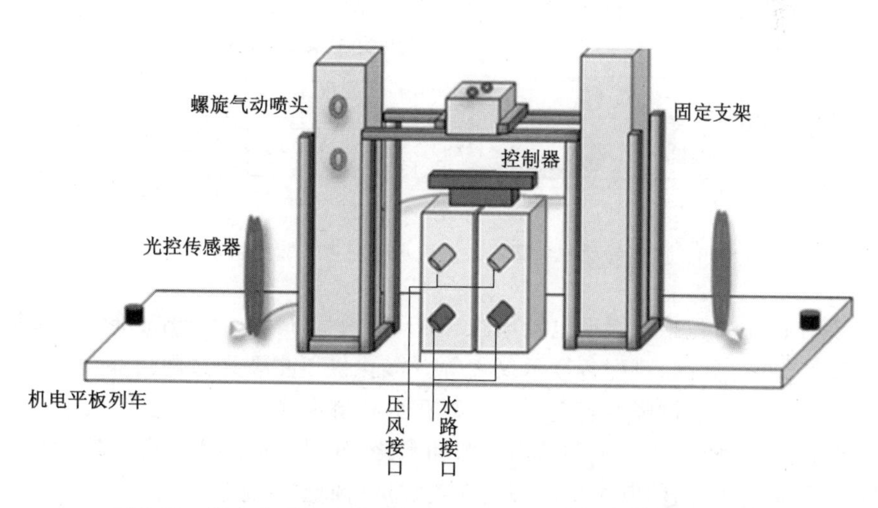

图 8-27 随变电列车移动式超音速全断面螺旋气动控尘雾幕系统

② 螺旋气动喷头：超音速螺旋气动雾幕喷射装置，能够凭借气动过程自吸汲取气水分配多功能控制箱内的水箱中的清水。

③ 控制器：接 127 V 电源，具有光控喷雾、定时喷雾等功能，主要通过传感器信号控制气水分配多功能控制箱内的防爆型电控球阀以控制喷头工作。

④ 气水分配多功能控制箱：具有多喷头气量分配控制、调节功能，电控球阀失效时可采用将电控球阀短路的方式为系统配给气源，实现应急手动操控。

⑤ 光控传感器：检测人员信号，当工作人员经过时可向控制箱中传递信号控制电控球阀开闭达到喷雾自动控制的目的。

⑥ 不锈钢分体箱：主要保护气水连接管路、为喷头做固定支撑等。

气水分配多功能控制箱构成如图 8-28 所示。

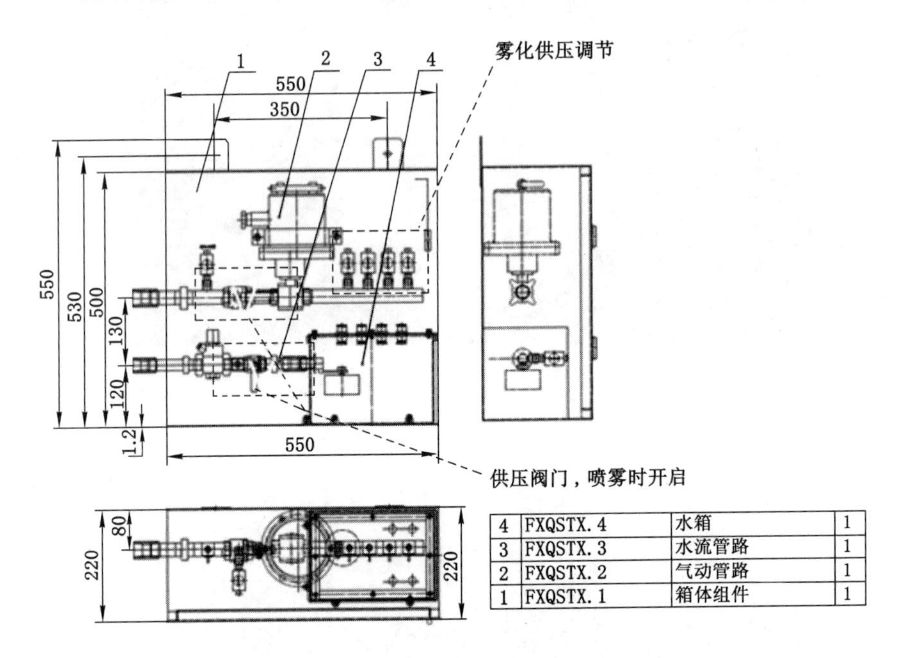

4	FXQSTX. 4	水箱	1
3	FXQSTX. 3	水流管路	1
2	FXQSTX. 2	气动管路	1
1	FXQSTX. 1	箱体组件	1

图 8-28　螺旋气动控尘雾幕系统气水分配多功能控制箱内部构成

箱体内主要包括防爆型电控球阀、减压阀、手动阀门、浮球控制阀门、沉淀水箱、气水流量分配区、可配备显示仪表等。雾化供压主要通过限流阀门调节，通过气压流量大小控制喷雾雾量，不需要额外控制水路，水量完全受到气压力节制，保证最佳喷雾效果。控制箱内气路和水路，分别经平包塑黑胶软管与螺旋喷雾喷头气水接头相连，其中供压阀门在喷雾运行时必须保证开启。

(3) 控尘雾幕治理效果

下风侧和上风侧喷雾效果如图 8-29 和图 8-30 所示。

如图所示，在矿灯光照下，微米级细雾清晰可见，细雾将巷道右侧断面全覆盖，与之对称，巷道左侧，无矿灯穿透照射，实际气雾与右侧相同，在下风侧相片中，全巷道被微米级气雾覆盖，但不影响工人视线，且地面无任何积水。

经测量该系统处于断面风速 1～1.6 m/s 范围内，实现全断面喷雾，气雾必须在 1.5 m/s 横向风流下穿透风阻达到巷道壁面，可见系统的雾化效果和横风中抗干扰性能。另外，系统实际耗水量极低，全系统耗水量为 300 mL/min，耗气量为 480 L/min。

图 8-29　随变电列车移动式全断面螺旋气动控尘雾幕治理效果(下风侧)

图 8-30　随变电列车移动式全断面螺旋气动控尘雾幕治理效果(上风侧)

经粉尘采样器采样测量，全断面螺旋气动雾幕前 10 m 处气流的含呼吸性粉尘浓度为 31.75 mg/m^3，断面后 10 m 处气流的含呼吸性粉尘浓度为 4.31 mg/m^3，降尘效率达到 84.43%，符合设计要求。

参考文献

[1] World Health Organization.9 out of 10 people worldwide breathe polluted air, but more countries are taking action[EB/OL].(2018-05-02)[2019-11-23]. https://www. who. int/news/item/02-05-2018-9-out-of-10-people-worldwide-breathe-polluted-air-but-more-countries-are-taking-action.

[2] 金龙哲.我国作业场所粉尘职业危害现状与对策分析[J].安全,2020,41(1):1-6.

[3] 国家卫生健康委办公厅.国家卫生健康委办公厅关于在矿山、冶金、化工等行业领域开展尘毒危害专项治理工作的通知:国卫办职健函〔2019〕406 号[A/OL].(2019-04-28)[2019-05-13]. http://www. scio. gov. cn/32344/32345/39620/40413/xgzc40419/Document/1654215/1654215. htm? from=timeline.

[4] 国家卫生健康委办公厅.国家卫生健康委办公厅关于开展尘毒危害专项执法工作的通知:国卫办监督函〔2019〕544 号[A/OL].(2019-06-10)[2019-06-10].http://www.hzldzy.com/detail-4816.html.

[5] MAERTENS R M,GAGNÉ R W,DOUGLAS G R,et al.Mutagenic and carcinogenic hazards of settled house dust II: salmonella mmutagenicity[J].Environmental science & technology,2008,42(5):1754-1760.

[6] JANG M, KAMENS R M. A predictive model for adsorptive gas partitioning of SOCs on fine atmospheric inorganic dust particles[J].Environmental science & technology,1999,33(11):1825-1831.

[7] 李振.典型燃煤电厂烟气系统中 $PM_{2.5}$ 变化规律及排放特征研究[D].北京:清华大学,2017.

[8] LI Z,JIANG J K,MA Z Z,et al.Influence of flue gas desulfurization (FGD) installations on emission characteristics of $PM_{2.5}$ from coal-fired power plants equipped with selective catalytic reduction (SCR)[J].Environmental

pollution,2017,230:655-662.

[9] TIAN S H,LIANG T,LI K X.Fine road dust contamination in a mining area presents a likely air pollution hotspot and threat to human health[J]. Environment international,2019,128:201-209.

[10] 新华社.中共中央关于制定国民经济和社会发展第十四个五年规划和二〇三五年远景目标的建议[EB/OL].(2020-10-29)[2020-11-03]. http://www.gov.cn/zhengce/2020-11/03/content_5556991.htm.

[11] 胡建林,赵禹来,刘剑,等.海拔和湿度对电机定子绕组相间绝缘起晕电压的影响及校正试验研究[J].中国电机工程学报,2020,40(22):7460-7469.

[12] WANG P F,TAN X H,CHENG W M,et al.Dust removal efficiency of high pressure atomization in underground coal mine[J]. International journal of mining science and technology,2018,28(4):685-690.

[13] HUANG L B,ZHAO Y,LI H,et al.Kinetics of heterogeneous reaction of sulfur dioxide on authentic mineral dust:effects of relative humidity and hydrogen peroxide[J]. Environmental science & technology, 2015, 49(18): 10797-10805.

[14] PARK J,HAM S,JANG M,et al.Spatial-temporal dispersion of atomizationized nanoparticles during the use of consumer spray products and estimates of inhalation exposure[J]. Environmental science & technology, 2017,51(13):7624-7638.

[15] YANG S B,NIE W,LV S,et al.Effects of spraying pressure and installation angle of nozzles on atomization characteristics of external spraying system at a fully-mechanized mining face[J]. Powder technology, 2019, 343:754-764.

[16] SINHA A,BALASUBRAMANIAN S,GOPALAKRISHNAN S.A numerical study on dynamics of spray jets[J].Sadhana,2015,40(3):787-802.

[17] 周云龙,洪文鹏,孙斌.多相流体力学理论及其应用[M].北京:科学出版社,2008.

[18] VLACHOS N A,PARAS S V,KARABELAS A J.Liquid-to-wall shear stress distribution in stratified/atomization flow[J].International journal of multiphase flow,1997,23(5):845-863.

[19] PARAS S V,VLACHOS N A,KARABELAS A J.LDA measurements of

local velocities inside the gas phase in horizontal stratified/atomization two-phase flow[J].International journal of multiphase flow,1998,24(4): 651-661.

[20] SENECAL P K,SCHMIDT D P,NOUAR I,et al.Modeling high-speed viscous liquid sheet atomization[J].International journal of multiphase flow,1999,25(6/7):1073-1097.

[21] BRENN G,LIU Z B,DURST F.Linear analysis of the temporal instability of axisymmetrical non-Newtonian liquid jets[J].International journal of multiphase flow,2000,26(10):1621-1644.

[22] SIMMONS M J H, HANRATTY T J.Droplet size measurements in horizontal annular gas-liquid flow[J].International journal of multiphase flow,2001,27(5):861-883.

[23] SALLAM K A,DAI Z,FAETH G M.Liquid breakup at the surface of turbulent round liquid jets in still gases[J].International journal of multiphase flow,2002,28(3):427-449.

[24] SUKMARG P,KRISHNA K,ROGERS W J,et al.Non-intrusive characterization of heat transfer fluid aerosol sprays released from an orifice[J].Journal of loss prevention in the process industries,2002,15(1):19-27.

[25] FERRAND V,BAZILE R,BORÉE J,et al.Gas-droplet turbulent velocity correlations and two-phase interaction in an axisymmetric jet laden with partly responsive droplets[J].International journal of multiphase flow,2003,29(2):195-217.

[26] APTE S V,GOROKHOVSKI M,MOIN P.LES of atomizing spray with stochastic modeling of secondary breakup[J].International journal of multiphase flow,2003,29(9):1503-1522.

[27] ALIPCHENKOV V M,NIGMATULIN R I,SOLOVIEV S L,et al.A three-fluid model of two-phase dispersed-annular flow[J].International journal of heat and mass transfer,2004,47(24):5323-5338.

[28] SOLTANI M R,GHORBANIAN K,ASHJAEE M,et al.Spray characteristics of a liquid-liquid coaxial swirl atomizer at different mass flow rates [J].Aerospace science and technology,2005,9(7):592-604.

[29] PARK S W,KIM S,LEE C S.Breakup and atomization characteristics of

mono-dispersed diesel droplets in a cross-flow air stream[J].International journal of multiphase flow,2006,32(7):807-822.

[30] KIM D, DESJARDINS O, HERRMANN M, et al. Toward two-phase simulation of the primary breakup of a round liquid jet by a coaxial o w of gas [J]. Center for turbulence research annual research briefs, 2006: 185-195.

[31] GONG J S,FU W B.The experimental study on the flow characteristics for a swirling gas-liquid spray atomizer[J].Applied thermal engineering, 2007,27(17/18):2886-2892.

[32] LEE K, AALBURG C, DIEZ F J, et al. Primary breakup of turbulent round liquid jets in uniform crossflows[J]. AIAA journal, 2007, 45(8): 1907-1916.

[33] CHANG J S, AYRAULT C, BROCILO D, et al. Electrohydrodynamic atomization two-phase flow regime map for liquid hydrocarbon under pulsed electric fields with co-gas flow[J].Journal of electrostatics, 2008, 66(1/2):94-98.

[34] JIANG X, SIAMAS G A, JAGUS K, et al. Physical modelling and advanced simulations of gas-liquid two-phase jet flows in atomization and sprays[J].Progress in energy and combustion science, 2010, 36(2):131-167.

[35] EJIM C E,RAHMAN M A,AMIRFAZLI A,et al.Effects of liquid viscosity and surface tension on atomization in two-phase, gas/liquid fluid coker nozzles[J].Fuel,2010,89(8):1872-1882.

[36] TOMAR G, FUSTER D, ZALESKI S, et al. Multiscale simulations of primary atomization[J].Computers & fluids,2010,39(10):1864-1874.

[37] PARK K S,HEISTER S D.Nonlinear modeling of drop size distributions produced by pressure-swirl atomizers[J]. International journal of multiphase flow,2010,36(1):1-12.

[38] TRATNIG A,BRENN G.Drop size spectra in sprays from pressure-swirl atomizers[J]. International journal of multiphase flow, 2010, 36(5): 349-363.

[39] SHINJO J, UMEMURA A. Surface instability and primary atomization characteristics of straight liquid jet sprays[J]. International journal of

multiphase flow,2011,37(10):1294-1304.

[40] BELHADEF A,VALLET A,AMIELH M,et al.Pressure-swirl atomization:Modeling and experimental approaches[J]. International journal of multiphase flow,2012,39:13-20.

[41] SALQUE G,GAJAN P,STRZELECKI A,et al.Atomisation rate and gas/liquid interactions in a pipe and a venturi:influence of the physical properties of the liquid film[J].International journal of multiphase flow,2013,51:87-100.

[42] DURET B,REVEILLON J,MENARD T,et al.Improving primary atomization modeling through DNS of two-phase flows[J].International journal of multiphase flow,2013,55:130-137.

[43] DURDINA L,JEDELSKY J,JICHA M.Investigation and comparison of spray characteristics of pressure-swirl atomizers for a small-sized aircraft turbine engine[J].International journal of heat and mass transfer,2014,78:892-900.

[44] VERDIN P G,THOMPSON C P,BROWN L D.CFD modelling of stratified/atomization gas-liquid flow in large diameter pipes[J].International journal of multiphase flow,2014,67:135-143.

[45] ZWERTVAEGHER I K,VERHAEGHE M,BRUSSELMAN E,et al.The impact and retention of spray droplets on a horizontal hydrophobic surface[J].Biosystems engineering,2014,126:82-91.

[46] MLKVIK M,STÄHLE P,SCHUCHMANN H P,et al.Twin-fluid atomization of viscous liquids:the effect of atomizer construction on breakup process,spray stability and droplet size[J].International journal of multiphase flow,2015,77:19-31.

[47] SUTKAR V S,DEEN N G,PADDING J T,et al.A novel approach to determine wet restitution coefficients through a unified correlation and energy analysis[J].AIChE journal,2015,61(3):769-779.

[48] PAWAR S,PADDING J,DEEN N,et al.Numerical and experimental investigation of induced flow and droplet-droplet interactions in a liquid spray[J].Chemical engineering science,2015,138:17-30.

[49] JEDELSKÝ J,JÍCHA M.Spray characteristics and liquid distribution of

multi-hole effervescent atomisers for industrial burners [J]. Applied thermal engineering,2016,96:286-296.

[50] 邓磊,解茂昭.亚/超临界环境下气液界面性质的分子动力学模拟[J].工程热物理学报,2016,37(8):1802-1807.

[51] YOO Y L,HAN D H,HONG J S,et al.A large eddy simulation of the breakup and atomization of a liquid jet into a cross turbulent flow at various spray conditions[J].International journal of heat and mass transfer,2017,112:97-112.

[52] MEZHERICHER M,LADIZHENSKY I,ETLIN I.Atomization of liquids by disintegrating thin liquid films using gas jets[J].International journal of multiphase flow,2017,88:99-115.

[53] ZAREMBA M, WEIß L, MALÝ M, et al. Low-pressure twin-fluid atomization:Effect of mixing process on spray formation[J].International journal of multiphase flow,2017,89:277-289.

[54] SEONG B, HWANG S, JANG H S, et al. A hybrid aerodynamic and electrostatic atomization system for enhanced uniformity of thin film[J]. Journal of electrostatics,2017,87:93-101.

[55] URBÁN A, ZAREMBA M, MALÝ M, et al. Droplet dynamics and size characterization of high-velocity airblast atomization [J]. International journal of multiphase flow,2017,95:1-11.

[56] SAEEDIPOUR M,SCHNEIDERBAUER S,PLOHL G,et al.Multiscale simulations and experiments on water jet atomization [J]. International journal of multiphase flow,2017,95:71-83.

[57] SHAFAEE M,MAHMOUDZADEH S.Numerical investigation of spray characteristics of an air-blast atomizer with dynamic mesh[J].Aerospace science and technology,2017,70:351-358.

[58] XIA Y, KHEZZAR L, ALSHEHHI M, et al. Droplet size and velocity characteristics of water-air impinging jet atomizer [J]. International journal of multiphase flow,2017,94:31-43.

[59] 王贞涛,郭天宇,朱忠辉,等.蒸发液滴内部非稳态流动的数值计算[J].热科学与技术,2017,16(4):273-279.

[60] 常倩云,杨正大,郑成航,等.高湿烟气中超低浓度细颗粒物测试方法研究[J].中国环境科学,2017,37(7):2450-2459.

[61] VU T T,DUMOUCHEL C.Analysis of ligamentary atomization of highly perturbed liquid sheets[J].International journal of multiphase flow,2018,107:156-167.

[62] RODRIGUES N S,KULKARNI V,GAO J,et al.Spray formation and atomization characteristics of non-Newtonian impinging jets at high Carreau numbers[J].International journal of multiphase flow,2018,106:280-295.

[63] MALY M,JEDELSKY J,SLAMA J,et al.Internal flow and air core dynamics in Simplex and Spill-return pressure-swirl atomizers[J].International journal of heat and mass transfer,2018,123:805-814.

[64] KUHNHENN M,JOENSEN T V,RECK M,et al.Study of the internal flow in a rotary atomizer and its influence on the properties of the resulting spray[J].International journal of multiphase flow,2018,100:30-40.

[65] SUN Y B,ALKHEDHAIR A M,GUAN Z Q,et al.Numerical and experimental study on the spray characteristics of full-cone pressure swirl atomizers[J].Energy,2018,160:678-692.

[66] WANG Q G,WANG D M,WANG H T,et al.Experimental investigations of a new surfactant adding device used for mine dust control[J].Powder technology,2018,327:303-309.

[67] 康忠涛,王振国,李清廉,等.压力振荡对气液同轴离心式喷嘴自激振荡的影响[J].航空学报,2018,39(6):72-83.

[68] RAHMAN M A,VAKILI-FARAHANI F.Force measurement of a gas-assisted atomization using an impulse probe[J].International journal of multiphase flow,2019,112:258-268.

[69] ZANDIAN A,SIRIGNANO W A,HUSSAIN F.Length-scale cascade and spread rate of atomizing planar liquid jets[J].International journal of multiphase flow,2019,113:117-141.

[70] BRAUN S,WIETH L,HOLZ S,et al.Numerical prediction of air-assisted primary atomization using Smoothed Particle Hydrodynamics[J].International journal of multiphase flow,2019,114:303-315.

[71] MACHICOANE N, BOTHELL J K, LI D Y, et al. Synchrotron radiography characterization of the liquid core dynamics in a canonical two-fluid coaxial atomizer[J]. International journal of multiphase flow, 2019, 115: 1-8.

[72] HUANG J K, ZHAO X. Numerical simulations of atomization and evaporation in liquid jet flows[J]. International journal of multiphase flow, 2019, 119: 180-193.

[73] BOTHELL J K, MACHICOANE N, LI D Y, et al. Comparison of X-ray and optical measurements in the near-field of an optically dense coaxial air-assisted atomizer[J]. International journal of multiphase flow, 2020, 125: 103219-1-32.

[74] TAREQ M M, DAFSARI R A, JUNG S, et al. Effect of the physical properties of liquid and ALR on the spray characteristics of a pre-filming airblast nozzle[J]. International journal of multiphase flow, 2020, 126: 103240-1-12.

[75] TORREGROSA A J, PAYRI R, JAVIER SALVADOR F, et al. Study of turbulence in atomizing liquid jets[J]. International journal of multiphase flow, 2020, 129: 103328-1-12.

[76] AHMED A, DURET B, REVEILLON J, et al. Numerical simulation of cavitation for liquid injection in non-condensable gas[J]. International journal of multiphase flow, 2020, 127: 103269-1-20.

[77] MACHICOANE N, RICARD G, OSUNA-OROZCO R, et al. Influence of steady and oscillating swirl on the near-field spray characteristics in a two-fluid coaxial atomizer[J]. International journal of multiphase flow, 2020, 129: 103318-1-12.

[78] PENDAR M R, PÁSCOA J C. Atomization and spray characteristics around an ERBS using various operational models and conditions: numerical investigation[J]. International journal of heat and mass transfer, 2020, 161: 120243-1-22.

[79] CHAUSSONNET G, GEPPERTH S, HOLZ S, et al. Influence of the ambient pressure on the liquid accumulation and on the primary spray in prefilmingairblast atomization [J]. International journal of multiphase flow, 2020, 125: 103229-1-24.

[80] ANTONOV D V,SHLEGEL N E,STRIZHAK P A.Secondary atomization of gas-saturated liquid droplets as a result of their collisions and micro-explosion [J].Chemical engineering research and design,2020,162:200-211.

[81] WEN J, HU Y, NAKANISHI A, et al. Atomization and evaporation process of liquid fuel jets in crossflows:a numerical study using Eulerian/ Lagrangian method[J]. International journal of multiphase flow, 2020, 129:103331-1-15.

[82] ZHANG Y C,KANG C,GAO K K,et al.Flow and atomization characteristics of a twin-fluid nozzle with internal swirling and self-priming effects [J].International journal of heat and fluid flow,2020,85:108632-1-9.

[83] NAMBU T,MIZOBUCHI Y. Detailed numerical simulation of primary atomization by crossflow under gas turbine engine combustor conditions [J].Proceedings of the combustion institute,2021,38(2):3213-3221.

[84] KONG L Z,CHEN J Q,LAN T,et al.Spray and mixing characteristics of liquid jet in a tubular gas-liquid atomization mixer[J].Chinese journal of chemical engineering,2021,34:1-11.

[85] SHANMUGADAS K P, MANUPRASAD E S, CHIRANTHAN R N, et al.Fuel placement and atomization inside a gas-turbine fuel injector at realistic operating conditions[J].Proceedings of the combustion institute, 2021,38(2):3261-3268.

[86] SAHU S, CHAKRABORTY A, MAURYA D. Coriolis-induced liquid breakup and spray evolution in a rotary slinger atomizer:experiments and analysis[J]. International journal of multiphase flow, 2021, 135: 103532-1-22.

[87] INOUE C,YOSHIDA H,KOUWA J Y,et al.Measurement and modeling of planar airblast spray flux distributions [J]. International journal of multiphase flow,2021,137:103580-1-10.

[88] RADHAKRISHNA V,SHANG W X,YAO L C,et al.Experimental characterization of secondary atomization at high Ohnesorge numbers [J]. International journal of multiphase flow,2021,138:103591-1-23.

[89] HAMMAD F A,SUN K,CHE Z Z,et al.Internal two-phase flow and spray characteristics of outside-in-liquid twin-fluid atomizers[J].Applied

thermal engineering,2021,187:116555-1-18.

[90] SUN H J,LUO Y K,DING H B,et al.Experimental investigation on atomization properties of impaction-pin nozzle using imaging method analysis[J].Experimental thermal and fluid science,2021,122:110322-1-12.

[91] SHERMAN A,SCHETZ J.Breakup of liquid sheets and jets in a supersonic gas stream[J].AIAA journal,1971,9(4):666-673.

[92] THOMAS R H,SCHETZ J A.Distributions across the plume of transverse liquid and slurry jets in supersonic airflow[J].AIAA journal,1985,23(12):1892-1901.

[93] WU P K,KIRKENDALL K A,FULLER R P,et al.Breakup processes of liquid jets in subsonic crossflows[J].Journal of propulsion and power,1997,13(1):64-73.

[94] WU P K,KIRKENDALL K A,FULLER R P,et al.Spray structures of liquid jets atomized in subsonic crossflows[J].Journal of propulsion and power,1998,14(2):173-182.

[95] OLINGER D S,SALLAM K A,LIN K C,et al.Digital holographic analysis of the near field of aerated-liquid jets in crossflow[J].Journal of propulsion and power,2014,30(6):1636-1645.

[96] SEDARSKY D,PACIARONI M,BERROCAL E,et al.Model validation image data for breakup of a liquid jet in crossflow: part I [J].Experiments in fluids,2010,49(2):391-408.

[97] HANSON A R,DOMICH E G,ADAMS H S.Shock tube investigation of the breakup of drops by air blasts[J].Physics of fluids,1963,6(8):1070-1080.

[98] SHERMAN A,SCHETZ J.Breakup of liquid sheets and jets in a supersonic gas stream[J].AIAA journal,1971,9(4):666-673.

[99] SAMIMY M,ELLIOTT G S.Effects of compressibility on the characteristics of free shear layers[J].AIAA journal,1990,28(3):439-445.

[100] ELLIOTT G S,SAMIMY M.Compressibility effects in free shear layers [J].Physics of fluids A:fluid dynamics,1990,2(7):1231-1240.

[101] BONNET J P,DEBISSCHOP J R,CHAMBRES O.Experimental studies

of the turbulent structure of supersonic mixinglayers [C]//31st Aerospace Sciences Meeting.January 11-14,1993,Reno,NV.Reston,Virginia:AIAA,1993:217.

[102] BARRE S,QUINE C,DUSSAUGE J P.Compressibility effects on the structure of supersonic mixing layers:experimental results[J].Journal of fluid mechanics,1994,259:47-78.

[103] CLEMENS N T,MUNGAL M G.Large-scale structure and entrainment in the supersonic mixing layer[J].Journal of fluid mechanics,1995,284:171-216.

[104] BIAGIONI L, D' AGOSTINOL. Measurement of energy spectra in weakly compressible turbulence[C]//30th Fluid Dynamics Conference. June 28-July 01, 1999. Norfolk, VA, USA. Reston, Virigina: AIAA, 1999:3516.

[105] FREUND J B,LELE S K,MOIN P.Compressibility effects in a turbulent annular mixing layer.Part 1.Turbulence and growth rate[J].Journal of fluid mechanics,2000,421:229-267.

[106] LASHERAS J C,HOPFINGER E J.Liquid jet instability and atomization in a coaxial gas stream[J].Annual review of fluid mechanics,2000,32(1):275-308.

[107] IGRA D,TAKAYAMA K.Investigation of aerodynamic breakup of a cylindrical water droplet [J]. Atomization and sprays, 2001, 11 (2): 167-185.

[108] PANTANO C,SARKAR S.A study of compressibility effects in the high-speed turbulent shear layer using direct simulation[J].Journal of fluid mechanics,2002,451:329-371.

[109] AALBURG C,VAN LEER B,FAETH G M.Deformation and drag properties of round drops subjected to shock-wave disturbances [J]. AIAA journal,2003,41(12):2371-2378.

[110] LIN K C,KENNEDY P,JACKSON T.Structures of water jets in a Mach 1.94 supersonic crossflow[C]//42nd AIAA Aerospace Sciences Meeting and Exhibit,January 05-08,2004.Reno,Nevada.Reston,Virigina:AIAA,2004:971.

[111] CHOI J Y,MA F H,YANG V.Combustion oscillations in a scramjet

engine combustor with transverse fuel injection[J]. Proceedings of the combustion institute,2005,30(2):2851-2858.

[112] BELOKI PERURENA J,ASMA C O,THEUNISSEN R,et al.Experimental investigation of liquid jet injection into Mach 6 hypersonic crossflow[J]. Experiments in fluids,2009,46(3):403-417.

[113] INGENITO A, BRUNO C. Physics and regimes of supersonic combustion[J].AIAA journal,2010,48(3):515-525.

[114] THEOFANOUS T G.Aerobreakup of Newtonian and viscoelastic liquids [J].Annual review of fluid mechanics,2011,43(1):661-690.

[115] 高玉闪,陈泽,李茂,等.同轴撞击气-气喷嘴数值模拟和实验[J].北京航空航天大学学报,2011,37(8):923-926.

[116] 李洁,石于中,徐振富,等.高超声速稀薄流的气粒多相流动 DSMC 算法建模研究[J].空气动力学学报,2012,30(1):95-100.

[117] O'BRIEN J, URZAY J, IHME M, et al. Subgrid-scale backscatter in reacting and inert supersonic hydrogen-air turbulent mixing layers[J]. Journal of fluid mechanics,2014,743:554-584.

[118] ATOUFI A, FATHALI M, LESSANI B. Compressibility effects and turbulent kinetic energy exchange in temporal mixing layers[J].Journal of turbulence,2015,16(7):676-703.

[119] WANG B,WEI W,ZHANG Y L,et al.Passive scalar mixing in $M_c<1$ planar shear layer flows[J].Computers & fluids,2015,123:32-43.

[120] JAHANBAKHSHI R, MADNIA C K. Entrainment in a compressible turbulent shear layer[J].Journal of fluid mechanics,2016,797:564-603.

[121] XIAO F,WANG Z G,SUN M B,et al.Large eddy simulation of liquid jet primary breakup in supersonic air crossflow[J].International journal of multiphase flow,2016,87:229-240.

[122] SEMBIAN S, LIVERTS M, TILLMARK N, et al. Plane shock wave interaction with a cylindrical water column[J]. Physics of fluids,2016, 28(5):056102-1-16.

[123] XIAO F,WANG Z G,SUN M B,et al.Simulation of drop deformation and breakup in supersonic flow[J].Proceedings of the combustion institute,2017,36(2):2417-2424.

[124] REGERT T,HORVATH I,BUCHLIN J M,et al.Study on breakup of liquid ligaments in hypersonic cross flow using laser sheet imaging and infrared light extinction spectroscopy[J]. Progress in flight physics. 2017,9:229-250.

[125] LIN K C, LAI M C, OMBRELLO T, et al. Structures and temporal evolution of liquid jets in supersonic crossflow[C]//55th AIAA Aerospace Sciences Meeting. January 9-13, 2017, Grapevine, Texas. Reston, Virginia:AIAA,2017:1958.

[126] SALLAM K A, LIN K C, HAMMACK S D, et al. Digital holographic analysis of the breakup of aerated liquid jets in supersonic crossflow [C]//55th AIAA Aerospace Sciences Meeting. January 9-13, 2017, Grapevine,Texas.Reston,Virginia:AIAA,2017:1957.

[127] LIU N, WANG Z G, SUN M B, et al. Numerical simulation of liquid droplet breakup in supersonic flows[J]. Acta astronautica, 2018, 145: 116-130.

[128] MENG J C,COLONIUS T.Numerical simulation of the aerobreakup of a water droplet[J].Journal of fluid mechanics,2018,835:1108-1135.

[129] MENG J C,COLONIUS T.Numerical simulations of the early stages of high-speed droplet breakup[J].Shock waves,2015,25(4):399-414.

[130] ANUFRIEV I S,SHADRIN E Y,KOPYEV E P,et al.Study of liquid hydrocarbons atomization by supersonic air or steam jet[J]. Applied thermal engineering,2019,163:114400-1-12.

[131] XIA J,HUANG Z,XU L L,et al.Experimental study on spray and atomization characteristics under subcritical, transcritical and supercritical conditions of marine diesel engine[J].Energy conversion and management,2019,195:958-971.

[132] 孙明波.超声速横向气流中燃料射流喷雾混合特性的实验及数值研究[C]//中国空气动力学会,国家自然科学基金委员会数学物理科学部,中国力学学会.第十届全国流体力学青年研讨会论文集.[出版地不详:出版者不详],2017:19-24.

[133] LI C Y,LI P B,LI C,et al.Experimental and numerical investigation of cross-sectional structures of liquid jets in supersonic crossflow[J].Aero-

space science and technology,2020,103:105926-1-12.

[134] 王冠群.拉瓦尔超音速雾化喷头的设计及试[D].镇江:江苏大学,2020.

[135] OKADA Y,TANIMURA S,TAKEUCHI K.Cluster formation in steady supersonic laval nozzle flow[J].Journal of aerosol science,1997,28:S491-S492.

[136] VAN STEENKISTE T H,SMITH J R,TEETS R E.Aluminum coatings via kinetic spray with relatively large powder particles[J].Surface and coatings technology,2002,154(2/3):237-252.

[137] CUI C S,CAO F Y,LI Q C.Formation mechanism of the pressure zone at the tip of the melt delivery tube during the spray forming process[J].Journal of materials processing technology,2003,137(1/2/3):5-9.

[138] VANSTEENKISTE T H,ELMOURSI A,GORKIEWICZ D,et al.Fracture study of aluminum composite coatings produced by the kinetic spray method[J].Surface and coatings technology,2005,194(1):103-110.

[139] ÜNAL R.The influence of the pressure formation at the tip of the melt delivery tube on tin powder size and gas/melt ratio in gas atomization method[J].Journal of materials processing technology,2006,180(1/2/3):291-295.

[140] KHAN A H,CELOTTO S,TUNNA L,et al.Influence of microsupersonic gas jets on nanosecond laser percussion drilling[J].Optics and lasers in engineering,2007,45(6):709-718.

[141] KIM J H,LEE H,HWANG K T,et al.Hydriding behavior in Zr-based AB2 alloy by gas atomization process[J].International journal of hydrogen energy,2009,34(23):9424-9430.

[142] KHATIM O,PLANCHE M P,DEMBINSKI L,et al.Processing parameter effect on the splat diameters of the droplets produced by liquid met al atomization using De Laval nozzle[J].Surface and coatings technology,2010,205(4):1171-1175.

[143] BAI Y,HAN Z H,LI H Q,et al.Structure-property differences between supersonic and conventional atmospheric plasma sprayed zirconia thermal barrier coatings[J].Surface and coatings technology,2011,205(13/14):3833-3839.

[144] PLANCHE M P, KHATIM O, DEMBINSKI L, et al. Velocities of copper droplets in the De Laval atomization process[J]. Powder technology, 2012, 229: 191-198.

[145] HAGHIGHI M, HAWBOLDT K A, ABEDINZADEGAN ABDI M. Supersonic gas separators: review of latest developments[J]. Journal of natural gas science and engineering, 2015, 27(part1): 109-121.

[146] ANDREWS M J, O'ROURKE P J. The multiphase particle-in-cell (MP-PIC) method for dense particulate flows[J]. International journal of multiphase flow, 1996, 22(2): 379-402.

[147] TORAÑO J, TORNO S, MENÉNDEZ M, et al. Auxiliary ventilation in mining roadways driven with roadheaders: validated CFD modelling of dust behaviour[J]. Tunnelling and underground space technology, 2011, 26(1): 201-210.

[148] WASHINO K, TAN H S, SALMAN A D, et al. Direct numerical simulation of solid-liquid-gas three-phase flow: fluid-solid interaction [J]. Powder technology, 2011, 206(1/2): 161-169.

[149] LI A G, CHEN X, GU C C, et al. Prediction of particle deposition in rectangular ventilation ducts [J]. International journal of ventilation, 2012, 11(1): 69-78.

[150] 葛少成，荆德吉，黄莹品.基于数值模拟的高压微雾除尘原理及其技术参数确定[J].辽宁工程技术大学学报(自然科学版)，2012，31(1)：17-20.

[151] 刘邱祖，寇子明，韩振南，等.基于格子 Boltzmann 方法的液滴沿固壁铺展动态过程模拟[J].物理学报，2013，62(23)：252-258.

[152] SUTKAR V S, DEENN G, PADDING J T, et al. A novel approach to determine wet restitution coefficients through a unified correlation and energy analysis[J]. AIChE journal, 2015, 61(3): 769-779.

[153] ZHOU G, CHENG W M, ZHANG R, et al. Numerical simulation and disaster prevention for catastrophic fire airflow of main air-intake belt roadway in coal mine: a case study[J]. Journal of Central South University, 2015, 22(6): 2359-2368.

[154] CHEN F Z, QIANG H F, ZHANG H, et al. A coupled SDPH-FVM method for gas-particle multiphase flow: methodology[J]. International

journal for mumerical methods in engineering,2017,109(1):73-101.

[155] GENG F,LUO G,ZHOU F B,et al.Numerical investigation of dust dispersion in a coal roadway with hybrid ventilation system[J].Powder technology,2017,313:260-271.

[156] 王鹏飞,谭烜昊,刘荣华,等.出口直径对内混式空气雾化喷嘴雾化特性及降尘性能的影响[J].煤炭学报,2018,43(10):2823-2831.

[157] 孙其飞,邹常富,栾旭东,等.高压喷嘴雾化参数的实验研究[J].金属矿山,2018(8):164-168.

[158] 丛晓春,赵建建,景洲,等.基于动态质量平衡的室内颗粒物沉降规律研究[J].中国环境科学,2018,38(4):1265-1273.

[159] 许圣东,李德文,陈芳.8 m 大采高综采工作面风流及呼吸尘分布规律数值模拟[J].煤矿安全,2018,49(12):160-163,168.

[160] 李刚,王运敏,金龙哲.移动式矿用湿式振弦旋流除尘器的机理分析及实验研究[J].金属矿山,2019(9):167-171.

[161] 蒋仲安,王亚朋,王九柱.高溜井卸矿气流诱导粉尘污染研究[J].湖南大学学报(自然科学版),2019,46(12):114-123.

[162] ZHANG G B,ZHOU G,ZHANG L C,et al.Numerical simulation and engineering application of multistage atomization dustfall at a fully mechanized excavation face[J].Tunnelling and underground space technology,2020,104:103540-1-13.

[163] FANG X M,YUAN L,JIANG B Y,et al.Effect of water-fog particle size on dust fall efficiency of mechanized excavation face in coal mines[J].Journal of cleaner production,2020,254:120146-1-9.

[164] SUN Z K,YANG L J,WU H,et al.Agglomeration and removal characteristics of fine particles from coal combustion under different turbulent flow fields[J].Journal of environmental sciences,2020,89:113-124.

[165] 陈曦,葛少成.基于 Fluent 软件的高压喷雾捕尘技术数值模拟与应用[J].中国安全科学学报,2013,23(8):144-149.

[166] 周刚,程卫民,聂文,等.高压喷雾射流雾化及水雾捕尘机理的拓展理论分析[J].重庆大学学报,2012,35(3):121-126.

[167] 马胜利,刘亚力.掘进工作面高压喷雾降尘的机理分析[J].煤矿机械,2009,30(8):88-90.

[168] 张永红,赵红兵,李继春.高压喷雾降尘机理分析[J].煤,2003,12(3):38-39.

[169] 王鹏飞,刘荣华,桂哲,等.煤矿井下气水喷雾雾化特性及降尘效率理论研究[J].煤炭学报,2016,41(9):2256-2262.

[170] OSHER S,SETHIAN J A.Fronts propagating with curvature-dependent speed:algorithms based on Hamilton-Jacobi formulations[J].Journal of computational physics,1988,79(1):12-49.

[171] LUO K,SHAO C X,CHAI M,et al.Level set method for atomization and evaporation simulations[J]. Progress in energy and combustion science,2019,73:65-94.

[172] 袁竹林,朱立平,耿凡,等.气固两相流动与数值模拟[M].南京:东南大学出版社,2013.

[173] 杜平安.有限元网格划分的基本原则[J].机械设计与制造,2000(1):34-36.

[174] 周刚,程卫民,王刚,等.综放工作面粉尘场与雾滴场耦合关系的实验研究[J].煤炭学报,2010,35(10):1660-1664.

[175] 张奎,刘荣华,王鹏飞,等.内混式空气雾化喷嘴内部流动状况对喷雾效果的影响[J].采矿技术,2019,19(1):107-109.

[176] 刘巨保,王明,王雪飞,等.颗粒群碰撞搜索及CFD-DEM耦合分域求解的推进算法研究[J].力学学报,2021,53(6):1569-1585.

[177] 吴言超,陆晓峰.低雷诺数圆柱绕流特性的数值模拟[J].大庆石油学院学报,2011,35(5):73-78,119-120.

[178] 车得福,李会雄.多相流及其应用[M].西安:西安交通大学出版社,2007.

[179] 赵振国.接触角及其在表面化学研究中的应用[J].化学研究与应用,2000,12(4):370-374.

[180] 柳杨春,徐丽慧,万晶,等.超疏水导电材料的制备及应用研究进展[J].功能材料,2020,51(11):11089-11095.

[181] 周文祥,黄金泉,周人治.拉瓦尔喷管计算模型的改进及其整机仿真验证[J].航空动力学报,2009,24(11):2601-2606.

[182] 王雨豪.基于动量原理的引射式升力风扇研究[D].南昌:南昌航空大学,2019.

[183] 王成鹏,杨锦富,程川,等.超声速喷管起动过程激波结构演化特征[J].实验流体力学,2019,33(2):11-16.

[184] 王思奇,杨海青.航空重油发动机气助雾化喷嘴雾化机理仿真[J].内燃机学报,2018,36(2):127-135.

[185] 赵飞,张延玲,朱荣,等.超音速射流流场中湍流模型[J].北京科技大学学报,2014,36(3):366-372.

[186] 程江峰.超音速气雾化喷头结构设计及数值模拟[D].淮南:安徽理工大学,2017.

[187] 刘福海,朱荣,董凯,等.拉瓦尔喷管结构模式对超音速射流流动特性的影响[J].工程科学学报,2020,42(增刊1):54-59.

[188] 杨超,陈波,姜万录,等.基于拉瓦尔效应的超音速喷嘴雾化性能分析与试验[J].农业工程学报,2016,32(19):57-64.

[189] 吴瀚,王建宏,黄伟,等.激波/边界层干扰及微型涡流发生器控制研究进展[J].航空学报,2021,42(6):162-175.

[190] 刘赵淼,张谭.Laval 型微喷管内气体流动的计算及分析[J].航空动力学报,2009,24(7):1556-1563.

[191] PATHAN K A,DABEER P S,KHAN S A.Optimization of area ratio and thrust in suddenly expanded flow at supersonic Mach numbers[J].Case studies in thermal engineering,2018,12:696-700.

[192] JING X Y,TAN Q M,WU L S,et al.Adaptability of the logistics system in national economic mobilization based on blocking flow theory[J].Mathematical problems in engineering,2014,2014:843181-1-6.

[193] DESHPANDE O N, NARAPPANAWAR N L.Space advantage provided by De-Laval nozzle and bell nozzle over venturi[J].Lecture notes in engineering and computer science,2015,2218(1):1165-1168.

[194] 龙天渝,童思陈.流体力学[M].2 版.重庆:重庆大学出版社,2018.

[195] 刘方,翁庙成,龙天渝.CFD 基础及应用[M].重庆:重庆大学出版社,2015.

[196] 徐敏.空气与气体动力学基础[M].西安:西北工业大学出版社,2015.

[197] 安德森.空气动力学基础:第 6 版[M].杨永,宋文萍,张正科,等译.北京:航空工业出版社,2020.

[198] 梁强.非定常气动力的 N-S 方程解及其应用[D].西安:西北工业大学,2001.

[199] FU Y B,HALL P,BLACKABY N.On the Görtler instability in hypersonic flows:Sutherland law fluids and real gas effects[J].Philosophical

transactions of the Royal Society of London series A:physical and engineering sciences,1993,342(1665):325-377.

[200] 胡坤,李振北.ANSYS ICEM CFD 工程实例详解[M].北京:人民邮电出版社,2014.

[201] 李军成.形状可调的参数曲线曲面造型方法研究[M].成都:西南交通大学出版社,2018.

[202] LÉGER L,ZMIJANOVIC V,SELLAM M,et al.Controlled flow regime transition in a dual bell nozzle by secondary radial injection[J].Experiments in fluids,2020,61(12):1-15.

[203] 王卓,俞志鹏,姬鹏,等.微型燃烧器扩展角对氢气/空气预混燃烧特性影响的模拟研究[J].建模与仿真,2021,10(1):93-106.

[204] 王克印,韩星星,张晓涛,等.缩扩型超音速喷管的设计与仿真[J].中国工程机械学报,2011,9(3):304-308.

[205] 王锡洋.液滴在射流场中的变形与破碎特性研究[D].杭州:杭州电子科技大学,2016.

[206] RHIM D R,FARRELL P V.Characteristics of air flow surrounding non-evaporating transient diesel sprays[J].SAE transactions,2000,109(3):1916-1932.

[207] 曹建明.液体喷雾学[M].北京:北京大学出版社,2013.

[208] 金仁瀚,刘勇,朱冬清,等.连续均匀气流中单液滴破碎特性试验[J].推进技术,2016,37(2):273-280.

[209] 项高翔,王春,姜宗林.三维对称双楔面上马赫杆的理论研究[C]//高温气体动力学国家重点实验室.高温气体动力学国家重点实验室 2015 年度夏季学术研讨会论文集.[出版地不详:出版者不详],2015:46-49.

[210] ZHANG T,JING D J,GE S C,et al.Numerical simulation of the dimensional transformation of atomization in a supersonic aerodynamic atomization dust-removing nozzle based on transonic speed compressible flow[J].International journal of coal science & technology,2020,7(3):597-610.

[211] HERMANSON J C,DIMOTAKIS P E.Effects of heat release in a turbulent,reacting shear layer[J].Journal of fluid mechanics,1989,199:333-375.

[212] ZHANG T,JING D J,GE S C,et al.Dust removal characteristics of a supersonic antigravity siphon atomization nozzle [J]. Advances in mechanical engineering,2020,12(12):1687814020977689-1-9.

[213] LI Q S,LYU Y Z,PAN T,et al.Development of a coupled supersonic inlet-fan Navier-Stokes simulation method[J].Chinese journal of aeronautics,2018,31(2):237-246.

[214] SUJITH R I.An experimental investigation of interaction of sprays with acoustic fields[J].Experiments in fluids,2005,38(5):576-587.

[215] GERASIMOV A P,IVANOV V P,KRASAVIN V M,et al.The initial equations and the equations for measuring the mass and volume flow rates of a gas[J].Measurement techniques,2005,48(4):374-380.

[216] 王少清,娄本浊,胡士会.夫琅和费衍射法测量细丝直径的研究[J].济南大学学报(自然科学版),2005,19(2):178-180.

[217] 覃绮珊.控制变量法及其应用[J].广西物理,2002,23(2):50-51.

[218] 王杰,叶长青,赵海波.粉尘浓度测量方法综述[J].科技资讯,2015,13(35):241-242.

[219] 姚海飞,金龙哲,刘建,等.矿井粉尘分散度的测定及分析[J].煤矿安全,2010,41(5):100-103.

[220] 荆德吉.基于气固两相流的控尘理论及其在选煤厂应用研究[D].阜新:辽宁工程技术大学,2013.

[221] 王明,刘巨保,王雪飞,等.基于 CFD-DEM 方法的变径 T 型流道冲蚀特性研究[J].表面技术,2021,50(8):257-272.

[222] 刘洪涛.气固两相流中微细颗粒沉积与扩散特性的数值研究[D].重庆:重庆大学,2010.

[223] 李雨成.基于风幕技术的综掘面粉尘防治研究[D].阜新:辽宁工程技术大学,2010.

[224] ESBERT R M,D'IAZ-PACHE F,GROSSI C M,et al.Airborne particulate matter around the cathedral of Burgos (Castilla y león,Spain)[J].Atmospheric environment,2001,35(2):441-452.

[225] TSUO Y P,GIDASPOW D.Computation of flow patterns in circulating fluidized beds[J].AIChE journal,1990,36(6):885-896.

[226] 陈继民,陈鹤天.激光在粉尘检测领域的进展与应用[J].应用激光,2018,

38(3):496-501.

[227] 葛少成,杨琳,荆德吉,等.转运站袋式-微雾联合控尘方案数值分析[J].辽宁工程技术大学学报(自然科学版),2017,36(2):154-158.

[228] 葛少成,樊文涛,张忠温,等.输煤皮带机尾粉尘污染及气动射雾除尘[J].辽宁工程技术大学学报(自然科学版),2015,34(4):459-463.

[229] KIM S,LI M,LEE S,et al.Modeling high-level descriptions of real-life physical activities using latent topic modeling of multimodal sensor signals[C]//2011 Annual International Conference of the IEEE Engineering in Medicine and Biology Society,August 30 - September 3,2011,Boston,MA,USA.New York:IEEE,2011:6033-6036.